| 일러두기 |

- 본문에 등장하는 인명의 영문명 및 생몰연도를 첨자 스타일로 국문명과 함께 표기하였다.
  (예 : 레오나르도 다 빈치Leonardo da Vinci, 1452~1519)
- 미술이나 영화 작품 및 시는 〈 〉로 묶고, 단행본은 『 』, 논문이나 정기간행물은 「 」로 묶었다.
- 본문 뒤에 작품 색인을 두어, 작가명순으로 작품을 찾아볼 수 있도록 하였다.
- 인명, 지명의 한글 표기는 원칙적으로 외래어 표기법에 따랐으나, 일부는 통용되는 방식을 따랐다.
- 미술작품 정보는 '작가명, 작품명, 제작연도, 기법, 크기, 소장처' 순으로 표시하였다.
- 작품의 크기는 세로×가로로 표기하였다.

과학자의
미술관

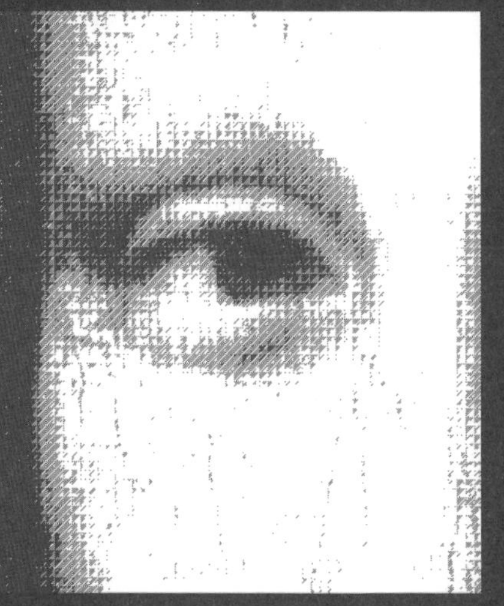

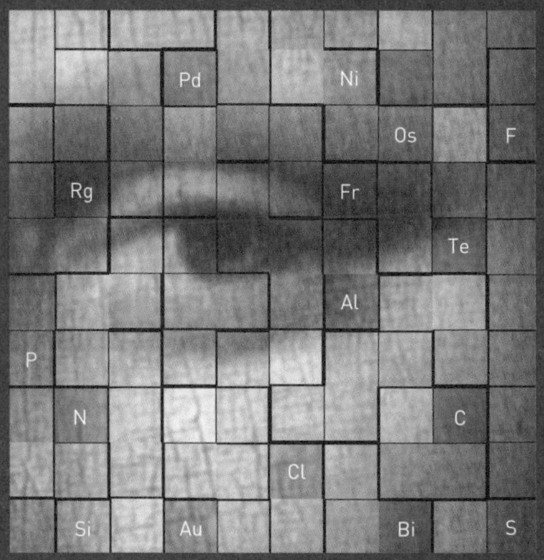

Scientists

캔버스에 투영된 과학의 뮤즈

과학자의 미술관

전창림·이광연·박광혁·서민아 지음

Gallery

어바웃어북

과학자와 예술가는
만물의 본질을 궁구하는 여정의 동반자

"미술은 화학에서 태어나 화학을 먹고사는 예술이다." 2007년 화학자 전창림의 주장은 과학과 예술을 사랑하는 사람들에게 '코페르니쿠스적 전환'과 같은 선언이었다. 미술의 주재료인 물감이 화학물질인 까닭에 캔버스 위 물감이 마르고, 발색하고, 퇴색하는 모든 과정이 '화학 작용'이라는 그의 주장은 당연한 얘기면서도 우리가 미처 깨닫지 못했던 것이었다. 『미술관에 간 화학자』는 과학과 예술이 서로 교차하며 확장하는 '통섭(統攝)'의 진수를 선보였다. 화학자가 문을 연 '통섭의 장'은 수학자, 의학자, 물리학자 등 여러 분야의 과학자들이 참여함으로써 더욱 넓고 깊어졌다.

『미술관에 간 화학자 1 · 2』『미술관에 간 수학자』『미술관에 간 의학자』『미술관에 간 물리학자』까지 과학자의 시선으로 예술 작품을 분석한 다섯 권의 도서는, 전문가와 대중의 사랑을 고루 받았다. 교육 일선에 있는 교사들에게는 통합형 과학논술 대비 필독서로 추천받으며 책의 쓰임을 확장하기도 했다. 다섯 권의 도서는 '우수 과학 도서(한국과학창의재단)' '세

종도서(한국출판문화산업진흥원)' '올해의 청소년 교양 도서(한국출판문화진흥재단)' '국립중앙도서관 사서 추천도서' 등에 선정되며 양질의 과학 교양 도서로 자리매김했다.

이는 격려와 채찍질을 아끼지 않아 온 독자들이 없었다면 결코 이뤄질 수 없는 기적 같은 일이다. 이 책 『과학자의 미술관』은 독자들에 대한 보은의 결과물이다. 무엇보다 독자들이 다섯 권을 모두 구입해야 하는 부담을 조금이라도 덜어 드리는 게 우선이라 생각했다. 아울러 화학자와 물리학자, 수학자, 의학자가 풀어놓는 미술 이야기를 한 권으로 묶어 읽고 싶다는 많은 독자의 요청을 더 이상 미룰 수 없었다. 여러 차례의 편집회의를 통해 각 권마다 독자들에게 큰 호응을 얻었던 꼭지들을 선정해 새롭게 편집하고 디자인했다. 내용의 오류가 없었는지 꼼꼼히 교정했고, 그 과정에서 명화 도판이 더욱 컸으면 좋겠다는 독자들의 뜻도 최대한 반영했다. 과학과 예술의 접점을 찾아 전 세계 미술관을 여행한 과학자들의 여정이 비로소 한 권의 책에 응집되었다.

『멋진 신세계』의 작가 올더스 헉슬리Aldous Huxley, 1894~1963는 저서 『The Art of Seeing』을 통해 "더 많이 알수록 더 많이 보인다"는 말을 남겼다. 실험실만큼 미술관을 사랑하는 과학자들이 늘어날 때마다 헉슬리의 말에 더 깊이 공감하게 되었다. '세상에서 가장 유명한 회화'라는 수식어가 붙어 있는 〈모나리자〉, 더는 새로운 해석이 나올까 싶은 바로 그 〈모나리자〉도 화학자 · 수학자 · 의학자 · 물리학자와 조우하면 화가의 붓질과 그림의 질감에 감춰진 놀라운 이야기들이 되살아난다.

화학자는 〈모나리자〉의 안료에 주목했다. 그는 다 빈치Leonardo da Vinci, 1452~1519가 패널 바탕에 칠한 석회혼합물 때문에 〈모나리자〉가 변색되었음을 밝힌다. 석회혼합물의 주성분은 납으로, 납은 유황과 만나면 검게 변하는 특성이 있다. 다 빈치가 즐겨 쓴 울트라마린 · 버밀리온 등의 물감은 황을 많이 포함하고 있기 때문에, 지금 우리가 보는 〈모나리자〉는 처음 색칠했을 때보다 검게 변색되었다.

수학자는 〈모나리자〉의 예술성을 숫자로 증명한다. 그는 〈모나리자〉에서 그림 속 여인이 앉아 있는 모습과 얼굴이 온통 황금비로 그려졌음을 계산해 낸다. 더불어 〈모나리자〉의 황금비가 400여 년을 뛰어넘어 몬드리안Piet Mondrian, 1872~1944의 〈빨강, 검정, 파랑, 노랑, 회색의 구성〉에 정확히 재현되었음을 밝힌다.

물리학자는 '다중스펙트럼'이라는 첨단광학기술을 동원해 〈모나리자〉를 관찰한다. 다중스펙트럼을 비추자 놀랍게도 〈모나리자〉에는 세 명의 얼굴이 중첩되었다. 만인을 사로잡은 〈모나리자〉의 미소는 다 빈치가 수차례 밑그림을 바꿔 가며 실험한 결과인 셈이다.

한편, 의학자는 〈모나리자〉에서 인류를 뒤흔든 '스페인독감'이라는 전염병의 상흔을 어루만진다. 의학자의 시선으로 그림을 해부해 보니 우리가 미처 알지 못했던 의학사의 우여곡절이 오롯이 드러난다.

이처럼 화학 · 수학 · 의학 · 물리학 등 다양한 분야의 지식이 더해질수록 예술 작품에서 더 많은 것을 보고 느낄 수 있다. 『과학자의 미술관』은 이성과 감성의 경계를 허무는 데 그치지 않는다. 예술을 매개로 화학, 수학, 의학, 물리학으로 구분되었던 과학의 모든 분야를 통섭적 시각에서 바라보게 한다. '화학자의 미술관' '수학자의 미술관' '의학자의 미술관' '물리학자의 미술관'을 관람하며 예술 작품을 읽는 우리의 시야는 무한대로 확장될 것이다.

만물의 본질을 궁구(窮究)한다는 차원에서 과학자의 일과 예술가의 일은 다르지 않다. 다만, 사고의 산물이 과학이론이냐 수학공식이냐 예술 작품이냐의 차이일 뿐이다. 컨스터블John Constable, 1776~1837과 윌슨Charles Thomson Rees Wilson, 1869~1959은 구름에 매료된 사람들이다. 컨스터블은 바람을 타고 움직이는 하얀 구름 덩어리, 다가오는 소나기의 징후 등 기상 변화를 화폭에 정확하게 담았다. 그는 시시각각 변하는 구름의 표정을 그리기 위해 기상학과 광학을 독학으로 공부했다. 윌슨은 구름이 생성되는 과정을 연구해 '구름상자'를 만들었다. 윌슨의 구름상자는 원자물리학 실험 분야가 발전하는 데 결정적인 공헌을 했다. 1927년 노벨물리학상을 수상한 윌슨은 노벨상 수상자 연회에서 "구름의 아름다움에 반해 실험실에서 같은 현상을 재현하고 싶었던 것이 연구의 가장 큰 동기였다"고 소회를 밝혔다. 구름이라는 기상 현상의 탐구를 통해 컨스터블은 명화를 남겼고, 윌슨은 과학의 진보를 이끌었다.

과학자와 예술가는 만물의 본질을 찾는 여정의 동반자다. 어쩌면 예술가와 같은 탐구 정신으로 세상을 관찰하는 과학자는 예술가의 뜻을 헤아리는 데 최적의 적임자일지 모른다. 통섭적 사고는 생각의 경계를 허물어, 전에 없던 새로운 세상을 열어 준다. 이 책이 세상에 존재해야 하는 가장 멋진 이유다.

| CHAPTER 1 |

화학자의 미술관

- **프롤로그** _ 과학자와 예술가는 만물의 본질을 궁구하는 여정의 동반자 ··· 004
- 갈색으로 시든 해바라기에 무슨 일이? ··· 018
- 화학반응으로 바뀐 그림의 제목 ··· 030
- 화가를 죽인 흰색 물감 ··· 040
- 마리아의 파란색 치마를 그린 물감 ··· 052
- 유화를 탄생시킨 불포화지방산 ··· 064
- 연금술의 죽음 ··· 076

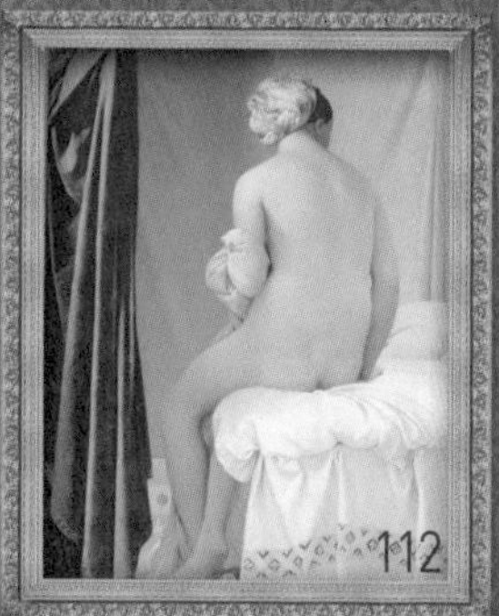

- 산소를 그린 화가 088
- 어느 고독한 화가의 낯선 풍경 속에서 098
- 선과 색의 싸움 112
- 어둠을 그린 화가 128
- 공기의 색 140
- 절규하는 하늘의 색 152

| CHAPTER 2 |

물리학자의 미술관

182

168

192

206

222

- 신을 그리던 빛, 인류의 미래를 그리다 ········ 168
- 흔들리는 건 물결이었을까, 그들의 마음이었을까? ········ 182
- 오키프를 다시 태어나게 한 산타페의 푸른 하늘 ········ 192
- 화폭에 담긴 불멸의 찰나 ········ 206
- 불안을 키우는 미술 ········ 222

- 무질서로 가득한 우주 속 고요 234
- 불가사의한 우주의 한 단면 248
- 태어나려는 자는 한 세계를 파괴해야 한다 258
- 낮은 차원의 세계 272
- 빛을 비추자 나타난 그림 속에 숨겨진 여인 284

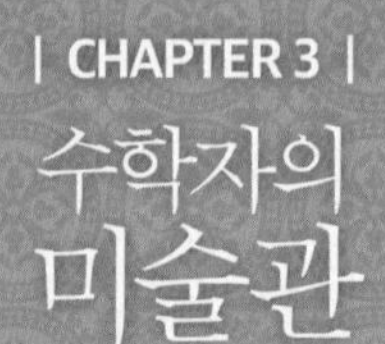

- 그림 속 저 먼 세상을 그리다 ······ 298
- 당신의 시선을 의심하라! ······ 314
- 예술과 수학은 단순할수록 위대하다! ······ 326
- 수학의 황금비율 ······ 338
- 한 점의 그림으로 고대 수학자들과 조우하다 ······ 352
- 디도 여왕과 생명의 꽃 ······ 370

- 수의 개념에 관한 역사 ······ 384
- 수학자의 초상 ······ 396
- 유클리드 기하학의 틀을 깬 한 점의 명화 ······ 410
- 수학자가 본 노아의 방주 ······ 426
- 작은 점, 가는 선 하나에서 피어난 생각들 ······ 440

| CHAPTER 4 |

의학자의 미술관

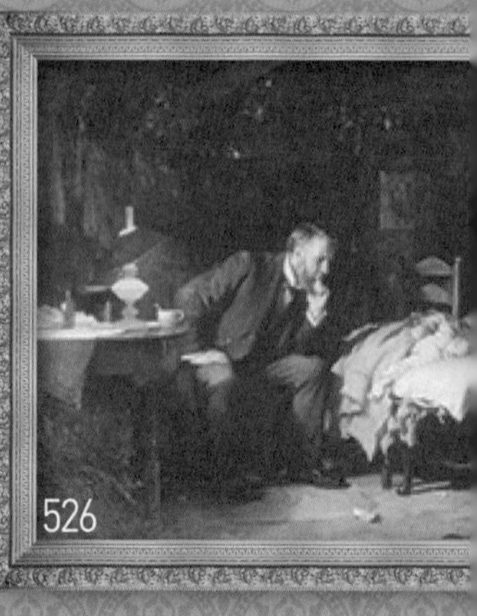

- 유럽의 근간을 송두리째 바꾼 대재앙, 페스트 ········ 454
- 가난한 예술가와 노동자를 위로한 '초록 요정'에게 건배! ········ 466
- 제1차 세계대전의 승자, 스페인독감 ········ 478
- '밤의 산책자'를 옭아맨 숙명, 유전병 ········ 496
- 불세출의 영웅을 무릎 꿇린 위암 ········ 512
- 의술과 인술 사이 ········ 526

- 와인의 두 얼굴 536
- 내 안에 피어나는 수선화, 나르시시즘 546
- 병을 진단하고 치료하는 메아리 558
- 프로메테우스가 인간에게 불보다 먼저 선사한 선물 570
- '인체의 작은 우주' 인간의 머리를 받치고 있는 아틀라스 580
- **특별 부록 _** History of Science and Art 594
- **작품 찾아보기** 616

| CHAPTER 1 |

CHEMIST

화학자의 미술관

GALLERY

고흐가 노란색을 즐겨 썼던 이유는
죽기 전 불꽃 같은 예술 혼을 태웠던 남프랑스의
강렬한 태양이 노랗게 이글거렸기 때문이다.

갈색으로 시든 해바라기에 무슨 일이?

누가 고흐의 노란색을 훔쳐 갔는가?

2018년 5월 말로 기억한다. 영국의 일간지 「가디언」의 보도를 인용해 국내 언론사를 통해 나온 기사를 인터넷 포털에서 읽고 필자는 혼잣말로 중얼거렸다. "결국 터질 게 터지고 말았구나!"

네덜란드 암스테르담에 전시된 고흐Vincent Van Gogh, 1853~1890의 〈해바라기〉가 노란색에서 갈색으로 변색되고 있다는 기사였다. 그림에 관심 없는 사람들은 시큰둥할 소식이지만 필자에게는 꽤 충격적인 뉴스가 아닐 수 없었다.

「가디언」의 보도에 따르면, 네덜란드와 벨기에 과학자들은 수년에 걸쳐 엑스레이 장비를 이용해 암스테르담 반 고흐 미술관에 전시된 1889년 작 〈해바라기〉를 관찰해 왔다. 그 결과 그림 속 노란색 꽃잎과 줄기가 올리브 갈색으로 변하고 있음을 확인했다.

과학자들은 변색의 원인으로 고흐가 이 그림을 그릴 당시 밝은 노란색을 얻기 위해 크롬 옐로(chrome yellow)와 황산염의 흰색을 섞어 사용했기 때문이라고 추정했다. 고흐가 크롬 성분이 들어있는 노란색 물감을 다량으로 사용했다는 것이다.

빈센트 반 고흐, 〈해바라기〉, 1889년, 캔버스에 유채, 95×73cm, 암스테르담 반 고흐 미술관

고흐는 노란색 계통의 물감을 즐겨 썼고 그 중에서도 크롬 옐로를 많이 사용했다. 크롬 옐로는 납을 질산 또는 아세트산에 용해하고, 중크롬산나트륨(또는 나트륨) 수용액을 가하면 침전되어 생성된다. 다시 이 반응에 황산납 등의 첨가물을 가하거나 pH(수소이온농도지수)를 변화시키면 담황색에서 적갈색에 걸친 색조가 생긴다.

크롬 옐로는 값이 싸서 고흐처럼 가난한 화가들이 애용했다. 하지만 납 성분을 함유하고 있어서 대기오염 중 포함된 황과 만나면 황화납(PbS)이 되는데 이것이 검은색이다. 그러므로 현대 산업사회로 접어들수록 변색의 우려가 크다. 특히 오랜 시간 빛에 노출되면 그 반응이 촉진되는 문제가 있다.

이미 수년 전부터 문제의 심각성을 깨달아온 미술관 측은 200개의 회화와 400개의 소묘 등 보유 작품들을 최상의 상태로 관리하기 위해 전시실의 조도를 재정비했다. 하지만 조도 상태를 손보는 것만으로는 부족했던 모양이다.

〈해바라기〉의 변색은 당장 육안으로 식별될 정도로 심각한 건 아니지만, 아무런 조치 없이 그대로 둘 경우 머지않아 갈색 해바라기가 될지도 모르는 일이다. 이번 연구를 담당해온 벨기에 앤트워프 대학교 소속 미술재료 전문가인 프레데릭 반메이르트Frederik Vanmeert 박사는 "변색이 뚜렷하게 나타나는 데 얼마나 소요될지 구체적으로 말하기 어려운데, 그 이유는 변색이 외부 요인들에 달려 있기 때문"이라고 밝혔다. 〈해바라기〉에 사용된 크롬 옐로가 대기환경과 외부 조명에 대단히 취약하다는 얘기다.

과학자들은 〈해바라기〉 전체가 변색의 위험이 있는 게 아니라고 분석했다. 흰색을 섞어 밝게 만든 노란색 부분이 특히 변색이 심했고, 나머지 부분은 그나마 변색 가능성이 적다고 보았다. 고흐가 많이 사용한 크롬 옐로는 붉은 빛이 돌면서 따뜻한 느낌을 주는 노란색으로, 노랑 계통 중에서도 색이 곱고 은폐력(隱蔽力)이 뛰어나다. 이런 이유로 고흐는 그림에서 핵심에 해당하는 해바라기 꽃에 이글거리는 태양빛과 가장 유사한 크롬 옐로를 집중해서 사용한 게 아닐까 싶다.

여행을 금지당한 〈해바라기〉

암스테르담 반 고흐 미술관의 〈해바라기〉가 노란색에서 갈색으로 변색되고 있다는 뉴스가 나오고 몇 달 뒤인 2019년 1월경 다시 한 번 이에 관한 외신이 전파를 탔다. 영국 일간지 「텔레그라프」는 반 고흐 미술관 측이 〈해바라기〉를 변색 위험을 이유로 당분간 해외 전시를 하지 않는다는 방침을 내놨다고 보도했다.

반 고흐 미술관은 〈해바라기〉가 지금 당장은 작품 상태가 크게 문제될 게 없지만, 앞으로 해외 전시를 위한 이동으로 변색할 위험이 있다는 결론을 내렸다. 악셀 뤼거Axel Rüger 반 고흐 미술관장은, "〈해바라기〉 그림의 물감 상태가 진동과 습도 및 기온 변화에 따라 민감하게 반응할 수 있다"고 밝혔다. 따라서 "〈해바라기〉가 변색할 위험을 미연에 방지하기 위해 당분간 해외 전시를 허용하지 않을 것"이라고 했다.

반 고흐 미술관의 최근 발표에 따르면, 〈해바라기〉의 변색에서 가장 두드러지는 것은, 붉은색 물감(제라늄 레이크)이 희미해지고 노란색 물감(크롬 옐로)이 어두워지고 있다는 것이다. 2018년 5월에는 크롬 옐로의 변색을 발표했는데, 여기에 붉은색 부분의 변색까지 더해진 것이다. 고흐는 해바라기 꽃의 중심부를 붉은색 계통 물감으로 칠했는데, 이 부분이 희미하게 변색되고 있다는 얘기다.

빨간색은 레이크(lake) 안료가 많은데, 염료로 만든 안료라서 내광성이 약하다. 레이크 안료란 무색투명한 무기안료를 염료로 염색해서 만든 것으로, 제라늄 레이크(geranium lake), 스칼렛 레이크(scarlet lake), 크림슨 레이크(crimson lake) 등이 있다. 레이크 안료를 고흐도 애용했기 때문에 〈해바라기〉에 퇴색이 일어난 것으로 추측된다.

아울러 반 고흐 미술관은 〈해바라기〉 그림 위에 여러 겹 덧입혀진 광택제와 왁스의 색도 영향을 주었다고 밝혔다. 이는 고흐가 아닌 다른 사람이 그림 표면에 덧입힌 것인데, 희끄무레해진 왁스는 제거할 수 있지만 광택제는 물감과 섞여 있어서 제거가 불가능하다.

반 고흐 미술관은 고흐의 그림들 중에서 크롬 옐로 물감을 쓴 다른 작품들도 변색의 위험이 클 것으로 추정했다. 고흐는 '태양의 화가'로 불릴 만큼 노란색에 집착했다. 〈해바라기〉 시리즈 말고도 〈씨 뿌리는 사람〉, 〈노란 집〉, 〈밤의 카페 테라스〉 등에서도 노란색이 돋보인다.

고흐가 노란색 물감에 집착한 것을 두고 일각에서는 고흐가 압생트(absinthe)란 독주를 너무 과하게 마셔 주변 사물이 노랗게 변하는 황시증(黃視症)에 걸렸기 때문이라는 견해를 내기도 했다. 압생트에 함유된 투존(thujone)이라는 테르펜 성분이 신경에 영향을 미쳐 환각 증세를 보이게 된다는 것이다.

하지만 후대의 연구에 따르면, 압생트에는 환각 성분이 들어 있지 않음이 밝혀졌다. 단지 도수가 70도 정도로 높은데, 여기에 각설탕을 넣어 마시는 음용법 때문에 자주 과도하게 마시게 되어 알코올 중독에 빠질 위험이 높은 것이다.

결국 고흐가 노란색을 즐겨 썼던 이유는 죽기 전 불꽃 같은 예술 혼을 태

빈센트 반 고흐, 〈노란 집〉, 1888년, 캔버스에 유채, 72×91.5cm, 암스테르담 반 고흐 미술관

웠던 남프랑스의 강렬한 태양이 노랗게 이글거렸기 때문이다. 고흐는 화실로 사용하던 집도 노랗게 칠할 정도로 밝은 태양빛에 집착했다. 이런 그에게 해바라기(sunflower)는 이름 그대로 태양의 꽃이었다. 고흐에게 해바라기를 그린다는 것은 곧 태양을 그리는 것과 다르지 않았다.

파리의 해바라기와 아를의 해바라기가 다른 이유

고흐는 프랑스 남서부 아를 지방에 머물며 일곱 점의 〈해바라기〉를 남겼다. 그는 아를에 오기 전 파리에 머물 때도 〈해바라기〉를 여러 점 그렸다. 하지만 파리에서 그린 〈해바라기〉는 아를의 것과 다르다.

파리에서 그린 〈해바라기〉는 아를의 것처럼 화병에 여러 송이가 꽂혀 있는 게 아니라 바닥에 두세 송이가 놓여 있다. 그것도 아를에서 그린 〈해바라기〉처럼 활짝 피어 있지 않다. 그림의 전체적인 색상도 아를의 〈해바라기〉에 비해 어둡고 칙칙하다.

파리에서 그린 〈해바라기〉와 아를에서 그린 〈해바라기〉를 비교해 보면, 두 지역의 날씨를 가늠해 볼 수 있다. 그림 속 해바라기의 개화(開花)와 색상을 통해 파리에 비해 아를의 태양이 훨씬 밝고 이글거림을 알 수 있다. 야외의 자연 환경에 따라 고흐의 그림이 엄청난 영향을 받았던 것이다. 고흐가 대표적인 인상파 화가임을 방증하는 대목이다.

아를에서 그린 일곱 점의 〈해바라기〉 가운데 대중에게 공개된 작품은 다섯 점이다. 암스테르담 반 고흐 미술관을 비롯해 런던 내셔널갤러리, 뮌헨 노이에피나코테크, 도쿄 손보재팬미술관, 필라델피아미술관에서 각각 한 점씩 전시하고 있다. 나머지 두 점 중 하나는 개인이 소장하고 있고, 다른 한 점은 오사카에 있다가 제2차 세계대전 당시 미군의 폭격으로 소실됐다.

파리에서 그린 것까지 합쳐 모두 열 점의 〈해바라기〉를 한곳에 모아 전시하는 상상을 해본다. 그야말로 찬란한 해바라기의 향연이 될 것이다. 물론 실현불가능한 일이다. 더구나 반 고흐 미술관의 〈해바라기〉는 여행이 금지됐으니…… 그래서 필자는 이 책에 제2차 세계대전에 소실된 〈해바라기〉까지 합쳐 열한 점의 〈해바라기〉 전시회를 열었다. 책이 주는 미덕이 아닐 수 없다.

고흐의 〈해바라기〉 컬렉션

Van Gogh Sunflower Collection

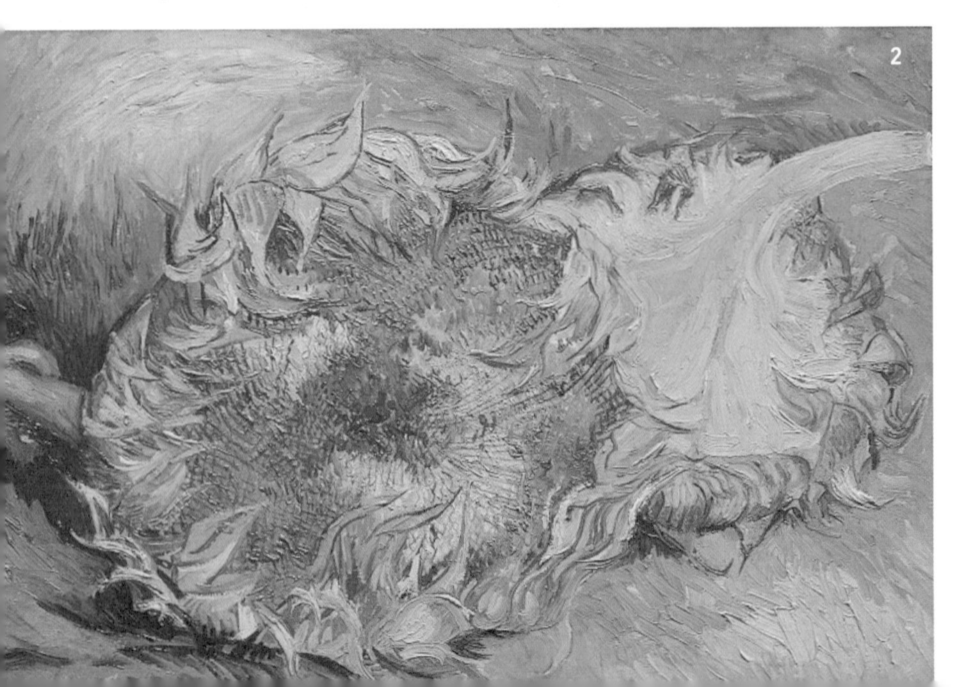

1. 1887년작(파리), 캔버스에 유채, 21×27cm, 암스테르담 반 고흐 미술관

2. 1887년작(파리), 캔버스에 유채, 43.2×61cm, 뉴욕 메트로폴리탄미술관

3. 1887년작(파리), 캔버스에 유채, 50×60cm, 베른시립미술관

4. 1887년작(파리), 캔버스에 유채, 60×100cm, 오테를로 크뢸러뮐러미술관

5. 1888년작(아를),
캔버스에 유채, 91×72cm,
뮌헨 노이에피나코테크

6. 1888년작(아를),
캔버스에 유채, 92.1×73cm,
런던 내셔널갤러리

7. 1889년작(아를),
캔버스에 유채, 100.5×76.5cm,
도쿄 손보재팬 미술관

5

8. 1888년작(아를),
캔버스에 유채, 73×58cm,
개인 소장

9. 1888년작(아를),
캔버스에 유채, 98×69cm,
일본 오사카에서 개인 소장 중에
1948년 8월 6일 제2차 세계대전 당시
미군의 공습으로 소실

10. 1889년작(아를),
캔버스에 유채, 91×72cm,
필라델피아미술관

〈야경〉이건 〈만종〉이건,
산업혁명으로 도시 공해가 심해지면서
대기 중의 황산화물(SO_x)에 영향을 받았을 것이다.
이렇게 그림의 색채가 검어지고
그림의 주제가 퇴색하면서
〈야경〉이라는 이상한 이름을 얻게 된 것이다.

화학반응으로 바뀐 그림의 제목

그림의 제목이 '야경'이 된 이유

렘브란트Rembrandt van Rijn, 1606~1669의 대표작 중 하나인 〈야경〉은 당시 유행하던 단체초상화인데 여느 그림들과 다르다. 대부분의 단체초상화는 등장인물들이 정렬하여 정적으로 그려지는 데 반하여 이 그림은 매우 역동적인 순간을 포착하여 드라마틱한 여러 상징을 포함하고 있다. 이 그림의 제목 '야경'은 잘못 붙여진 것이다. 원래 이 그림은 밤 풍경이 아니라 낮 풍경을 그린 것이었다. '야경'이라는 제목은 100년이나 지나서 군대나 경찰이 야간 순찰을 하던 18세기에 전체적으로 어둡고 검은 그림을 보고 추측하여 붙인 것이다. 원래는 지금처럼 어두운 그림은 아니었다.

이 그림이 이렇게 어두워진 데에는 많은 원인이 있다. 우선 렘브란트가 상용하던 '키아로스쿠로(chiaroscuro)'(93쪽)라는 회화 기법 때문이다. 이 기법은 캔버스를 전체적으로 어둡게 하고 중심과 강조점만 밝게 처리하여 드라마틱한 효과를 나타내는 것이다. 그러나 이 기법을 쓴다고 모두 밤 풍경이 되지는 않는다. 렘브란트는 이 그림에 키아로스쿠로 기법을 썼지만 밤이 아니었던 것은 명백하다. 주인공을 강조하기 위해 주위를 어둡고

렘브란트 반 레인, 〈야경〉, 1642년, 캔버스에 유채, 363×438cm, 암스테르담국립미술관

불명확하게 그렸지만 상황은 정확히 전달하였다.

두 번째로 보수(reconstruction)상의 문제이다. 이 그림이 다시 세상에 빛을 보게 된 18세기에는 고전회화는 어두침침한 갈색풍이어야 한다는 생각이 팽배해서 그림 보존을 위해 바니시(varnish)를 덧칠할 때 일부러 황토색 또는 갈색 바니시를 덧칠하였다. 더구나 당시만 해도 회화 보수 기술이 취약하여 화면에 손상이 갈까 봐 정밀한 세척은 하지 못했고 그 위에 바니시 덧칠만 하였다. 그 결과 먼지층이 바니시와 함께 정착되었다.

세 번째는 재료 화학상의 문제이다. 현대에 와서 엑스레이 등에 의하여 회화층의 원재료에 대한 여러 정보가 알려졌다. 그에 의하면 렘브란트는 다른 화가보다 비교적 연화물 계통의 안료를 즐겨 사용한 것으로 알려졌다. 황토색, 흰색, 갈색 등을 많이 썼는데 모두 납을 포함한 색이었다. 흰색은 '실버 화이트'라고 불리던 연백(lead white)을 즐겨 썼다. 노랑 계통도 연화 안티몬(lead antimoniate)을 많이 사용한 것으로 여겨지는데, 이 색은 현대 화가들 중에서도 흰색과 섞어서 차분하고 갈색과 잘 어울리는 노란

장 프랑수아 밀레, 〈만종〉, 1857~1859년, 캔버스에 유채, 55.5×66cm, 파리 오르세미술관

색을 만들어 사용하는 사람이 많을 정도로 사랑받는 색이다. 납을 포함한 안료는 황과 만나면 검게 변색하는 특징이 있다.

렘브란트가 많이 사용한 색 중에 선홍색의 버밀리온(vermilion)은 황화수은(HgS)으로 황을 포함하는 대표적인 색이다. 그림이 검게 변하는 '흑변 현상'은 산업혁명이 한창이던 1857년경에 그려졌던 밀레Jean Francois Millet, 1814~1875의 〈만종〉에서도 확인할 수 있다. 〈만종〉은 황혼을 표현한 그림이라 좀 어둡기는 하겠지만 그림이 막 그려졌을 당시에는 지금처럼 탁하고 칙칙하지는 않았을 것이다. 〈야경〉이건 〈만종〉이건, 산업혁명으로 도시 공해가 심해지면서 대기 중의 황산화물(SOx)에 영향을 받았을 것이다.

이렇게 그림의 색채가 검어지고 그림의 주제가 퇴색하면서 〈야경〉이라는 이상한 이름을 얻게 된 것이다. 그러나 어둡고 칙칙한 느낌을 오래된 그림이라 중후한 매력을 풍긴다며 그냥 넘겨야 할지는 생각해 봐야 할 일이다.

명암으로 동작의 전진감을 나타내다

이 그림이 그려진 배경을 보자. 이 그림은 암스테르담의 사수협회의 주문으로 그려진 단체초상화다. '사수(Klovenier)'라는 단어는 '클로벤(Kloven)'이란 네덜란드어로 특정한 종류의 총 이름이다. 당시 네덜란드는 스페인의 간섭에서 벗어나던 중이었다. 특히 암스테르담은 산업과 무역의 발흥으로 북네덜란드 연맹에도 속하지 않고 독자적인 세력을 이루며 떠오른 신흥도시였다. 1585년에 3만 5천 명이던 인구는 렘브란트가 이 도시로 들어온 1631년에 11만 5천 명이 되었으며, 이 그림이 그려진 1642년에는

15만 명에 이르렀다. 자신의 재산은 자신이 지켜야 할 필요성이 생겨 몇 개의 자경단이 결성되었는데, 사수협회는 그들 중 대표적인 단체였다. 그런데 1648년 웨스트팔리아 조약(베스트팔렌 조약)에 의해 홀랜드(Holland)가 독립함으로써 암스테르담 도시만의 사수협회는 별 의미가 없는 단체가 되었다.

이 그림이 완성된 뒤 사수협회에서는 불만을 나타내며 구입하지 않았다. 사수협회에서는 점잖은 권위와 명예를 나타내고 싶어 했는데, 이 그림은 당시 일반적인 단체초상화의 형태처럼 모든 등장인물이 점잖게 한 줄 또는 두세 줄로 정렬하여 위엄 있게 묘사되지 않았다는 것이다. 게다가 네덜란드가 독립하게 되어 사수협회 같은 자경단이 필요 없게 된 정치적 상황의 변화도 그림을 구입하지 않은 한 이유였다.

그 무렵 그림에 대한 대중의 취향이 바뀌었다. 즉 로코코풍이라는 다소 경박하고 화려한 그림들이 인기를 얻게 되면서 렘브란트풍의 그림이 팔리지 않게 되었다. 〈야경〉은 1715년이 되어서야 국방청의 좁은 홀에 사방이 30센티미터 이상을 잘린 채로 조촐하게 걸렸다가 1885년 세계적인 대작으로 재평가받고, 지금은 암스테르담국립미술관의 한 방을 차지하고 있다.

그림의 맨 앞 가운데에 늠름하게 선 사람은 단체의 대장인 프란스 바닝 코르크Frans Banninck Cocq, 1605~1655이며, 그 옆에 눈부신 옷을 입은 사람은 부대장인 빌렌 반 루이텐부르크이다. 인물들의 개성이 옷의 색으로 나타난다. 일반적인 색채 기법으로는 밝은 색이 앞으로 튀어나와 보이고 어두운 색은 뒤로 물러나 보이는데, 이 그림에서 렘브란트는 새로운 시도를 성공시켰다. 대장의 옷은 검은색인데 황금색을 입은 부대장보다 앞으로 나와 돋보인다. 하얀 목레이스, 빨간 숄과 앞으로 쭉 뻗은 손의 동작으로 전진감을 나타낸 것이다.

그림의 위쪽 가운데 타원형 명패에는 등장인물의 명단을 써 놓았다. 그림의 왼쪽에 XXX표가 있는 큰 깃발이 보이는데 이것은 암스테르담의 문장기이다. 코르크 대장의 앞으로 펼쳐 뻗은 왼손의 제스처로 사수협회의 발전을 나타낸 한편, 도시의 전진을 도시 상징인 깃발의 장대한 나부낌으로 나타냈다. 부분조명 기법으로 대장과 부대장을 강조하여 시선을 한곳으로 모으는 듯하면서도 또 다른 시선을 끄는 한 부분이 있는데, 가운데 왼쪽에서 안으로 위치한 소녀이다. 인물들의 그림자를 보면 앞쪽 왼쪽에서 빛을 받는 것 같은데 그렇다면 이 소녀가 밝은 것은 다소 이해가 가지 않는다. 화려한 복장에 죽은 닭을 허리에 찬 소녀는 사수협회의 마스코트이다.

〈야경〉 중 소녀 부분도.

그런데 이 소녀는 몸은 작으나 얼굴은 어른이다. 렘브란트 아내인 사스키아의 얼굴이라는 의견이 많은데, 이 그림이 그려지던 1642년은 사스키아Saskia van Uylenburgh, 1612~1642가 죽은 해이다. 이 그림을 그리던 시기는 사스키아가 죽음을 앞두고 병중에서 사경을 헤매던 때였을 것이다. 렘브란트는 사스키아가 병을 이기고 일어서기를 바라는 마음을 이렇게 표현했는지도 모른다.

렘브란트 반 레인, 〈렘브란트와 사스키아〉, 1635~1636년경, 캔버스에 유채, 161×131cm, 드레스덴 고전거장미술관

슬픔 속에서도 잊지 않은 거장의 위트

부대장 뒤의 한 노인 대원의 행동을 보자. 허리까지 구부정한 노인이 총을 입김으로 불어 가며 정성스레 닦고 있다. 그 앞의 대장과 부대장은 영예의 상징물을 하나씩 들고 자랑스레 서 있고 기수도 깃발을 흔들며 약간은 산만한데, 노인은 그들 뒤에서 조용히 기본을 다지고 있다. 사회는 본래 레이스를 단 자들과 훈장을 단 자들과 깃발을 흔드는 자들에 의해 지배되는 것 같지만 사실은 이렇게 빛도 안 받는 구석에서 기본을 지키는 자들에 의해 천천히 발전해 나가는 것이다. 젊은 패기도 중요하겠지만 이런 노인들의 바탕이 필요 없는 것은 아니다.

렘브란트의 정말 위대한 예술성은 하찮은 곳에서도 확인된다. 〈야경〉(32~33쪽)을 그릴 당시 렘브란트는 그리 좋은 상태가 아니었다. 아내가 사경을 헤매었으며, 경제적으로는 파멸 직전에 있었다. 이 그림 이후로 렘브란트의 몰락이 시작되는데, 그는 군대 냄새 나는 이런 역사적이고 엄숙한 대작에 여유로운 한 조각의 웃음을 선사하였다. 왼쪽 아래에 원숭이 한 마리가 뭘 들고 뛰어가고 있고, 오른쪽 구석에서는 조그만 강아지 한 마리가 드럼 치는 사람을 향해 맹렬하게 짖고 있다.

사수협회에서 이 그림을 사지 않은 이유는, 사실은 그들의 권위주의가 렘브란트의 다소 파격적인 유머-원숭이와 강아지의 장난-를 용납할 수 없었던 것은 아닐까?

그림은 바로 앞에서 감상하면
창백한 빛이 아른거리며 묘한 매력을 발산한다.
그는 이러한 매력을 외면하지 못하고
자기 몸이 납에 중독되어 병들어 가는 것도 모르고,
아니면 알면서도 연백을 계속 사용하였다.

화가를 죽인 흰색 물감

화학 과목에서 낙제하여 화가가 되다

휘슬러James Abbott McNeill Whistler, 1834~1903는 미술사에 나타나는 몇 안 되는 미국 태생의 화가이다. 1834년 토목 기술자인 메이저 조지 워싱턴 휘슬러와 그의 두 번째 아내인 안나 마틸다 맥닐 사이에서 셋째 아들로 태어났다. 드물게도 그는 이름에 어머니의 처녀 때 성인 '맥닐'을 간직하였는데, 아마도 어머니에 대한 애정과 존경을 표현한 것이리라. 어머니는 독실한 기독교 신자였으며 그는 어머니를 매우 존경하였다.

휘슬러의 가족은 코네티컷의 스토닝톤과 매사추세츠의 스프링필드에서 살았다. 그러다가 그가 아홉 살 무렵 아버지가 모스크바 철도 건설 기술자로 일하게 되어 러시아의 상트페테르부르크로 이사하였다. 그는 그곳의 왕립 과학 아카데미를 다녔다. 그 뒤 1848년 누나 부부와 함께 런던으로 이사하였다. 아버지가 사망하자 가족과 함께 미국으로 돌아와 코네티컷의 폼프레트에 정착하였다.

휘슬러는 1851년 아버지가 졸업한 웨스트포인트 사관학교에 입학하였다. 상당히 우수한 학생이었으며, 특히 미술에서 두각을 나타냈다. 그러나

제임스 애벗 맥닐 휘슬러, 〈흰색 교향곡 2번: 하얀 옷을 입은 소녀〉, 1864~1865년, 캔버스에 유채, 76×51cm, 런던 테이트브리튼

졸업을 얼마 안 남기고 화학 성적이 워낙 안 좋아 1854년 결국 학교를 그만두어야 했다.

휘슬러는 예술가의 길을 가기로 작정하고, 다음 해 프랑스 파리로 가서 왕립 미술특수학교와 그레이르 아카데미에서 그림 공부를 하였다. 그는 루브르박물관의 고전 명작들을 모사하고 습작하는 데 몰두하였다. 친구의 소개로 사실주의의 거장 쿠르베Gustave Courbet, 1819~1877를 만난 이후 오랫동안 교분을 유지하였으며, 그에게서 그림과 인생에 큰 영향을 받았다.

휘슬러의 〈피아노에서〉는 1859년 파리 살롱전에서 낙선하였으나 런던 왕립 아카데미전에서는 대단한 호평을 받았다. 그는 곧 런던 사교계에서 주목받는 명사가 되었다. 휘슬러는 러시아와 프랑스에서 교육받은 미국인으로 매너 좋고 멋을 내기 위해서는 돈을 아끼지 않는 타고난 멋쟁이였다.

휘슬러는 여행벽이 있었으며, 종종 경제적인 어려움에 처하였으나 모

제임스 애벗 맥닐 휘슬러, 〈피아노에서〉, 1858~1859년, 캔버스에 유채, 66×91cm, 신시내티 태프트미술관

든 삶과 태도를 예술적으로 표현하려 하였다. 단테 가브리엘 로세티Gabriel Charles Dante Rossetti, 1828~1882, 와일드Oscar Wilde, 1854~1900 같은 각국의 유명 인사들과 친분도 가졌다. 그의 대표작 〈흰색 교향곡 1번〉은 영국 왕립 아카데미전은 물론, 파리 살롱전에서도 거부되었다. 그러나 다음 해 낙선전(Salon des Refusees)에서 큰 호응을 받으며 재평가되었다.

하얀 베일로 치명적 독성을 가린 납

1862년 휘슬러가 〈흰색 교향곡 1번〉을 발표했을 때는 이미 2년 전에 윌키 콜린스William Wilkie Collins, 1824~1889가 쓴 『흰옷을 입은 여인』이라는 괴기소설이 출판되어 있었다. 소설과 그림의 제목이 비슷하여 사람들은 적잖이 혼동하였다. 그가 그림 제목을 이렇게 정한 것은 고도의 마케팅 전략이었다. 소설과 그림은 함께 대박이 났고, 흰색 옷과 흰색 가방, 흰색 구두 등 흰색이면 무엇이든지 유행하는 상황까지 이르렀다.

얼마 지나지 않아서는 여인들이 얼굴을 창백하리만큼 하얗게 화장하는 것이 유행하였다. 이런 미백 화장품을 '블룸 오브 유스(Bloom of Youth)'라고 하는데, 말 그대로 젊음을 유지해 준다는 뜻을 담고 있다. 그러나 이 화장품의 주성분은 납으로서 매우 위험한 것이었다. 실제 화장품을 사용한 여성들이 납중독으로 사망하는 사례도 있었다.

〈흰색 교향곡 1번〉은 당시 흰색 신드롬에 편승하는 그림으로 간주되어 비평가들 사이에서 혹평을 받았으며, 그림 자체도 너무 밋밋하고 차분하여 대중으로부터 외면당하였다. 그러나 훗날 누드가 아닌데도 몸매와 속마음까지 드러내는 듯한 투명한 분위기를 아주 잔잔하고 깊게 표현한 걸

제임스 애벗 맥닐 휘슬러, 〈흰색 교향곡 1번: 하얀 옷을 입은 소녀〉, 1862년, 캔버스에 유채, 214.6×108cm, 워싱턴D.C. 국립미술관

작으로 재평가받으며, 휘슬러의 대표작이 되었다.

이 그림의 모델은 '조'라고 불린 아일랜드 태생의 조안나 히퍼넌Joanna Hiffernan, 1843~1904으로 열아홉 살 때 모습이다. 집안이 너무 가난하여 1860년 휘슬러의 정부 겸 모델이 되었다. 휘슬러의 정식 부인이 아니었는데도 스스로 애버트 부인이라고 불렀으며 그녀의 아버지도 휘슬러를 사위처럼 대했다. 붉은 머리칼이 특히 아름답고 기품 넘치는 자태를 뽐냈다. 하지만 당시 사회통념상 누드모델은 매춘부와 비슷한 취급을 받았다.

휘슬러는 그녀를 청순하고 순결한 분위기로 그렸다. 그림 속 여인 발밑에는 사나운 동물의 얼굴이 달린 모피를 그려 넣었는데, 그녀에게 내재한 정열과 동물적 야성을 나타내는 듯하다.

휘슬러는 조안나를 모델로 하여 여러 점의 걸작을 남겼다. 〈흰색 교향곡 2번〉도 그녀를 모델로 한 그림이다(42쪽). 주인공이 화면 왼쪽에 치우쳐 있으나 오른쪽을 바라보며 오른쪽으로 손을 뻗고 있어 정적인 상태에서 동적인 분위기를 느낄 수 있다. 신비로운 흰 치마 속에 감추어진 육체적 아름다움뿐만 아니라 내면적 아름다움을 극대화하였다. 그녀를 향한 휘슬러의 애정이 그림에 짙게 깔려 있다.

그 시절 그림 속 여성은 대개 구조물을 넣어 부풀린 치마를 입었다. 그림 속 조안나는 당시로 보면 거의 몸매가 그대로 드러나는 옷을 입은 셈이기 때문에 대중들은 그녀가 천박하다고 느꼈다. 거울을 보는 조안나는 아주 아름답다. 당시에는 거울이 외면뿐 아니라 내면도 드러낸다고 믿던 때였다. 이 그림에는 당시 유럽의 일본 붐이 나타난다. 조안나는 일본 부채를 들고 있고, 벽난로 위에는 일본 화병이 놓여 있을 뿐 아니라 벚꽃이 장식되어 있다.

휘슬러 아닌 다른 화가의 작품에서도 조안나를 만날 수 있다. 휘슬러는

귀스타브 쿠르베, 〈잠〉, 1866년, 캔버스에 유채, 135×200cm, 파리 프티팔레미술관

존경하는 선배 화가 쿠르베에게 조안나를 자랑을 곁들여 소개하였는데 쿠르베도 그녀에게 끌렸던 것 같다. 이후에 쿠르베가 발표한 그림에도 조안나를 모델로 한 그림이 몇 점 나온다. 쿠르베의 〈잠〉은 두 여자가 나체로 서로 엉켜 잠든 모습을 그린 것이다. 한 여인은 붉은 머리이고, 다른 여인은 금발이지만 몸매와 얼굴이 거의 같은 것으로 보아 조안나를 모델로 두 여자를 그린 것으로 여겨진다. 이 그림은 휘슬러가 여행을 간 사이에 그려진 것이다.

휘슬러가 이 사건 이후로 쿠르베와 조안나 사이를 의심하였을 것은 뻔하다. 그 일로 조안나와의 관계에 심각한 금이 갔는지, 1869년 휘슬러는 조안나와 헤어지고 루이자 화니 핸슨이라는 새 여인을 맞았다. 루이자는 휘슬러의 아들도 낳았다.

화가의 목숨까지 앗아간 순결의 색

휘슬러는 흰색, 특히 연백(lead white)을 즐겨 사용하였다. 연백은 주성분이 납으로서 황과 반응하면 검은색의 황화납(PbS)이 된다. 즉 흰색이 검게 변색할 위험이 있다. 〈흰색 교향곡 1번〉을 보면 이미 많은 부분에 검은 변색과 손상이 나타난다. 이처럼 연백의 납 성분은 사람에게 매우 강한 독성을 가질 뿐 아니라 그림에도 독이 되었다.

안료 중에는 의외로 황을 포함하는 것이 많다. 당시 파란색 중 최고인 울트라마린(ultramarine), 빨간색 중 최고인 버밀리온(vermilion) 등이 황을 포함하였다. 오염된 대기도 황산화물을 포함하였다. 연백은 아마인유를 섞으면 다른 색보다 부착력이 좋아 바탕칠에 애용되었다. 이를 파운데이션 화이트(foundation white)라고 한다. 그러나 그 바탕 위에 울트라마린이나 버밀리온, 카드뮴 옐로(cadmium yellow) 등 황을 포함한 안료를 채색하면 시간이 흘러 검게 변색하거나 대기 중에 있는 황산화물에 의하여 변색이 일어날 수도 있다.

휘슬러의 대표적 문제작인 〈검정과 금색의 광상곡(추락하는 로켓)〉도 많이 손상되었다. 이 그림에 대해 영국의 예술비평가인 존 러스킨John Ruskin, 1819~1900은 페인트 통을 그냥 던져 뿌린 듯이 보인다며 혹평하였고, 이 평가 때문에 휘슬러는 그림 판매에 영향을 받았다고 하여 재판까지 벌였다.

연백은 다른 이름으로도 불리는데, 은처럼 빛이 나는 특성이 있어 실버화이트(silver white), 작은 조각처럼 번쩍인다고 하여 플레이크 화이트(flake white)라고도 한다. 휘슬러는 넓은 면에 이 색을 사용하였기 때문에 그의 그림은 바로 앞에서 감상하면 창백한 빛이 아른거리며 묘한 매력을 발산한다. 그는 이러한 매력을 외면하지 못하고 자기 몸이 납에 중독되어 병

제임스 애벗 맥닐 휘슬러, <검정과 금색의 광상곡(추락하는 로켓)>, 1875년, 캔버스에 유채, 60.3×46.6cm, 디트로이트미술관

들어 가는 것도 모르고, 아니면 알면서도 연백을 계속 사용하였다. 연백으로 구름을 그리면 햇빛과 갈등하는 빛나는 구름이 아주 훌륭하게 나타난다고 해서 아직도 이 색을 쓰는 화가들이 있다.

휘슬러는 문학과 음악의 추상성을 사랑하여 '교향곡'이나 '광상곡' 같은 음악과 관련한 용어를 그림 제목으로 많이 썼다. 또 '조화'나 '정돈' 같은 고전 덕목을 중요시했다. 그래서 그의 그림에는 이런 단어들이 제목으로 사용되기도 했다. 그의 미학적 신념은 저서 『10시의 강의』(1885)와 『적을 만드는 점잖은 예술』(1890)에 잘 나타나 있다.

휘슬러는 1886년 영국미술가협회 회장, 1898년 국제미술가협회 회장으로 당선되는 등 미술계와 미학의 발전에도 큰 발자취를 남겼다.

미백은 독을 품었다

1965년경 사회학자 길필란S.C. Gilfillan은 "로마제국은 납 중독으로 멸망했다"는 매우 충격적인 내용을 담은 논문을 발표했다. 당시 로마인들은 납의 지나친 애용가들이었다. 그들은 음식을 담는 그릇은 물론, 물을 연결하는 배수관과 화장품, 염료 등에 이르기까지 납 성분을 활용했다. 무엇보다 끔찍한 일은 로마인들이 '납설탕'이라는 감미료를 즐겨 먹었다는 사실이다. 당시 로마인들이 즐겨 마셨던 와인은 천연효소를 사용하여 주조하였기 때문에 신맛이 강했다. 그들은 신맛을 없애기 위해 납으로 만든 주전자에 포도즙을 넣고 끓여 사파(sapa)라고 하는 단맛이 나는 초산납(납설탕)을 만들어 와인에 섞어 마셨다. 당시 사파는 와인뿐 아니라 다른 식품에도 감미료로 사용되었다. 심각한 납중독을 일이키는 사파는 뇌 손상, 불임, 뼈 훼손, 신장 장애 등을 야기하면서 로마인들을 죽음으로 몰아넣었다.

특히 납이 미백 화장품의 주요 성분으로 사용되면서 동서고금을 막론하고 수많은 여성들을 괴롭혔다. 클레오파트라Cleopatra VII, BC69~BC30는 황화안티몬을 주원료로 하는 '콜(khol)'이라고 하는 검은 가루로 그 특유의 눈 화장을 했다. 그녀는 콜로 인해 안질에 시달렸다. 수많은 초상화의 모델이 된 영국의 엘리자베스 1세 여왕Elizabeth I, 1533~1603 은 '베니스분'이라는, 납 성분을 함유한 백분으로 천연두 자국과 거친 피부를 가렸다. 다소 창백하게 표현된 그녀의 얼굴에서 베니스분의 흔적을 찾을 수 있다.

납이 든 화장품은 동양의 여성에게도 치명적이었다. 최근 일본 산업의과대학이 발표한 연구보고서를 보면, 막부시대 무사 계급의 후손들의 골격에서 다량의 납 성분이 발견되었다는 흥미로운 자료가 눈에 띈다. 실제로 무로마치부터 에도시대의 풍속화 우키요에 속 여성들은 납 성분 화장품을 바른, 유난히 하얀 얼굴로 묘사된다. 당시 일본 무사들의 아내들이 사용했던 화장품은 후대에 치명적인 납 중독을 일으키면서, 불임과 함께 기형아, 장애아, 저능아 출산을 일으켰다는 것이다. 다소 인과관계의 비약이 있어 보이긴 하나, 납중독이야말로 막부시대의 종말을 고하는 중대한

1. 구스타프 클림트, 〈이집트〉 중 클레오파트라 부분도, 19세기경, 빈 미술사박물관
2. 마르쿠스 헤라르츠 2세, 〈엘리자베스 1세〉 중 얼굴 부분도, 1592년, 캔버스에 유채, 런던 국립초상화미술관
3. 호소다 에이시, 〈우키요에〉 중 얼굴 부분도, 1780년경, 개인 소장

원인 가운데 하나로 꼽힌다는 것이다.

화장품으로 인한 납 부작용은 20세기 초 우리나라에서도 있었다. 쌀가루로 만든 백분에 접착력이 뛰어난 납가루를 혼합하여 '박가분(朴家粉)'이라 불리는 화장품이 당시 여성들 사이에서 유행하였다. 물론 박가분을 사용한 여성들의 얼굴이 온전할 리 없었다. 수많은 여성들이 심각한 피부질환에 시달렸으며 일부 여성은 납중독 증상이 심해지면서 정신장애까지 앓기도 했다.

울트라마린의 어원은 '바다(marine)', '멀리(ultra)'라는 말에서 유래한다.
울트라마린의 원료는 청금석(Lapis Lazli)이며,
이 광물은 아름다운 군청색을 띤다.
당시에는 바다 건너 저 먼 동방의 아프가니스탄에서
질 좋은 청금석이 나온다고 알려졌다.
이 청금석은 황금 다음으로 비쌌다.

마리아의 파란색 치마를 그린 물감

그림 속 나체에 기저귀를 채워야 했던 웃지 못할 에피소드

조각가 미켈란젤로Michelangelo Buonarroti, 1475~1564는 시스티나성당의 천장화 〈천지창조〉를 그리고 본업인 조각가로 되돌아갔다. 약 25년이 흘러 환갑이 된 그에게 교황 바오로 3세Paulus III, 1468~1549는 선대의 클레멘스 7세Clemens VII, 1478~1534가 계획했던 대로 서쪽 벽에 〈최후의 심판〉을 그리라는 명령을 내렸다. 6년의 작업 끝에 14미터에 달하는 거대한 벽면에 온갖 인간의 형상을 망라한 391명의 육체의 군상이 드러났다. 해부학에 정통하고 원래 조각가인 미켈란젤로만이 해낼 수 있는 대작이 탄생한 것이다. 이로써 시스티나성당의 벽화와 천장화로 『성경』을 회화화하는 거대한 작업이 완성되었다.

〈최후의 심판〉은 1541년 10월 31일 모든 로마 시민의 찬탄 속에 공개되었다. 그림 속 인물들은 처음에는 모두 나체였다. 나체가 불경하다고 시민들과 교회의 권력자들이 아우성을 쳤으나 미켈란젤로는 대가의 카리스마로 꿋꿋하게 버텼다. 그러나 1564년 교황 비오 4세Pius IV, 1499~1565는

IONAS

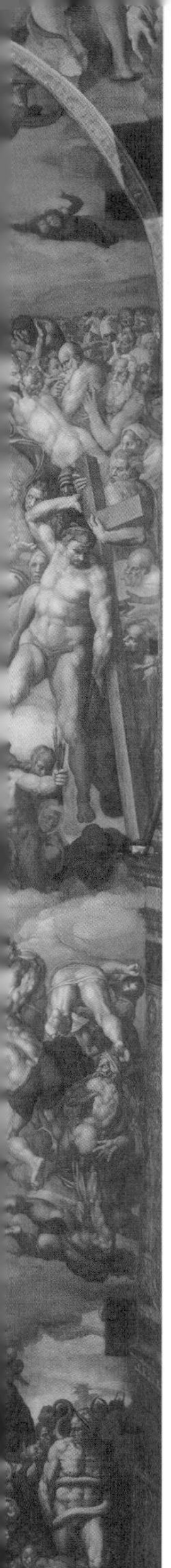

시스티나성당 동쪽 입구에서 바라본 천장화와 서쪽 정면으로 보이는 〈최후의 심판〉

미켈란젤로 부오나로티, 〈최후의 심판〉, 1536~1541년경, 프레스코, 1370×1220cm, 바티칸 시스티나성당

나체의 부끄러운 부분을 모두 덧칠로 가리라는 명령을 내렸는데, 연로한 미켈란젤로가 움직이지 않자 그의 제자인 다니엘레 다 볼테라Daniele da Volterra, 1509~1566가 나체에 기저귀(!)를 채우는 임무를 수행했다. 그래서 그에게는 '브라게토네'(Braghettone : 기저귀를 채우는 사람이라는 뜻)라는 별명이 붙었다. 다행히도 미켈란젤로의 또 다른 제자 마르첼로 베누스티Marcello Venusti, 1515~1579가 덧칠하기 전의 작품을 모사해 놓아서 후대에 원작의 모습을 이해할 수 있게 해 주었다.

미켈란젤로는 모든 이들의 반대 속에서 왜 나체로 그렸을까? 그는 원래 조각가다. 또한 신앙심이 깊은 그는 하나님이 당신의 형상대로 창조한 남자의 육체를 이상적인 아름다움으로 생각했다. 그래서 그의 또 다른 대작 〈천지창조〉에서도 하나님의 육체를 근육질의 남자로 표현하였다.

그러나 아담의 남성 육체로부터 여성인 이브가 만들어졌다. 그래서일까. 가장 이상적인 남성상을 구현하기로 유명한 미켈란젤로의 조각과 그림을 살펴보면, 울퉁불퉁한 근육질의 남자라도 젖이 꽤 크며 강인함과 부드러움이 공존한다. 또 그의 신앙심으로 볼 때 인간이 타락하기 전에는 죄성이 없는 순수한 나체였다. 따라서 성인들과 사도들을 모두 나체로 표현한 것은 오히려 당연한 것이다. 그들은 구원받은 하나님이 창조한 원래의 인간상으로서 순수한 나체여야 했다. 그러나 교회는 그들에게 죄악의 기저귀를 다시 채우고 말았다.

〈최후의 심판〉에 대한 교회의 불만은 나체 말고도 있었다. 〈최후의 심판〉에는 기독교와는 전혀 어울리지 않는 그리스 신화의 주인공들이 다수 등장한다. 즉 이교도적인 요소가 있다는 지적이 제기된 것이다.

여기에는 미켈란젤로의 높은 교육 수준이 단서를 제공한다. 그는 틀림없이 단테Dante Alighieri, 1265~1321가 쓴 『신곡』을 읽었을 것이고 〈최후의 심판〉

안에 그 영향이 자연스럽게 녹아들어가 나타난 것이다. 오른쪽 최하단에 지옥으로 쫓겨가는 악인들의 군상이 나오는데 그 중 당나귀 귀를 한 지옥왕 미노스를 거대한 뱀이 휘감고 있고 그의 성기를 깨물고 있다. 그리스 신화의 지옥왕 미노스는 『신곡』에도 등장한다. 그런데 그 얼굴이 교황의 의전관 비아지오 다 체세나Biagio da Cesena, 1463~1544의 얼굴과 닮았다. 여기에는 다음과 같은 이야기가 전해 온다.

〈최후의 심판〉 중 지옥왕 미노스 부분도.

〈최후의 심판〉이 거의 완성되어 갈 때 교황이 의전관 체세나를 대동하고 미켈란젤로의 작업장을 찾았다. 그때 체세나는 교황에게 이 그림들의 나체가 심히 불경하여 성당보다는 공중목욕탕에나 어울릴 것 같다고 말했다. 이에 화가 난 미켈란젤로는 그를 지옥에서 가장 나쁜 악인인 미노스의 얼굴로 그려 넣었다. 더 재미있는 것은 이것을 알게 된 체세나가 교황에게 그 얼굴을 바꾸도록 명령해 달라고 부탁하자, 교황이 "자네를 연옥(煉獄)에 넣었다면 내가 부탁해서 구원해 내겠지만 이미 지옥에 있는 이상 어떻게 옮길 수 있겠는가?"라고 대답했다고 한다. 여기서 연옥이란 가톨릭 교리에서 죽은 사람의 영혼이 인생의 죄를 씻고 천국으로 가기 위해 일시적으로 머문다고 믿는 곳을 말한다.

교황 바오로 3세는 미켈란젤로가 메디치가에 있을 때부터, 즉 자신이 교황이 되기 전부터 미켈란젤로를 상당히 좋아하고 그를 언제나 힘껏 밀어 주었다. 그의 그림에 기저귀를 채운 것도 다음 교황인 비오 4세 때의 일이다.

그림 곳곳에 숨어 있는 상징과 비유

〈최후의 심판〉 정중앙에서 약간 윗부분을 보면, 예수가 오른팔은 높이 들고 왼손을 내리누르는 동작을 하고 있다. 예수의 심판을 상징하는 모습이다. 즉, 오른손으로 의인을 천국으로 올리고, 왼손으로는 악인을 지옥으로 내리는 지시를 하고 있다. 그러나 예수의 육체는 전통적인 표현 양식을 따르지 않고 있다. 이처럼 수염도 없이 운동선수 같은 근육질로 예수를 그린 것은 미켈란젤로가 처음이다.

예수 바로 곁에 고개 숙인 여인이 성모 마리아다. 이는 치마를 파란색으로 칠한 것, 즉 '울트라마린'이라는 염료를 사용한 것으로 추정할 수 있다(울트라마린과 얽힌 이야기는 다음 항에서 자세하게 다루기로 하자). 그런데 성모의 얼굴은 미켈란젤로가 오랫동안 친하게 지냈던 페스카라 공작의 아내인 비토리오 콜로나Vittorio Colona의 모습을 하고 있다. 그 당시 미켈란젤로가 콜로나를 연인으로 사랑한 것 같지는 않다. 오히려 그의 애틋한 사랑을 받은 사람은 미소년 토마소 드 카발리에Tomaso de Cavalieri, 1515년경~1587였다. 다 빈치와 마찬가지로 미켈란젤로도 동성애 의혹을 받았다.

예수 바로 아래 오른쪽에 있는 사람은 산 채로 살가죽을 벗겨 내는 형벌로 순교했다는 바르톨로메오Bartholomaeus 사도다. 오른손에는 피부를 벗길 때 사용한 칼을 들고 있고 왼손에는 벗겨진 살가죽을 들고 있다. 그런데 고통으로 일그러진 이 살가죽의 얼굴은 미켈란젤로 자신의 얼굴이다.

〈최후의 심판〉 중 예수와
성모 마리아 부분도(위쪽),
바르톨로메오 부분도(왼쪽)

〈최후의 심판〉 중 십자가와 군상 부분도(위쪽), 기둥과 군상 부분도(아래쪽)

〈최후의 심판〉 중 일곱 천사 부분도.

아마도 최후의 심판 때 자신도 이런 심판을 피할 수 없음을 나타낸 것이 아닐까 생각된다.

미켈란젤로는 화면 맨 위 왼쪽에 십자가를 든 군상을 형상화했다. 예수를 채찍질했던 기둥을 든 오른쪽 군상과 대조를 이룬다. 예수 아래 중앙에는 『신약성경』「요한계시록」의 일곱 명의 천사들이 나팔을 불며 마지막 심판을 알리고 있다.

울트라마린과 시트라마린

다 빈치와 마찬가지로 미켈란젤로도 미완성 작품이 많다. 다 빈치는 다양한 사물을 향한 과도한 지적 호기심으로 인해 회화 작품을 완성할 시간을 갖지 못했다. 반면 미켈란젤로는 우유부단한 성격 탓에 작품을 온전하게 완성하지 못한 예가 왕왕 있었다. 〈그리스도의 매장〉이 바로 그러한 미켈란젤로의 미완성 작품 가운데 하나다.

미켈란젤로는 〈그리스도의 매장〉 오른쪽 하단에 누군가를 그려 넣기 위해 빈자리를 남겨 놓았다. 아마도 성모 마리아를 그리려는 자리였을 것으로 추측된다. 그는 왜 성모 마리아를 그리려는 자리를 비워 두었을까? 성모 마리아의 얼굴 모델을 찾지 못해서일 수도 있고, 아니면 성모 마리아를 표현하는데 꼭 필요한 파란색 울트라마린 안료를 구하지 못해서일 수도 있다. 그만큼 울트라마린은 비싸고 귀한 안료였다.

울트라마린의 어원은 '바다(marine)', '멀리(ultra)'라는 말에서 유래한다. 울트라마린의 원료는 청금석(Lapis Lazli)이며, 이 광물은 아름다운 군청색을 띤다. 당시에는 바다 건너 저 먼 동방의 아프가니스탄에서 질 좋은 청금석이 나온다고 알려졌다. 이 청금석은 황금 다음으로 비쌌다. 그래서 많은 사람들이 그와 비슷한 색을 다른 광석에서 찾거나 다른 방법으로 만들려고 노력했다.

성모 마리아를 채색하는 경우가 아니라면 좀 더 싼 파란색 안료인 아주라이트(azurite)를 사용했을 것이다. 아주라이트는 남동석이라는 광석에 함유돼 있다. 보통 구리 광산에서 발견되곤 하는데, 유명한 녹색 안료인 말라카이트와 함께 출토되는 경우가 많았다. 그래서 같은 파란색이라도 아주라이트는 약간 녹색을 띤다. 그 당시 아주라이트는 울트라마린에 비하면 값이 매우 쌌다. 유럽 본토에서 생산되었기 때문이다. 그래서 아주라이트는 울트라마린과 대비되는 개념으로 시트라마린(citramarine)이라고 불리기도 했다.

아주라이트는 안정성이 떨어져 시간이 지나면 퇴색되어 칙칙해진다. 〈그리스도의 매장〉에서 막달라 마리아의 옷 색은 칙칙한 갈색이다. 이 그림을 그릴 당시 막달라 마리아의 옷은 원래 청색이었는데 변색해서 갈색

미켈란젤로 부오나로티, 〈그리스도의 매장〉, 1510년, 목판에 유채, 159×149cm, 런던 내셔널갤러리

이 된 것으로 보인다. 결국 미켈란젤로는 성모 마리아를 값이 싼 아주라이트로 칠할 수는 없어서 그 자리를 비워 놓은 게 아닐까? 〈최후의 심판〉 속 예수 옆에 자리한 성모 마리아의 파란색 치마가 필자인 화학자의 눈에 유독 강렬하게 들어온다.

불포화지방산은 지방산 사슬 중에
불포화기를 포함하고 있어서
녹는점이 낮아 상온에서 액체 상태이다.
이것이 시간이 지나면서
불포화기가 가교결합을 하며 굳어져
단단한 도막을 형성하는데,
바로 이 점을 그림물감에 이용한 것이다.

유화를 탄생시킨 불포화지방산

회화에 생동감을 선사한 불포화지방산의 녹는점

명화들을 시간의 역사에 따라 훑어 오다가 〈아르놀피니의 결혼〉을 만나면 누구나 깜짝 놀라게 된다. 갑자기 나타난 생생한 색감과 놀라운 테크닉 때문이다. 이전의 그림들에서는 전혀 볼 수 없던 화려한 색채와 살아 있는 것처럼 느껴지는 표현을 보고 "1400년대 당시에 어떻게 이렇게 그릴 수 있었을까?" 하고 놀라지 않을 수 없다. 이전 그림과는 너무나 다른 이 그림은 당시에도 사람들에게 엄청난 놀라움을 안겨 주었을 것이다. 〈아르놀피니의 결혼〉의 화려한 색채와 정교한 묘사는 불포화지방산 때문에 가능했다.

유화의 창시자로 알려진 에이크Jan van Eyck, 1395~1441는 식물성 불포화지방산인 아마인유(linseed oil)를 이용하여 이전에는 거의 불가능했던 정교한 붓질이 가능한 유화 기법을 완성하였다. 지금도 대부분의 유화 물감에는 아마인유가 포함된다. 불포화지방산은 지방산 사슬 중에 불포화기를 포함하고 있어서 녹는점이 낮아 상온에서 액체 상태이다. 이것이 시간이 지나면서 불포화기가 가교결합을 하며 굳어져 단단한 도막을 형성하는데,

〈아르놀피니의 결혼〉 중 강아지 부분도.

바로 이 점을 그림물감에 이용한 것이다.

유화가 발명된 이후 거의 모든 서양화는 유화로 그려졌다. 유화 이전까지 서양화는 달걀노른자가 용매 역할을 한 템페라로 그렸으며, 그 이전에는 석고 위에 수성 물감을 스미게 하는 프레스코로 그렸다. 프레스코는 스미고 번져서 색감이 뿌연 데다 정교한 묘사가 불가능했다. 템페라는 붓질이 좀 나아지고 광택도 약간 있었으나 유화에 비해서는 많이 떨어졌다. 이 그림의 강아지를 보면 털 하나하나까지 손에 잡힐 듯 정밀하게 묘사되었는데 템페라로는 도저히 나타낼 수 없는 정교함이다.

유화는 당시 수요가 가장 많은 그림 장르인 초상화에 대단한 영향력을 행사하였다. 다른 그림보다 광택이 뛰어나서 그림의 주인공이 생생하게 살아나는 효과를 주었기 때문이다.

에이크가 처음으로 유화를 사용한 사람은 아니다. 그러나 그에 의하여 유화가 제대로 성과를 나타내고 기법이 집대성되었기에 흔히 그를 '유화의 창시자'라고 한다.

에이크는 1441년에 죽었으나 언제 태어났는지는 정확히 알려져 있지 않다. 미술사에서 너무나 중요한 대가이지만 1422년 이전의 그의 생활과 행적에 대해서는 알려진 것이 거의 없다. 어디서 누구에게 그림을 배웠는

얀 반 에이크, 〈아르놀피니의 결혼〉, 1434년, 캔버스에 유채, 82.2×60cm, 런던 내셔널갤러리

지도 모른다. 1420년경 갑자기 화려하게 등장하여 플랑드르 지방의 강력한 지배자였던 부르고뉴 필립 공작Phillippe Le Bon, duc de Bourgogne, 1396~1467의 궁중 화가로, 시종무관으로 상류사회에 얼굴을 알렸다. 외교 수완이 뛰어나 공작을 대신하여 중요한 외교 회담을 맡기도 하였다. 형 후베르트 반 에이크Hubert van Eyck, 1370~1426도 화가인데 형이 시작한 벨기에 겐트의 〈성 바보 성당의 제단화〉를 동생 얀이 완성한 것으로 알려져 있다(72~73쪽).

과학자의 시선으로 그림 속 소품을 읽다

〈아르놀피니의 결혼〉은 이전까지 그려진 대부분의 이탈리아풍 그림과 달리 대단히 사실적이고 소품 하나하나까지 정밀하게 묘사되었다. 어느 소품도 우연히 들어가진 않았으며 치밀한 계산과 상징을 담고 그려 넣은 것이다. 원래 이 그림에는 제목이 없었다. 그러나 결혼식을 그린 그림이란 것을 알려주는 상징이 아주 많이 들어 있어 〈아르놀피니의 결혼〉이라는 제목이 붙었다.

우선 그림의 한가운데에 가장 밝게 강조해 그린 것이 맞잡은 손이다. 남녀가 손을 맞잡은 것은 결혼을 나타낸다. 더구나 남자는 오른손을 들고 서약하는 자세까지 취하고 있다. 가운데 위쪽의 샹들리에를 보면 많은 촛대 중 하나에만 불이 켜진 초가 놓여 있다. 왜 촛불을 하나만 켰을까? 게다가 창을 보면 밝은 낮이다. 이 촛불은 바로 혼인 양초이다. 중세 이래 결혼식에서 촛불은 중요한 상징물이며, 단 하나의 촛불은 태초의 빛을 상징하여 결혼이라는 신성한 신의 섭리가 시작함을 알린다.

신성한 결혼의 종교적 의미를 위해 가운데 거울 옆에 천주교의 묵주도

〈아르놀피니의 결혼〉 중 촛대 부분도(위쪽)와 거울 부분도(아래쪽)

보인다. 침대 모서리 위에 있는 작은 목각은 아기 잉태의 수호성녀인 성 마가리타가 사탄을 나타내는 용을 밟고 있는 모양인데 이 결혼이 사탄의 침입 없이 영속되고 아이도 잘 낳아서 행복한 가정을 이루기를 바라는 열망을 담았다.

벽에는 솔이 하나 달려 있는데 이것은 성수를 뿌리는 솔로 보인다. 반대편 창가에 놓인 과일들도 종교적으로 인류의 원죄를 상징하는 금단의 열매를 그리고 있다. 강아지는 충성을 상징하는데 결혼 당사자들의 정절을 나타내고자 하였다.

〈아르놀피니의 결혼〉(66쪽) 왼쪽 아래에 신발을 벗어 놓은 것이 보이는데 이것은 『구약성경』 「출애굽기」 3장 5절의 "너의 선 곳은 거룩한 땅이니 네 발에서 신을 벗어라"에 근거하여 이 결혼이 신의 축복을 받은 신성한 예식임을 나타낸다.

이 그림에 사용된 소품들은 종교적 신성함만 나타낸 것이 아니라 결혼을 하는 당사자들의 지위와 능력도 나타낸다. 남자는 귀족이나 입는 비싼 자줏빛 털 망토를 입었으며, 여자는 당시 유행하던 녹색 드레스를, 그것도 아주 비싼 털로 된 드레스를 입었다. 창가의 사과 밑에 있는 오렌지는 당시 부자만 먹을 수 있던 고급 과일인데 평범한 자리에 놓음으로써 부자라는 것을 암시한다.

진짜 이 그림의 가치와 내용을 나타내는 두 가지가 남았다. 그것은 가운데 있는 둥근 볼록거울과 그 위에 쓰인 글이다. 에이크는 그림 가운데에 볼록거울을 그려서 방 반대쪽의 정경을 그려 넣었다. 정말 기가 막힌 아이디어다. 그러니까 이 그림은 어안렌즈를 쓰지 않고도 교묘하게 방 전체를 그린 셈이다.

거울에는 두 사람이 보인다. 율법 중의 율법이라는 『구약성경』 「신명기」 19장 15절에 보면 두 사람의 증인이 있어야 참이라고 했고, 『신약성경』 「요한복음」 8장 17절에서 예수도 율법에서 두 사람의 증인이 있어야 참이라 하였다. 거울 안의 두 사람은 바로 결혼을 보증하는 입회인인 것이다. 볼록거울 바로 위에 "얀 반 에이크가 1434년 여기에 있다"라는 글을 써 넣은 것으로 보아 그중 한 사람은 아마도 에이크 자신일 것이다. 이렇게 하여 자신이 증인도 되고, 이 그림은 결혼증서 역할을 하고, 자신의 서명도 한 것이다. 결혼증서 같은 볼록거울 주변에 있는 열 개의 원형 속에는 '그리스도의 고난(Passion of Christ)' 장면이 그려져 있어 신성한 결혼 서약에 엄숙함을 더한다.

신부의 배가 너무 불러 있어서 혹시 임신 중이 아닌가 하는 설과, 결혼은 교회에서 신부 앞에서 하는 것이 일반적인데 입회인 두 사람만 놓고 몰래 하는 결혼이라는 설도 있다. 확실한 것은 아무도 모른다. 다만 몇 가지 추측할 수 있는 상징은 있다.

신부의 머리에 쓴 헤어드레스는 흰색으로 처녀를 뜻하고 순결을 상징한다. 또한 허리를 가는 끈으로 질끈 매고 있는데 임신 중이라면 이렇게 허리를 가늘게 맬 수는 없을 것이다. 당시 여자들은 가는 허리를 강조하기 위하여 허리를 매우 강하게 죄고 치마는 풍성하고 길게 하였다. 에이크의 또 다른 작품인 〈성 바보 성당의 제단화〉에 그려진 이브에서도 볼 수 있듯이, 풍만하

〈아르놀피니의 결혼식〉 중 신부 부분도.

얀 반 에이크, <성 바보 성당의 제단화>, 1426~1432년경, 목판에 유채, 350×461cm, 겐트 성 바보 대성당

게 나온 복부와 그에 대비되어 더욱 강조되는 가는 허리는 당시 이상적인 여성미의 표현이었다.

신부 드레스를 칠한 녹색이 눈을 끈다. 이 녹색은 말라카이트 그린(malachite green)이라는 성분으로, 구리 광맥 속에서 가끔 출토되는 구리 리간드의 구리 카보네이트(copper carbonate)다. 대단히 아름다운 이 녹색 성분의 진품은 킬로그램당 100만 원이 넘는다. 이런 비싼 안료를 화면의 넓은 부분에 칠할 수 있었던 것으로 보아 이 그림의 의뢰인이 대단한 부자였음을 짐작할 수 있다. 이 색은 지금은 합성으로 만들지만 여전히 '말라카이트 그린'이라는 고유의 아름다운 이름을 유지하며 많은 화가로부터 사랑을 받고 있다. 그리고 침대 색은 정열적인 빨강으로 하였는데 녹색 드레스와 보색 관계에 있어서 그림 전체에 대단한 생동감을 준다.

불포화지방산은 우리 몸도 바꾼다

불포화지방산은 미술사에서 유화를 창조한 혁혁한 공을 세운 것과는 별도로 인간의 건강을 지키는 중요한 역할을 하고 있다. 불포화지방산이라는 다소 어려워 보이는 용어 안에는 우리가 식생활에서 흔히 사용하는 '지방' 즉 '기름'이라는 말이 담겨 있다. '지방' 하면 대체로 건강을 해치는 질병의 주범으로 생각한다. 하지만 지방은 바로 이 불포화지방산 덕택에 질병의 주범이라는 혐의를 절반 정도는 벗을 수 있게 되었다. 지방에 산(카복실기, -COOH)이 붙어 있는 것이 지방산이다.

자연에 존재하는 지방산에는 크게 포화지방산과 불포화지방산이 있다. 비만의 원인이 되는 지방은 포화지방산으로 이루어져 있다. 쇠고기나 돼

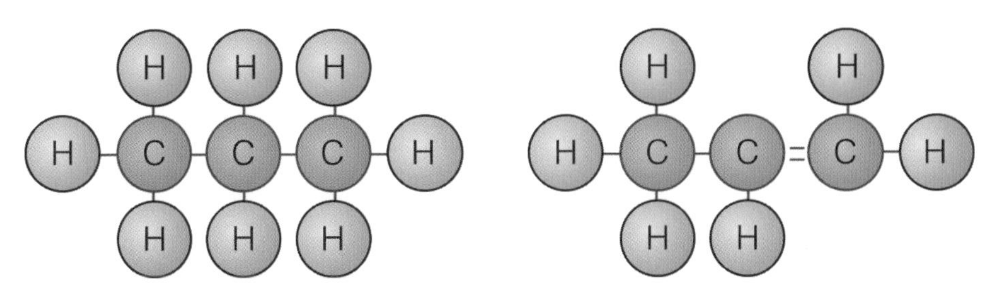

포화지방
(수소로 포화되어 있다)

불포화지방
(다중결합이 있다)

지고기와 같은 붉은 육류에 다량 함유되어 있는 포화지방산은 분자 구조 그림처럼 탄소원자에 수소원자가 모두 붙어 있다. 이러한 포화지방산은 실온에서 고체로 유지된다. 따라서 포화지방산이 우리 몸에 많이 쌓이게 되면 장기 조직 속에서도 고체로 변화할 가능성이 높아 동맥경화 등의 질병을 초래하는 등 다양한 성인병의 주범이 된다.

반면, 불포화지방산은 탄소원자에 수소원자가 부족하여 불포화되어 있어 다중결합을 이루고 있다. 불포화지방산은 실온에서 응고되지 않고, 물과 같은 유동체 상태를 유지한다. 이러한 불포화지방산은 다시 단일 불포화지방산과 다중불포화지방산으로 나뉘는데, 우리 몸의 건강을 해치는 나쁜 콜레스트롤을 감소시키는 올레산이 바로 단일 불포화지방산을 대표한다. 올레산은 올리브유 등에 많으며 일반인이 섭취하는 단일 불포화지방산의 90%를 차지한다. EPA, DHA는 참치나 꽁치와 같은 등푸른생선에 풍부하게 함유된 지방산이기도 하다.

여기서 한 가지 덧붙일 것은 불포화지방산이 모두 건강에 좋은가 하면 그건 아니라는 사실이다. 불포화지방산 중에는 두 가지 구조가 존재하는데 트랜스형과 시스형이다. 체내에서 잘 고체화되는 트랜스불포화지방산은 포화지방산과 마찬가지로 성인병을 유발한다.

연금술사들은 온 우주와 만물을 변화시키고 운행하는
어떤 원동력이 있는데 그것이 '보편 정신'이라고 생각했다.
어떤 거역할 수 없는 힘이 있어 만물을 창조하고
모든 물질의 근원이 되며 생명의 토대가 된다고 믿었다.
말하자면 연금술은 기술이나 과학을 넘어서 철학이고 신학이었다.

연금술의 죽음

실패한 과학?

연금술(alchemy)은 화학자들에게는 아주 친숙한 말이다. 그러나 연금술이란 말을 정확히 알고 있는 사람은 얼마나 될까? 영국의 철학자 베이컨Francis Bacon, 1561~1626은 연금술에 대해 이렇게 말했다.

"연금술은 아마도 아들에게 자신의 과수원 어딘가에 금을 묻어 두었다고 유언한 아버지에 비유할 수 있을 것이다. 아들은 금을 찾기 위해 온 밭을 헤쳐 보았지만 어디서도 금을 발견하지 못했다. 그러나 사과나무 뿌리를 파헤쳐 놓아 풍성한 수확을 얻을 수 있었다. 금을 만들고자 했던 연금술사들은 금을 만드는 데는 실패하였지만, 이 과정에서 유용한 기구와 실험 방법과 신물질을 다수 발명(견)하여 인간에게 큰 혜택을 가져다주었다."

베이컨의 말처럼 연금술이 단순히 우연한 부산물을 얻게 된 실패한 사기술에 지나지 않을까? 사실 대부분의 중세회화에서 연금술사들은 철에

피에로 디 코시모, 〈프로크리스의 죽음〉, 1486~1510년경, 캔버스에 유채, 65×188cm, 런던 내셔널갤러리

맞지 않는 외투를 입고 사이비 교주 같은 태도로 이상한 냄새가 나고 알 수 없는 실험을 하는, 다소 사기꾼 같은 모습으로 그려진다.

일반적으로 연금술은 1142년경에 시작한 것으로 알려져 있으나, 사실은 이런 유의 비술(秘術)은 기원전 4500년까지 거슬러 올라가서 고대 중국, 인도, 이집트, 메소포타미아에서 시작했다고 볼 수 있다. 금은 인간이 최초로 다룬 금속이었을 것으로 생각되며, 강력한 통치자가 등장하여 야금술을 비롯하여 금에 관한 모든 것을 비밀 속에서 발전시켜 왔다.

헤르메스 트리메지스트(Hermes Trimegist : '위대한 헤르메스'라는 뜻)가 천상의 지배자인 창조주에게서 하늘의 지혜를 전수받았다는 구전과 그를 보여 주는 헤르메스에 대한 기록(에메랄드 평판)들에서 그 신비한 모습을 조금 볼 수 있다. 그 후 엠페도클레스Empedocles, BC490~BC430와 아리스토텔레스Aristoteles, BC384~BC322가 물, 불, 공기, 흙의 4원소가 만물을 만들어 내는데 이 반응을 일으키려면 제5원소가 필요하다고 하였다. 이것이 바로 '현자의 돌'이다.

이 연금술이 이슬람 세계에 전해지고 특히 우마이야드 야지드 다마스 왕의 아들인 칼리드가 왕위 계승도 마다하고 연금술에 전념하여 많은 발전을 이루어 중세 유럽에 전해지게 되었다. 중세의 신비주의 수도사들의 장미십자가회도 연금술의 비밀 보존과 관련이 있다.

뉴턴Isaac Newton, 1642~1727이 연금술의 마지막 현자로 인정되고 있으며, 라부아지에Antoine Laurent Lavoisier, 1743~1794의 등장 이래 비술로서의 연금술은 정통과학에 밀려 지하로 들어가게 되었다. 하지만 오늘날에도 연금술이란 이교적 비술은 생명력을 잃지 않고 나름의 독립 영역을 차지하고 있다.

연금술이 실패한 과학이 아니라면 원래 무엇이었다는 말인가? 연금술사들은 온 우주와 만물을 변화시키고 운행하는 어떤 원동력이 있는데 그것이 '보편 정신'이라고 생각했다. 어떤 거역할 수 없는 힘이 있어 만물을 창조하고 모든 물질의 근원이 되며 생명의 토대가 된다고 믿었다. 말하자면 연금술은 기술이나 과학을 넘어서 철학이고 신학이었다. 그 보편 정신이 바로 '신의 정신'이며 이것을 구체화, 형상화한 것이 '현자의 돌'이라고 보았다. 그러니까 연금술사들의 진정한 목표는 금을 만드는 것이 아니라 신의 정신을 파악하여 만물 창조의 원리를 이해하는 것이었다.

'현자의 돌'은 모든 불순하고 불완전한 금속을 정화하고 정신을 온전케 하여 종국에는 육체의 만병도 치료할 수 있는 불사의 영약이었다. 그들은 '신의 정신'을 병에 담길 원했다. 연금술의 상징이 된 펠리컨은 바로 이 병을 나타내며 실제 이들이 만들어 쓴 유리병의 모양은 펠리컨을 닮았다. 펠리컨이란 새는 자기 심장을 쪼아서 나오는 피를 죽은 새끼에게 먹여서 살리는 영험 있는 새로 믿어졌는데 연금술사는 펠리컨처럼 생긴 유리병으로 비밀스러운 반응을 시도하는 펠리컨과 같은 생명의 수호자였다.

연금술로 화학의 반응을 그리다

코시모Piero di Cosimo, 1462~1521는 로셀리Cosimo Rosselli, 1439~1507의 제자로서 전 생애를 피렌체에서 보낸 화가이다. 미술사가 바사리Giorgio Vasari, 1511~1574는 『미술가 열전』에서 코시모를 "아주 특별하고 기발한 정신의 소유자"라고 묘사했으며, 역사가 파노프스키Erwin Panofsky, 1892~1968는 그의 작품들이 명작이라고 할 수는 없을지라도 이상하고 꿈꾸는 듯한 시적 황홀함의 신비한 유혹으로 엄청난 매력을 지녔다고 했다.

코시모의 대표작인 〈프로크리스의 죽음〉은 반라의 여인이 화면 가운데 누워 있고 한쪽에는 반인반수의 목신(Faun)이, 또 한쪽에는 큰 사냥개가 있으며 배경이 뭐가 뭔지 도대체 알 수 없다. 이 묘한 그림을 이해하려면 그림에 숨어 있는 많은 상징과, 제목이 말하는 신화의 배경을 알아야 한다.

이 그림은 고대 시인 오비디우스Publius Ovidius Naso, BC43~AD17가 기록한 케팔로스(Cephalus)와 프로크리스(Procris)의 신화의 마지막 장면을 그린 것이다. 아르테미스(Artemis) 여신은 아름다운 처녀 프로크리스를 총애해서 세상에서 가장 빠른 사냥개와 절대 빗나가지 않는 창을 선물했다. 프로크리스는 케팔로스를 사랑하여 결혼하면서 그 개와 창을 남편에게 선물로 주었다. 에오스(Eos) 여신이 멋진 케팔로스에게 반하여 그를 납치하였으나 케팔로스가 아내를 끝내 배신하지 않자 도로 놓아주었다. 그동안에 프로크리스는 오해로 질투심이 생기고 남편을 조금씩 의심하다가 케팔로스가 다른 여인을 사랑한다는 소문을 듣고 몰래 뒤를 밟는다. 케팔로스는 사냥을 마치고 숲에 누워 땀을 식히며 "어서 오라, 아우라!" 하고 노래 부른다. 풀숲에 숨어서 보던 프로크리스는 남편이 애인을 부르는 줄 알고 낙담하여 울었는데, 누워 있던 케팔로스가 동물의 기척인 줄 알고 창을 던졌다. 달려가 보니 창이 사랑하는 아내의 목을 정확히 관통하였다. 프로크리스가 죽어 가며 아우라와 사랑에 빠진 남편을 원망하자 그제서야 케팔로스는 어찌 된 영문인지 알게 되나 이미 사랑하는 프로크리스는 죽은 뒤였다. '아우라(Aura)'는 바람이라는 뜻이고 케팔로스는 "바람아, 불어라!"는 말을 시적으로 한 것이었다.

이 그림은 연금술의 상징으로 가득 차 있다. 원래 신화에는 반인반수의 목신은 등장하지 않는다. 코시모가 연금술의 상징으로 그림에 넣은 것이다. 연금술은 태초의 근원을 찾는 신비로운 학문이다. 그래서 연금술에 빠진 코시모는 원시적이고 근원적인 야생에 매우 강하게 끌렸다. 케팔로스는, 하체가 사슴일 뿐 아니라 얼굴도 동물답고 염소의 귀와 뿔까지 갖추었다.

죽어 가는 프로크리스의 육체는 황금과 붉은 천으로 감싸여 있다. 그것은 붉고 뜨거운 '현자의 돌'을 상징한다. 안타깝게도 '현자의 돌'인 그녀가 죽어 가는 것이다. 그녀 어깨 위에서, 물론 바로 어깨에 붙어서는 아니지만 새로운 생명의 나무가 자라고 있다. 나무는 '현자의 돌'에 의하여 잉태된 생명을 상징한다.

케팔로스의 사냥개는 이 그림에서 두 번 나타난다. 하나는 프로크리스의 죽음을 슬퍼하며 관조적 태도로 조용히 내려다보는 앞의 큰 개이며, 또 하나는 흰 개와 검은 개가 싸우는 것을 지켜보는 배경의 개이다. 이 두 사냥개는 바로 위대한 연금술사 헤르메스를 나타낸다. 그는 이승과 내세를 오가는 죽음의 왕국의 안내자이며 연금술의 위대한 스승이다.

배경에서 가장 눈에 띄는 것은 세 마리의 개다. 한 마리는 방금 이야기한 헤르메스다. 흰 개와 검은 개는 화학의 대립되는 상태인 휘발성체와 고체를 나타낸다. 화학, 아니 연금술의 모든 반응은 이런 두 상태 사이의 변환과 대립이다.

그 옆에 있는 펠리컨은 연금술사들이 사용하는 유리병이다. 이 병 안에서 반응하여 승화하면, 저 뒤에 날아다니는 새들로 표현된 기체가 된다. 여기서는 죽음의 승화이다. 이 그림에 등장하는 새들은 모두 연금술사가 자주 사용하는 목이 매우 긴 반응병들을 나타낸다.

화면 뒤에 도시 풍경이 보인다. 코시모는 피렌체에 살았지만 그의 정신세계는 사람들이 바쁘게 일하고 잔치를 벌이고 시기하고 싸우는 도시와 매우 먼 거리를 두고 있다. 코시모에게 도시란 거의 죽은 것이나 다름없이 무의미하기 때문에 그는 이 그림에서 배경을 흐릿하고 음산하게 단색으로 표현하였다. 그림 전체가 프로크리스의 죽음을 애도하는 것처럼 느껴진다.

〈프로크리스의 죽음〉 중 개 부분도.

철학과 신학을 넘나든 새로운 영역

〈프로크리스의 죽음〉은 "질투가 있는 곳에는 평화가 없다"는 가정의 도덕을 나타내기도 한다. 코시모는 부부가 상대방을 의심하지 않기를 바라는 마음을 담아서 질투가 몰고온 침통한 결과를 드라마틱하게 표현하였다. 그는 근원적인 '신의 보편 정신'에로의 회귀를 간절히 원하는 마음을 나타냈다.

코시모에게는 연금술이 비싼 금을 만드는 품격 낮은 욕심의 기술이 아니었다. 인간 정신을 지배할 권위를 가진 '신의 보편 정신'으로서 연금술의 부흥을 간절히 원하였고, 한편으로는 그런 연금술이 사람들의 몰지각으로 스러져 가는 슬픔을 프로크리스의 죽음으로 표현했다.

〈프로크리스의 죽음〉은 한 편의 '연금술의 정의'이다. 도덕심 없는 음산한 도시 풍경, 절대 배신하지 않고 끝까지 애정을 잃지 않는 원시적 근원으로의 목신, 휘발성체와 고체의 반응을 주의 깊게 감시하는 충직한 사냥개로 나타난 연금술사, 수많은 유리병으로 쉼 없이 연구하고 노력하는 연금술사의 실험실, 붉고 뜨거운 황금을 만들 수 있는 '현자의 돌', 또 그의 죽음, 그 위에 자라는 생명의 나무 등으로 연금술이 단순히 실패한 품격 낮은 욕심꾼들의 놀이만은 아니라는 것을 아주 잘 나타냈다.

연금술은 우연한 부산물로 화학의 발전만 가져온 것이 아니다. 기독교에서 볼 때 다소 이교적이고 비술적인 면이 없진 않지만, 철학과 신학의 영역을 넘나들며 만물과 온 우주의 근원을 찾으려는 순수한 탐구심과 고귀한 정신이 연금술의 본질인 것이다.

금 대신 발견한 인

독일 출신의 연금술사 브란트Henning Brandt, 1630~1710와 쿤켈Johann Kunckel von Löwenstern, 1638~1703은 근대과학사에 한 획을 그은 인물로 지목된다. 이들의 공통점은 연금술의 본래 목적인 금 대신 '인(燐)'이라고 하는 원소를 발견했다는 데 있다. 그중에서도 특히 브란트는 인간의 소변에서 인을 추출해 냄으로써 그 기이함에 한 번 더 눈길을 끌게 한다.

인은 주기율표에서 15족으로 질소 바로 아래에 있는 비금속 원소이다. 원소기호는 'P'로 나타내며 원소 번호는 15이다. 인의 원소기호 P는 그리스어 '빛을 가져오다'를 뜻하는 'phosphorus'의 이니셜이다. phosphorus는 그리스 신화에서 금성을 가리킨다. 금성이 뜨면 머지않아 곧 날이 밝기 때문에 과거에는 금성을 가리켜 빛을 가져오는 행성이라 하여 '샛별'이라 부르기도 했다. 인간의 소변에서 인을 발견한 연금술사 브란트 이야기를 좀 더 나누다 보면 왜 인의 원소기호가 'phosphorus'의 이니셜인 P가 되었는지 이해가 간다.

브란트 역시 다른 연금술사와 마찬가지로 값싼 금속을 금으로 변화시키고 영생을 가져다준다고 믿었던 현자의 돌을 찾는데 몰두하던 사람이다. 그런 그가 어떤 연유에서 소변에서 현자의 돌을 찾으려 했는지에 대한 명확한 기록은 전해지지 않는다. 다만 브란트는 오랜 실험 과정에서 현자의 돌을 얻는데 5000리터의 소변이 필요하다는 결론을 내리고 닥치는 대로 소변을 모았다. 그리고 엄청난 양의 소변을 썩힌 뒤 다시 팔팔 끓이는 실험 과정을 통해 흰색 농축액을 얻었지만, 불행히도 이 농축액이 현자의 돌은 아니었다.

그런데 이 흰색 농축액은 어둠 속에서 빛을 내는 묘한 특징을 띠었다. 브

란트는 이 영묘한 물질에 'phosphorus'라는 이름을 붙인 뒤, 모든 병을 낫게 하는 만병통치약이라 선전하며 곧바로 사업에 착수했다. 그러나 유독성을 함께 지닌 인이 만병통치약이 아니라는 게 밝혀지기까지는 그리 오랜 시간이 걸리지 않았다. 브란트는 인이라는 원소를 발견하는 엄청난 일을 해냈지만 그것의 과학적 가치와 유용성까지는 이끌어 내지 못했다.

인의 가치를 증폭시킨 사람은 화학의 아버지라 불리는 보일Robert Boyle, 1627~1691이다. 보일은 소변 농축물에 있는 인산염이 모래와 탄소와 반응해 인을 생성해 낸다는 원리를 알아냈고, 아울러 인에서 산화인과 인산(H_3PO_4)을 만드는 방법도 찾아냈다. 무엇보다 작은 나무 조각 끝에 황을 붙여 점화시키는데 인을 사용하여 인류 최초로 성냥을 개발하기도 했다. 이처럼 특유의 점화성을 지닌 인은 두 차례 세계대전 당시에는 연막탄의 재료로 활용되기도 했고, 또 나치(Nazi)에 대항하는 레지스탕스가 화염병을 만드는 데 쓰이기도 했다.

한편, 인은 소변 말고도 사람을 포함한 동물의 뼈나 식물, 광물 등에서도 발견되었다. 지금은 아프리카 등지에서 많이 출토되는 아파타이드(apatide)라 불리는 인회석을 통해서 다량의 인을 추출하고 있다. 이후 인은 산업화를 통해 강철과 인청동 제조는 물론, 구리의 야금 과정에서 불순물인 산소를 제거하는 데도 탁월한 효과를 발휘하는 것으로 나타났다. 이렇게 해서 얻은 무산소-인함유 구리는 열과 전기 전도도가 매우 높아 공업용으로 요긴하게 활용되고 있다.

조셉 라이트 더비, 〈인을 발견한 연금술사〉, 1771년, 캔버스에 유채, 127×101cm, 더비시립미술관

유리병 안에 새를 넣고
에어 펌프로 공기를 빼면 새는 죽는다.
산소가 생명의 원소라는 사실은
당시의 대중에게는 상당히 신기하고 새로운 사실이었다.

산소를 그린 화가

생명의 원소를 품은 그림

라이트Joseph Wright of Derby, 1734~1779는 1734년 9월 3일 영국 더비에서 태어나 일생 대부분을 그곳에서 보내고 1779년 8월 29일에 더비에서 죽었다.

더비는 18세기 영국 산업혁명의 중심지였다. 라이트는 그다지 유명한 화가는 아니었지만 새로운 세계를 보는 눈을 가지고 있어서 중요한 역사적 기록을 놀라운 필치로 그려 냈다. 당시까지만 해도 회화는 역사화가 아니면 초상화가 거의 전부였으며, 화가들은 왕족들의 주문에 따라 이런 그림들을 그려 주는 일로 생계를 유지했다. 풍속은 격이 떨어지는 회화 소재였으나 라이트는 역사적 의식을 가지고 산업혁명과 과학에 대한 그림을 남겼다.

먼저 〈에어 펌프의 실험〉이 그려진 배경을 살펴보자. 그림이 완성된 1768년은 영국에 산업혁명이 전개된 때로 일반 대중이 과학에 큰 호기심과 흥미를 가진 시기였다. 화학계에서도 산소를 발견한 프리스틀리Joseph Priestley, 1733~1804와 셸레Karl Wilhelm Scheele, 1742~1786, 연소 반응을 규명한 라부아지에Antoine Laurent Lavoisier, 1743~1794와 베르톨레Claude Louis Comte Berthollet, 1748~1822 등이 활

조셉 라이트 더비, 〈에어 펌프의 실험〉, 1768년, 183×244cm, 캔버스에 유채, 런던 내셔널갤러리

약하고 여러 원소가 속속 밝혀진 시기였다. 또한 이 그림과 같이 대중 앞에서 화학 실험을 재현하는 것이 유행이었다.

화가는 그림 곳곳에 많은 상징을 숨겨 놓았다. 오른쪽 구석의 창문 밖으로 달을 그려 넣었다. 당시 영국에는 루나 소사이어티(Lunar Society)라는 모임에서 산업혁명에 즈음하여 일어난 새로운 과학에 관해 토론을 하곤 했는데 라이트는 그것을 그려 넣은 것이다.

이 그림은 아직 산소의 정체가 대중에게 완전히 알려지기 전이었던 당시, 한 화학자가 사람들을 모아 놓고 실험을 통해서 산소의 정체에 관해서 설명하고 있는 장면이다. 유리병 안에 새를 넣고 에어 펌프로 공기를 빼면 새는 죽는다. 산소가 생명의 원소라는 사실은 당시의 대중에게는 상당히 신기하고 새로운 사실이었다.

유리병 안에 든 새는 대단히 아름다운 앵무새인데, 실제 실험은 쥐나 참새같이 작고 저렴한 동물이 사용되었을 것이다. 화가는 사실대로만 그리는 것은 아니다. 관객이 사람들의 극적인 표정을 보느라 유리병 안에 든 작은 동물을 지나칠 수도 있기 때문에 장식적인 앵무새를 역시 장식적인 몸짓을 담아 그려 놓았다.

그림을 좀 더 자세히 들여다보자. 라이트는 대중의 과학에 대한 호기심과 흥미를 등장인물의 다양성으로 아주 잘 표현하였다. 가운데에서 실험을 주도하는 긴 붉은색 가운을 입은 화학자의 머리칼이나 표정이 당시 화학자의 대중적 이미지를 나타낸다. 아직 연금술의 여운이 남아 있는 것일까? 어딘지 초췌해 보이고 머리칼도 더러워 보이며 완고한 표정과 어울리지 않는 옷차림이 마치 마술사 같은 분위기를 풍긴다.

왼쪽에는 한 쌍의 연인이 있는데 다른 모든 사람이 실험에 직접적인 데 비하여 이들은 서로에게만 눈길을 주고받으며 실험에는 거의 무관심한 것처럼 보인다. 라이트는 왜 이들을 그려 넣었을까? 당시 대중이 과학에 호기심과 흥미를 가지고 있는 것은 사실이나 모든 대중이 그러했던 것은 아님을, 더 많은 대중이 과학에 참여하기를 바라는 화가의 친과학적 바람을 나타낸 것은 아닐까?

탁자 위에는 마그데부르크의 반구까지 그려져 있다. 연인들 아래의 두 사람은 정말 실험에 매료된 표정과 몸가짐을 잘 보여 준다. 한 관찰자의 손에는 시계가 들려져 있다. 새가 죽는 시간을 재려는 것일까? 오른쪽 끝에는 깊은 생각에 잠긴 사람을 그려 놓아서 전반적으로 동적인 화면에 정적인 부분을 첨가하여 전체적인 균형을 맞추었다.

그 위에는 새장 문을 잡은 소년이 있고, 가운데에 있는 큰 소녀는 눈물을 흘리며 우는 것같이 보이며 작은 소녀도 걱정스러운 눈초리로 새를 바라보고 있다. 아이들은 과학적 호기심보다는 새의 불쌍한 처지에 마음이 더 많이 가 있다. 아버지로 추측되는 남자가 소녀를 달래고 있다. 라이트는 미래의 주역인 이 아이들의 태도로부터 과학의 불행한 미래를 보여 준다.

시인이 자신의 철학과 시상을 글로 표현하듯이 화가도 그림에서 상징을 통해 많은 것을 나타내려고 한다. 그림에서 숨은 상징들을 하나하나 찾아내는 것은 그림을 감상하는 또 다른 즐거움이다.

조명 효과로 과학의 미래를 비추다

등장인물의 표정을 이처럼 극적으로 나타낼 수 있었던 것은 키아로스쿠로 기법(31쪽) 덕분이다. 라이트는 부분조명을 무대조명처럼 이용하는 카라바조Michelangelo da Caravaggio, 1571~1610의 키아로스쿠로 기법, 즉 화면 전체는 거의 밤처럼 어둡고 화면 가운데만 밝게 표현하여 분위기와 긴장감을 높이는 기법을 계승하여 실험의 호기심과 긴장감을 드라마틱하게 표현하는 데 놀라운 효과를 내었다. 키아로스쿠로(chiaroscuro)는 이탈리어 '밝다(chiaro)'와 '어둡다(oscuro)'가 결합된 말이다.

그림의 주제와 그 주제를 들여다보는 사람들의 얼굴을 부분적으로 비추는 조명으로 그들의 표정을 아주 효과적으로 표현하였다. 가장 밝은 화면의 중심이 되는 탁자 가운데 놓인 유리잔 뒤에 촛불이 있다. 이 작은 촛불이 화면의 유일한 광원이다. 아이들에게 촛불로 화학을 재미있게 가르치던 패러데이Michael Faraday, 1791~1867의 대중 강연 모습이 화면 뒤에 숨어 있는 듯하다.

〈에어 펌프의 실험〉은 화학과 미술이 만나는 자리에 적격이다. 근대화학의 기초를 세운 연금술의 시대와 근대화학의 아버지라 불리는 라부아지에 시대를 잇는 중요한 산업혁명의 시기를 상징적으로 나타낸 그림이기 때문이다. 내용도 당시에 가장 대중의 관심을 끈 연소와 생명체 호흡

조셉 라이트 더비, 〈촛불에 비친 두 소녀와 고양이〉, 1768~1769년, 캔버스에 유채, 91×72cm, 런던 켄우드하우스

의 관건이었던 산소의 정체에 대한 실험인 점이 흥미롭다. 보면 볼수록 화학자에게 친근감이 느껴지는 작품이다.

산소를 발견한 세 명의 화학자

매년 8월 1일 조간신문의 한 귀퉁이에는 뜬금없이 산소 얘기가 박스 기사로 실리곤 한다. 신문마다 약간의 차이는 있지만 지면에 연재되는 코너

카라바조, 〈골리앗의 머리를 든 다윗〉, 1609~1610년, 캔버스에 유채, 125×100cm, 로마 보르게세미술관

명칭은 대략 '역사 속 오늘' 같은 것이다. 기사의 내용인즉슨 영국의 신학자이자 화학자인 프리스틀리가 1774년 8월 1일에 우리가 매일매일 호흡하는 산소를 발견했다는 얘기다.

의학에서는 사람이 5분간 산소를 호흡하지 못하면 뇌사 상태에 빠지고 8분이 지나면 죽는다고 한다. 이처럼 산소는 인류 생존에 필수불가결한 원소이지만 사람들은 그 존재를 지금으로부터 200여 년 전에야 어렴풋이 알게 되었다. 지구상의 동물 가운데 인간이 가장 총명한 건 부정할 수 없는 사실이지만, 한편으로는 또 얼마나 무지한 존재인가 생각하게 된다.

수천 년 동안 산소 덕택에 살아왔으면서도 산소의 존재를 몰랐으니 말이다. 재미있는 사실은 8월 1일자 조간신문의 '역사 속 오늘' 기사에 프리스틀리 말고도 두 명의 화학자가 더 등장한다는 점이다. 셸레와 라부아지에가 바로 그들이다. 이들 세 명의 화학자는 서로 산소 발견의 공적이 자신에게 있다고 주장한다. 잠시 그들의 얘기를 들어 보자.

1774년 프리스틀리는 커다란 렌즈로 빛을 모아 산화수은(Hg_2O)을 연소시키자 수은과 함께 이름 모를 기체가 발생하는 걸 관찰했다. 그는 이 기체를 당시 유행하던 화학이론인 플로지스톤(Phlogiston)설에 적용하여 '탈플로지스톤 공기'라고 명명했다. 산소를 발견한 것이다. 그러나 그의 실험은 더 이상 진전이 없었다.

이후 라부아지에는 물질이 타는 것과 금속이 녹슬고 재로 변하는 것은 모두 산소와 반응한다는 사실을 밝혀냈다. 산소의 연소와 산화이론을 정립해낸 것이다. 아울러 라부아지에는 프리스틀리가 발견한 기체가 실은 공기 속에서 5분의 1의 부피를 가진다는 사실도 알아냈고, 무엇보다 인간의 호흡에 필수적인 원소라는 것도 규명했다. 라부아지에는 1777년 이를 '생명의 공기'로 부르면서 신맛(oxys)을 내는 것(genes)이란 뜻으로 'Oxygen(산소)'이라는 이름을 붙였다.

프리스틀리는 라부아지에의 연구 결과를 매우 못마땅하게 여겼다. 화학 분야를 통틀어 가장 위대한 업적 가운데 하나로 꼽히는 산소의 발견에 대한 당시의 평가가 라부아지에로만 모아졌기 때문이었다.

그러나 산소와 관련해서 억울한 화학자는 프리스틀리만이 아니었다. 스웨덴 출신의 화학자 셸레는 프리스틀리보다 2년 앞선 1772년경 실험을 통해 산화수은이나 여러 질산염들을 가열하여 일반 공기보다 더 연소를 잘하는 무색, 무취의 기체를 발견했다. 그는 이 기체를 '불 공기(fire air)'

1. 엘렌 샤플스, <프리스틀리의 초상>, 1794년, 파스텔, 24×18cm, 런던 국립초상화미술관
2. 자크 루이 다비드, <앙투안 로랑 라부아지에와 부인의 초상> 중 라부아지에 부분도, 1788년, 캔버스에 유채, 뉴욕 메트로폴리탄미술관
3. <셸레의 초상>, 1775년경, 캔버스에 유채, 64×48cm

라 명명한 뒤, 1775년경 실험 과정을 기술한 논문을 출판사에 보냈지만, 논문은 출판사의 내부 사정으로 책으로 출간되지 못한 채 한동안 편집자의 서랍 안에 갇혀 있었다. 논문 안에 엄청난 실험결과가 수록돼 있다는 사실을 출판사는 2년이 지나서야 알게 되었다.

어쨌거나 후대 사람들은 '산소의 발견'이라는 위대한 과학적 업적을 생각할 때마다, 한 명이 아닌 세 명의 화학자를 동시에 떠올리게 됐다. 아울러 과학자들은 '발표'와 '이론 정립'이야말로 '발견' 못지않게 중요하다는 교훈을 가슴 깊이 새겼다.

인간이 부귀영화를 누리며 살던
큰 성도 폐허가 되고
인간 자신도 죽으면 묘지에 묻혀
결국 흙으로 돌아가는 이치를 그린 것이다.

어느 고독한 화가의 낯선 풍경 속에서

하를럼의 고독한 거장들

암스테르담에서 기차를 타고 서북쪽으로 20분 남짓 가면 하를럼(Haarlem)이란 해안도시가 나온다. 하를럼은 네덜란드가 스페인과 독립전쟁을 치를 당시 처절한 항전을 벌였던 곳으로, 지금은 노르트홀란트주(州)의 주도(州都)이기도 하다. 17세기경 맥주 제조와 섬유공업으로 번창했고, 튤립 투기 열풍이 휘몰아쳤을 때 가격 폭락이 시작된 곳으로도 유명하다.

경제적으로 풍요로웠던 하를럼은 문화예술에 대한 관심도 높았다. 돈 많은 상인들 사이에서는 집 안에 좋은 그림을 걸어 두거나 화가에게 의뢰해 자신의 초상화나 멋진 풍경화를 그리게 하는 게 유행이었다. 이전까지 초상화의 모델이 교황이나 왕족, 귀족 등 권세가들이었다면 하를럼과 같은 신흥도시를 중심으로 상인과 평민으로까지 확장된 것이다. 또 신화나 『성경』을 소재로 한 종교화가 주류를 이뤘던 유럽 미술계에 풍경화의 등장을 알린 곳도 바로 하를럼이었다.

그런 이유로 하를럼에는 유독 초상화와 풍경화를 전문으로 그리는 화가들이 많았다. 할스Frans Hals, 1580~1666라는 네덜란드 최고의 초상화가도 하를럼 출신이다. 하를럼은 프란스 할스 미술관을 지어 할스의 예술적 업적을 기리고 있는데, 실제로 고흐Vincent Van Gogh, 1853~1890나 렘브란트Rembrandt Van Rijn, 1606~1669의 인기가 이곳에서만큼은 할스에 미치지 못할 정도로 그는 현재의 하를럼을 대표하는 화가가 되었다. 하지만 할스가 활동했던 300여 년 전만 해도 상상할 수 없는 일이었다. 당시 그는 하를럼을 대표하기는커녕 평생 가난과 싸워야 했던 고독한 예술가였다.

하를럼 출신으로 할스만큼 유명한 화가가 한 명 더 있는데, 라위스달Jacob Van Ruisdael, 1629~1682이라는 풍경화가다(문헌에 따라 그의 성 철자를 Ruysdael이라고 표기하고 루이스달이라 읽기도 한다). 우리에게는 다소 생소한 이름이지만, 서양미술사는 라위스달이 풍경화라는 장르를 새로운 경지로 올려놓았다고 기록하고 있다. 독일의 대문호 괴테Johann Wolfgang von Goethe, 1749~1832는, 라위스달을 가리켜 풍경화를 통해 미술사적 전환점을 마련한 거장으로 평가하기도 했다.

라위스달은 그의 사후 200여 년 뒤

J.V. 라위스달, <유대인 묘지>, 1655~1660년, 캔버스에 유채, 84×95cm, 드레스덴 국립미술관

에 활동했던 컨스터블John Constable, 1776~1837이나 터너Joseph Mallord William Turner, 1775~1851 같은 풍경화의 대가들에게도 깊은 영향을 끼쳤다고 하니, 그가 어떤 사람인지 자못 궁금해진다.

확인되지 않은 풍문에 감춰진 삶

라위스달은 액자 제조업자인 아버지가 그림 그리기를 즐겼고 그의 삼촌 살로몬 반 라위스달Salomon Van Ruysdael, 1600~1670도 화가였던 덕분에 어려서부터 자연스럽게 미술과 친해지면서 남다른 재능을 발휘했다. 십대에 이미 화가로서 상당한 명성을 얻었고, 스무 살에는 화가 조합인 성 누가 길드(The Guild of Saint Luke)에도 가입했다.

하지만 당시만 해도 풍경화라는 장르가 미술계의 주류가 아니었던 탓에 라위스달의 생애에 관한 정확한 기록이 많지 않다. 그가 독신이었다는 기록은 확실한 것 같지만, 노년에 의사가 되었다거나 무일푼 거지로 빈민구호소에서 죽었다거나 우울증을 심하게 앓았다는 이야기들은 아마도 사실이 아닐 것이다.

라위스달은 마흔을 갓 넘기고 생을 마감했기에 실제로 살아생전에 그림을 그렸던 시간은 불과 20여 년에 불과했다. 그런데 그가 남긴 작품만 800점이 넘을 정도로 어마어마하다.

또 지금도 유럽 곳곳에서 그의 작품으로 추정되는 그림들이 계속 발견되고 있다. 평생 그림만 그리기에도 짧은 삶을 살았기에 그에 관한 여러 이야기들은 사실이 아니었을 가능성이 높다.

아무튼 라위스달에 관한 근거 없는 풍문에 대해서는 그만 접고 그의 작품들을 살펴보도록 하자. 예술가에게는 작품이 곧 그의 인생이기 때문이다. 먼저 소개할 작품은 〈유대인 묘지〉라는 풍경화다(100~101쪽). 그런데, 아름다운 산천초목(山川草木)이 아니라 하필 묘지라…… 풍경화의 소재라고 하기에는 왠지 고개가 갸우뚱해진다.

있는 그대로의 풍경? 느낀 대로의 풍경!

〈유대인 묘지〉라는 제목에서 느껴지듯이 그림이 전체적으로 어둡고 음침하다. 울창한 나무숲 위에 죽은 나무를 강조하여 그려 넣었고, 나뭇가지 중 두 개가 마치 사람 손처럼 묘지를 가리키고 있다.

라위스달은 이 그림에서 인간의 허무함을 나타내고자 했다. 인간이 부귀영화를 누리며 살던 큰 성도 폐허가 되고 인간 자신도 죽으면 묘지에 묻혀 결국 흙으로 돌아가는 이치를 그린 것이다. 화면 왼쪽에 아직 채우지 않은 석관이 놓여 있고 그 묘비석이 떨어져 뒹굴고 있는데 그 위에 새겨진 이름도 놀랍다. 다름 아닌 화가 자신 'Ruisdael'이다! 라위스달은 100~101쪽 그림과 거의 같은 시기에 〈유대인 묘지〉를 한 점 더 그렸다(104쪽). 폐허, 묘지, 무지개, 화면 오른쪽의 큰 나무와 왼쪽의 빈 석관까지 구도와 소재가 앞의 그림과 거의 동일하다.

화면 중앙에 강조되어 그려진 세 개의 묘가 그림 전체의 분위기를 압도한다. 이런 모양의 묘는 암스테르담 부근 암스텔강가에 있는 묘의 실제 모습이다. 하지만 그 주변의 모습은 전혀 실제와 다르다. 화면 위에 웅장하게 서 있는 폐허는 실제 모델이 된 장소 근처에는 존재하지 않는다. 거기서 40킬로미터 이상 떨어진 '알크마'라는 곳에 있는 에그몬트 수도원

J.V. 라위스달, 〈유대인 묘지〉, 1654~1655년경, 캔버스에 유채, 142.2×189.2cm, 디트로이트미술관

폐허를 조금 닮은 듯하지만, 역시 그와 많이 다르다. 묘지 사이를 흐르는 개천도 실제와 다르다. 무덤을 손상시킬 수 있는 물가 근처에 묘지가 조성되었을 리 없다.

라위스달은 기존 풍경화와는 완전히 다른 관점에서 풍경화를 그렸다. 화가는 초상화를 그릴 때 모델로 하여금 손은 이렇게 하고 표정은 어떻게 지으라고 연출한다. 라위스달은 풍경도 화가의 예술적 의도와 메시지에 맞춰 연출할 수 있다고 생각한 것이다. 그래서 자신의 머릿속에 그렸던 대로 풍경을 바꾸고 구도도 재구성한 것이다.

라위스달의 풍경화는 '있는 그대로의' 풍경화가 아니다. 풍광을 사용하여 메시지를 전하고 있는 것이다. 그의 메시지는 자연의 무한광대함에 비해 한없이 작고 초라한 인간사의 허무함이다.

하지만 라위스달이 그린 묘지가 반드시 허무와 절망만을 이야기하지는 않는다. 폭풍전야같이 무겁게 짓누르는 구름 사이로 햇빛이 비친다. 어두운 하늘에 어울리지 않지만 화면 왼쪽 중간에 무지개도 떠 있다. 그것도 쌍무지개다. 주변의 나무들은 나뭇잎이 푸르고 울창하다. 개천물이 정적 속에서도 소리를 내며 힘차게 흐른다. 인간의 삶이란 비루하기 그지없지만, 자만하지 말고 겸허함을 잃지 않으며 자연 속에서 더불어 살아간다면 그 자체만으로도 얼마나 큰 축복인가를 라위스달은 에둘러 이야기하고 있다.

다 빈치의 공기원근법을 뒤엎다

라위스달의 풍경화를 보면 그만의 독특한 기법을 읽을 수 있다. 일반적으로 가까운 풍경은 자세히 그리고 먼 경치는 공기원근법(aerial perspective)에 의하여 세부적인 묘사를 자제하고 대략적으로 그린다. 공기원근법은 대기 중에 습도와 먼지의 작용으로 물체가 멀어질수록 푸르스름해지고 채도가 낮아지며, 물체의 윤곽이 흐릿해지는 현상이다. 공기는 아무것도 없는 것이 아니라 무게와 밀도가 있어서 멀리 있는 것일수록 공기에 의하여 흐릿해지는 원리다.

그런데 라위스달은 먼 풍경을 매우 정밀하게 그렸다. 다 빈치Leonardo da Vinci, 1452~1519가 〈모나리자〉에서 그림의 배경 묘사에 적용했던 공기원근법의 원리를 정면으로 뒤엎은 것이다. 라위스달은 멀리 있는 나뭇가지의 위

존 컨스터블, 〈곡물밭〉, 1826년, 캔버스에 유채, 143×122cm, 런던 내셔널갤러리

치와 형태까지 세밀하게 그렸는데, 실제로 나무의 수종까지 알 수 있을 만큼 묘사가 정확하다. 그런 방식으로 풍경화를 그리면 그림이 난잡해지고 구도가 산만해지기 마련이다. 하지만 라위스달의 풍경화는 통일감 및 구도의 조화가 깨지지 않았다. 오히려 〈유대인 묘지〉처럼 묘한 긴장감과 신비감을 자아내는 매력을 발산한다.

라위스달이 나뭇잎을 그리는 기법도 매우 독특하다. 그는 소소한 나뭇잎 하나하나에도 입체감을 주고 있다. 그가 그린 나뭇잎과 가지들은 바람에 흔들리는 것처럼 역동적이다. 쉽게 죽지 않는 나무들의 영겁의 생명력을 묘사한 것이다. 그에 비하면 인간의 삶은 허무할 정도로 짧다. 죽은 뒤에는 그저 한 줌의 흙이 되어 소멸해 버린다.

이처럼 나뭇잎 하나하나를 입체적으로 그려 정적인 풍경에 역동적인 효과를 내는 기법은 라위스달이 활동하던 시대로부터 200여 년이 지나 계승된다. '풍경화의 완성자'라 일컫는 컨스터블을 통해서다. 컨스터블의 작품 〈곡물밭〉을 보면 라위스달의 기법이 재현된 듯하다. 서양미술사에서 라위스달을 매우 중요한 자리의 반열에 올려놓는 이유가 여기에 있다.

색깔 본연의 채도로 원근을 살리다

라위스달의 또 다른 대표작인 〈벤트하임(Bentheim)성〉을 보자. 높은 산꼭대기에 웅장한 성이 있다. 그런데 실제로 벤트하임성은 그리 높지 않은 평지에 계곡도 없는 시내에 위치해 있다. 여기서도 라위스달의 연출 효과가 드러난다.

〈벤트하임성〉에서 눈여겨봐야 할 효과는 색채원근법이다. 색채원근법

J.V. 라위스달, 〈벤트하임성〉, 1653년, 캔버스에 유채, 110×114cm, 더블린 내셔널갤러리

이란 쉽게 말해서 가까운 곳의 색은 더 진하고 선명하게 그리고, 먼 곳의 색은 엷고 흐리게 그리는 것이다. 다 빈치는 공기원근법과 색채원근법을 같은 개념으로 설명했다. 공기의 밀도가 다르면 공기가 색채를 흡수하는 정도도 다르다는 게 다 빈치의 생각이었다.

라위스달은 〈유대인 묘지〉에서 다 빈치의 공기원근법 원리를 정면으로 뒤엎은 것과 달리 〈벤트하임성〉에서는 공기원근법을 한 단계 더 발전시켜 그만의 방식으로 적절하게 활용했다. 〈벤트하임성〉을 자세히 살펴보면, 라위스달은 가까운 나뭇잎은 갈색으로 그리고 먼 나뭇잎은 녹색으로 각각 색깔을 달리하여 그렸다. 즉, 색깔 본연이 지니는 채도의 차이를 좀 더 섬세하게 관찰하여 응용한 것이다. 풍경화라는 장르에서 색채를 가지고 원근을 나타내고자 하는 그의 오랜 연구 결과이다. 라위스달의 색채원근법은 후대 거의 모든 풍경화가들에게 하나의 전범(典範)이 되었다.

작은 캔버스 안에 넓은 대지를 그려야 한다면?

라위스달이 활동했던 17세기 네덜란드에는 부유한 상공업자들이 많았는데, 이들은 큰돈을 벌어 토지를 사들이면서 이른바 부르주아 계급의 면모를 갖춰 나갔다. 예나 지금이나 부자들은 소유욕만큼 과시욕도 크다. 그들이 소유한 대지를 그림에 담아 거실에 걸어 놓고, 방문하는 사람들에게 이게 다 내 땅이라며 자랑하길 즐겼다. 부자가 화가에게 그림을 의뢰할 때 중요하게 여겼던 것은 자신이 소유한 땅을 최대한 넓어 보이게 그려 달라는 것이다. 캔버스의 크기를 최대한 키워 봐야 물리적으로 한계가 있기 때문에 화가로서는 곤혹스러운 요구 사항이었다.

라위스달도 종종 같은 요구 조건의 풍경화를 의뢰받았다. 그는 의뢰인이 소유한 대지가 있는 곳으로 나가 봤다. 라위스달은 의뢰인의 대지로부터 멀찍이 물러서서 그곳을 바라봤다. 멀리 떨어져 바라볼수록 의뢰인의 대지가 넓어 보였다. 흥미로운 건 라위스달의 시야에는 멀리 떨어져 있는 대지보다 그 위의 하늘이 훨씬 넓게 들어왔다. 하늘이 넓게 시야에 들어올수록 그 아래 대지도 넓어 보인다는 사실을 깨달은 것이다. 라위스달의

J.V. 라위스달, 〈하를럼 풍경〉, 1670~1675년, 캔버스에 유채, 62.2×55.2cm, 취리히 쿤스트하우스

풍경화에 유독 하늘이 대지에 비해 넓은 비율을 차지하는 이유가 여기에 있다.

그의 작품 〈하를럼 풍경〉을 보면 바로 확인할 수 있다. 이전 풍경화와 달리 화면의 3분의 2가 하늘과 구름으로 채워져 있다. 그럼에도 불구하고 그림 속 대지는 광활한 하늘만큼 매우 넓어 보인다.

라위스달의 원근법은 하늘에 떠 있는 구름을 그리는 데도 탁월하게 적용됐다. 사실 화가들에게 있어서 하늘을 그린다는 것은 대단히 막연한 작업이 아닐 수 없다. 하늘엔 구름 말고 그릴 것이 없기 때문이다.

〈하를럼 풍경〉을 다시 보면, 시야에서 가까운 구름일수록 형체가 선명하고 높다. 반면, 멀리 떠 있는 구름은 대지의 경계면과 맞닿아 보일 만큼 낮고 흐릿하다. 구름과 맞닿은 대지가 멀리 보일수록 대지도 광활해 보인다. 라위스달은 구름에 원근법을 적용해 대지를 더욱 넓어 보이게 하는 효과를 터득한 것이다.

라위스달은 새로운 것에 대한 실험정신이 탁월했던 화가였다. 색과 구도에 대한 과학적인 접근으로 풍경화라는 장르를 한 단계 올려놓는 예술적 성취를 거뒀다. 하지만 그에 대한 평가는 그가 죽은 뒤 수백 년이 지나서야 제대로 이뤄졌다. 우직함과 성실함, 앞서가는 실험정신 같은 덕목은 늘 고독하고 배고픈 삶을 동반한다. 라위스달의 삶도 다르지 않았다. 그가 그린 풍경이 유독 고귀하게 느껴지는 이유가 여기에 있는지도 모르겠다.

선과 색의 싸움은
회화의 역사에서 가장 치열하고
가장 오래된 싸움이었는지도 모르겠다.
흥미로운 것은 선과 색의 논쟁에 한 걸음 더 들어가 보니
수학과 화학이 있다는 사실이다.

선과 색의 싸움

선이냐, 색이냐?

그림에서 선(drawing)이 더 중요할까 아니면 색(color)이 더 중요할까? 이 말은 마치 닭이 먼저냐 달걀이 먼저냐는 결론 없는 다툼처럼 보이지만, 선과 색의 싸움은 서양미술사에서 빠질 수 없는 중요한 논쟁 가운데 하나였다.

17세기에 루벤스Peter Paul Rubens, 1577~1640와 푸생Nicolas Poussin, 1594~1665 이래 시작된 선과 색의 논쟁은 19세기 앵그르Jean Auguste Dominique Ingres, 1780~1867와 들라크루아Eugéne Delacroix, 1798~1863에서 절정을 이뤘다. 들라크루아는 원래 선이란 없으며 그건 단지 색면이 만난 경계일 뿐이라고 했다. 이에 반해 앵그르는 선은 곧 소묘이고 소묘가 회화의 모든 것이라고 반박했다.

동양화에서는 색이 주도한 적이 없었다. 심지어 조선시대 궁중 도화서에서는 색을 쓰지 못하게 가르쳤다. 2008년에 방영된 〈바람의 화원〉이라는 드라마를 보면, 신윤복申潤福, 1758~?이 천박하게 색을 많이 쓴다고 야단맞는 장면이 나온다.

서양화에서도 항상 소묘가 중시되었다. 특히 왕실의 주도로 미술 아카데미가 생겨난 뒤부터는 교과 과정으로서 소묘 교육이 더욱 중시될 수밖

에 없었다. 동양과 마찬가지로 서양에서도 색채를 중시하는 화파(畵派)는 늘 논쟁을 일으켰고 이단으로 비난받곤 했다.

그림에서 설명적인 이미지는 형태를 갖춘 선으로 표현하는 게 일반적이다. 반면, 색채는 주로 감성을 표현하는 역할을 담당한다. 자연스럽게 회화의 메시지가 내용에서 감성으로 옮아 가는 시점에 색채를 중시하는 화파가 나타나게 된 것이다.

색의 속성에서 빚어진 오해들

색을 이야기할 때 빼놓을 수 없는 것이 '빛'이다. 물리학에서 빛은 입자성과 파동성을 함께 지니고 있다. 빛의 입자, 즉 광자 자체로는 아무 색도 없다. 파동에 의해 생긴 스펙트럼으로 색이 결정되는 것이다. 파장이 길수록 붉은색을 띠고, 파장이 짧을수록 푸른빛을 띤다.

파란색은 정적이고 침체되는 색으로 느껴지지만 파란색 자체의 스펙트럼은 매우 역동적이다. 따라서 파란색은 주파수가 크다. 쉽게 말해 파란색은 진동이 심하여 에너지가 강한 색이다.

붉은색에서도 역동성과 속도감이 느껴지지만, 실제로 붉은색은 파장이 길고 주파수가 작으며 진동도 심하지 않다. 우리가 느껴온 붉은색의 느낌과는 사뭇 다르다.

이처럼 색의 속성에서 빚어진 오해들은 인간의 감정이 이성을 넘어설 때 빚어진다. 감정에 호소하는 낭만주의 미술이 인간의 이성을 혼란시켜 비판을 받았던 것도 같은 이유 때문인지도 모르겠다.

장 오귀스트 도미니크 앵그르, 〈발팽송의 목욕하는 여인〉, 1808년, 캔버스에 유채, 146×97cm, 파리 루브르박물관

평생의 화두

선을 중시했던 화가 앵그르는 1780년 프랑스 남부 작은 도시에서 화가의 아들로 태어났다. 그는 열한 살부터 툴루즈 아카데미에서 미술교육을 받다가 열여섯 살 때 파리로 이주해 당시 최고 화가로 추앙받던 다비드Jacques Louis David, 1748~1825의 화실에 들어갔다. 그는 타고난 재능과 노력으로 1801년 최고 미술 엘리트 등용문인 로마상을 받았다. 로마상 수상자에게는 이탈리아로의 유학 지원 혜택이 주어졌지만, 당시 정부의 재정상태가 열악한 탓에 바로 가지 못하고 5년 후인 1806년에야 이탈리아로 떠났다.

소묘가 회화의 본령이라고 여겼던 앵그르에게 있어서 인간의 아름다운 육체는 대단히 매력적인 소재였다. 앵그르는 우아한 곡선미를 통해 여성의 누드를 예술적으로 승화하고자 했다. 그는 로마에 있는 동안 평생의 화두가 된 여체 그리기에 몰두했는데, 〈발팽송의 목욕하는 여인〉이 이때 그려진 걸작이다(114쪽). '발팽송'이라는 이름은 이 그림을 주문한 사람의 이름에서 따 온 것이다.

1824년 파리로 귀국한 앵그르는 〈루이 13세의 서약〉이란 작품으로 큰 호평을 받으며 스승 다비드를 이을 고전주의의 중심인물로 떠올랐다. 이듬해에 샤를 10세Charles X, 1757~1836로부터 레종 도뇌르(Legion d'Honneur) 훈장을 받았고, 1829년부터는 에콜 데 보자르 교수로 재직하면서 많은 후학을 양성했다. 에콜 데 보자르(École des Beaux-Arts)는 화가 · 판화가 · 조각가 · 건축가의 고등교육을 목적으로 설립한 프랑스 국립 미술학교다. 그는 1834년부터 1841년까지 로마에 있는 프랑스 아카데미 원장직을 맡기도 했고, 1862년에는 화가 출신으로는 이례적으로 상원위원에 오르는 등 출세가도를 걸었다. 여든일곱 살에 호흡기 질환으로 숨을 거두기까지 그는 풍요롭고 안정적인 삶을 영위했다.

19세기 프랑스는 권모술수가 판을 쳤고, 예술가들도 자신의 안위를 위해 처세에 밝아야 했다. 권력을 좇던 스승 다비드가 귀향길에 올라 타향에서 쓸쓸하게 죽어 간 것을 지켜보면서 앵그르는 격변의 시대를 어떻게 건너야 할지 뼛속 깊숙이 깨달았을 것이다.

뼈 없는 여체?

앵그르의 회화는 마치 중세의 조각 같은 형태와 질감으로 표현되어 고대의 가치와 전통을 계승한다는 고전주의적 대명제에 충실하다. 후대 화가 드가Edgar De Gas, 1834~1917는 〈발팽송의 목욕하는 여인〉을 보고 크게 감명받아 앵그르에 대한 존경과 영향을 그의 그림에 나타내기도 했다. 드가뿐 아니라 여러 인상파 화가들을 비롯해 마티스Henri Matisse, 1869~1954와 피카소Pablo Picasso, 1881~1973 등 20세기 화가들도 앵그르에게서 지대한 영향을 받았음을 고백했다.

예술가를 서로 비교해 우위를 가릴 순 없지만, 후대 화가들에 미친 영향력만큼은 앵그르가 들라크루아보다 앞선다. 물론 두 사람만 놓고 선과 색의 논쟁에서 선이 우위에 있다고 단정 지을 수는 없다. 다만 회화에서 색의 진화에 뚜렷한 족적을 남기지 못한 들라크루아와 달리, 앵그르는 소묘에서 예술적 발전을 이뤄 냈고, 바로 이 점을 후대 화가들이 높게 평가한 것이다.

〈발팽송의 목욕하는 여인〉은 앵그르 특유의 곡선 미학이 돋보이는 대표작이다. 앵그르가 이탈리아에 있을 때 그린 초기작이지만 이미 대가적

면모가 화면 곳곳에서 드러난다. 앵그르는 색채 사용을 최대한 억제하면서도 여인의 살갗을 생생하게 부각시켰다. 그림 속 여인의 몸은 뼈가 하나도 없을 것처럼 곡선미가 탁월하다. 심지어 뼈가 드러날 수밖에 없는 팔꿈치나 무릎, 정강이도 매끈하다. 여인의 살빛은 몸속에서 피가 돌아 온기가 느껴질 만큼 생동감 넘친다. 흡사 그림 속 여인의 풍만한 몸을 살짝 건드리기만 해도 살아 움직일 것 같다. 동양의 하렘을 염두에 두고 그린 것 같은 터번만이 색채를 담고 있는데, 그것조차도 여인의 살빛을 넘어서지 못하도록 매우 조심스럽게 채색했다.

그림을 좀 더 자세히 살펴보면, 여인의 발치에 살짝 보이는 욕조에 물이 채워지고 있어 아직 목욕을 하기 전임을 알 수 있다. 그런데 욕조의 위치가 애매하다. 욕탕인지 침실인지 혹은 겸용인지 궁금하다.

모델의 내면을 그린다는 것

앵그르는 다비드의 충실한 후계자로서 신고전주의를 대표하는 화가로 각인돼 있지만, 그가 역사화나 신화화만 그린 것은 아니다. 오히려 그는 초상화를 많이 그렸는데, 그가 그린 초상화를 살펴보면 생계를 위해 그린 그림이 있는가 하면, 그림 속 모델의 내면까지 담아낸 그림도 있다.

앵그르가 그린 초상화 중 〈드 브로글리 공주〉를 보면, 그림 속 공주는 잡티 주름 하나 없이 동글동글하고 아름다운 얼굴형으로 묘사됐다. 목에서 등으로 이어지는 라인에서 앵그르 특유의 곡선미도 탁월하다.

무엇보다 공주가 입고 있는 드레스는 눈이 부실 만큼 압권이다. 비단 드레스의 주름을 이렇게 화사하고 섬세하게 그릴 수 있는 화가는 역사상

장 오귀스트 도미니크 앵그르, 〈드 브로글리 공주〉, 1851~1853년, 캔버스에 유채, 121×91cm, 뉴욕 메트로폴리탄미술관

없었다. 특히 드레스의 파란색 질감이 관람자의 시선을 사로잡는다. 파란색의 역동적인 스펙트럼이 화려함을 배가시킨다. 앵그르가 선 못지않게 색에 있어서도 조예가 깊었음을 알 수 있다. 드레스와 목걸이, 반지, 팔찌 등의 장신구는 부유함을 과시하고 싶은 모델의 취향을 제대로 저격한 듯하다. 한마디로 주문자의 입이 떡 벌어질 만하다. 생계를 위해 그린 초상화이지만 예술적 완성도가 높은 수작이다.

장 오귀스트 도미니크 앵그르, 〈베르탱의 초상〉, 1832년, 캔버스에 유채, 116×95cm, 파리 루브르박물관

한편, 〈베르탱의 초상〉은 〈드 브로글리 공주〉와 그림의 전반적인 분위기부터 확연히 다르다. 이 그림은 앵그르가 인물 내면의 표현에 얼마나 깊이 몰두해 있는지 보여 준다. 앵그르는 모델의 내면은 물론, 모델이 처했던 정치적 · 사회적 상황까지 소름이 끼칠 만큼 정확하게 묘사했다. 베르탱Louis-Francois Bertin, 1766~1841은 일간지 「르 주르날 데 데바(Le Journal des Débats)」의 발행인으로, 혁명기의 영욕을 온몸으로 체화한 산증인이었다.

헝클어진 머리털과 독수리 발톱 같은 두 손가락에서 권위적이면서 무엇에도 자신을 굽히지 않는 언론계 거물의 풍모가 느껴진다. 앵그르는 베르탱의 눈 부위 사마귀와 거친 피부까지도 매우 섬세하고 사실적으로 묘사함으로써, 그림 속 인물이 살아서 액자 밖으로 걸어 나올 것 같다는 호평을 받았다.

대담한 모험

앵그르에게 늘 따라 붙는 말은 '신고전주의의 마지막 수호자'이지만, 이런 수식어로 그를 가두는 것에 동의할 수 없다. 앵그르는 자신이 속한 화파를 뛰어넘어 낭만주의적 감정 표현에도 탁월했을 뿐 아니라 고정관념을 파괴할 줄 아는 대담한 예술가였다.

앵그르의 실험성은 〈그랑드 오달리스크〉에서 보여 준 아이러니컬한 낭만성에서 절정을 이룬다. 그는 이 그림을 1813년 이탈리아에 유학 중일 때 나폴리 여왕 카롤린 뮈라Caroline Murat, 1782~1839의 주문으로 그렸다. 이 그림은 당시 어수선한 사회 분위기로 주문자에게 전달하지 못하고 앵그르가 갖고 있다가 1819년 파리 살롱에 출품했다. 결과는 참담했다. 특히 그

장 오귀스트 도미니크 앵그르, 〈그랑드 오달리스크〉, 1814년, 캔버스에 유채, 89×162.5cm, 파리 루브르박물관

가 속한 신고전주의자들로부터 호된 비판을 받아야 했는데, 그림 속 여체가 도무지 해부학적으로 맞지 않다는 것이다.

실제로 그림 속 여인의 등은 척추 뼈가 두세 개는 더 있어야 할 것처럼 길고, 어깨 각도도 이상하며, 왼쪽 다리는 몸의 어디에서 나왔는지 모를 정도로 인체 비례가 맞지 않는다. 하지만 그래서 더 아름답고 이국적으로

보인다. 앵그르는 일부러 그런 파격적 모험을 한 게 아닐까?

〈그랑드 오달리스크〉에는 담뱃대나 깃털부채 등 동양적인 소품들이 등장하는데, 그 시절 유럽에서는 동양의 것들이 유행했다. 당시 동양이란 중국이 아닌 중동을 뜻했다.

프랑스에서는 1703년경 갈랑Antoine Galland, 1646~1715이 번역한 『천일야화』의 불역판이 출간되면서 동방에 대한 호기심이 일기 시작했고, 나폴레옹의 이집트 원정으로 이슬람 물품이 수입되면서 동방에 대한 관심이 현실화됐다. 영국에서는 1888년경 버튼 경Sir. Richard Francis Burton, 1821~1890이 번역 · 출간한 『아라비안 나이트』를 통해 이슬람 문화에 대한 대중적인 관심이 고조됐다.

오달리스크는 이슬람 왕국에서 왕비와 후궁이 머물던 하렘에서 시중을 드는 하녀를 뜻하는데, 성적으로 왜곡된 하렘 방문기들이 출판되면서 유럽의 남성들을 자극하는 용어가 되었다. 동방의 문화 일부를 성적 판타지의 대상으로 받아들이는 '동방 취향'이 예술사조로서 자리 잡게 된 것이다.

열쇠구멍으로 엿보는 은밀한 공간?

1805년경 프랑스에서 출간되어 큰 인기를 누린 『마리 보틀레이 몽타귀 부인의 편지』에도 하렘의 목욕탕이 등장한다. 소설에서는 하렘의 목욕탕이 좀 더 환상적으로 묘사됐는데, 여기서 영감을 얻은 앵그르는 말년의 걸작 〈터키탕〉을 완성했다.

앵그르는 원래 사각형 캔버스에 그렸던 〈터키탕〉을 원형 패널로 개작하여 완성했다. 남성들이 들어갈 수 없는 하렘이라는 은밀한 공간을 원형 안에 그림으로써 마치 열쇠구멍으로 그 안을 들여다보는 것 같은 효과를 냈다는 설도 있다.

〈그랑드 오달리스크〉와 마찬가지로 〈터키탕〉 역시 고전의 충실한 고증을 바탕으로 하는 신고전주의하고는 거리가 멀다. 앵그르를 신고전주의 화가로만 규정할 수 없는 이유다. 이 그림에서도 낭만주의적 요소가 보이

장 오귀스트 도미니크 앵그르, 〈터키탕〉, 1862년, 패널에 유채, 110×110cm, 파리 루브르박물관

는데 원근법을 무시한 것도 같은 맥락이다. 그림의 구도로 볼 때 악기를 든 채 등 돌린 여인을 맨 앞에 크게 그린 것으로 보아 원근법의 최근경은 정면이고 원경은 뒤쪽이 된다. 그러나 왼쪽 앞에 그려진 발을 뻗고 앉아 있는 여인은 앞쪽에 있고 악기를 든 여인과 가까이 있음에도 불구하고 너무 작다.

왼쪽 중경에 서 있는 여인은 그림의 구도를 위해 나중에 그려 넣은 것으로 보이는데, 그 모습이 앵그르가 사십 대 때 그린 〈샘〉을 연상시킨다. 실제로 등을 보이고 앉아 악기를 든 여인은 〈발팽송의 목욕하는 여인〉과 닮았다. 평생 여인의 몸을 통해 곡선의 미학을 궁구(窮究)해온 앵그르는 말

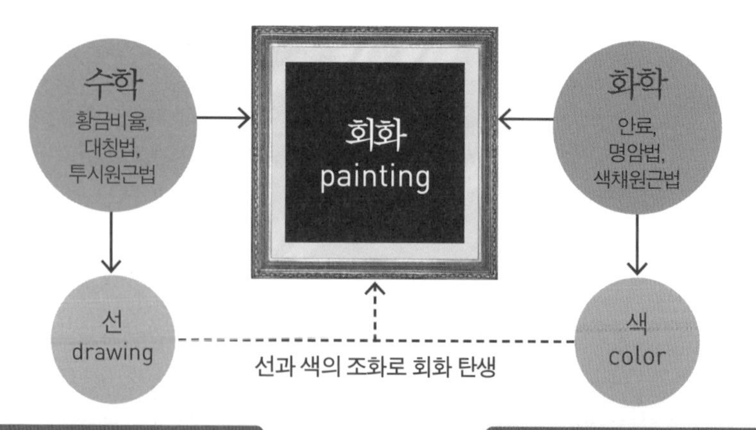

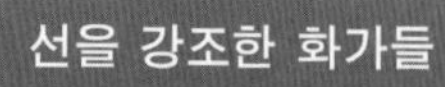

라파엘로
Raffaello Sanzio, 1483~1520

푸생
Nicolas Poussin, 1594~1665

앵그르
Jean Auguste Dominique Ingres, 1780~1867

VS

VS

VS

색을 강조한 화가들

티치아노
Vecellio Tiziano, 1488~1576

루벤스
Peter Paul Rubens, 1577~1640

들라크루아
Eugéne Delacroix, 1798~1863

년에 제작한 〈터키탕〉에서 그가 그린 여체를 한데 모아 집대성하고 싶었던 게 아니었을까?

수학의 선이냐, 화학의 색이냐

선과 색이 만나 회화가 탄생하지만 미술관에 걸린 명화들처럼 둘의 관계는 그리 조화롭지만은 않았다. 어쩌면 선과 색의 싸움은 회화의 역사에서 가장 치열하고 가장 오래된 싸움이었는지도 모르겠다. 흥미로운 것은 선과 색의 논쟁에 한 걸음 더 들어가 보니 수학과 화학이 있다는 사실이다.

먼저 회화에서 가장 중요한 조형요소는 선이고 색은 단지 액세서리에 지나지 않는다고 주장하는 선우위론자들의 얘기부터 들어 보자. 회화는 소묘(드로잉) 없이 어떠한 형상도 만들어 내지 못한다. 반면, 색채는 빛에 의해 변해 버리는 우발적인 것에 지나지 않는다. 르네상스시대 미술가들이 도달하고자 했던 완벽한 균형과 조화는 선을 통해서 이뤄졌다. 선이 없다면 당연히 원근법과 대칭법, 이상적 인체 비례 등도 고안할 수 없으며, 이는 수학적 사고와 원리를 기반으로 한다.

이에 맞선 색우위론자들의 주장도 만만치 않다. 미술의 궁극적 목적이 자연의 모방이라면, 회화의 목적은 색 없이 달성될 수 없다. 소묘는 채색을 위한 준비에 지나지 않는다. 선이 이성이라면 색은 감성인데, 감성이 결여된 이성만으로는 예술이 성립할 수 없다. 색의 본질과 변화는 화학으로 설명할 수 있는데, 회화의 주재료인 물감이 화학물질이기 때문이다.

결국 선과 색의 논쟁을 통해 회화에 수학과 화학 원리가 담겨 있음이 분명하게 드러난 것이다.

귀머거리 집에서 회한과 고독에 잠긴 채
스스로를 침묵 속에 가둔 노화가는
붓과 검은색 물감을 들고
세상에서 가장 어두운 그림을 완성했다.

어둠을 그린 화가

'옷을 입은 누드'라는 역설

가톨릭 국가인 스페인 미술에서 누드(nude)는 벨라스케스Diego Rodríguez de Silva Velázquez, 1599~1660의 〈거울을 보는 비너스〉와 고야Francisco José de Goya y Lucientes, 1746~1828의 〈옷을 벗은 마하〉뿐이다. 벨라스케스의 〈거울을 보는 비너스〉는 누드이긴 하지만 여신의 뒷 자태를 그린 것인데 반해 고야의 〈옷을 벗은 마하〉는 여성의 체모까지 묘사했다.

고야는 이 그림 속 모델이 같은 자세를 취하는 모습을 하나 더 그렸는데, 흥미롭게도 옷을 입고 있다. 그래서 그림 제목도 〈옷을 입은 마하〉이다. 흥미로운 점은 〈옷을 입은 마하〉는 〈옷을 벗은 마하〉 못지않게 관능미를 자아낸다. 그 이유는 관람자가 이미 〈옷을 벗은 마하〉를 봤기 때문이다. 〈옷을 입은 마하〉를 보면서 무의식적으로 그녀의 벗은 몸을 떠올리게 되는 것이다. '옷을 입은 누드'라는 역설이 성립하는 순간이다. 아무튼 이 그림들을 보면 고야가 주로 탐미주의적인 그림을 그리는 화가가 아닐까 생각되겠지만 사실 그가 그린 누드는 〈옷을 벗은 마하〉 하나뿐이다.

'마하'와 '마호', '마초'의 추억

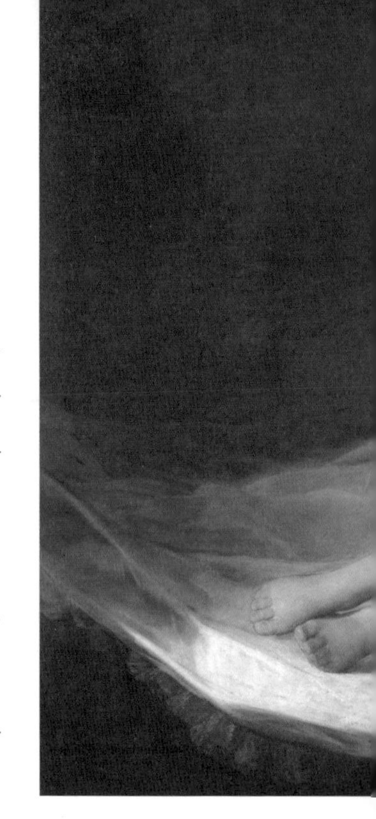

종교재판소의 기세가 서슬 퍼렇던 당시 스페인에서 누드화는 왕실에서도 함부로 소장할 수 없었다. 그럼에도 불구하고 〈옷을 벗은 마하〉를 주문했던 사람이 있었으니 권력의 실세였던 수상 마누엘 데 고도이Manuel de Godoy, 1767~1851다. 권력 다툼에서 밀려 망명길에 오른 뒤 그의 모든 재산이 몰수당했는데, 그 가운데 〈옷을 벗은 마하〉와 〈거울을 보는 비너스〉가 함께 있었다.

'마하(maja)'라는 말은 스페인에만 있는 독특한 용어로, 천박하지만 발랄한 도시의 젊은 여성을 일컫는다. 남성형은 '마호(majo)'가 된다. 지금의 남미대륙에서 회자되는 '마초(macho)'가 마호에서 유래했다. 마초는 천박하게 멋만 부리며 남성성을 과도하게 드러내는 사내를 의미한다. 그래서 마호나 마하스럽게 옷을 입거나 행동하는 것을 뜻하는 '마히스모(majismo, 남미에서는 '마치스모(machismo)')'에는 조롱의 의미가 담겨 있는 것이다.

아무튼 주로 낮은 계급에 속했던 마하나 마호 모두 행실이 점잖지 않아 경박하고 상스러운 말투를 썼다. 마하는 몸에 꽉 끼어 몸매를 드러내는 옷차림을 즐겼고, 외출할 때는 넓은 망토를 걸치고 다녔다. 마호도 허리에 꽉 끼는 재킷에 흰 양말을 신고 챙이 넓은 모자를 썼다.

그런데 18세기 말 스페인은 프랑스의 침략으로 고통받던 때였는데, 뜻밖에도 마히스모 차림새가 스페인다움을 나타내는 애국적인 모습으로 비춰지면서 인기를 끌었다. 심지어 당시 상류층에서도 마히스모 스타일

프란시스코 고야, 〈옷을 벗은 마하〉, 1797~1800년, 캔버스에 유채, 97×190cm, 마드리드 프라도미술관

을 따라 했다. 〈옷을 벗은 마하〉와 〈옷을 입은 마하〉의 실제 모델이 권력의 실세였던 고도이의 연인이었다는 사실이 이를 방증한다.

그림 속 마하를 더욱 도발적으로 이끈 검은색의 비밀

〈옷을 벗은 마하〉가 더욱 도발적으로 느껴지는 이유는 어두운 배경 때문이다. 어둠 속 조명은 실오라기 하나 걸치지 않은 여인의 몸만 비춘다. 벨라스케스의 〈거울을 보는 비너스〉에는 천사와 거울 등 여러 이야깃거리가 등장하지만 이 그림은 침대에 누운 전라(全裸)의 여인만 덩그러니 있다. 그림 속 여인의 눈빛은 인간의 어두운 내면에 숨겨진 '관음(觀淫)'이라는

욕망을 비웃는 듯하다. 고야는 작품 속 어둠을 통해 인간의 불온한 내면을 투영했다. 그런 이유 때문일까? 고야의 그림들에 채색된 검은색은 더욱 암울하게 느껴진다.

실제로 고야는 검은색 물감을 많이 사용했던 화가였다. 검은색 안료나 염료는 무엇인가를 태운 것이 대부분이다. 유기물질을 태우면 탄소만 남고 그것이 검은색을 띤다. 이런 변화를 탄화(炭化)라고 한다. 색 이름에서도 무엇을 태워서 만든 검정인지를 밝히는 경우가 많다.

가장 오래전부터 써 온 검정으로 아이보리 블랙(ivory black)이 유명하다. 이것은 아이보리, 즉 상아를 태워서 만든 검정이다. 물론 요즘은 상아로 만들지는 않는다. 색 이름이 아이보리 블랙이라 해도 지금 제품은 일반 소뼈나 기타 동물의 뼈를 사용하여 만든다. 그래서 본 블랙(bone black)이라 부르기도 한다.

나무를 태워서 만들 수도 있는데 어떤 종류의 나무를 태워서 만드는가에 따라 다른 검정이 만들어지고 이름도 달라진다. 원료 나무의 종류에 따라서 색상이 약간씩 차이가 나는데, 화가들은 이를 매우 중요하게 생각하고 선택한다. 푸른 끼가 도는 검정도 있고, 붉은 끼가 도는 검정도 있으며, 노란 끼가 보이는 검정도 있다. 바인 블랙(vine black)은 포도나무 가지를 태워 만들고, 피치 블랙(peach black)은 복숭아나무 가지를 태워 만든다.

동양화에서 많이 쓰는 송연묵(松煙墨)은 소나무를 태워 만든 것이다. 동양화의 유연묵(油煙墨)은 기름을 태운 것인데 그 중에서도 특히 식물성 기름을 태워 만든 것을 베지터블 블랙(vegetable black)이라고 한다.

프란시스코 고야, 〈옷을 입은 마하〉, 1800~1805년, 캔버스에 유채, 97×190cm, 마드리드 프라도미술관

한편, 우리가 연필로 사용하는 흑연(黑鉛)은 잘못된 이름이다. 검은 납이란 의미로 서양의 'lead black'을 그대로 차용한 것인데, 납과는 아무 연관이 없다. 흑연은 그래파이트(graphite)가 맞으며, 탄소만으로 이루어진 판상 결정이다. '글을 쓰다'라는 의미를 가진 그리스어 그라페인(Graphein)에서 유래했다.

이밖에 유일한 무기물 검정인 마르스 블랙(mars black)은 산화철이 주성분이어서 아이언 블랙(iron black)이라고도 부른다. 약간 갈색이 돌아 따뜻한 느낌이 난다. 최근에는 유기화학의 발달로 실험실에서 합성한 유기물 검정도 있다. 아닐린 블랙(aniline black)이 그것인데, 색이 매우 진하고 검정 외에 어떤 색도 띠지 않는 정말 '깜깜한 블랙'이다. 색이 아름다워서 다이아몬드 블랙(diamond black)이라 부르기도 한다.

고야의 삶과 고야의 색

검은색 물감을 향한 고야의 집착은 그가 살아온 인생과 떼어 놓을 수 없다. 결국 화가의 삶은 색으로 표출되는 걸까?

고야는 1746년 스페인 북부 아라곤 지방의 사라고사 부근 푸엔데토도스(Fuendetodos)라는 작은 마을에서 가난한 장인의 아들로 태어났다. 고야는 어려서부터 미술에 남다른 재능을 보였는데, 열세 살 때 사라고사의 화가 루산José Luzán y Martínez, 1710~1785의 화실에서 정식으로 그림 공부를 시작했다. 고야는 성공을 꿈꾸며 마드리드로 와서 왕립 아카데미의 문을 두드렸지만 번번이 실패했다. 새로운 활로를 찾기 위해 떠난 이탈리아 유학에서 실력을 키워 자신감을 얻어 귀국했지만, 그에게 주어진 일은 고작 왕실 내부의 방들을 장식하는 태피스트리의 밑그림이었다. 6년 동안 묵묵히 태피스트리 밑그림을 그리던 고야는 서서히 인정받기 시작했고, 처남이자 동료 화가인 바예우Francisco Bayeu y Subías, 1734~1795의 도움으로 왕립 아카데미에 입성했다.

왕립 아카데미의 회원이 된 뒤부터 고야는 일취월장했다. 그는 특히 초상화에서 발군의 실력을 보였고, 많은 귀족들로부터 주문이 쏟아졌다. 마흔이 되었을 때 왕의 직속 궁정화가로 임명되면서 그토록 원하던 부와 명예를 거머쥐었다.

하지만 장밋빛 인생은 오래가지 않았다. 마흔일곱 살 되던 해 여행 중 이름 모를 열병에 걸려 시름시름 앓던 고야는 후유증으로 청력을 잃고 말았다. 죽을 때까지 귀머거리로 살게 된 것이다. 아무것도 들리지 않는 상태에서도 고야의 창작활동은 여전히 왕성했고, 당시 스페인 화가로서는 최고 영예인 수석 궁정화가에까지 올랐다. 하지만 그의 삶은 갈수록

프란시스코 고야, 〈1808년 5월 3일 마드리드〉, 1814년, 캔버스에 유채, 268×347cm, 마드리드 프라도미술관

피폐해져 갔다.

고야는 힘들고 가난했던 시절에 대한 보상심리 탓인지 지나친 사치에 빠졌고 재산을 모으는 데 집착했다. 처세에도 능해 기회주의적인 행태도 서슴지 않았다. 그의 손꼽히는 걸작 〈1808년 5월 3일 마드리드〉가 그려지게 된 뒷이야기가 이를 방증한다. 이 그림은 부당한 외세에 맞선 민중 항거를 상징하는 작품으로 알려져 있다. 프랑스 군대에게 잔인하게 총살당하는 스페인 민중 가운데 흰 옷을 입고 양손을 번쩍 든 사람을 예수와 같이 그렸다. 그런데 이 그림은 프랑스군이 스페인에서 퇴거하고 난 뒤 고야 스스로 친프랑스 행적을 희석시키려고 그린 것이다.

스페인의 검은색

1820년경 고야는 마드리드 교외에 허름한 시골집 한 채를 구입했다. 집의 전 주인이 고야처럼 청각장애인이었기 때문에 동네 사람들은 이 집을 '귀머거리 집'이라고 불렀다. 고야는 집 안 1층과 2층 벽면에 14점의 연작을 그렸다.

이 연작 벽화는 한마디로 어둡고 기괴했다. 고야는 모든 벽면을 검게 칠했다. 그리고 이 칠흑 같은 어둠을 배경으로 인간의 가장 추하고 참혹한 속성을 우의적으로 그렸다. 그는 마드리드의 수호성인인 산 이시드로의 은거지로 순례하는 광기 어린 군중들을 그렸고(138~139쪽), 흉측하기 그지없는 마녀들의 모임도 그렸다. 압권은 단연 〈아들을 잡아먹는 사투르누스〉다.

사투르누스는 고대 로마의 농경신으로 그리스에서는 '크로노스'라 부른다. 그는 아들 중 한 명에게 왕좌를 빼앗길 것이라는 예언을 듣고 자신의 아들을 차례로 잡아먹는다.

1900년경에 촬영한 '귀머거리 집'.

'귀머거리 집' 내부의 벽화 배치 상상도.
입구 맞은편에 〈아들을 잡아먹는 사투르누스〉가 보인다.

프란시스코 고야, <아들을 잡아먹는 사투르누스>, 1819~1823년, 캔버스에 유채,146×83cm, 마드리드 프라도미술관

프란시스코 고야, 〈산 이시드로 순례 여행〉, 1821~1823년, 캔버스에 유채, 138.5×436cm, 마드리드 프라도미술관

고야는 바로 이 장면을 상상을 초월할 정도로 잔인하게 묘사했다.

고야의 연작 벽화들은 1870년대에 벽에서 떼어내 캔버스에 옮겼는데, 이미 그림의 손상이 심한 상태였다. 결국 복원을 하는 과정에서 원작에 많은 변형이 가해졌다. 지금은 마드리드 프라도미술관에 전시되어 있는데, 어둡고 기괴함은 여전하다. 실제로 〈아들을 잡아먹는 사투르누스〉 앞에서는 어린아이의 눈을 손으로 가린 관람자들을 볼 수 있다.

이 그림들은 외부에서 주문받아 그린 게 아니었다. 또 고야 살아생전에 공개되지도 않았으며, 고야 스스로 이 그림들에 어떠한 언급도 하지 않았다. 훗날 이 연작 벽화들을 본 사람들은 이를 가리켜 '검은 그림들(Las Pinturas Negras, Black Paintings)'이라 불렀다.

'검은 그림들'은 분열과 모순으로 방황했던 고야 스스로를 향한 자기고백이었다. 또 부조리로 오염된 세상을 향한 고야의 경멸적 항의였다.

프랑스의 압제에서 독립한 스페인 민중은 잔악한 독재군주 페르디난드 7세Ferdinand VII, 1784~1833의 폭압정치와 핍박에 시달려야 했다. 교회가 벌이는 마녀사냥도 잔혹하기 이를 데 없었다. 가톨릭 국가였던 스페인 교회는 천주교를 따르지 않고 개신교나 유대교를 믿는 사람들을 마녀나 사탄이라 규정하고 종교재판소에 회부해 산 채로 화형을 하거나 껍질을 벗겨 죽이거나 사지를 찢어 죽이는 만행을 서슴지 않았다.

고야는 이 모든 불의 앞에서 고개를 떨구어야 했고, 때로는 자신의 안위를 위해 권력층에 기생해야 했다. 귀머거리 집에서 회한과 고독에 잠긴 채 스스로를 침묵 속에 가둔 노(老)화가는 붓과 검은색 물감을 들고 세상에서 가장 어두운 그림을 완성했다. 그리고 후대 스페인 사람들은 고야의 '검은 그림들'을 '스페인의 검은색'으로 부르며, 어두웠던 역사의 흔적을 가슴 깊이 새기고 있다.

같은 나무에 달린 잎들이지만
색이 모두 다르고
어느 하루도 서로 같은 날이 없이
시시각각 변한다.

공기의 색

공기에도 색이 있다

공기의 색이라…… 이 말은 과학적으로 모순이다. 공기는 무색이기 때문이다. 그렇다! 당연한 말이지만 공기에는 색이 없다. 그런데 언제부터인가 우리가 사는 도시의 공기에 색이 생겼다. 한마디로 형용할 수 없는 색이다. 희뿌연 미세먼지가 만든 색! 이젠 연례행사처럼 초봄이 되기도 전에 찾아오는데, 어떤 날은 노란 개나리마저 희미하게 보이게 할 정도로 위력적이다.

차창 밖 강변 너머로 '희뿌연 공기(!)'를 물끄러미 바라보는 것만으로 숨이 막힌다. 착용하고 있는 마스크에서 입김이 새어 안경마저 허옇다. 차라리 잠시라도 눈을 감고 있는 게 낫겠다. 눈을 감고 그림 한 점을 떠올려본다. 초록빛이 넓게 펼쳐진 초원을 그린 풍경화였으면 좋겠다. 영국의 풍경화가 컨스터블John Constable, 1776~1837이 그린 〈건초수레〉는 요즘 필자의 머릿속에 자주 떠오르는 그림이다. 미세먼지 속을 방황하듯 질주하는 버스가 아니라 초원에 한가하게 세워진 푹신한 건초더미를 실은 마차에 누워 구름을 바라보고 싶다.

날씨에 따라 시시각각 변하는 풍경을 과학적으로 관찰하다

컨스터블의 풍경화는 여느 풍경화처럼 평범하고 흔해 보이지만 실은 그렇지 않다. 컨스터블의 풍경화는 아주 새로운 것이었다. 컨스터블보다 약 200년 전에 플랑드르 출신의 화가 라위스달Jacob Van Ruisdael, 1629~1682과 고전주의 화가 푸생Nicolas Poussin, 1594~1665도 풍경화를 그렸지만, 그들은 있는 그대로의 풍경을 그리지 않고 자연을 이상화해 상상 속의 풍경화를 그렸다.

반면 컨스터블은 상상 속의 풍경은 실제의 풍경만큼 자연스럽지도 않을 뿐 아니라 아름다울 수도 없다고 생각했다. 그는 틈만 나면 밖으로 나가 자연을 치밀하게 관찰했다.

컨스터블을 두고 '근대 풍경화의 거장'이라고 부르는 데는 그만한 이유가 있다. 과거 역사화나 종교화 그리고 인물화에 비해 풍경화는 거의 대접을 받지 못했다. 풍경화는 고작 신화화나 인물화의 배경 정도로 기능했을 뿐이다. 서양미술사에서 풍경화가 하나의 회화 장르로 대접받게 된 것은 컨스터블 덕분이다.

컨스터블은 모네Claude Monet, 1840~1926와 고흐Vincent Van Gogh, 1853~1890가 속한 인상주의의 태동

존 컨스터블, 〈건초수레〉, 1821년, 캔버스에 유채, 130×185cm, 런던 내셔널갤러리

존 컨스터블, <구름 연작>, 1822년, 종이에 유채, 37×49cm, 멜버른 빅토리아국립미술관

에 밑거름이 됐다. 컨스터블만의 자연 묘사에 관한 독특한 관점은 인상주의 사조와 맞닿아 있다. 컨스터블은 화가가 상상한 대로 자연을 재구성하는 것을 경계했다. 그는 야외로 나가 자연 앞에 서서 받은 인상(impression)을 캔버스에 담아 냈다.

컨스터블은 영국을 거의 떠나지 않고 작품 활동을 했다. 같은 시기에 활동했던 터너Joseph Mallord William Turner, 1775~1851가 해외를 돌아다니며 그림을 그렸던 것과 대조를 이룬다. 그는 하루에도 몇 번씩 변덕을 부리는 영국 날씨에 따라 매 순간 변화하는 풍광을 같은 장소에서 관찰했을 때 비로소 자연의 본질에 다가갈 수 있다고 생각했다.

컨스터블은 변화하는 날씨를 포착하는 중요한 소재로 구름과 무지개를 택했다. 사실 무지개는 아무 때나 흔히 볼 수 있는 현상은 아니다. 그것은 컨스터블처럼 오랜 시간 한곳에 머무르면서 풍광의 세세한 변화까지 관찰하는 사람만이 누릴 수 있는 특권이다. 화가로서 구름의 변화를 읽어 내는 것 또한 획기적인 일이었다. 구름은 매 순간 변하는 자연의 발자취다. 자연을 향한 시야를 지상에서 하늘 위까지 확장한 것이다.

하지만 컨스터블의 그림은 고국 영국에서 큰 인기를 누리지 못했다. 오히려 프랑스에서 큰 반향을 일으켰다. 프랑스에서 컨스터블의 화풍을 직접적으로 이어받은 화가들은 밀레Jean François Millet, 1814~1875를 비롯한 바르비종의 외광파다. 그들은 퐁텐블로 숲에서 모여 지내며 그곳의 풍경을 그렸다.

컨스터블은 날씨와 시간에 따라 풍경 위에 쏟아지는 빛과 그때 생기는 그림자들의 변화를 과학적으로 관찰하고 객관적으로 묘사했다. 이러한 그의 작업 태도와 대상을 보는 관점은 놀랄 만큼 인상주의와 닮았다.

컨스터블의 초록색에 반한 들라크루아

자, 이제 필자의 머릿속에 자주 떠오르는 바로 그 〈건초수레〉를 살펴보자. 화폭이 풍경화치고는 제법 큰 그림이다. 컨스터블은 '6피트(약 180센티미터)의 화가'라고도 불렸는데, 역사화나 종교화에 견주어 밀리지 않고 관객의 눈길을 끌기 위해서는 풍경화도 대작이어야 한다고 생각했다.

하늘 위에 여름 소나기가 지나간 것 같은 구름이 떠 있지만 볕은 따뜻하다. 맑은 개울가에 살짝 바퀴를 담그고 있는 수레가 한가로운 분위기를 자아낸다. 힘들고 바쁜 노동을 상징하는 수레의 본래 이미지와 상반된다.

아이는 개울가의 강아지를 부르고 있고, 남자는 낚싯대를 드리우고 있다. 멀리 화면의 오른쪽 지평선 끝에 건초더미를 거두고 있는 농부들도 보인다. 다시 수레로 시선을 돌리면, 말의 잔등에 놓인 붉은 안장이 고급스러워 보인다.

이 그림은 전체적으로 녹색과 갈색 톤의 자연색이 평화로운 풍경을 연출한다. 화면 가운데 있는 말안장의 붉은색이 인상적인데, 컨스터블은 이처럼 보색 효과를 적절하게 구사했다. 그는 다소 밋밋해 보이는 자연 풍경에 생동감을 살리는 방법으로 요소요소에 흰색을 사용함으로써 나뭇잎들을 살아 움직이는 오브제로 바꿔 놓았다.

〈건초수레〉 중 수레 부분도. 붉은색 안장의 보색 효과가 밋밋하기 쉬운 풍경화에 생동감을 불어넣는다. 나뭇잎에 흰색 물감을 사용한 것도 같은 이유다.

〈건초수레〉는 1821년 런던 왕립 아카데미에서 처음 전시되었다. 당시 영국에 와 있던 프랑스 화가 들라크루아Eugène Delacroix, 1798~1863는 이 그림의 초록색에 크게 경도되어 〈키오스섬의 학살〉을 고쳐 채색했다. 하지만, 전원의 평화로운 목가적 풍경을 그린 〈건초수레〉와 참혹한 학살의 현장을 고발한 〈키오스섬의 학살〉은 주제부터가 크게 상반됐다. 그럼에도 불구하고 들라크루아는 컨스터블의 초록색에 대단한 매력을 느낀 것이다.

컨스터블의 눈에 비친 공기의 색

색채주의자였던 들라크루아를 감탄하게 했던 컨스터블의 초록색에는 도대체 어떤 매력이 담겨 있던 걸까? 사실 초록색은 풍경화에서 가장 많이 사용하는 색이다. 그런데 컨스터블의 풍경화에 담긴 초록색이 기존 풍경화의 초록색과 다르게 느껴졌던 이유는 컨스터블만의 독특한 작업 방식 때문이었다.

풍경화가들은 대개 야외에서 본 풍경을 화실로 들어와서 그렸다. 그런데 컨스터블은 야외에서 채색까지 병행하는 '오일(유화) 스케치'로 자연의 느낌을 그대로 살리고자 했고, 이를 바탕으로 화실에서 채색을 마무리했다. 컨스터블의 이러한 작업 방식은 훗날 인상파 화가들에게 큰 호응을 얻어 야외에서 작품을 완성하는 단계로까지 이어진 것이다.

컨스터블은 자연에서 관찰한 초록색 나뭇잎을 보며 이렇게 말했다. "같은 나무에 달린 잎들이지만 색이 모두 다르고 어느 하루도 서로 같은 날이 없이 시시각각 변한다." 나뭇잎을 눈으로 보고 그 형색을 머리에 담아 화실로 들어와 캔버스 앞에 앉으면 같은 초록색 나뭇잎이 떠오른다. 하

존 컨스터블, 〈플랫포드 밀〉, 1816년, 캔버스에 유채, 133×158cm, 런던 테이트브리튼

지만, 실제로 빛에 따라 변하는 나뭇잎은 매번 다양한 초록색을 연출함을 컨스터블은 깨달은 것이다. 그래서 그가 표현하는 초록색은 훨씬 생동감 넘치며 자연과 닮을 수밖에 없다.

이처럼 실재(實在)하는 풍경을 강조했던 컨스터블은 가까운 대상은 갈색 톤으로, 먼 배경은 푸른색 톤으로 채색하는 기존 방식에서 벗어나 다양한 초록색으로 숲을 재현했다.

인공으로 합성한 안료가 더 자연스럽다?!

초록색은 당시 흔하게 구할 수 있는 안료는 아니었다. 녹색의 대표격인 비리디언(viridian)은 값이 비쌌다. 바르비종파처럼 풍경화를 그렸던 화가들이 많았던 프랑스에서는 1838년경 녹색 안료의 합성에 성공했는데, 기네스 그린(guignet's green)이란 안료다. 기네Guignet란 사람이 발명해 특허를 내면서 그의 이름을 딴 것이다. 이후 인상파 화가들이 출현하면서 좀 더 다양한 안료에 대한 욕구가 커졌고, 자연스럽게 초록색도 종류가 늘어났다.

프탈로시아닌 그린(phtalocyanine green)은 비교적 값이 싸고 변색도 덜해 기네스 그린만큼 화가들이 즐겨 사용하는 안료다. 반면, 동양에서 녹청(綠靑)이라 부르는 말라카이트 그린(malachite green)은 초록빛이 나는 광물인 공작석(孔雀石, malachite)을 미세하게 갈아서 만드는 안료다. 입자가 크면 진한 암록색이 되고 입자를 곱게 갈면 백록색이 되는데, 가격이 비싸서 화학합성안료를 주로 사용한다.

한편, 초록은 색의 특성상 나무의 줄기나 열매와 같은 식물성 천연 물질에서 추출한 안료일수록 자연 본연의 색에 가깝지 않을까 생각할 수도 있지만 꼭 그런 것만은 아니다. 샙 그린(sap green)이란 안료는 갈매나무 열매에서 추출하는 식물성 천연 안료이지만, 내광성이 떨어지고 퇴색의 우려가 커서 화가들 사이에서 신뢰가 떨어진다.

어두워진 공기의 색, 그에게 무슨 일이?

컨스터블의 초록색에 대한 애정(!)은 각별했다. 자연 풍경을 그리기 위해서 초록색 물감은 컨스터블에게 없어서는 안 될 절대적인 존재였을 것이다. 실제로 컨스터블이 세상을 떠나며 유품으로 남긴 팔레트에는 다양한 초록색 안료들이 묻어 있었다고 한다.

그런데, 컨스터블이 말년에 그린 풍경화들을 보면 먹구름으로 가득한 하늘이 적지 않게 발견된다. 그래서일까, 그림들도 전체적으로 어두워진 느낌이다. 그에게 어떤 일이 벌어졌던 걸까?

컨스터블은 영국 동남쪽에 있는 서퍽(Suffolk)이라는 곳에서 플랫포드 밀(Flatford Mill)을 비롯한 제분소를 여러 개 소유한 부농의 아들로 태어났다. 아버지는 아들이 가업을 물려받길 원했지만 컨스터블은 미술에 관심이 컸고, 그것도 누구도 알아주지 않는 풍경화의 매력에 푹 빠지고 말았다.

컨스터블은 아버지의 뜻을 거스르고 화가가 됐지만, 오랜 세월 무명 화가로 살아야 했다. 컨스터블은 마흔여덟이라는 중년을 훨씬 넘긴 나이에 〈건초수레〉가 파리살롱에서 금상을 수상하면서 비로소 주목받기 시작했다. 그는 긴 세월 동안 고향을 떠나지 않으며 묵묵히 자연을 그렸다.

컨스터블의 삶은 그의 부모를 포함한 주변 사람들에게는 매우 한심하고 답답하게 보였을 것이다. 안정적인 가업을 마다하고 배고픈 예술가의 길로 들어섰으니 말이다. 그것도 인기 없는 장르인 풍경화만을 고집했으니……

그런데 그런 컨스터블을 이해하고 응원했던 사람이 있었으니 바로 아내 마리아 비크넬Maria Bicknell이다. 두 사람은 양가 부모의 반대를 무릅쓰고 결혼을 강행했고, 일곱 명의 자녀를 둘 정도로 사랑이 깊었고 행복했다.

하지만 영원할 것 같은 행복은 컨스터블을 배반했다. 마리아가 일곱째 아이를 출산한 뒤 건강이 급격하게 쇠락해지면서 폐렴으로 세상을 등지고 만 것이다. 마리아를 떠나보낸 뒤 컨스터블은 깊은 실의에 빠졌다.

존 컨스터블, 〈폭풍우가 몰아치는 햄스테드 히스에 뜬 쌍무지개〉, 1831년, 종이에 수채, 197×320cm, 런던 대영박물관

컨스터블은 마음을 추스르고 다시 그림을 그리기 위해 밖으로 나갔지만, 그의 눈에 비친 자연은 더 이상 찬란한 초록색이 아니었다. 숲은 어두웠고 하늘에는 먹구름이 드리워 있었다. 결국 그의 그림도 어두워지기 시작했다. 컨스터블의 눈에 비친 공기의 색도 점점 변해 갔을 것이다.

컨스터블은 아내를 추억하며 햄스테드에서 폭풍우 속 무지개를 그렸는데, 전에 그렸던 것과 사뭇 다르다. 〈폭풍우가 몰아치는 햄스테드 히스에 뜬 쌍무지개〉에는 세상에서 가장 슬픈 무지개가 떠 있다. 심하게 어두워진 그림 속 공기의 색을 보고 있으니 먹먹한 슬픔이 밀려온다.

해질녘에 친구 두 명과 길을 걷고 있었다.
갑자기 하늘이 핏빛으로 물들었다.
나는 멈춰 서서 난간에 기대어 말할 수 없는 피곤을 느꼈다.
불의 혀와 피가 검푸른 피오르드 위 하늘을 찢는 듯했다.
친구들은 계속 걸었고 나는 뒤로 처졌다.
오싹한 공포를 느꼈고 곧 엄청난 자연의 비명소리를 들었다.

절규하는 하늘의 색

노르웨이 하면 떠오르는 화가와 그림?!

북유럽의 겨울나라 노르웨이 하면 가장 먼저 뭐가 떠오를까? 세계에서 가장 긴 협만(峽灣)인 송네피오르드, 오로라를 볼 수 있는 트롬쇠, 노벨평화상, 비틀스(Beatles)의 노래이자 하루키Murakami Haruki, 1949~의 동명 소설 〈Norwegian Wood(노르웨이의 숲)〉……

필자의 머릿속에는 하셀Odd Hassel, 1897~1981과 뭉크Edvard Munch, 1863~1944라는 이름이 인터넷포털 연관 검색어처럼 노르웨이와 함께 떠오른다. 하셀은 노르웨이 출신 물리화학자다. X선 회절법을 통한 분자의 결정구조를 연구해 사이클로헥세인(C_6H_{12}) 유도체의 화학구조가 입체적이라는 이론을 발표한 공로로 1969년 노벨화학상을 받았지만, 우리에게 그리 친숙한 이름은 아니다. 반면 뭉크는 이번 꼭지에서 다룰 노르웨이 출신 화가인데, 그가 그린 〈절규〉(154쪽)는 미술과 친하지 않은 사람이라도 한두 번은 본 기억이 있을 만큼 유명하다. 실제로 뭉크는 노르웨이에서는 국민화가로 불릴 만큼 중요한 인물이다. 노르웨이 화폐에 그의 작품과 초상이 나올 정도다.

뭉크와 그의 대표작 〈절규〉가 노르웨이를 넘어 전 세계적으로 화제가 되었던 적이 있다. 노르웨이 릴레함메르(Lillehammer)란 도시에서 동계올림픽이 열렸던 1994년으로 거슬러 올라간다. 당시 〈절규〉는 오슬로에 있는 오슬로국립미술관에 보관 중이었는데, 어느 날 감쪽같이 사라졌다. 곧 올림픽이 열리면 전 세계인들이 노르웨이를 찾을 것이고 뭉크의 〈절규〉를 보기 위해 미술관에 들를 텐데 노르웨이 정부로서는 마른하늘에 날벼락을 맞은 것이다. 범인을 잡아 그림을 되찾기에 골몰했던 노르웨이 경찰국에서는 기지를 발휘했다. 누군가 천문학적인 거금으로 〈절규〉를 사고 싶어 한다는 거짓 정보를 흘렸고 이에 솔깃한 범인이 나타난 것이다. 이를테면 함정수사 같은 것이다. 다행히 범인을 잡아 그림을 되찾을 수 있었다. 범인은 팔 엥게르라는 전직 축구선수였다.

그로부터 10년 뒤인 2004년경 〈절규〉가 다시 한 번 탈취당하는 사건이 발생했다. 오슬로에 있는 뭉크미술관 전시실에 복면을 쓴 세 명의 무장괴한이 들이닥쳤다. 한 사람은 총으로 보안요원을 위협했고 다른 한 사람은 벽에 걸린 〈절규〉와 〈마돈나〉를 떼어 내어 도주했다. 전시실 안에 있던 수십 명의 관람객들은 놀란 나머지 멍하니 쳐다보고만 있었다. 2년 동안의 우여곡절 끝에 그림을 되찾았고, 〈절규〉는 다시 한 번 전 세계적으로 유명세를 탔다.

에드바르 뭉크, 〈절규〉, 1893년, 마분지에 유채, 템페라, 파스텔, 91.3×73.7cm, 오슬로국립미술관

뭉크가 그린 붉은색 구름

2012년경 뭉크의 〈절규〉가 또다시 외신에 등장했다. '이 그림 또 도둑맞았나 보다' 하고 지레짐작했는데, 이번에는 미술품 경매 사상 최고가로

팔렸다는 소식이었다. 뭉크가 그린 네 점의 〈절규〉 가운데 유일하게 개인이 소장하고 있던 것이 1억1990만 달러(당시 한화 약 1321억 원)에 팔렸다. 흥미로운 건 그림이 도난당하는 일을 겪을수록 그림 값이 천정부지로 치솟았다는 사실이다. 희대의 도난사건이 그림의 가치를 올리는 최고의 마케팅 전략이 된 셈이다.

그 뒤로 한동안 조용했던 뭉크의 〈절규〉가 다시 외신에 등장한 건 뜻밖에도 노르웨이 기상학자들의 독특한 연구 때문이었다. 2017년 7월에 오스트리아 비엔나에서 열린 유럽지구과학연맹(EGU) 회의에서 오슬로대학교 지구과학과 헬레네 무리Helene Muri 박사는, 뭉크가 〈절규〉에서 자개구름(nacreous cloud)을 그렸다는 연구 결과를 발표해 주목을 끌었다.

자개구름은 진주조개처럼 아름다운 분홍색과 녹색으로 빛난다고 해서 진주구름으로 불리기도 한다. 일출 전이나 일몰 후 태양이 수평선보다 낮을 때 특히 아름답게 빛난다. 자개구름은 구름 자체에 색이 있는 게 아니라 태양광이 굴절 · 반사되면서 붉고 푸른 빛이 뒤섞여 나타나는 현상이다. 무리 박사는 20년 넘게 오슬로에서 거주하면서 자개구름을 한 차례 목격한 적이 있다고 밝혔다.

자개구름이 발생하려면 몇 가지 조건이 충족되어야 한다. 무엇보다 높은 고도와 적절한 습도, 매우 낮은 기온이 유지되어야 한다. 고도 20~30킬로미터에 있는 겨울철 성층권이 여기에 해당된다.

뭉크의 〈절규〉에 등장하는 하늘을 기상학적으로 연구한 것이 무리 박사가 처음은 아니었다. 2004년경 미국 텍사스 대학교 천체물리학과 도널드 올슨Donald W. Olson 박사는 〈절규〉에 나오는 하늘이 1883년 인도네시아 크라카타우(Krakatau)섬에 있는 화산이 폭발을 일으켰을 때의 영향으로 발생한 것이라는 연구 결과를 「Sky & Telescope」라는 저널에 발표했다. 엄

〈절규〉 속 하늘과 자개구름 비교(출처 : 유럽지구과학연맹)

청난 규모의 화산 폭발로 인해 암석의 파편들이 전 세계 대기 중에 퍼졌는데, 심지어 뭉크가 사는 북유럽 노르웨이의 하늘까지 붉게 물들였다는 것이다. 실제로 화산재는 파장이 짧은 파란빛은 주변으로 산란시키고 파장이 긴 붉은빛만 그대로 통과시키기 때문에 하늘을 붉게 만든다. 뭉크가 바로 그 엄청난 광경을 목도한 뒤 〈절규〉를 그렸다는 것이다.

자개구름을 촬영한 사진은 세계기상기구(WMO)를 비롯한 기상 관련 사이트에서 확인할 수 있는데, 그 모습이 뭉크의 〈절규〉에 등장하는 하늘과 닮았다.

사람의 절규? 자연의 절규!

뭉크는 〈절규〉를 그리기 전인 1892년 1월의 어느 날 일기장에 이렇게 썼다.

"해질녘에 친구 두 명과 길을 걷고 있었다. 갑자기 하늘이 핏빛으로 물들었다. 나는 멈춰 서서 난간에 기대어 말할 수 없는 피곤을 느꼈다. 불의 혀와 피가 검푸른 피오르드 위 하늘을 찢는 듯했다. 친구들은 계속 걸었고 나는 뒤로 처졌다. 오싹한 공포를 느꼈고 곧 엄청난 자연의 비명소리를 들었다."

일기대로라면 뭉크는 분명히 자개구름을 목도한 게 맞다. 〈절규〉는 화폭이 91.3×73.7센티미터(세로×가로)로 1미터가 채 되지 않지만, 그림에 등장하는 인물의 표정과 색채는 매우 강렬하다. 핏빛 하늘 아래 흐늘거리는 사람이 해골 같은 얼굴을 감싸고 고통을 호소하고 있다.

과학자들의 연구 · 분석과 상관없이 미술계 전문가들은 뭉크의 〈절규〉를 인간의 보편적 고통을 표현한 작품으로 해석한다. 그림 속 인물이 길가에서 자연의 외부적인 힘에 반응하는 것은 의문의 여지가 없다. 하지만 뭉크가 표현한 부분이 실제적인 힘을 의미하는 것인지, 아니면 심리적인 것이었는지에 대해서 논쟁이 이어져 왔다.

뭉크가 이 그림에 맨 처음 붙인 제목은 '자연의 절규'다. 그의 일기에도 '엄청난 자연의 비명소리'라는 말이 등장한다. 뭉크가 일기에 썼던 단어는 노르웨이어 'skirk'인데, 영어로 'shriek' 혹은 'scream'과 같다. 우리말로 옮기면 '절규' 혹은 '비명'이 된다.

영국 박물관 큐레이터 바트럼Giulia Bartrum은 뭉크가 일기에 쓴 표현대로 사람이 절규하는 게 아니라 '자연의 절규'를 듣고 놀라는 장면을 그린 것이라고 해석했다. 바트럼의 해석은 앞에서 소개한 과학자들의 연구 결과를 뒷받침한다. 그림 속 인물인 뭉크가 정신착란적인 자신의 심리상태를 그린 게 아니라 실제로 그가 봤던 자개구름에 덮인 하늘을 그렸다는 얘기다. 뭉크는 일기장에 그 어마어마한 광경을 목도한 순간을 '자연의 비명소리'로 썼고, 바로 그 기억을 〈절규〉라는 그림으로 남긴 것이다.

죽음을 그릴 수밖에 없는 운명

뭉크는 자기가 그린 그림을 자신의 일부로 여겼고 그림이 팔리면 똑같은 그림을 다시 그려 두곤 했다. 뭉크는 1893년에 〈절규〉를 그린 뒤 1910년까지 같은 그림을 세 장 더 그렸을 정도로 이 그림에 애착이 컸다.

〈절규〉는 뭉크의 작품 세계에서 큰 축을 형성한 '생의 프리즈(The Frieze of Life)' 시리즈 가운데 하나다. 프리즈는 벽 윗부분에 거는 길고 좁은 액자를 뜻한다. 뭉크는 삶과 죽음, 공포와 불신, 팜 파탈의 유혹과 허무한 사랑 등을 연작의 형식으로 그린 다음 이를 '생의 프리즈'라는 이름의 카테고리로 묶었다. 뭉크는 1893년 12월 베를린 전시회를 시작으로 1900년까지 '생의 프리즈' 연작들을 발표했는데, 그림에 담긴 어둡고 파격적인 주제로 자주 논란을 일으켰다. 훗날 뭉크는 '생의 프리즈' 연작을 통해 자신의 삶을 진솔하게 고백했다고 밝혔다. 그림으로 쓴 자서전이었던 것이다.

뭉크의 인생과 예술을 몇 가지 키워드를 들어 설명한다면 가장 먼저 떠오르는 단어가 '죽음'이다. 그는 태어나면서부터 병약했을 뿐 아니라 어려서부터 가족들의 죽음을 보며 자랐다. 강박증이 심한 성격이상자인 아버지로부터 방패가 되어 주던 어머니는 뭉크가 다섯 살 되던 해에 폐결핵

에드바르 뭉크, 〈지옥에서의 자화상〉, 1903년, 캔버스에 유채, 82×66cm, 오슬로 뭉크미술관

으로 사망했다. 그가 열네 살 되던 해에는 늘 따뜻하게 대화를 나눴던 한 살 위 누이가 같은 병으로 세상을 등졌다. 뭉크 역시 열두 살에 건강 악화로 한동안 학업을 중단해야만 했다.

뭉크는 청년이 되었을 때도 여전히 쇠약했다. 스물한 살에 장학금을 받고 파리 유학의 기회를 얻었지만 또다시 몸져누우면서 포기해야만 했다. 그리고 스물여섯 살 때 아버지마저 눈을 감았다.

비극은 거기서 끝나지 않았다. 그의 형제 중에 유일하게 결혼을 한 동생 안드레아가 결혼 몇 달 만에 목숨을 잃었고, 여동생 로라도 어려서부터 정신병원을 들락거리더니 쉰 살이 되기 전에 사망했다. 그로부터 5년 뒤에는 어머니를 대신해 뭉크를 보살펴 주었던 카렌 이모까지 숨을 거뒀다. 뭉크는 평생 가족의 불행과 죽음을 안타깝게 지켜봐야 하는 기구한 삶을 살았다. 그의 인생에서 죽음, 공포, 불안, 질병, 우울을 빼면 기억에 남는 것이 없을 정도였다.

이러한 뭉크의 불행한 삶은 그의 예술의 핵심 주제가 됐다. 〈병든 아이〉(1886년), 〈절망〉(1892년), 〈절규〉(1893년), 〈불안〉(1894년), 〈병실에서의 죽음〉(1895년), 〈영안실〉(1896년), 〈죽은 엄마와 딸〉(1899년), 〈지옥에서의 자화상〉(1903년) 등의 작품들은 당시 그의 삶을 투영한다.

뒤틀린 사랑

뭉크의 작품에서 빼놓을 수 없는 또 하나의 테마는 '실연'이다. 그는 너무 어려서 어머니와 누나의 죽음을 겪으며 평생 애정결핍증의 굴레에 갇혀 살아야 했다. 뭉크가 여인과의 키스나 열애 같은 주제를 많이 다룬 이유는 어려서부터 뼛속까지 느꼈던 외로움 탓이기도 하다.

뭉크는 몇 번의 뜨거운 연애를 경험했지만 결과는 좋지 못했다. 뭉크가 사랑했던 이성의 대상도 평범하지 않았다. 그는 자신의 재능을 일찍 알아봐 준 화가이자 후원자 탈로Frits Thaulow, 1847~1906의 형수를 열정적으로 사

에드바르 뭉크, 〈흡혈귀〉, 1895년, 캔버스에 유채, 91×109cm, 오슬로 뭉크미술관

랑했다. 하지만 그녀의 자유분방한 생각과 행실은 뭉크를 질투와 불안에 떨게 했다. 그의 뜻대로 이루지 못한 사랑에 허무주의 작가 한스 예거 Hans Jæger, 1854~1910의 영향까지 더해져 그 시절 뭉크는 여인, 질투, 키스를 반복해서 그렸다. 〈마돈나〉(1894년), 〈사춘기〉(1894년), 〈흡혈귀〉(1895년), 〈질투〉(1895년), 〈키스〉(1897년) 같은 작품에서 실연의 상처와 여성에 대한 배신, 혐오 등을 엿볼 수 있다.

서른 살 이후에도 뭉크의 불안한 사랑은 계속 됐다. 그는 서른네 살 때

에드바르 뭉크, 〈살인녀〉, 1906년, 캔버스에 유채, 110×120cm, 오슬로 뭉크미술관

툴라 라르센Tulla Larsen이라는 상류층 여인을 만나면서 잠시 안정된 삶을 누렸다. 그 시절 작품인 〈다리의 소녀들〉(1899년)이나 〈삶의 춤〉(1900년)을 보면 뭉크의 작품이 다소 밝아졌음을 느낄 수 있다. 하지만 라르센과의 사랑은 오래가지 못했다. 라르센은 매달리듯 끈질기게 청혼했지만 뭉크는 결혼할 생각이 없었다. 라르센은 뭉크와의 말다툼 끝에 권총으로 위협하다 실수로 뭉크의 손가락에 총을 쏘고 말았다. 이 일로 뭉크의 여성혐오증은 극단으로 치달았다. 뭉크는 끊임없이 사랑을 찾아 방황했지만 자신의 곁에 머물던 여인들은 모두 흡혈귀 같은 살인자와 다를 바 없다고 생각했다. 〈살인녀〉(1906년)와 〈마라의 죽음〉(1907년)이 그 시절 뭉크가 그린 그림이다.

에드바르 뭉크, 〈침대와 시계 사이의 자화상〉, 1940~1943년, 캔버스에 유채, 149.5×120.5cm, 오슬로 뭉크미술관

죽음으로써 죽음이란 굴레에서 벗어나다

20세기 초는 나치즘과 파시즘이 득세하면서 유럽 전역을 전쟁의 공포로 질식시키던 때였다. 아이러니하게도 뭉크의 어둡고 우울한 그림들은 당시 사람들에게 큰 공감을 사며 큰 인기를 누렸다. 뭉크는 1933년경 프랑스 정부로부터 명예훈장을 받기도 했다.

하지만 뭉크의 삶은 불행했다. 가족의 병과 죽음으로 어려서부터 불안과 공포에 시달려야 했고, 어른이 되어서도 신경쇠약을 달고 살았다. 사람들과의 관계는 늘 삐걱거렸고, 특히 여성들과 불화했다. 노년으로 갈수록 혼자 지내는 고독한 시간이 늘어나면서 오로지 그림에만 빠져 살았다.

뭉크가 겪었던 정신적 고통을 지켜본 사람들은 그가 머지않아 세상을 등질 거라고 수군거렸다. 뭉크의 내면은 허무와 죽음이 지배했고, 그것으로부터 벗어나는 길은 죽음밖에 없다고 뭉크 스스로도 입버릇처럼 얘기했다. 하지만 뭉크는 꽤 장수한 화가였다. 항상 죽음을 생각하며 죽음을 주제로 많은 그림을 남겼지만 역설적으로 그것은 긴 세월을 살았기에 가능한 일이었다.

뭉크는 노년에 이르러서도 여전히 삶의 허무를 그리는 데 몰두했다. 여든을 앞둔 1942년경에 그린 〈침대와 시계 사이의 자화상〉에서는 자신의 삶이 거의 종착지에 다다랐음을 묘사했다. 그림 속 침대와 시계 사이에 서 있는 노인은 자신에게 주어진 시간이 얼마 남지 않았음을 알고 있는 듯하다. 그로부터 2년 뒤 뭉크는 오랜 번민을 끝내고 영면했다.

| CHAPTER 2 |

PHYSICIST

물리학자의
미술관

GALLERY

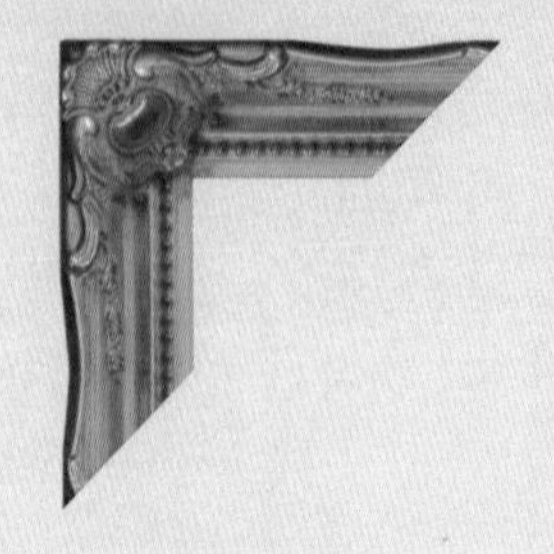

신의 속성을 표현하는 빛을
얼마나 신성하고 신비롭게 표현할 수 있을까 하는 고민이
스테인드글라스 제작 기법에 고스란히 녹아 있다.
신을 그리던 빛은 오래전부터 인류의 미래를 바꿀
정교한 나노과학을 품고 있었다.

신을 그리던 빛, 인류의 미래를 그리다

'꿈의 디스플레이' 퀀텀닷 기술을 중세시대 성당에서 만나다

요즘 디스플레이 분야에서 가장 주목하고 있는 기술이 '퀀텀닷(Quantum Dot)'이다. 퀀텀닷은 지름이 수 나노미터(nm) 정도의 반도체 결정물질로, 빛을 흡수하고 방출하는 효율이 매우 높은 입자다. 1나노미터는 머리카락 굵기 10만분의 1에 해당하는 크기다. 지구 크기를 1미터라고 가정할 때, 1나노미터는 축구공 하나 정도 크기다.

퀀텀닷은 빛이나 전압을 가하면 스스로 빛을 낼 수 있다. 또한 같은 물질이라도 입자 크기와 모양에 따라 다른 길이의 빛 파장을 발생시켜 다양한 색을 낼 수 있다. 예를 들어 3~5나노미터 퀀텀닷은 푸른색을, 7~8나노미터 퀀텀닷은 붉은색을 낸다. 퀀텀닷은 재료 조성을 바꾸거나 결정 크기를 조절하는 것만으로 원하는 색을 얻을 수 있다. 색 순도가 높고 적은 에너지로 높은 발광 효율을 얻을 수 있어 TV, 태양광발전, 바이오 분야에 퀀텀닷 기술이 폭넓게 활용되고 있다.

퀀텀닷이라는 이름은 현대에 들어와 생겼지만, 기술 자체는 인류의 삶에 아주 오래전부터 사용되었다. 중세시대 지어진 성당 건물을 장식하던

독일 남서부 마인츠에 있는 성 슈테판 교회의 스테인드글라스. 마르크 샤갈의 작품이다.

스테인드글라스(stained glass)에 퀀텀닷 원리가 사용되었다.

샤갈의 손끝에서 탄생한 빛의 오케스트라

누구나 한 번쯤 스테인드글라스로 만든 성당이나 교회 유리창을 보면서 '유리에서 어떻게 이렇게 다채로운 색깔이 나타날까?', '형형색색의 아름다움은 어디에서 오는 것일까?' 하는 의문을 가져 보았을 것이다. 스테인드글라스는 햇빛이나 조명에 따라 빛깔이 달라지며 신비롭게 빛난다.

스테인드글라스는 도안에 맞춰 색유리판을 잘라 납으로 붙여 완성한다. 투명한 유리에 철, 구리, 코발트 등 금속 산화물을 넣으면 다양한 빛깔의 색유리가 된다. 고온에서 유리와 각종 금속을 녹이는 과정에서 화합물

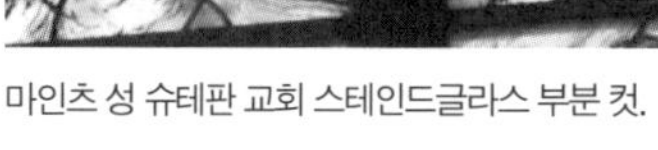
마인츠 성 슈테판 교회 스테인드글라스 부분 컷.

이 나노입자 크기로 변한다. 일종의 퀀텀닷이다.

십여 년 전 지인을 만나기 위해 독일 남서부에 있는 '마인츠(Mainz)'라는 도시를 방문한 일이 있다. 마인츠를 방문하기 전까지 이 도시에 대해 아는 거라곤, 서양 최초로 금속활자를 발명한 구텐베르크Johannes Gutenberg, 1397~1468와 그를 기리기 위해 세운 마인츠대학교가 유명하다는 정도였다. 특별히 들러볼 명소가 있다는 생각은 미처 하지 못했다.

마인츠 구시가지를 헤매다 우연히 성 슈테판 교회에 들어가게 되었다. "세상에! 샤갈이다!" 성 슈테판 교회 창문에 샤갈Marc Chagall, 1887~1985의 스테인드글라스 작품이 즐비했다.

러시아에서 태어나 프랑스 · 미국 등에서 활동한 샤갈은 국내에도 여러 차례 전시를 통해 소개되었으며, 김춘수 시인의 시 〈샤갈의 마을에 내리는 눈〉 덕분에 우리에게는 꽤 친숙한 화가다. 샤갈은 회화작품 못지않게 훌륭한 공공 예술작품들을 많이 남겼는데, 바로 스테인드글라스와 벽화들이다.

프랑스 파리 오페라하우스의 천장화 〈꽃다발 속의 거울〉를 처음 봤을 때 온몸을 휘감던 전율을 잊을 수가 없다. 오페라하우스 안에는 여러 예술가의 멋진 벽화가 많았지만, 샤갈의 작품이 공개되자 "가르니에 궁전의 최고 좌석은 천장에 있다"는 찬사가 쏟아졌다. 이 작품을 제작할 당시 샤갈의 나이가 일흔일곱 살이었다니, 그의 불타는 예술혼에 또 한 번 놀라게 된다.

꿈꾸듯 환상적인 색채로 사랑과 기쁨을 표현하던 샤갈의 회화 스타일은 스테인드글라스에도 그대로 투영되었다. 샤갈의 스테인드글라스 대표작 두 점이 독일 성 슈테판 교회와 프랑스 랭스 대성당에 있다. 두 곳의 스테인드글라스에서 샤갈은 본인의 정체성을 드러내듯 선명한 파란 색

마르크 샤갈, 〈꽃다발 속의 거울〉, 1964년, 폭 20m, 파리 오페라하우스

유리를 많이 사용했다. 밝고 따뜻한 푸른빛은 다양한 상징들을 감싸며 깊은 여운을 선사한다.

성 슈테판 교회 스테인드글라스에는 에덴동산에서의 아담과 이브, 소돔과 고모라를 향해 가는 천사들의 모습, 천지창조, 십자가에 달린 예수 등 『구약성경』 이야기가 샤갈 특유의 그림체와 질감 그대로 담겨 있다. 특히 이곳 스테인드글라스는 샤갈이 아흔한 살 무렵 작업을 시작해 무려 7년에 걸쳐 완성한 작품이다.

프랑스 랭스 대성당의 스테인드글라스. 사갈의 작품이다.

빛과 나노과학의 예술

스테인드글라스의 아름다운 색은 빛이 있음으로써 발현되기 때문에, 스테인드글라스를 '빛의 예술'이라고 일컫는다. 사실 스테인드글라스에는 또 다른 과학이 하나 더 숨어 있다. 바로 유리 내부에 분포한 금이나 은 등의 금속 나노입자가 만들어낸 나노입자의 과학이다.

'나노(nano)'는 그리스어로 난쟁이를 뜻하는 '나노스(nanos)'에서 나왔다. 나노입자란 한 차원이 100나노미터, 다시 말해 천만 분의 1미터(100nm=100.0×10⁻⁹m) 이하의 미세 입자를 일컫는다. 나노입자는 머리카락 굵기 천분의 일에 해당하는 크기가 작은 알갱이다.

물질을 나노 단위까지 쪼개면 표면적이 급증하면서 모양이나 색깔, 구조, 성질 등이 달라진다. 탄소원자로 이루어진 흑연은 연필심으로 사용할 만큼 무르지만, 나노 단위로 재구성하면 강철보다 100배나 강한 탄소나노튜브가 된다(277쪽 참조). 또 황금색 금을 나노 단위까지 계속 쪼개면 붉은색으로 변한다.

나노라는 용어는 파인만Richard Feynman, 1918~1988 박사가 '바닥에는 풍부한 공간이 있다'라는 제목으로 연 물리학 강연에서 처음 등장했다. 파인만은 이 강연에서 원자나 분자 수준에서 물질의 성질에 관해 처음 언급했다.

파인만은 나노과학기술 개념을 처음 제시한 과학자다. 미국 포어사이트 연구소는 나노기술 분야에서 가장 뛰어나고 혁신적인 연구성과를 도출한 연구자에게 파인만의 이름을 딴 '파인만 상'을 수여한다.

이후 1986년, 미래학자로 알려진 에릭 드렉슬러Eric Drexler, 1955~가 저서『창조의 엔진(Engine of Creation)』에서 분자를 조정해 물질의 구조를 제어하는 나노기술을 언급했다. 그는 MIT에서 나노과학 분야 최초로 박사 학위를 받았다.

몇몇 과학자에 의해 등장한 나노기술은 현재 눈부신 과학기술 발전과 함께 성장해, 이제 컴퓨터 및 IT 분야뿐만 아니라 생명공학, 의학, 환경, 에너지 등 인류의 삶 전반에 직 · 간접적으로 영향을 미치고 있다. 나노기술은 인류의 미래를 이끌어 나갈 중요한 기술 가운데 하나로 꼽히고 있다.

퀀텀닷 기술로 만들어진 4세기 로마 시대 컵

작은 금속 입자로 인해 유리 색깔이 바뀌는 기술은 무려 4세기경 고대 로마 시대 작품 '리쿠르고스의 컵(Lycurgus Cup)'에서도 찾아볼 수 있다. 컵에는 리쿠르고스라는 고대 그리스 신화 속 왕을 조각해 덧붙여 놨다. 디오니소스(그리스 신화 속 포도주와 풍요의 신)가 자신을 박해하는 리쿠르고스를 포도주를 먹여 정신을 잃게 만든 장면을 묘사하고 있다.

리쿠르고스 컵은 평소에는 녹색에 가까운 색으로 보이지만(왼쪽), 컵 안에 빛을 쪼이면 붉은색 혹은 마젠타 빛깔로 변한다(오른쪽). 컵의 비밀은 오랜 시간 봉인되어 있다가 1990년대에 이르러 미세한 나노입자를 관찰할 수 있는 현미경이 개발되면서 풀렸다.

컵 안에 특별한 조명이 따로 없을 때, 컵은 외부의 산란된 빛을 통해 우리 눈에 보인다. 대게 푸른색-녹색 계열의 빛이 산란효율이 높으므로 컵은 녹색 계통으로 보인다. 그러나 컵 안에 조명이 있으면, 조명 빛은 컵을 투과해 우리 눈에 들어온다. 즉 빛은 컵 속의 금속 나노입자와 상호작용하면서 투과한다. 이때 금속입자의 크기가 점점 작아짐에 따라 전체 부피 대비 표면적 비율이 증가하게 된다. 금속 나노입자의 경우 부피 대비 표면적 비율이 매우 높다.

이때 나노입자 표면에는 금속이 본래 가지고 있는 자유전자(진공 또는 물질 내부를 자유로이 운동하는 전자)가 높은 밀도로 분포하게 된다. 표면에 구름처럼 존재하는 자유전자들은 일정한 주기를 가지고 진동한다. 이 진동수와 같은 진동수(혹은 파장)의 빛을 만나면 자유전자들은 그 빛을 강하게 흡수하고 약간 긴 파장의 빛을 다시 방출하게 된다. 이를 '표면 플라즈몬 공명(surface plasmon resonance)'이라 한다.

수십 나노미터 크기를 가진 금 나노입자는 고유 파장대가 560나노미터(노란빛)이다. 금 나노입자가 빛을 만나면 먼저 표면 플라즈몬 공명이 일어

리쿠르고스 컵, 4세기경, 높이 16.5cm, 런던 대영박물관

| 표면 플라즈몬 공명 현상 |

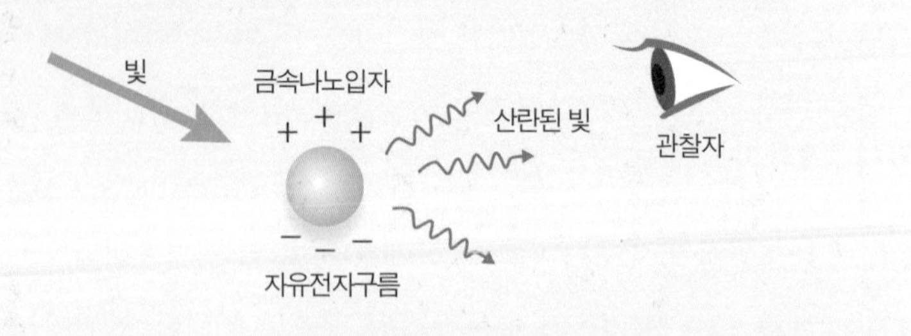

금속 나노입자에서 발생하는 표면 플라즈몬 공명 현상.

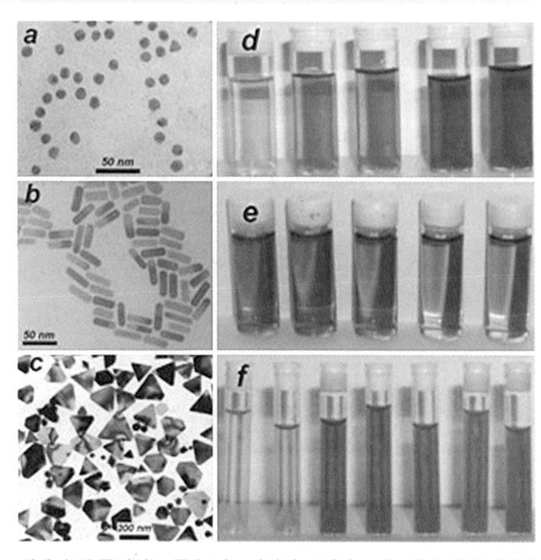

액체 속에 들어있는 금속 나노입자의 크기나 모양, 양에 따라 다르게 보이는 빛깔(L. Liz-Marzan, Materials Today, 7, 26, 2004).

나고, 공명 파장보다 약간 긴 파장의 붉은색 빛을 방출한다. 그래서 컵 안에 빛을 비추면 컵이 붉은색으로 보이는 것이다.

로마인들은 인지하지는 못했지만, 금과 은을 모래 알갱이보다 수백 배 작게 즉 나노입자 크기로 연마하는 기술을 이미 가지고 있었던 것으로 추측된다. 리쿠르고스 컵 제조 기법은 12세기 이후 유럽 전역에서 발전한 스테인드글라스 기술의 근간이 되었다. 일반적으로 스테인드글라스는 다채로운 색을 내기 위해 구리, 철, 망간과 같은 여러 가지 금속화합물을 이용했으며, 제작 과정 중간에 금이나 니켈 같은 금속을 첨가했다.

표면 플라즈몬 공명 효과에 의한 빛의 산란은 금속 나노입자 크기나 모양에 따라 다르게 일어난다. 입자 크기나 모양이 다르면, 공명하는 빛의 고유 진동수(주파수) 혹은 파장이 달라지기 때문에 다른 빛이 산란되어 보이는 색도 달라진다.

a~f까지의 그림(178쪽)을 보면 입자의 종류와 모양 크기에 따라 다른 색을 보여 주는 현상이 이해될 것이다. a~c 그림은 나노 크기의 금속 형상을 보여 주는 전자 현미경(Transmission electron microscope) 사진이고, d~f 그림은 이 입자들을 농도, 모양, 크기를 달리해 용액 속에 각각 담갔을 때, 다른 빛깔을 보여 주는 실험 결과다. 이 현상은 금속입자에 의한 색 변화를 이용해 미량의 시료량을 재는 바이오센서 등 과학기술 전반에 활용되고 있다.

빛으로 신을 그리고 싶었던 인간

1163년에 건설이 시작돼 1345년에 완공된 파리 노트르담 대성당은 유럽을 대표하는 고딕양식 건축이다. 노트르담 대성당에서 가장 유명한 건 '장미창(Rose window)'으로 불리는 화려한 스테인드글라스다.

장미창에는 12사도에게 둘러싸인 예수가 각각 묘사되어 있으며, 높이가 13미터에 달한다. 장미창에는 단 네 가지 색의 색유리만 사용했다고 알려져 있다. 색유리의 배열과 문양 차이만으로 이토록 화려한 느낌을 줄 수 있다는 점이 매우 놀랍다.

외부에서 장미창을 보면 꽃처럼 펼쳐진 화려한 창틀에 감탄한다. 반면 창틀에 조각조각 끼워진 유리는 색이 비슷비슷해 다소 밋밋한 느낌이 든다. 그러나 성당 내부에서 장미창을 바라보면, 반전이 펼쳐진다. 화려한 창틀은 성당 내부의 짙은 어둠에 묻히고, 스테인드글라스는 태양빛을 투과해 다채로운 빛을 내뿜는다.

파리 노트르담 대성당의 장미창을 바깥에서 바라본 모습.

스테인드글라스는 성당을 장식하는 성화, 조각들과 함께 가난한 문맹자들에겐 신의 말씀을 전해 주는 성경이었다. 스테인드글라스 유리들은 시시각각 달라지는 빛의 양에 따라 다채로운 색 변화를 보여 주기 때문에 종교적인 주제를 표현하기에 매우 적합했다. 과거 사람들은 '빛'을 신과 인간 세상을 연결해 주는 통로이자 영적 존재로 여겼다. 어둑한 성당 내

파리 노트르담 대성당의 장미창을 안에서 바라본 모습.

부로 스테인드글라스를 통과한 오색찬란한 빛이 쏟아지면, 종교를 초월해 황홀경을 경험한다.

신의 속성을 표현하는 빛을 얼마나 신성하고 신비롭게 표현할 수 있을까 하는 고민이 스테인드글라스 제작 기법에 고스란히 녹아 있다. 신을 그리던 빛은 오래전부터 인류의 미래를 바꿀 정교한 나노과학을 품고 있었다.

〈라 그르누예르〉를 보면 수면의 잔잔한 물결은
높낮이가 반복되며 이어지는 것 같기도 하고
또 중간에 끊어져 다른 방향으로 흩어지며 사라지는 것 같기도 하다.
수면을 무대 삼아 펼쳐지는 물결의 왈츠는
파동이 교차하며 만들어 내는 간섭무늬다.

흔들리는 건 물결이었을까, 그들의 마음이었을까?

한날한시 같은 장소에서 그려진 두 장의 그림

두 명의 젊은이가 작은 배 한 척을 마련해 여행길에 올랐다. 그들을 태운 배는 파리 시민들이 뱃놀이를 즐기던 휴양지 '라 그르누예르(La Grenouillere)'에 이르러 멈춰 섰다. 화구를 챙겨 배에서 내린 두 사람은 나란히 같은 곳을 바라보며 그림을 그렸다. 그들은 재빠르게 붓을 움직여 순간을 포착했다.

평소 풍경보다는 사람을 관찰해 캔버스에 담기를 즐겼던 화가는 호수 가운데 섬에 모여 있는 사람들을 중심으로 그림을 그렸다(184쪽). 여인들은 하얀 드레스를 입고 모자나 양산으로 햇빛을 가렸고, 남자들은 정장을 입고 모자를 쓰고 있다. 앞쪽에 개 한 마리가 누워 낮잠을 청하고, 섬 왼편으로 수영하는 사람들이 보인다. 섬 가운데 길게 늘어진 나뭇잎과 수면에 비친 초록 빛깔은 짧은 붓 터치로 잔잔하게 표현했다. 평화롭고 여유로운 오후 한때를 포착한 그림은 화사하고 따뜻한 기운이 가득하다.

184쪽의 그림은 중산층의 도시 생활과 여가활동을 밝고 경쾌한 분위기로 묘사하기를 즐겼던 르누아르Auguste Renoir, 1841~1919가 그렸다.

또 한 명의 화가는 사람보다 풍경을 중심으로 라 그르누예르를 담담하게

오귀스트 르누아르, 〈라 그르누예르〉, 1869년, 캔버스에 유채, 66×86cm, 스톡홀름국립박물관

담아 냈다(185쪽). 화가는 채도가 낮은 색 물감을 주로 사용했다. 그림 속 사람들을 세부 묘사는 생략하고 단순한 형태로 다소 무심하게 그렸다.

그는 르누아르와 같은 시점에서 같은 풍경을 보면서도 어쩐지 사람들의 행색이나 주변 상황에는 별 관심이 없는 것 같다. 오로지 그의 시선을 잡아끄는 것은 섬 주변에 잔잔하게 일고 있는 물결뿐인 듯하다.

풍경 가운데서도 나무나 저 멀리 보이는 산은 매우 단조롭게 표현된 반면 호수의 물결은 선명하고 매우 섬세하게 묘사되어 있다. 화가는 짙은 초록색과 검은색, 흰색의 힘 있고 반복적인 붓 터치로 수면의 떨림을 생

클로드 모네, 〈라 그르누예르〉, 1869년, 캔버스에 유채, 74.6×99.7cm, 뉴욕 메트로폴리탄미술관

동감 있게 그려 냈다.

이 그림은 르누아르와 함께 인상주의를 이끈 대표 화가 모네Claude Monet, 1840~1926의 작품이다. 〈라 그르누예르〉는 물에 대한 모네의 관심을 이끌어 내는 데에 결정적인 계기가 된 작품이다. 그는 〈수련〉 연작을 통해 물결에 따라 순간적으로 변화하는 빛의 유동적인 모습을 추적하는 데 집중했다(220~221쪽 참조). 그는 수련 연못을 단순히 풍경을 구성하는 하나의 조형이나 배경이 아닌, 빛을 표현하기 위한 실험 대상으로 보았다. 〈수련〉 연작은 '빛과 색'에 관한 모네의 실험 일지다.

파동이 교차하며 만들어 낸 물결의 왈츠

모네의 〈라 그르누예르〉를 보면 수면의 잔잔한 물결은 높낮이가 반복되며 이어지는 것 같기도 하고 또 중간에 끊어져 다른 방향으로 흩어지며 사라지는 것 같기도 하다. 수면을 무대 삼아 펼쳐지는 물결의 왈츠는 파동이 교차하며 만들어 내는 간섭무늬다.

고요한 수면에 돌멩이를 하나 던지면 수면이 출렁이며 물결이 사방으로 퍼져 나간다. 이처럼 물질의 한 곳에서 생긴 진동이 주위로 퍼져 나가는 현상을 '파동(wave)'이라고 한다. 파동이 처음 생긴 지점을 '파원', 파동

시작점(파원)이 다른 두 파동이 만들어 낸 간섭무늬.

| 파동의 각 부분 명칭 |

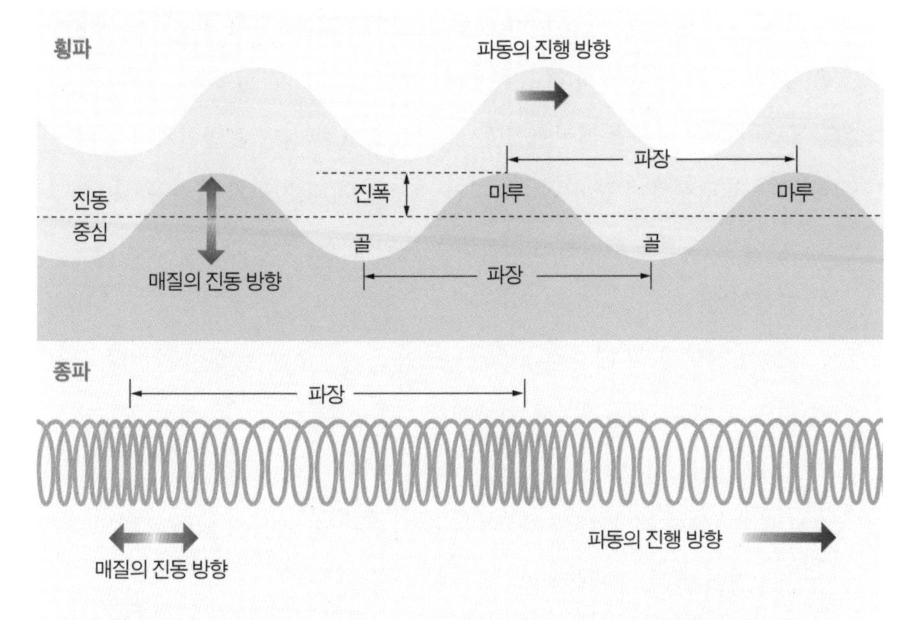

파동이 전달되는 형태에는 두 가지 종류가 있다. 매질의 진동 방향과 파동의 진행 방향이 서로 수직인 것을 횡파(위), 매질의 진동 방향과 파동의 진행 방향이 나란한 것을 종파(아래)라고 한다.

| 보강간섭과 상쇄간섭 |

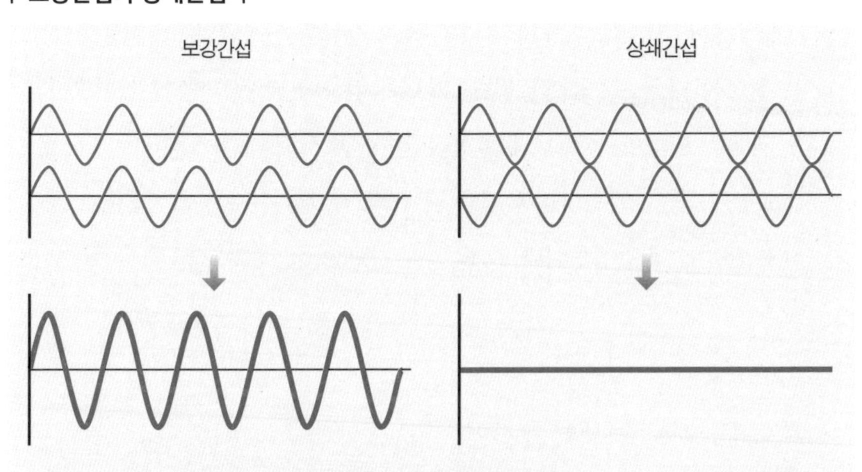

위상이 같은 두 파동이 만나면 진폭이 더 커지는 보강간섭(왼쪽)이 일어나고, 위상이 서로 반대인 두 파동이 만나면 진폭이 '0'이 되는 상쇄간섭(오른쪽)이 일어난다.

을 전달하는 물질을 '매질'이라고 한다. 물이 매질이 되어 전달되는 파동을 '수면파' 혹은 '물결파'라고 부른다.

돌멩이 때문에 흐트러진 수면은 원래의 고요한 상태로 돌아가려 한다. 물 표면을 팽팽하게 잡아당기는 힘인 '표면장력'과 지구가 끌어당기는 힘인 '중력'이 수면을 평평하게 되돌리는 복원력으로 작용해 수면에는 파동이 발생한다.

파동이 전파될 때 매질은 상하좌우로만 움직일 뿐 이동하지 않는다. 물결이 일 때 물은 제자리에서 위아래로 진동할 뿐 직접 이동하지 않는다. 출렁거리는 물 위에 나뭇잎을 띄워 보면 알 수 있다. 나뭇잎은 위아래로 오르락내리락할 뿐 파동을 따라 이동하지 않는다. 파동에 의해 운반되는 것은 물질이 아니고 '에너지'다.

물결파의 떨림을 가만히 지켜보고 있으면 물의 높낮이 변화 즉, 진동은 수면에 대해 수직 방향으로만 일어남을 알 수 있다. 반면 파동은 수면에 대해 수평 방향으로 진행해 나간다.

시작점이 다른 두 파동이 만나면 서로 간섭을 일으킨다. 두 파동이 같은 위상에 있을 때는 보강간섭을 일으켜 진폭이 더 큰 파동이 일어난다. 두 파동의 위상이 서로 반대면 상쇄간섭이 발생해 파동이 사라진다. 〈라 그르누예르〉 속 일렁이는 물결은 몇 개의 시작점이 다른 파동들이 교차하며 만들어 낸 간섭무늬다.

파도가 그려 낸 역사의 한 장면

생동감 있는 물결 표현은 마네Edouard Manet, 1832~1883의 〈로슈포르의 탈출〉에

에두아르 마네, 〈로슈포르의 탈출〉, 1881년, 캔버스에 유채, 80×73cm, 파리 오르세미술관

서 극대화된다. 〈로슈포르의 탈출〉은 프랑스 언론인이자 정치인 앙리 드 로슈포르Henri de Rochefort, 1830~1913를 주인공으로 내세운 그림이다. 로슈포르는 파리코뮌(Paris Commune)을 지지했다는 이유로 1872년 태평양 남서부에 있는 프랑스령 뉴칼레도니아에 유배되었다가, 2년 후 배를 타고 섬을 탈출했다. 마네는 로슈포르의 이야기를 상상으로 재구성해 캔버스에 옮겼다.

〈로슈포르의 탈출〉은 역사적 인물을 주인공으로 한 이전 시대 그림들과 다르다. 제리코Théodore Géricault, 1791~1824가 그린 역사화 〈메두사호의 뗏목〉을 떠올려 보자. 1816년 식민지 개척을 위해 출항한 프랑스 군함 메두사호가 세네갈 해안에서 난파했다. 뗏목에 옮겨 탄 150여 명은 망망대해를 13일간 표류했다. 뗏목에서는 살아남기 위해 서로 살해하고 굶주림에 인육을 먹는 지옥도가 펼쳐졌다. 제리코는 인물 한 명 한 명을 생생하게 묘사함으로써 아비규환의 순간을 캔버스에 재현했다.

반면 〈로슈포르의 탈출〉에서 주인공인 로슈포르의 얼굴이나 형체는 너무 작아 잘 보이지 않는다. 대신 마네는 탈출의 긴박감을 일렁이는 파도를 통해 드러냈다. 붓 결이 살아 있는 거친 터치로 묘사된 파도는 힘이 느껴진다. 배가 있는 주변에 비해 아래쪽으로 내려올수록 파도의 높이도 점점 높게 솟아 있어 그림을 바라보는 관찰자의 시점을 더욱 입체적으로 만들어 준다.

언제 뒤집어질지도 모르는 돛도 없는 작은 배에 모두의 생명이 걸려 있다. 떠나온 섬도 목적지인 육지도 보이지 않는 이 망망대해에서 한없이 작은 배밖에는 의지할 곳 없는 사람이 느끼는 공포가 거친 파도를 타고 우리에게까지 밀려올 것만 같다.

잔잔한 수면에 파문을 일으킨 화가의 고독

19세기 후반 인상주의 화가들이 등장했을 때 미술계는 거세게 요동쳤다. 원근법, 균형 잡힌 구도, 이상화된 인물 등 르네상스시대 이래 미술을 지배해온 규범을 거부하고 새로운 가능성을 실험한 인상주의 화가들은 기존 화단으로부터 강한 비판과 저항에 부딪혔다.

마네는 〈올랭피아〉를 내놓고 고상한 누드화의 전통을 파괴했다는 비난에 시달렸다. 〈풀밭 위의 점심 식사〉에는 "수치를 모르는 뻔뻔한 그림"이라는 혹평이 쏟아졌다. 그리고 모네의 〈인상 : 해돋이〉를 본 비평가는 "이제 막 그리기 시작한 벽지만도 못한 그림"이라고 조롱했다.

작은 목선에 의지해 너울대는 파도를 헤쳐 나가야 했던 로슈포르가 느꼈던 고독과 공포를 마네 그리고 초기 인상주의 화가들 역시 느끼고 있지 않았을까? 『서양미술사』를 쓴 곰브리치Ernst Gombrich, 1909~2001는 19세기 미술사를 "용기를 잃지 않고 끊임없이 스스로 탐구하여 기존의 인습을 비판적으로 대담하게 검토하고 새로운 미술의 가능성을 창조해 낸 외로운 미술가들의 역사"라고 평가했다. 〈로슈포르의 탈출〉에서 전통에 반기를 든 인상주의 화가들의 마음이 읽힌다면 지나친 비약일까?

사람의 얼굴을 가리켜 마음의 거울이라고 한다. 자연에서 가장 큰 거울은 물이다. 물은 지나가는 바람의 인사에도 흔들릴 정도로 고요하다가도, 생명이 있는 모든 것을 집어삼킬 듯 포악하게 너울댄다. 변화무쌍한 거울의 매력을 알아본 인상주의 화가들은 빨려들어 가듯 그 힘에 사로잡혔다. 신비하고 경이로운 자연의 얼굴 물. 인상주의 화가들이 그린 물 그림에 전통이라는 파도에 맞서 작은 배를 띄운 혁신가들의 외로움이 비친다.

밝은 햇빛, 높고 푸른 하늘, 깨끗한 공기 덕분에
수십 킬로미터 떨어진 먼 곳도
선명하게 보이는 곳이 바로 산타페다.
산타페 하늘이 유독 물감을 풀어놓은 듯 맑고 파란 이유는
'빛의 산란' 때문이다.

오키프를 다시 태어나게 한
산타페의 푸른 하늘

원초적 아름다움 속으로 숨어든 비밀 연구소

삼십 대 초반에 뉴멕시코주 로스알라모스 국립연구소(Los Alamos National Laboratory)에서 연구원으로 3년 넘게 근무했다. 로스알라모스 국립연구소는 제2차 세계대전 중 칼텍(Caltech : California Institute of Technology)의 물리학 교수 로버트 오펜하이머Julius Robert Oppenheimer, 1904~1967와 시카고대학교의 물리학 교수 엔리코 페르미Enrico Fermi, 1901~1954가 비밀리에 '맨해튼 프로젝트'를 진행하기 위해 외딴곳에 설립한 연구소다. 맨해튼 프로젝트는 미국 과학자들은 물론 나치를 피해 미국에 와 있던 유럽 과학자들과 영국, 캐나다를 대표하는 과학자들이 모여 원자폭탄을 만드는 프로젝트의 암호명이었다.

전쟁이 끝나고 로스알라모스 연구소는 원자핵 물리 외에도 우주탐사, 에너지, 의약, 나노기술, 슈퍼컴퓨터 등 광범위한 과학 분야를 모두 연구하는 세계적으로 규모가 큰 종합 연구소로 자리매김하게 되었다.

연구소는 광활한 뉴멕시코주의 수많은 캐니언(Canyon) 사이 우뚝 솟은 섬 같은 메사(Mesa) 위에 있다. 캐니언은 지반 융기로 인해 양쪽 곡벽이 급경사를 이루는 폭이 매우 좁고 깊은 골짜기를 말한다. 스페인어로 '탁자

조지아 오키프, 〈흰 구름과 페더널산의 붉은 언덕〉, 1936년, 캔버스에 유채, 50.8×76.2cm, 산타페 조지아 오키프 미술관

(table)'를 의미하는 메사는 북미 지역에서 볼 수 있는 침식지형이다. 빙하 등에 의해 침식이 일어나 꼭대기가 평탄하고 주위는 급사면을 이루며 떨어지는 탁자 모양이다.

가파르고 구불구불한 절벽 위로 난 길을 아슬아슬하게 운전하면서 잠깐씩 눈을 돌려 감상하는 주변 경관은 경이로움 그 자체다. 하늘은 파랗

고, 구름은 하얗다. 사방이 열려 있어, 멀리 있는 캐니언과 메사도 겹겹이 한눈에 들어온다. 수억 년에 걸쳐 땅이 솟고, 움직이고, 비바람에 깎여 가며 얼굴을 바꿔 온 지구의 역사가 바로 눈앞에 펼쳐진다.

뉴멕시코주를 부르는 다른 이름은 '매혹의 땅(Land of Enchantment)'이다. 이곳에 오기 전까지 뉴멕시코주에 대해 내가 떠올릴 수 있는 건 마른 모래 가득한 황량한 사막이 전부였다. 도대체 이 땅의 매력이 무엇이란 말인가? 이곳에 와서 태초 자연 그대로인 듯한 뉴멕시코주의 풍광을 마주하고 있으니, 왜 많은 이들이 이 땅에 매혹되었는지 알 것 같았다.

태양이 춤 추는 땅 산타페

우리나라 사람들에게 자동차 이름으로 더 익숙한 '투싼(Tucson)', '산타페(Santa Fe)'라는 이름은 사막 지형이 있는 미국 애리조나주와 뉴멕시코주에 실제로 존재하는 도시 이름이다. 비포장 도로(오프로드)가 많은 사막 지형의 험준한 도로를 달리려면 주행 능력이 뛰어난 자동차가 필요할 것이다.

아마 국내 자동차 회사들이 신차의 주행 능력을 강조하기 위해 이들 도시 이름을 자동차에 붙였을 것이다.

아메리카 원주민들이 '태양이 춤추는 땅'이라고 부른 뉴멕시코주에 16세기부터 스페인 원정대가 몰려들기 시작했다. 금광에 눈독 들이고 뉴멕시코로 몰려든 스페인 사람들은 이 땅에 '성스러운 믿음'이라는 뜻의 산타페라는 이름을 붙였다. 뉴멕시코는 200년 동안 스페인 지배를 받다가, 1848년 미국과 멕시코의 전쟁이 끝난 후에 미국의 47번째 주로 편입되었다. 원주민, 스페인, 앵글로색슨 문화가 어우러진 뉴멕시코는 이국적 정취가 가득하다.

'루트 66(Route 66)'은 미국 동부 일리노이주에서 시작해 캘리포니아주까지 이어지는 미국 최초의 대륙 횡단 고속도로다. 경로 중간에 그랜드캐니언의 광활한 자연과 미국 원주민들의 오랜 문화를 고스란히 담고 있어, 미국의 심장과 영혼을 관통한다는 의미로 '마더 로드(Mother Road)'라고 부르는 길이다. 루트 66 경로 중간에 산타페가 있다.

루트 66 경로와 그 중간에 위치한 산타페.

뉴멕시코의 풍광. 왼쪽에 넓고 평평하게 솟아오른 지형이 메사. 오른쪽에 보이는 중절모처럼 솟아오른 바위가 메사가 풍화작용을 거쳐 형성된 뷰트(Butte)다.

산타페는 도시 전체가 미술관이자 박물관이다. 특히 도시 중간에 있는 캐니언로드(Canyon Road)에는 약 1킬로미터의 좁고 구불구불한 언덕길 양쪽으로 빽빽하게 작은 미술관과 부티크 숍들이 늘어서 있다. 캐니언로드를 걷기만 해도 그동안 얼마나 많은 예술가가 산타페의 독특한 풍광에 매료되어 발길을 멈추고 작품 활동을 해왔는지를 알 수 있다.

많은 예술가가 홀린 듯 이곳으로 흘러들어와 머무르면서 산타페는 미국 미술의 메카(Mecca)가 되었다. 산타페를 대표하는 화가가 오키프Georgia O'Keeffe, 1887~1986다. 뉴욕에서 주로 활동하던 오키프는 1917년 기차여행 중

조지아 오키프, 〈Pedernal〉, 1941년, 캔버스에 유채, 48.26×76.83cm, 산타페 조지아 오키프 미술관

뉴멕시코를 지나다 광활한 사막 풍경에 매료되었다. 매년 여름을 산타페에서 보내던 오키프는 남편 알프레드 스티글리츠Alfred Stieglitz, 1864~1946가 세상을 떠나자 산타페로 완전히 이주했다. 그는 아흔아홉에 생을 마칠 때까지 이곳에 살며 광활한 사막을 벗 삼아 작품 활동에 매진했다.

오키프는 뉴멕시코 하늘의 강렬한 파란색을 즐겨 그렸다. 오키프의 그림 속 하늘은 선명하게 파랗다. 저 멀리 있는 산(그의 작품에는 페더널산이 많이 등장한다)의 산세는 바로 앞에서 보는 듯 가깝게 느껴진다.

일반적으로 풍경화에 등장하는 산은 멀리 작고 희미하게 묘사된다. 배경으로 묘사된 산 덕분에 우리는 그림을 보면서 자연스럽게 원근감과 거리감을 느끼게 된다. 그러나 오키프 그림 속 산은 산세와 명암이 선명하게 표현되어 실제보다 훨씬 가깝게 있는 것처럼 느껴진다. 그래서 더욱 존재감이 크고 웅장하고 다가온다. 그의 산과 하늘은 특별하다.

하늘은 왜 파랗게 보일까?

산타페가 많은 예술가의 발길을 붙잡을 수 있었던 데는 고도와 날씨의 역할이 컸다. 산타페는 해발 2134미터 고지에 위치한 도시다. 우리나라를 대표하는 명산 한라산(1950미터)과 백두산(2744미터)과 비슷한 높이다. 로스알라모스도 2230미터, 알버커키(Albuquerque)도 1829미터로, 인근이 모두 고산 지대에 해당한다.

이 일대는 지대가 높아 공기가 희박하며, 연중 대부분 기온이 높고 맑다. 예민한 사람은 고산병(고도가 낮은 지역에서 살던 사람이 갑자기 높은 곳에 갔을 때 낮아진 기압에 적응하지 못해 나타나는 증상)을 앓기도 한다. 기압이 낮아서 이 일대에서 탁구를 치면 공이 훨씬 멀리 간다는 이야기도 있다. 밝은 햇빛, 높고 푸른 하늘, 깨끗한 공기 덕분에 수십 킬로미터 떨어진 먼 곳도 선명하게 보이는 곳이 바로 산타페다.

산타페 하늘이 유독 물감을 풀어놓은 듯 맑고 파란 이유는 '빛의 산란' 때문이다. 공기는 산소, 질소, 수증기, 먼지 등 작은 알갱이로 이루어져 있다. 태양빛이 대기를 통과하면 공기 중의 알갱이들과 부딪혀 사방으로 흩어진다. 이런 현상을 빛의 산란이라고 한다. 산소와 질소같이 크기가 작은 기체 분자들은 파장이 짧은 파란색 빛을 더 잘 '산란'한다.

노을도 빛이 산란해 나타나는 현상이다. 낮에는 해가 머리 위에 있어 태양빛의 이동 거리가 비교적 짧다. 해 질 무렵에는 태양빛이 지구에 도달하는 거리가 낮보다 훨씬 길어진다. 파장이 짧은 파란빛은 쉽게 산란되지만 멀리 못 가는 특징이 있다. 반면 파장이 긴 붉은빛은 산란은 덜 되지만 잘 '회절(回折, 파동이 장애물 뒤쪽으로 돌아들어 가는 현상)' 되어 먼 거리까지 도달한다. 해 질 무렵 파장이 짧은 보라색, 파란색 빛은 우리 눈에 도달하기 전에 이미 산란해 사라지고, 파장이 긴 빨간색 빛이 대기층에 많이 남아 우리 눈 속에 들어온다. 그래서 해 질 녘 하늘은 붉게 보인다.

하늘이 파랗게 보이는 이유는 19세기 영국 물리학자 레일리John William Strutt Rayleigh, 1842~1919가 처음으로 설명했다. 빛의 파장보다 훨씬 더 작은 입자에 의한 산란은 그의 이름을 따서 '레일리 산란(Raylegn scattering)'이라고 부른다.

레일리 산란과 반대로 빛의 파장과 크기가 비슷한 입자에 의한 빛의 산란 현상은 '미 산란(Mie scattering)'이라고 한다. 미 산란은 독일 물리학자 구스타브 미Gustav Mie, 1868~1957가 제시했다. 기체 분자보다 상대적으로 크고 균일하지 않은 물방울(구름)이나 먼지, 연기, 얼음의 경우 미 산란을 일으킨다.

구름이 하얗게 보이는 이유는 미 산란으로 설명할 수 있다. 구름은 다

| 낮과 저녁에 태양 빛이 지구에 도달하는 거리 |

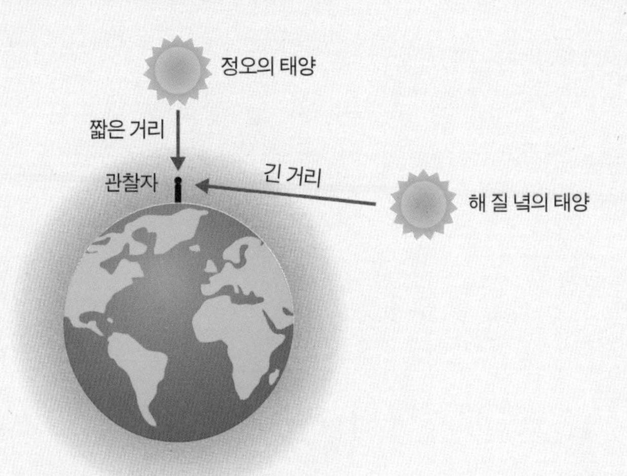

정오에는 해가 머리 위에 있어 태양빛의 이동 거리가 비교적 짧다. 해 질 무렵에는 태양빛이 지구에 도달하는 거리가 정오보다 훨씬 길어진다.

| 레일리 산란과 미 산란 차이 |

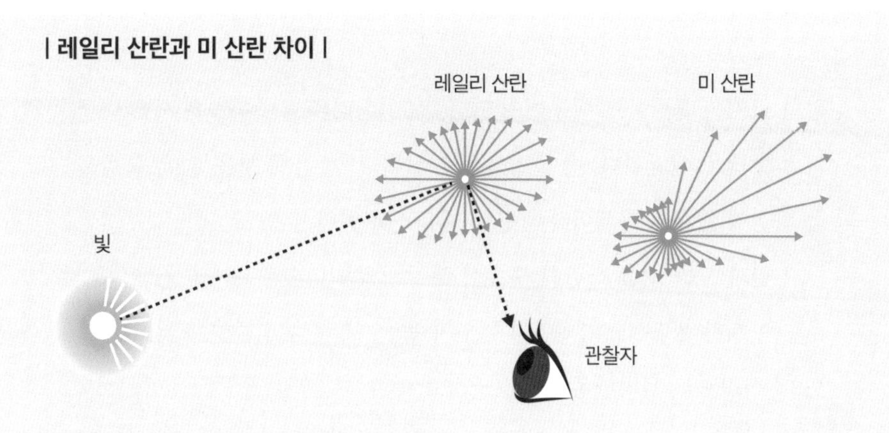

태양복사 파장의 10분의 1보다 직경이 작은 공기 입자가 빛을 산란하는 것을 레일리 산란이라고 한다. 레일리 산란은 빛이 진행하는 방향이나 반대 방향으로 크게 산란한다. 빛 파장의 10분의 1보다 큰 공기 입자에 의한 산란은 미 산란이다. 미 산란은 빛의 진행 방향으로 크게 산란한다.

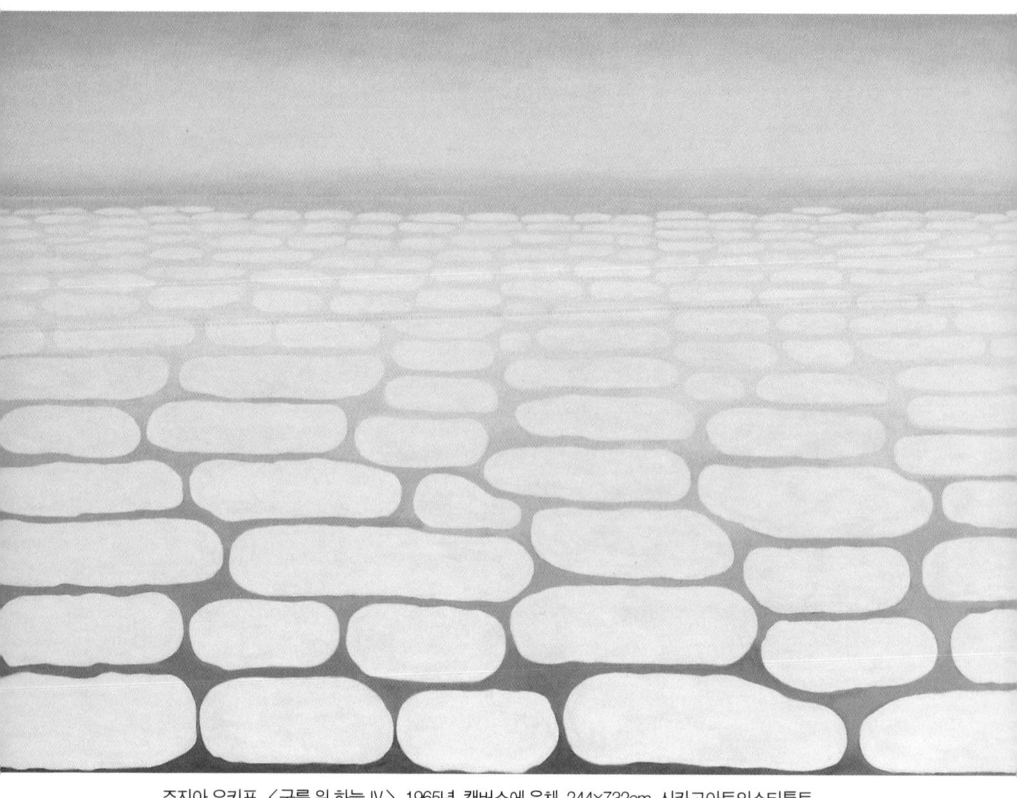

조지아 오키프, 〈구름 위 하늘 IV〉, 1965년, 캔버스에 유채, 244×732cm, 시카고아트인스티튜트

양한 크기의 물방울로 이루어져 있다. 크기가 다른 물방울들은 서로 다른 파장의 빛을 산란한다. 큰 물방울은 파장이 긴 빨간색 빛을, 작은 물방울은 파장이 짧은 보라색이나 파란색 빛을 산란한다.

그 결과 모든 빛을 산란해 구름이 하얗게 보인다(모든 색의 빛을 합하면 흰색이 된다). 안개가 꼈을 때, 미세먼지 농도가 높은 날 하늘이 뿌옇게 보이는 것도 미 산란으로 설명할 수 있다.

오키프의 그림 〈구름 위 하늘 IV〉에는 레일리 산란과 미 산란으로 설명할 수 있는 파란 하늘, 하얀 구름, 그리고 붉은 노을이 조화롭게 잘 묘사되어 있다.

특히 뉴멕시코 지역은 사막 기후여서, 평균 습도가 10~40%로 매우 건조하다. 건조한 날씨에는 수증기나 공기 중에 물방울이 상대적으로 적어 물방울이나 수증기에 의한 미 산란이 크게 발생하지 않는다. 그래서 맑고 건조한 날은 낮 동안 하늘이 더욱 깊고 파랗게, 저녁에는 노을이 훨씬 붉고 선명하게 보인다.

뉴멕시코 한복판에 우뚝 솟아 있는 산이 '샌디아산(Sandia Mountain)'이다. 샌디아는 스페인어로 '수박'이라는 뜻이다. 저녁노을에 반사되어 붉게 보이는 산이 어찌나 선명하게 빨갛던지, 수박을 반으로 갈라놓은 것 같다고 해서 붙여진 이름이다.

오키프의 그림에 자주 등장하는 페더널산도 그림마다 시시각각 다른 색으로 표현되어 있다. 때로는 선명한 파란색으로, 때로는 검은색이나 붉은색으로 그가 관찰했던 계절과 시간에 따라 다르게 그려졌다.

사막에서 다시 태어난 화가

오키프 그림에 등장하는 산의 산세가 유난히 굴곡이 많고 골이 깊고 뚜렷한 것도 산타페의 건조한 기후와 관계 있다. 건조한 사막 기후에서는 식물이 부족하고 빗물에 의한 침식이 많이 일어난다. 또한 평탄한 지면이 융기하면서 하방(하천 바닥) 침식력이 강해지고 퇴적물이 근방에 쌓이면서, 윗면은 경사가 급하면서 아랫면은 완만한 모양의 굴곡이 연속적으로 생긴다.

오키프의 그림에는 뉴멕시코 지역의 기후와 지형적 특색이 고스란히 표현되어 있다. 산은 마치 융단에 주름이 잡힌 것처럼 부드럽고 우아하게 묘사되어 있다.

필자 집에서 보이던 노을 진 저녁의 샌디아산.

오키프는 뉴멕시코 원주민 마을에 고스트 랜치(Ghost Ranch)와 애비큐(Abiquiu) 하우스를 지어, 99년이라는 긴 삶 중에 40년 이상을 머물렀다. 그는 꽃을 확대하거나 동물 뼈 등을 시리즈로 많이 그렸다. 계절과 시간에 따라 다르게 보이는 페더널산 그림도 그의 시리즈 중 단연 역작들이다.

"페더널산은 나의 '프라이빗 마운틴'이다. 신이 내가 그 산을 잘 그린다면 가질 수 있을 거라고 말했다."

오키프는 세상을 떠난 뒤 유언에 따라 그토록 사랑했던 페더널산에 뿌려졌다. 자신을 다시 태어나게 한 자연의 일부가 된 것이다. 끝없이 펼쳐진 독특한 모양의 메사와 캐니언, 청정무구한 공기, 강렬한 빛의 하모니가 그의 작품에서 강한 생명력을 가지고 꿈틀댄다.

자연의 모든 원색을 있는 그대로 보여 주는 뉴멕시코, 매혹의 땅에서 그는 무엇을 느꼈을까? 그의 눈을 통해 보고 느꼈을 자연에 대한 경외감이, 시공을 초월해 우리에게 전달된다.

"세상의 광활함과 경이로움을 가장 잘 깨달을 수 있게 해주는 것은 바로 자연이다."

오키프가 남긴 말이다.

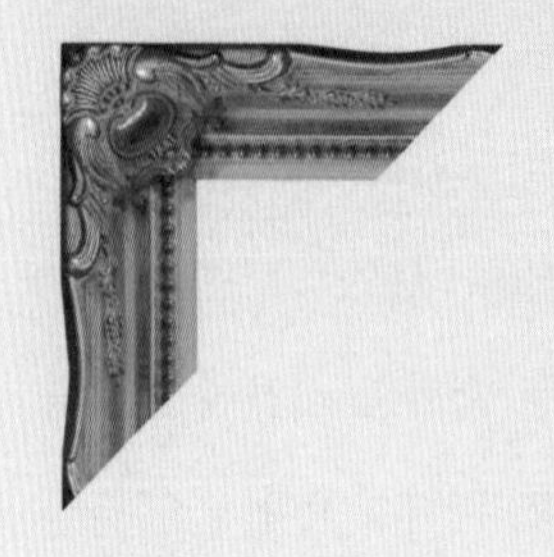
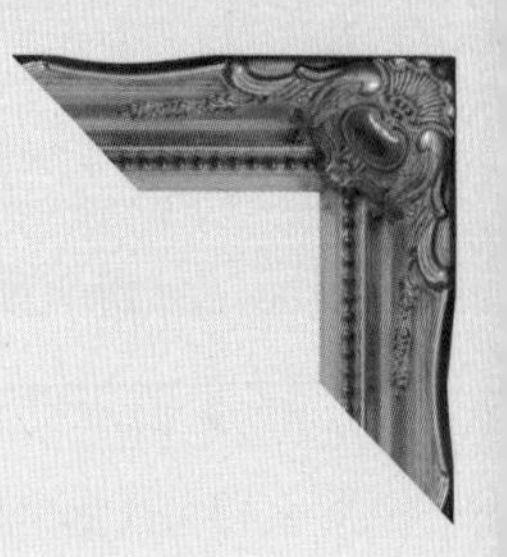

표면이 거칠고 모양이 복잡한 건초들이
태양 빛을 다양한 각도로 산란·반사시킬 때
모네 눈에는 색의 향연이 펼쳐졌을 것이다.
늘 같은 자리에 놓인 건초더미라도
아침과 저녁 빛을 받았을 때 색이 다르고,
더운 여름과 눈이 오는 겨울 등 계절에 따라 또 색이 다르다.

화폭에 담긴 불멸의 찰나

그리고 그리고 또 그리고

복사해서 붙여넣은 듯 반복되는 일상을 살다 보면 어제가 오늘 같고 오늘이 어제 같다는 생각이 든다. 그러나 날씨와 계절의 변화, 몸의 상태와 감정, 다른 사람과의 상호 관계 등에 관심을 기울이면 단 하루도 똑같은 날은 없다는 것을 알아차릴 수 있을 것이다. 많은 사람이 똑같다 느낀 하루를 태어나 처음 경험하는 것처럼 설렘으로 맞이한 화가가 있다.

모네Claude Monet, 1840~1926는 빈 땅에 덩그러니 놓여 있는 건초더미가 시시각각 다른 색깔로 보인다는 걸 깨달았다. 모네는 다른 계절과 시간대에 건초더미가 빛을 받아 어떤 색으로 변하는지 유심히 관찰하고 그림으로 기록했다.

건초더미는 수많은 얇은 건초들이 서로 엉키듯 포개어져 있어 매끈한 표면을 가진 물체에 비해 빛의 영향을 매우 크게 받는다. 같은 부피 대비 표면적 비율(surface-to-volume ratio)이 매우 높은 사물은 빛, 온도, 습도 등 환경 변화에 영향을 더 많이 받는다. 건초더미는 다양한 빛의 효과를 관찰하고 표현하고자 했던 모네에게 좋은 모델이자 실험 대상이었던 셈이다.

클로드 모네, 〈건초더미, 지베르니의 여름 끝자락〉, 1891년, 캔버스에 유채, 60×100cm, 파리 오르세미술관

클로드 모네, 〈건초더미, 눈의 효과, 아침〉, 1891년, 캔버스에 유채, 64.8×99.7cm, 로스앤젤레스 게티센터

표면이 거칠고 모양이 복잡한 건초들이 태양 빛을 다양한 각도로 산란 · 반사시킬 때 모네 눈에는 색의 향연이 펼쳐졌을 것이다. 늘 같은 자리에 놓인 건초더미라도 아침과 저녁 빛을 받았을 때 색이 다르고, 더운 여름과 눈이 오는 겨울 등 계절에 따라 또 색이 다르다.

과학자의 실험일지와 다름없는 모네의 연작들

모네는 건초더미를 연작으로 그린 뒤 루앙대성당 연작에 도전했다. 파리 북서쪽에 위치한 루앙(Rouen)은 역사가 오래된 도시다. 루앙대성당이라고 불리는 노트르담 대성당(Cathedrale Notre-Dame de Paris)은 루앙의 랜드마크다. 루앙대성당은 1063년에 세워졌지만 여러 차례 증축과 재건을 반복했다. 덕분에 초기부터 후기까지 고딕 건축 양식의 모든 것이 서려 있다.

모네는 루앙대성당 건너편에 성당이 잘 보이는 방에 세를 얻고 몇 달 동안 같은 각도에서 보이는 성당을 그렸다. 고딕 양식으로 지어진 루앙대성당은 매우 정교하고 복잡한 장식들로 이루어져 있어, 건초더미와 마찬가지로 빛을 탐구하기 좋은 대상이었다. 크고 작은 첨탑, 뾰족한 아치, 다양한 모양의 장식들은 태양이 비추는 각도와 아침저녁 달라지는 빛의 양에 따라 전혀 다른 인상을 준다. 화려한 고딕 양식의 성당이 아니었다면 이렇게 다채로운 변화를 포착하기는 어려웠을 것이다.

〈루앙대성당, 정문과 생 로맹 탑, 강한 햇빛, 파란색과 금색의 조화〉(212쪽)를 보면 성당 장식물 하나하나가 섬세하고 화려하게 묘사되어 있어, 마치 황금으로 된 성당을 보고 있는 듯한 착각에 빠진다.

이와 전혀 다른 시간대의 성당 모습을 포착한 〈루앙대성당의 정문, 아침 빛〉(213쪽)을 보자. 어스름하게 밝아오는 이른 아침이라는 '시간'이 '색'이라는 도구에 의해 잘 표현되어 있다. 특히 성당을 단순히 푸른빛이 감도는 회색으로만 묘사하지 않고, 비스듬하게 빛이 비치면서 밝아지기 시작하는 순간을 그려 넣었다. 차가운 아침 공기를 밀어내며 뜨거운 태양이 떠오르는 찰나를 목격하는 듯한 느낌이 든다. 모네는 루앙대성당 연작에서도 같은 주제지만, 시간에 따라 전혀 다른 인상을 풍기는 대상의 고유한 매력을 찾는 일에 열중했다. 미술에서 하나의 주제에 대해 끈질기게 탐구해 연작으로 그린 그림은 모네로부터 시작되었다.

인상주의 이전 회화는 대상의 형태가 분명하고 윤곽이 완벽하게 표현된 경우가 대부분이었다. 따라서 빛은 대상을 비춰서 강조하는 일종의 조명 같은 역할을 한다. 그러나 모네를 비롯한 1800년대 후반기 유럽 화가들에 의해 순간적인 자연의 모습을 포착한 그림들이 나오기 시작했다. 영국의 컨스터블John Constable, 1776~1837이나 터너Joseph Mallord William Turner, 1775~1851 같은 화가들이 시간에 따라 변화하는 자연에 주목하고 빛에 의해 달라지는 대상의 색과 형상을 묘사하기 시작했다.

'인상주의'라는 말은 모네가 1874년에 소개한 〈인상 : 해돋이〉라는 작품

클로드 모네, 〈루앙대성당, 정문과 생 로맹 탑, 강한 햇빛, 파란색과 금색의 조화〉, 1892~1893년, 캔버스에 유채, 107×73cm, 파리 오르세미술관

클로드 모네, 〈루앙대성당의 정문, 아침 빛〉, 1894년, 캔버스에 유채, 100×65cm, 로스앤젤레스 게티센터

에서 나왔다. 이 작품은 당시 비평가들에게 기존 회화에 비해 정교함이 떨어지고 우아하지 못하다는 의미에서 그저 '인상'을 그린 것이라는 비아냥거림에서 비롯된 말이었다. 그러나 그 비난은 오히려 인상주의라는 새로운 회화의 장을 여는 계기가 되었다. 이후 인상주의를 추구하는 화가들이 많아지고, 빛에 대한 표현은 훨씬 더 대담하고 자유로워졌다. 모네는 일종의 반복된 실험과도 같은 방식으로 인상주의를 심화시키고 확고히 한 화가다.

건초더미, 루앙대성당, 수면의 공통점

모네는 직관적으로 빛의 성질이나 효과를 극대화할 수 있는 대상을 끊임없이 모색했다. 건초더미, 루앙대성당에 이어 그가 찾은 대상은 '수면'이다. 수면은 공기와 다른 매질인 물이 만나는 접점이다. 수면은 빛의 성질이 급격하게 바뀌는 경계이기 때문에 여러 가지 빛의 특성을 잘 보여 줄 수 있는 적절한 대상이다.

태양 빛이 수면에 닿는 순간 투과 · 반사 · 산란 · 굴절과 같은 빛과 매질의 다양한 상호작용이 동시에 일어난다. 빛의 굴절은 빛이라는 파동이 서로 다른 매질의 경계면에서 진행 방향이 바뀌는 현상이다. 빛이 공기와 물속을 지나갈 때 속도가 다르기 때문에, 공기 중에서 직진하던 빛은 수면에서 방향이 바뀐다.

매질과 상호작용하는 빛 에너지는 에너지 보존법칙에 의해 입사한 빛의 총에너지를 넘지 않는다. 빛이 매질에 닿을 때 시야각(view angle)에 따라 일정량은 반사하고 일정량은 굴절하게 된다. 이때 에너지의 전체 총량은 일정하다. 이를 발견한 프랑스 물리학자 프레넬Augustin Jean Fresnel, 1788~1827의

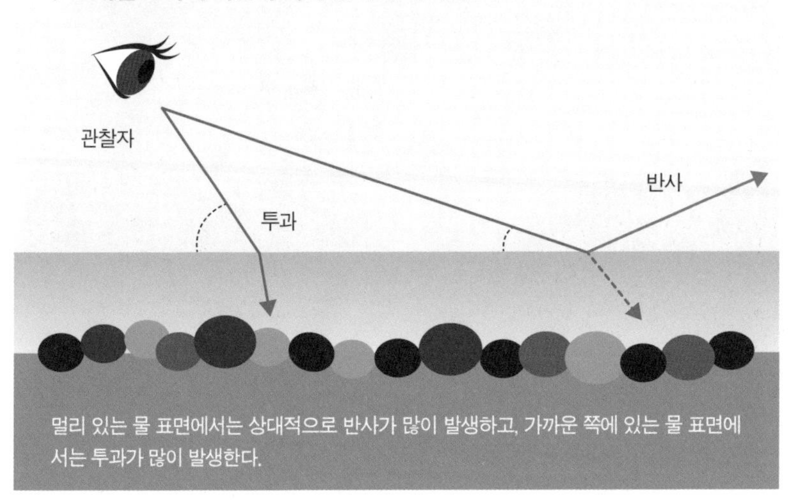

멀리 있는 물 표면에서는 상대적으로 반사가 많이 발생하고, 가까운 쪽에 있는 물 표면에서는 투과가 많이 발생한다.

이름을 따 '프레넬 법칙'이라고 한다.

깨끗한 수면을 바로 위에서 내려다보면 맑은 물을 투과해 물 밑에 있는 자갈이나 흙이 잘 보인다. 하지만 서 있는 곳에서 먼 곳을 볼수록 수면의 반사가 두드러져 더 이상 물속이 보이지 않고 주변 풍경이 수면에 비친다(반사된다). 동일한 양의 빛이라도 관찰자로부터 가까운 곳에서는 관찰자의 시야와 수면이 이루는 각도가 커지고, 굴절과 투과가 주로 일어난다. 먼 곳은 관찰자의 시야와 수면이 이루는 각도가 매우 작아지면서, 투과보다 반사가 훨씬 크게 일어난다.

이탈리아 사우스 티롤 풍광을 담은 사진을 보자(216쪽). 사진처럼 관찰자와 가까운 곳은 물속의 자갈이 투과되어 잘 보이는 반면, 관찰자와의 거리가 멀어질수록 반사가 증가한다. 먼 곳은 물속은 보이지 않고, 물 밖의 산이나 태양이 수면에 반사된 모습이 수면 위로 선명하게 비친다.

모네는 1883년 파리 근교 지베르니(Giverny)로 이주한 뒤, 집 근처 강에

이탈리아 사우스 티롤 풍경(위쪽)과 프레넬 효과에 따른 투과와 반사의 차이(아래쪽)

클로드 모네, 〈지베르니의 나룻배〉, 1887년경, 캔버스에 유채, 98×131cm, 파리 오르세미술관

서 뱃놀이하는 사람들의 모습을 여러 차례 그렸다. 초기에는 물을 소재로 삼되 물과 인물이 함께 등장하는 풍경을 그렸다. 그러던 것이 후반부로 가면서 좀 더 물 자체에 집중하게 된다.

〈지베르니의 나룻배〉에서 소녀들이 타고 있는 배는 잔잔한 수면에 반사되어, 배와 물그림자가 대칭을 이룬다. 그림 속 인물의 눈, 코, 입이 섬세하게 묘사되어 있지 않아, 그들의 표정을 짐작하기는 어렵다. 그렇다고 인물들의 감정을 알 방법이 전혀 없는 건 아니다. 소녀들이 입은 눈부시게 하얀 옷과 낚싯대를 드리운 물가의 잔잔한 물결은 햇살 좋은 오후를 만끽하는 소녀들이 느끼고 있을 평온함을 잘 전달해 준다.

알록달록한 수풀과 소녀들의 물그림자는 수면의 잔잔한 물결과 어우러져 반짝인다. 모네의 그림은 대상이 얼마나 입체적이고 사실적인 형태로

클로드 모네, 〈수련〉, 1906년, 캔버스에 유채, 87.6×92.7cm, 시카고아트인스티튜트

표현되었는지는 중요하지 않다. 그림 속에 포착된 순간의 감정과 분위기는, 오로지 빛과 매질의 상호작용과 그 특성에 따라 충분히 전달된다.

수면이라는 캔버스 위를 흐르는 빛

모네는 두 번째 부인마저 병으로 잃고, 충격과 슬픔으로 한동안 그림을 그리지 못했다고 한다. 그러다가 다시 붓을 들게 되었을 때 그린 대상이 수련이다. 수련을 그리면서 모네는 기존 인상주의 화법과는 또 다른 새로운 화법을 구사한다. 수련을 실제 크기 그대로 캔버스에 옮기기 위해 거대한 캔버스에 그림을 그리기 시작했다. 또한 물감을 두껍게 덧바르며 수련과 연못의 물성과 질감을 훨씬 더 과감하게 표현했다.

모네는 〈수련〉 연작 시리즈에서 때로 구름이 수면에 반사되어 이글거리고, 맑은 물속 사물이 굴절과 투과되어 보이는 등 수면에서 관찰할 수 있는 다양한 자연 현상을 마음껏 펼쳐 보였다. 이들은 연못에 실제로 존재하는 사물의 형태였다가, 굴절과 반사를 통해 왜곡되어 마치 추상적인 환영처럼 묘사되기도 했다.

자연을 최대한 있는 그대로 포착하고 싶어 했던 모네는 반복된 실험과

오랑주리미술관의 〈수련〉 연작 전시실.

관찰을 통해 끊임없이 빛의 본질에 다가가고자 했다. 1926년 세상을 떠나기 전까지 수련 그림에 매진한 그는, 수련을 소재로 한 250여 편의 유화를 남겼다. 야외 작업을 고집하며 빛을 직접 관찰했던 그는 말년에 백내장으로 시력이 손상됐다. 작품 활동 후반부로 갈수록 색의 선명도가 떨어지고 형태가 흐릿해지는 이유도 이 때문이다.

모네가 거대한 캔버스에 그린 〈수련〉 연작은 파리 오랑주리미술관에서 만날 수 있다. 프랑스 근현대 회화를 주로 전시하는 오랑주리미술관에는 오직 〈수련〉만을 위해 존재하는 방이 있다.

모네는 정치인 클레망소Georges Clemenceau, 1841~1929의 설득으로 높이 2미터, 폭 8~12미터에 달하는 대형 패널화 여덟 점을 프랑스에 기증했다. 기증 서약서에 서명하면서 모네는 몇 가지 조건을 붙였다. 자신의 작품을 자연광이 들어오는 전시실에서 흰 벽에 걸어 전시해 달라는 것이었다. 그의 뜻에 따라 왕궁 정원의 오렌지를 키우던 유리 온실이 미술관으로 개조되었고, 그곳에 〈수련〉만을 위한 특별한 전시실이 마련되었다.

나란히 붙어 있는 두 개의 전시실에는 동녘의 일출에서 서녘의 일몰에 이르기까지 태양의 경로에 조응하는 〈수련〉 작품들이 배치되어 있다. 동쪽 방에는 맑은 아침 공기 아래서 보는 수련(〈수련 : 버드나무가 드리워진 맑은 아침〉)을, 서쪽 방에는 노을빛으로 물든 수련(〈수련 : 일몰〉)을 전시했다.

1909년 〈수련〉 연작을 계획하면서 모네는 이런 말을 남겼다.

"지치고 고단한 사람들에게 연꽃이 흐드러진 고요한 연못을 바라보며 평온하게 명상에 잠길 수 있는 안식의 공간을 선사하고 싶다."

모네는 진정 태양을 그리고 싶어 했던 화가였다. 그는 수면이라는 캔버스 위로 빛이 흐르고 있는 아름다운 순간을 포착해 우리에게 선물했다. 그의 작품이 있어 우리는 화폭에 담긴 불멸의 순간 속에서 안식을 찾는다.

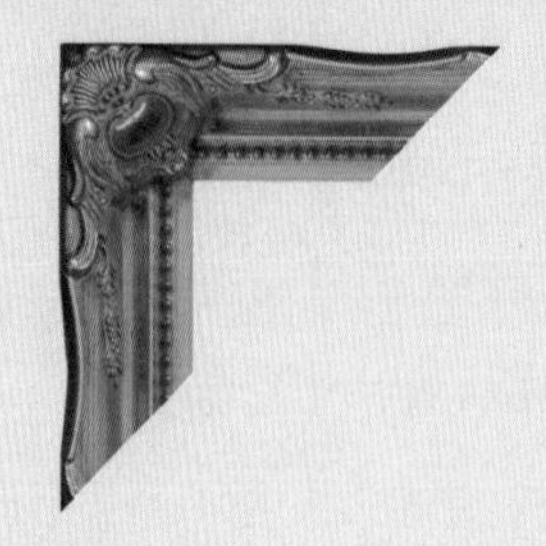
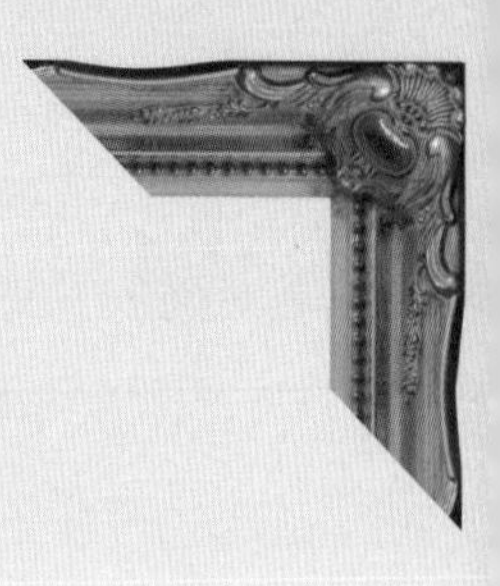

미술은 관람자의 눈에서 출발해
회로와도 같이 복잡한 연산과 재구성 과정을 거친 후에
뇌에서 인지되는 것이다.
그래서 미술은 일종의 '시각'과 '지각' 예술이라고 할 수 있다.

불안을 키우는 미술

시각적 도발

"어지러워요!"

"속이 울렁거리는 거 같아요."

1962년 런던 원 갤러리에서 열린 전시를 관람하던 사람들이 보인 반응이다. 기하학적인 선과 도형으로 이루어진 흑백 회화를 본 관람객들은 뱃멀미와 현기증을 느꼈다. 지금까지 경험해 본 적 없었던 흑백 회화는 환각제, 과학의 미래, 핵전쟁 같은 묵직한 화두를 던졌다.

첫 개인전에서 관람객을 혼란에 빠트렸던 화가는 오늘날 '옵아트(Op Art)의 대모'로 불리는 라일리Bridget Riley, 1931~다.

바자렐리Victor Vasarely, 1908~1997의 〈얼룩말〉을 보자. 검은 선과 흰 선이 교차하는 그림에서 무엇이 보이는가? 얼룩말 두 마리가 소용돌이치듯 중앙으로 모이면서 절묘하게 이어져 있는 듯하다. 그림을 오랫동안 바라보면, 얼룩말이 입체적으로 느껴지기도 하고, 가운데 소용돌이가 돌아가는 듯한 착각이 들기도 한다.

이 그림은 1990년대 대유행했던 입체 그림 '매직아이'를 연상시킨다.

빅토르 바자렐리, 〈얼룩말〉, 1932~1942년, 캔버스에 유채, 111×102.9cm, 런던 로버트샌델슨갤러리

매직아이의 정확한 명칭은 '오토스테레오그램(Autostereogram)'이다. 매직아이는 입체 그림을 모아 출간한 책의 제목이었는데, 책이 유명해지면서 제목이 보통명사가 되었다. 매직아이처럼 시각을 직접 자극하는 이러한 그림은 하나의 회화 기법으로 분류된다. '옵티컬 아트(Optical Art)'라고 하며, 줄여서 '옵아트'라고 부른다.

옵아트는 1960년대 미국에서 일어난 추상미술의 한 경향으로, 기하학적 형태나 색채를 통해 시각적 착시 현상을 일으키는 미술이다. 옵아트 작품은 화면이 움직이는 듯한 환영을 일으킨다. 몬드리안Piet Mondrian, 1872~1944이 옵아트의 시조로 불린다. 옵아트를 본격적으로 발전시킨 사람은 헝가리 출신 화가 바자렐리다.

옵아트는 '빛을 이용한 망막의 미술(Retinal art)', '지각적 추상(Perceptual abstraction)'으로 불리기도 한다. 사실상 미술은 관람자의 눈에서 출발해 회로와도 같이 복잡한 연산과 재구성 과정을 거친 후에 뇌에서 인지되는 것이다. 그래서 미술은 일종의 '시각'과 '지각' 예술이라고 할 수 있다.

우리가 회화 또는 미술이라고 부르는 작품들이 사진처럼 사실적이거나 때로 과장되어 있더라도 최소한 어떤 형상이 있지만, 옵아트는 형상을 재현하지 않는다. 옵아트는 형상을 표현하기보다는 시각적인 '효과'에 집중한다.

바자렐리의 〈얼룩말〉에서 보듯이 검은(또는 하얀) 선들은 단순히 2차원 평면인 캔버스에 머무르지 않는다. 그림은 3차원 공간에 구성된 입체처럼 느껴지기도 한다. 때로는 음각이었다가 또 양각으로 보이기도 하며 시각적 혼란을 야기한다. '뫼비우스의 띠'처럼 안이라고 생각한 부분이 바깥으로 연결되어, 우리가 익히 알고 있는 시공간을 마음대로 뒤틀어 버린다. 이 파격적인 시도를 회화의 한 장르로 이해할 수 있는 것인지에 대한 논란은 어떻게 보면 불가피한 일이었다.

불안감을 떨칠 수 없는 그림

라일리는 바자렐리와 함께 옵아트의 대표 주자로 꼽힌다. 라일리의 그림은 원, 사각형, 선 같은 기본 도형을 반복적으로 나열해 그림 자체가 주는 시각적인 효과를 극대화한다. 그는 대표작 〈분열〉에서 흰 바탕의 마분지에 검은색 템페라로 일정한 크기의 둥근 점을 반복적으로 그렸다. 점들은 일정한 크기와 간격으로 나열되다가 그림 중앙에서 갑작스레 폭과 간격이 함께 줄어든다. 이런 시도는 점이 캔버스 중앙에 있는 깊은 골짜기 안으로 빨려 들어가는 듯한 착각을 불러일으킨다.

라일리는 다른 작품에서도 도형의 점진적인 변주를 활용해 시각적 착각을 유도하곤 한다. 도형의 점진적 변주는 2차원 그림이 입체로 보이는 3차원 착시뿐 아니라 시간에 따라 그림이 움직이는 것 같은 '동적 착시'를 유발한다.

런던에서 태어난 라일리는 아버지가 제2차 세계대전에 징집되면서, 유년시절을 콘월(Cornwall) 지역에서 보냈다. 콘월은 대서양과 영국해협을 끼고 있는 반도로, 모래사장과 푸른 바다가 절경을 이루는 영국의 대표적 휴양지다. 라일리는 끝없이 변화하는 바다와 하늘을 보고 시각적 자극을 받았던 경험을 작품에 녹여 냈다고 설명했다.

그림은 〈분열〉이라는 제목처럼 분열된 점들이 움직이는 것 같은 착각을 불러일으킨다. 그리고 그림 아랫부분과 윗부분이 서로 다른 위치에서 매몰되는 듯 느끼게 하여 어지럼증을 유발한다. 일반적인 그림처럼 형상

브리지트 라일리, 〈분열〉, 1963년, 마분지에 템페라, 89×86cm, 뉴욕 현대미술관

과 채색이 캔버스를 가득 채우지도 않는다. 중력의 영향을 무시하는 이 점들은 서로 유기적으로 얽히지 않고 독립적으로 존재해, 시각적으로 불안한 감정을 증폭시킨다.

그림에 의한 공포심과 불안한 감정의 전이는 자연스럽게 뭉크Edvard Munch, 1863~1944의 그림을 떠올리게 한다.

"더 이상 사람들이 독서하고, 여인이 뜨개실하는 실내를 그리지 않을 것이다. 그들은 살아서 숨 쉬고, 느끼고, 고통받고 그리고 사랑하는 사람들이어야 한다."

뭉크의 말처럼 그의 그림은 고통스러운 인간 내면을 강렬한 붉은색과 검은색으로 표현해, 사람들에게 충격을 주었다. 그림의 양식적인 면에서 옵아트와 뭉크 작품 사이에는 접점이 전혀 없는 듯하지만, 인간 내면의 부정적인 감정이나 혼란스러움을 끌어내 시각화했다는 점에서는 맥락이 닿아 있기도 하다.

옵아트는 직접적으로 시각을 자극하는 반면, 라일리는 간접적인 형태로 인간 내면의 여러 가지 감정들을 자극한다. 그는 골드스미스미술학교, 영국왕립예술학교를 거치며 초기에는 후기 인상주의풍 구상회화를 그렸다. 1959년 쇠라Georges Pierre Seurat, 1859~1891의 〈아스니에르에서의 물놀이〉를 따라 그리며 시각적 효과를 연구했다. 쇠라는 망막에서 색의 혼합이 일어나는 병치효과를 의도해 그림의 시각적 효과를 극대화시켰다.

라일리는 회화를 구성하는 모든 복잡한 요소들을 배제하고 가장 단순하고 기본적인 유닛(unit)만 남김으로써, 회화에시 시각뿐만 아니라 지각 효과까지 이끌어 냈다. 그는 후기 인상주의가 구현했던 시각 효과를 훨씬 더 단순하고 순수한 방식으로 재편했다고 볼 수 있다.

흑백의 단조로움과 기본 도형의 반복에서 오는 착시와 역동성 때문에 옵아트를 보는 사람들은 긴장감을 놓지 못한다.

알고 보니 수학이었다!

옵아트는 극도의 단순함으로 순수하게 시각에서 이어지는 뇌의 인지 작용만을 자극한다. 옵아트의 이러한 장르적 지향점이 새로운 예술의 지평을 열었다는 호평을 받는다. 그러나 사람들이 흔히 예술작품을 감상하면서 기대하는 정서적 공감과 아름다움을 배제시켰다는 점에서 옵아트는 과하게 지적이고 조직적이라는 비판을 받기도 한다. 실제로 바자렐리가 그린 스케치를 보면, 그가 수학적으로 면밀히 계산해 작품을 만들어 나갔음을 알 수 있다.

옵아트 작품을 감상하면서 수학에서 배우는 '수열'이나 '프랙털(Fractal)'을 떠올리는 사람도 있을 것이다. 옵아트 작품에는 단순한 구조나 패턴이 반복적으로 나열되는데, 여기에는 일종의 규칙이 작용한다.

프랙털이라는 용어는 1975년 프랑스 수학자 망델브로Benoit Mandelbrot, 1924~2010가 만들었다. 프랙털은 '쪼개나'라는 뜻의 라틴어 '프랙투스(fractus)'에서 따온 말이다. 작은 구조가 전체 구조와 비슷한 형태로 끊임없이 되풀이되는 구조를 프랙털이라고 한다. 구름이나 난류, 해안선, 나뭇가지 등에서 프랙털 구조가 발견된다.

프랙털 기하학은 그 독특한 조형적 특징 때문에 예술의 한 장르로써의 가능성을 보이며, 영역을 확장하고 있다. 시각과 인지 효과를 의도한다는 점에서 옵아트와 맥락을 같이 한다. 커다란 캔버스 위에 물감을 뿌리고 흘리고 끼얹어 작품을 완성하는 폴록Paul Jackson Pollock, 1912~1956의 작품을 관통

하는 키워드는 '카오스(chaos)'다. 카오스는 혼돈과 무질서를 의미하지만, 엄밀히 말해 완전히 와해된 상태가 아닌 무질서한 결과를 일으키는 몇 가지 요인 즉 일종의 질서가 감추어져 있다(243쪽 참조). 결과적으로 질서에 기반을 둔 무질서함을 다루기 때문에, 카오스 현상은 종종 프랙털 구조를 설명하는데 함께 이야기되기도 한다.

프랙털은 부분과 전체가 똑같은 모양을 하고 있는 '자기 유사성(self-similarity)'을 가장 큰 특징으로 한다. 시어핀스키 삼각형(Sierpinski triangle)은 대표적인 프랙털 도형으로, 폴란드 수학자 시어핀스키Waclaw Sierpinski, 1882~1969가 만들었다. 먼저 정삼각형을 그리고, 각 변의 중점을 이어 네 개의 작은 정삼각형을 만든다. 이때 가운데 정삼각형은 제거한다. 이 과정을 무한 반복해 나오는 도형이 바로 시어핀스키 삼각형이다. 시어핀스키 삼각형은 무한히 많은 정삼각형으로 이루어져 있지만, 놀랍게도 그 넓이의 극한값은 0이 된다.

프랙털 원리는 삼각형뿐 아니라 사각형 또는 입체에도 적용 가능하다. 정육면체가 있다. 각 면을 9개의 정사각형으로 나누고, 이때 생긴 27개의 정육면체 중에서 중심에 있는 정육면체 7개를 빼낸다. 그러면 중간에 구멍이 뚫린 정육면체가 나온다. 이 과정을 무한 반복해 만드는 입체 도형

| 멩거 스펀지 |

이 '멩거 스펀지(Menger sponge)'다. 멩거 스펀지에서 구멍의 개수가 점점 늘어날수록 공기와 맞닿는 면적은 무한대로 넓어진다. 하지만 놀랍게도 공간을 차지하는 전체 부피는 오히려 줄어들며 0으로 수렴한다.

부피는 매우 작지만 면적이 넓은 물질은 일상에서 쉽게 찾아볼 수 있다. 물을 정화하기 위해 사용하는 숯, 물이나 소리를 잘 흡수하는 스펀지, 보온성이 높은 극세사 이불, 먼지를 잘 닦아 내는 극세사 물걸레 등을 떠올리면 쉽게 이해할 수 있을 것이다. 이런 물질은 무한하게 많은 작은 면과 공간이 있어 다른 물질이 훨씬 더 많이 달라붙을 수 있다. 멩거 스펀지는 표면적 대비 면적 비율(surface-to-volume ratio)이 높은 물질을 이용해 디바이스 효율을 높이는 나노과학에 널리 적용되는 개념이기도 하다.

융합으로 키운 꽃, 예술에서 피어나다!

다음 그림에서 천사가 먼저 보이는가? 악마가 먼저 보이는가? 마치 마음속에 어떤 감정이 지배적으로 존재하는지를 맞추는 심리테스트에 쓰일

M.C. 에셔, 〈원형의 극한 IV〉, 1960년, 목판에 채색, 48.2×53cm, 캐나다국립미술관

것 같은 그림이다. 이 그림은 네덜란드를 대표하는 판화가 에셔M.C. Escher, 1898~1972의 〈원형의 극한 IV〉이다. 〈원형의 극한 IV〉은 회화에 프랙털 개념을 직접적으로 도입한 작품이다. 작품은 유한 속에 존재하는 무한을 표현했다고 해석된다.

원 가운데에 천사와 악마가 서로의 윤곽을 공유하며 삼각 구조를 이루고 있다. 이 형상은 점차 작은 크기로 반복되며, 원 가장자리로 갈수록 크기는 작아지고 숫자는 증가한다. 〈원형의 극한 Ⅳ〉는 기본적으로 천사와 악마가 쌍을 이루는 형상이 동일하게 되풀이됨으로써 프랙털 구조의 자기 유사성을 잘 보여 준다. 이 독특한 그림은 천사와 악마가 서로의 윤곽을 공유하며 맞대고 있는 것처럼, 우리 마음속에 공존하며 끊임없이 갈등하는 선과 악을 표현했다고 볼 수 있다.

〈얼룩말〉, 〈분열〉, 〈원형의 극한 Ⅳ〉. 세 작품을 통해 옵아트의 세계를 살짝 엿보았다. 옵아트는 미술이 형상을 묘사하고 표현하는 것에 그치지 않고, 이를 관찰하고 감상하는 사람의 눈과 뇌를 직접적으로 자극해 특정 감정을 이끌어 낸다는 측면에서 매우 파격적인 예술 장르다. 옵아트 작품들은 예술작품을 보면서 심미적 만족과 평화로움, 즉 안정을 취하고자 하는 감상자의 기대를 완전히 저버린다. 오히려 극도의 불안감과 긴장감을 유도함으로써, 예술작품과 교감하는 인간 내면의 감정 스펙트럼에 결코 제약이 없음을 증명하기도 했다. 극단적으로 부정적인 인간 내면까지도 예술작품을 통해 철저하게 그 민낯을 드러냄으로써 온전한 자유와 위로를 얻기를 원했던 뭉크의 작품관과도 일견 닮아 있다. 옵아트 기법은 기술적으로 수학의 프랙털 구조와 그 끝이 닿아 있기도 하다.

현대 사회에서의 예술의 정의는 매우 광범위하고 유연하다. 이미 수학에 기반을 두고 있는 프랙털 기하학은 예술에 많은 영감을 주면서, 자연스럽게 학제 간 연구와 통합 예술의 대표 주자로 주목받고 있다. 포스터모더니즘 이후 학문 간 경계는 점차 무너지고 있다. 다양한 학문과 교류를 시도하는 흐름이 예술계에도 번지고 있다. 예술과 과학, 예술과 수학의 자연스러운 융합이 제3의 예술세계를 열었다.

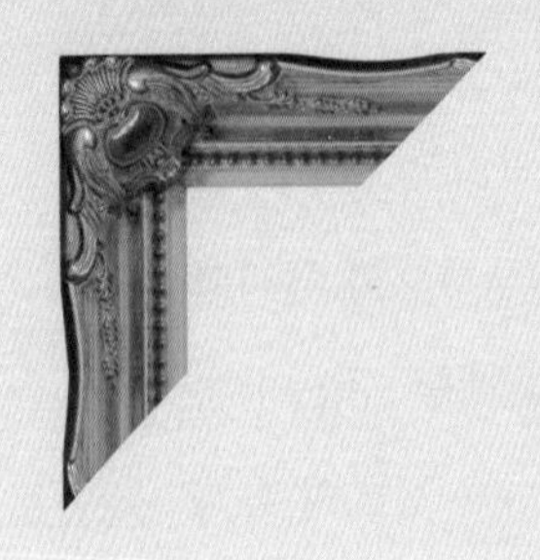
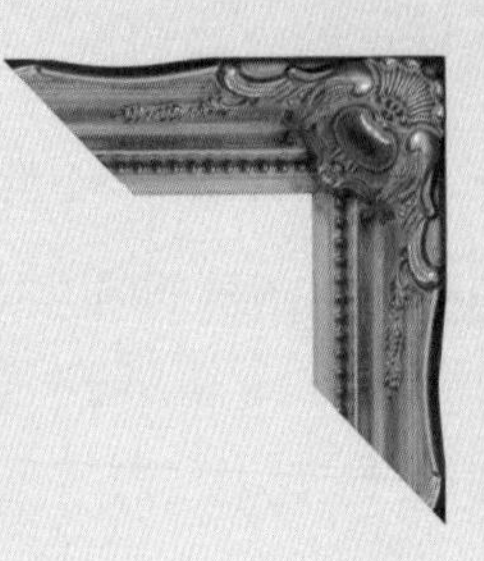

자연계에서 엔트로피는
항상 증가하는 방향으로 나타난다.
애초에 무엇을 재현할 의도 없이 그려졌으며,
아무것도 재현하지 않은 듯 보이는 폴록의 무질서한 그림이
어쩌면 자연을 가장 잘 재현하고 있는 건 아닐까?

무질서로 가득한 우주 속 고요

모든 어린이는 예술가다

'혹시 이 아이 미술 천재 아닐까?' 아이를 키우는 부모라면, 아이가 처음 붓을 잡고 하얀 종이에 물감을 떨어뜨리며 선과 형태를 그리는 걸 보면서 한 번쯤 해보는 생각이다. 아이들 그림은 대부분 형태가 명확하지 않고 의미를 알기가 어렵다. 아이가 그림 그리는 모습을 한번 지켜보자. 연필이나 붓을 제대로 잡는 법을 배운 적 없는 아이는 특별한 도구 없이 온몸을 사용해 종이에 '칠'을 한다. 그림을 그린다는 행위의 의미를 알고 하는 것인지, 물감이 손에 닿을 때 느껴지는 촉촉한 이물감 자체를 즐기는 것인지 분간할 수 없다. 부모가 말리지 않는다면 아이들은 순식간에 모든 벽과 바닥, 가구에 물감을 칠하고 천진한 미소를 지으며 즐거워할 게 뻔하다.

붓을 어떻게 쥐고 어떤 순서로 어떻게 색을 칠하는지 한 번도 배운 적이 없는 아이의 그림은 그 자체로 순수하고 자유롭기 그지없다. 부모 눈에 비치는 아이 그림은 어디에서도 본 적이 없는 창의적이고 신선한 '작품'이다. "모든 어린이는 예술가"라는 피카소Pablo Picaso, 1881~1973의 말도 있지 않은가.

온몸으로 그린 그림

오수아, 〈춤추는 개미들〉, 2013년, 종이에 수채, 25.7×18.2cm

〈춤추는 개미들〉은 딸아이가 네 살 무렵 파란색 물감을 가지고 그린 그림이다. 촘촘한 점들이 파란색이어서 그랬을 거다. 내가 "비 오는 모습을 그린 거야?" 라고 물으니, 아이는 "아니"라고 답했다. "이건 춤추는 개미들이야." 언젠가 길바닥에 웅크리고 앉아 개미가 줄을 지어 이동하는 걸 신기하게 지켜보던 모습이 떠올랐다. 그 나이 무렵 아이들의 눈에는 어떤 색이 어떤 사물로 이어지는 선입견 같은 건 없을 테니……. 순간 내 질문이 무색하게 느껴졌다.

넓은 캔버스를 바닥에 눕혀 놓고, 물감을 쏟고, 사방으로 튀기고 때로는 캔버스 안으로 걸어 들어가기도 하며 어린아이처럼 자유로운 몸짓으로 그림을 그린 화가가 있다. 그의 붓끝에서 물감은 중력을 이기지 못해 아래로 떨어지면서, 다른 색 물감과 섞이고 번져 나간다. 하지만 그는 물감이 흘러가는 그대로, 어떤 경계나 형태를 의도하지 않고 저절로 그림이 그려지도록 내버려 둔다. 미국 추상표현주의를 대표하며, 온몸으로 '액션 페인팅'을 선보인 폴록Paul Jackson Pollock, 1912~1956 이야기다.

커다란 캔버스에 물감을 흘리고, 끼얹고, 튀기고, 쏟아 부으며 온몸으로 그림을 그리는 폴록의 기법에, 미술평론가 로젠버그Harold Rosenberg, 1906~1978가

액션 페인팅(action painting)이라는 이름을 붙였다. 폴록은 생전에 독특한 화법과 퍼포먼스, 그리고 자유롭고 파격적인 결과물로 20세기 추상미술 역사를 다시 썼다는 찬사를 받았던 미술계의 슈퍼스타였다.

미술관에서 폴록의 작품을 보면서, 인물화나 풍경화 같은 일반적인 그림을 감상할 때 느낄 수 있는 감동을 재현하기는 어렵다. 폴록의 그림은 우리가 미술관에 갈 때 품었던 그림에 대한 기대를 완전히 무너뜨린다. 그의 그림은 대부분 애초부터 어떤 의도나 주제 없이 그렸다는 걸 시인하는 듯, 제목이 없고 번호만 매겨져 있다. 그러나 폴록의 작품 앞에서 사람들은 전혀 다른 형태의 감동을 느낀다.

그림 속 선은 서로 침범하고 삐져나와 있고 헝클어져 있지만, 이상하게도 그 앞에서 쉬이 발걸음을 옮길 수 없다. 형태가 없는 선과 색은 꿈틀꿈틀 살아 있는 것처럼 느껴지고, 때로는 엄청난 속도로 튀어나와 나를 붙드는 것 같다. 평면의 캔버스를 뚫고 나와 입체적이고 속도감 있게 움직이는 선 앞에 선 감상자는 그림에 압도되는 경험을 한다.

폴록이 그림을 그리는 모습이다.

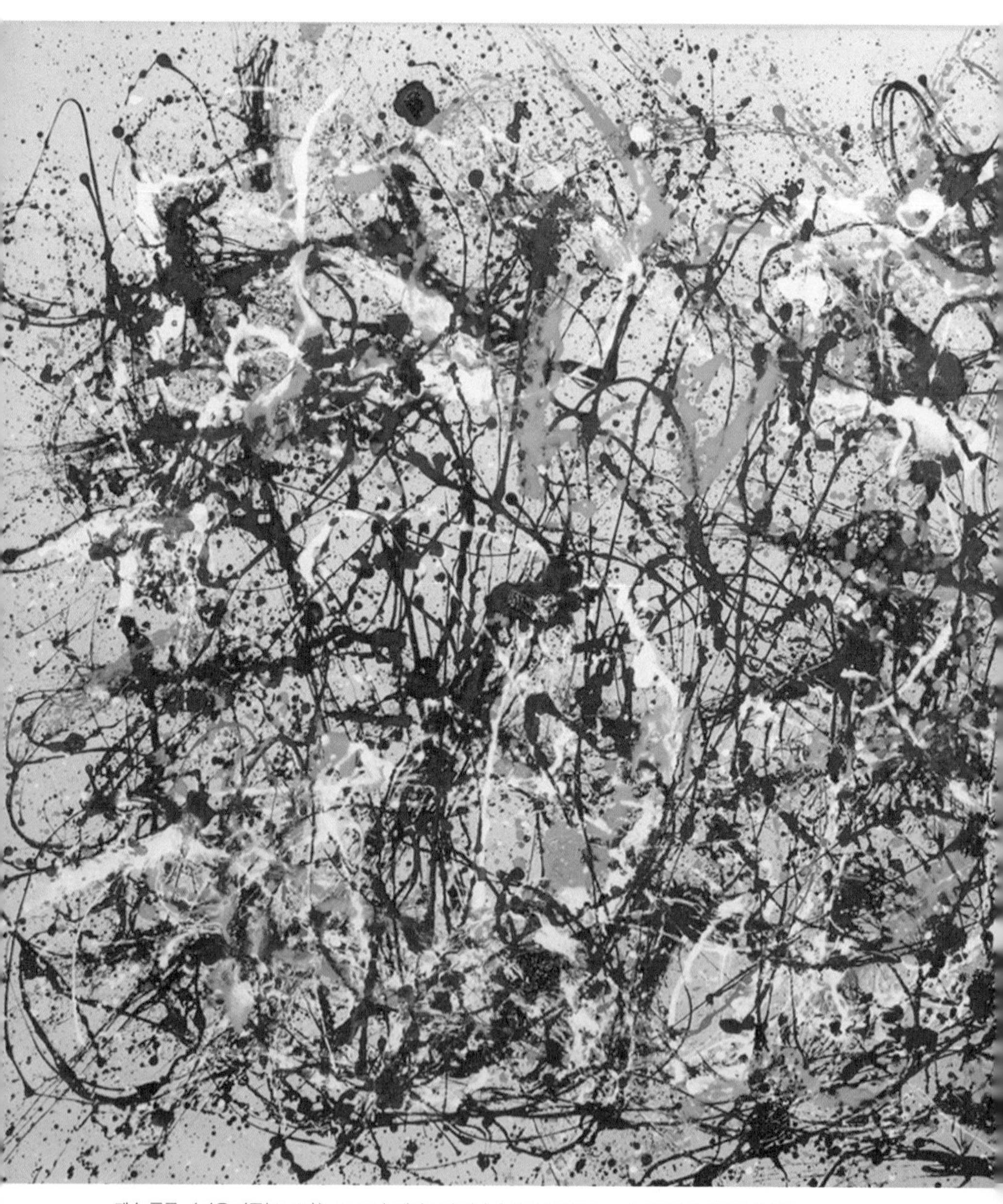

잭슨 폴록, 〈가을 리듬(No. 30)〉, 1950년, 캔버스에 에나멜, 266.7×525.8cm, 뉴욕 메트로폴리탄박물관

폴록의 그림을 보고 있으면, 넘치는 열정과 에너지를 캔버스에 남김없이 쏟아붓던 그의 모습이 자연스럽게 떠오른다. 그가 분출했던 에너지가 그림을 통해 고스란히 전달된다.

1956년 여름밤, 폴록은 만취한 상태에서 차를 몰고 집으로 가던 중 가로수를 들이받고 그 자리에서 사망했다. 그때 폴록의 나이는 겨우 마흔넷이었다. 화산처럼 용솟음쳤다가 순식간에 꺼져 버린 폴록의 삶을 보면, 주체할 수 없는 에너지에 잠식당한 게 아닌가 하는 생각이 든다.

우주의 무질서함을 캔버스에 담다

폴록의 페인팅 방식은 물감의 번짐과 퍼지는 범위 · 속도에 관한 연속적인 우연의 중첩 효과에 기반을 두고 있다. 캔버스에 물감을 떨어뜨리고

조지 프레더릭 와츠, 〈카오스〉, 1875년경, 캔버스에 유채, 106.7×304.8cm, 런던 테이트브리튼

다른 물감을 또 떨어뜨리면, 시간이 지나면서 물감은 처음에 떨어진 자리에 가만히 있지 않고 퍼져 나가 섞인다. 물감이 퍼져 나가는 방향과 속도는 예측하기 어렵고 복잡하다. 이것을 '확산(diffusion)'이라고 한다.

확산은 물질을 이루는 입자의 밀도 혹은 농도 분포가 일정하지 않고 차이가 날 때, 높은 쪽에서 낮은 쪽으로 퍼져 나가는 현상이다. 물질의 온도가 높을수록, 그리고 물질을 이루는 분자의 무게가 가벼울수록 확산 속도는 빨라진다. 폴록은 경계면이나 초기 조건을 한정하지 않고 물감의 확산 현상 자체를 그대로 채색에 활용했다.

폴록이 1950년 베니스 비엔날레에서 작품을 처음 선보였을 때 수많은 평론가와 언론은 "혼돈"이라고 외쳤다. 혼돈은 폴록의 작품을 가장 압축적이고 적절하게 표현한 단어다. 혼돈을 뜻하는 카오스(chaos)는 무질서하고 예측할 수 없는 상태를 의미한다. 그리스 신화에서 카오스는 우주가 생성되는 과정 중 아무것도 존재하지 않던 무질서한 단계를 가리킨다. 카오스에서 이 세상 만물과 신이 태어났다. 카오스는 질서 정연한 세계를 나타내는 코스모스(cosmos)의 반대말이기도 하다.

커피에 우유를 넣고 저으면, 커피와 우유는 일정하지 않은 모양으로 섞인다. 아무리 많이 저어도 절대 처음 상태로 되돌릴 수 없다. 자연의 모든 현상은 엔트로피(무질서)가 증가하는 방향으로 일어난다.

1905년 아인슈타인Albert Einstein, 1879~1955의 상대성 역학 이론이 등장하기 전까지, 고전 물리학에서는 뉴턴Isaac Newton, 1642~1727의 법칙이 가장 유효했다. 즉, 질량을 갖는 물체의 처음 위치와 속도가 정해지면 그 후 위치와 속도를 구할 수 있다는 '결정론적 관점'이 바로 그것이다. 그러나 자연에는 뉴턴의 법칙만으로 설명할 수 없는 예측 불가능한 많은 현상이 존재하며, 양자역학의 등장으로 이러한 결정론적 관점은 전복되었다.

독일의 물리학자 하이젠베르크Werner Karl Heisenberg, 1901~1976는 1927년 발표한 『불확정성의 원리』에서 입자의 속도와 위치를 정확히 아는 것은 불가능하다고 주장했다. 불확정성의 원리에 따르면 초기 조건을 알고 있더라도 결코 미래 상태를 정확하게 예측할 수 없다. 양자역학의 세계에서는 결정론적 추론은 불가능하고, 확률론적인 추론밖에 할 수 없다.

엔트로피(entropy)란 무질서한 정도를 뜻하는 말이다. 일반적으로 자연계에서 물질의 변화는 엔트로피가 증가하는 방향으로 진행된다. 커피에 우유를 넣고 저으면, 커피와 우유는 일정하지 않은 모양으로 섞인다. 아무리 많이 저어도 절대 처음 상태로 되돌릴 수 없다. 엔트로피는 다시 되돌릴 수 없는 비가역적 변화이며, 무질서한 상태로 증가하기만 한다. 엔트로피가 작으면 질서 정연한 상태, 엔트로피가 크면 무질서한 상태를 의미한다.

폴록의 페인팅 기법은 이러한 자연계 법칙을 그대로 따라간다. 그가 그림을 그리면 그릴수록 조화와 안정이 느껴지기는커녕 캔버스는 점점 무질서해진다. 자연계에서 엔트로피는 항상 증가하는 방향으로 나타난다. 애초에 무엇을 재현할 의도 없이 그려졌으며, 아무것도 재현하지 않은 듯 보이는 폴록의 무질서한 그림이 어쩌면 자연을 가장 잘 재현하고 있는 건 아닐까?

기법 때문에라도 폴록의 작품은 다른 사람에 의해 절대 복제될 수 없으며, 폴록 자신을 통해서도 결코 복제될 수 없다.

무질서 속의 질서

카오스 현상은 단순하게 헝클어지고 무질서한 상태만을 이야기하는 게 아니다. 불규칙하고 복잡한 현상의 본질에는 이러한 결과를 일으키는 몇 가지 요인이 있으며, 무질서함의 한 편에 일종의 질서가 감추어져 있다. 어찌 보면 쉽게 드러나지 않는 규칙과 요소들을 찾아내려고 하는 것이 카오스 연구의 목적이기도 하다.

폴록이 말년에 그린 〈수렴〉(244~245쪽)은 보기 드물게 제목이 붙어 있는 작품 가운데 하나다. 〈수렴〉 역시 액션 페인팅 기법으로 그려졌기 때문에 특별한 사물의 형상을 묘사했다거나, 의도가 담겨 있다고 볼 수 없다. 에

잭슨 폴록, 〈수렴〉, 1952년, 캔버스에 에나멜과 오일·알루미늄 페인트, 241.9×399.1cm, 뉴욕 올브라이트녹스미술관

나멜, 오일, 알루미늄 페인트 등 그림에 사용된 재료도 다양해 재료 간 이질감도 더 커져서, 번지고 섞인 결과물이 거칠고 투박해졌다. 〈수렴〉이라는 작품 제목이 역설적으로 느껴진다.

수렴은 수학 개념으로, 수열에서 지표가 점점 커짐에 따라 일정한 값에 한없이 가까워질 때를 가리킨다. 얼핏 엔트로피가 증가하는 액션 페인팅 과정과는 정반대 개념 같은데, 그렇지 않다.

열역학 제3 법칙을 주장한 독일 물리학자 네른스트.

1906년 독일의 물리학자 네른스트Walther Hermann Nernst, 1864~1941는 어떤 계의 열역학 과정에서 절대온도가 0이 됨에 따라 엔트로피 변화는 0이 된다고 주장했다. 네른스트의 주장이 '열역학 제3 법칙'이다. 절대온도가 0에 접근할 때, 즉 '수렴'할 때 엔트로피는 변화가 없는 즉 '일정한 값'을 갖고, 그 계는 가장 낮은 상태의 에너지를 갖게 된다는 법칙이다. 엔트로피 자체가 0이 아니라 엔트로피의 변화가 0인 상태를 말하는 것이므로, 여전히 엔트로피는 양(+)의 값으로 다른 열역학 법칙 간에 모순은 없다.

평가와 이해를 거부하는 그림

'꿈보다 해몽'이라는 말처럼 화가가 어떤 의도를 가지고 그린 그림이 아닌데 역사적 배경이나 사회 문화적 상황, 화가 개인의 삶의 흔적에 따라 작품이 다르게 해석되기도 한다. 화가는 의도나 주제 의식 없이 그림을 그리기도 하고, 후에 그림을 보고 느낌만으로 제목을 정하기도 한다. 또는 타인이 제목을 정하는 경우도 있다. 어찌 보면 특정한 기준을 가지고 명화를 해석하고 분석한다는 것이 어불성설인 셈이다.

폴록이 열역학 법칙을 알고 어떤 수학적 · 물리학적 상황이나 순간을 그림으로 표현했을 거라고 이야기하는 게 절대 아니다. 자연이 먼저 있었고, 법칙은 자연계에 존재하고 일어나는 현상을 이해하고 일반화하기 위해 탄생했다. 자연계가 그렇고, 인간군상도 그러하다. 그림 또한 그런 자연과 인간이 만들어 낸 작품이기 때문에 자연스럽게 서로 맞닿아 있을 뿐이다. 그 연결고리를 하나하나 발견해 나가는 것이 우리가 누릴 수 있는 재미 아니겠는가?

폴록의 그림들은 여러 가지 관점에서 더 의미 있다. 우리 안에는 수많은 기준과 잣대가 있다. 사람들 간에 합의된 규칙과 법칙이 있고, 우리는 성장 과정과 자신이 속한 범주 안에서 적절한 속도와 방향을 가지고 살아갈 것을 종용받곤 한다. 우리는 미래를 지향하며 현재를 살고 있지만, 어린 시절의 순수함과 자유분방했던 기억을 추억하곤 한다. 어찌 보면 어린 시절 정제되지 않고 무질서했던 마음 상태가 현재 우리 삶의 원동력이자, 미래를 위한 잠재적 에너지의 원천이기에 과거를 되새김질하는 건 아닐까?

폴록의 작품을 단번에 이해할 수 없는 데에도 불구하고 왜 우리는 그의 작품 앞에서 쉽게 발걸음을 옮길 수 없는 걸까? 어쩌면 그의 작품이 우리의 마음 저 깊이 억눌려 있던 자유를 자극하고, 잠시나마 우리를 어린 시절로 돌려놓기 때문 아닐까? 폴록의 그림 속 무질서로 가득한 우주 한가운데에서 어린 나와 오롯이 다시 마주하는 순간, 절대적 고요와 평화가 찾아온다.

피카소는 시공간을 초월해
여러 각도에서 본 세상을 하나의 캔버스에 표현한다.
그림 속 여인은 거울을 향해 서 있지만,
동시에 그림을 보는 우리를 보고 있기도 하다.
이것이 피카소가 이해한 세계이자
불가사의한 우주의 한 모습이다.

불가사의한 우주의 한 단면

다 사라진 뒤에도 한동안 그대로 남아 있었다

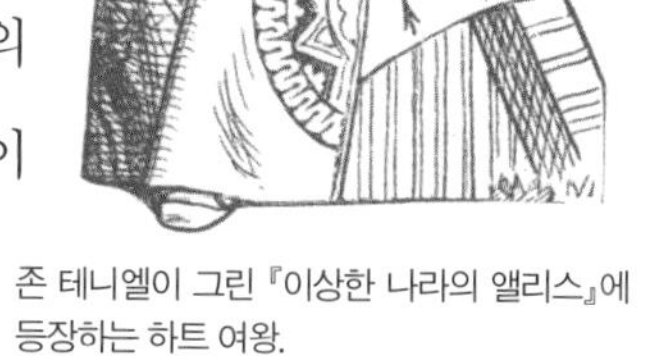

존 테니엘이 그린 『이상한 나라의 앨리스』에 등장하는 하트 여왕.

'Was it a cat I saw?'

'내가 본 것이 고양이였나?'

이 문장은 뒤집어서 철자를 다시 배열해도 똑같은 문장이 된다.

루이스 캐럴Lewis Carroll, 1832~1898의 『이상한 나라의 앨리스』(1865년)는 언어유희가 두드러지는 작품이다. 『이상한 나라의 앨리스』에는 기괴하면서도 신비로운 다양한 캐릭터가 등장한다. 물담배를 피우는 애벌레, 연신 "저 녀석의 목을 쳐라"라고 외쳐 대는 하트 여왕, "바쁘다"는 말을 입에 달고 사는 회중시계를 찬 토끼……. 그중 제일은 히죽거리며 웃는 체셔 고양이(cheshire cat)다.

길을 잃고 헤매던 앨리스는 나무 위에 웅크리고 앉아 있는 체셔 고양이를 만난다. 이빨을 전부 드러내며 웃고 있는 체셔 고양이는 '입이 귀에 걸렸다'는 표현이 딱 맞는 형상이다. 앨리스와 대화하던 체셔 고양이는 갑

존 테니엘이 그린 『이상한 나라의 앨리스』에 등장하는 체셔 고양이.

자기 꼬리 끝부터 머리까지 차례대로 사라진다.

"이번에는 아주 서서히 사라졌다. 꼬리 끝부터 사라지기 시작해서 씩 웃는 모습이 맨 마지막으로 사라졌는데, 씩 웃는 모습은 고양이의 나머지 부분이 다 사라진 뒤에도 한동안 그대로 남아 있었다."

고양이의 몸은 사라져 보이지 않는데 웃음이 존재하는 기묘한 상황에, 어리둥절해진 앨리스가 내뱉는 말이 'Was it a cat I saw?'다.

고양이는 사라졌는데 웃음은 남아

이 대목은 150여 년이 흘러 '양자 체셔 고양이'라는 이론이 돼 물리학계를 뒤흔들었다. 2013년, 아하로노브Yakir Aharonov, 1932~와 그의 동료들은 양자역학 법칙에 따라 광자(光子, photon)가 분리되어 관측될 수 있다는 실험을 구상했다. 광자가 어느 한 장소에 존재하면서 그 광자의 편광(偏光, polarization : 한 방향으로만 진동하는 빛) 같은 고유 특성은 동시에 다른 장소에 존재할 수 있다는 내용이다. 이듬해 오스트리아 그룹에서 중성자의 경로와 다른 경로에서 스핀(회전하는 물체가 갖는 고유의 물리량인 각운동량에 포함된 성질)이 분리되어 측정되는 실험에 성공하기도 했다(《Nature Communications》 5, 4492, 2014). 아하로노브 그룹은 이 효과를 '양자 체셔 고양이'라고 불렀다.

편광 상태를 측정했다는 말은, 물질과 물질이 가진 고유한 물성이 서로 분리돼 존재할 수 있다는 의미다. 체셔 고양이의 실체가 사라졌어도 웃음이 존재하는 『이상한 나라의 앨리스』의 한 장면이 연상된다고 해서, 연구팀은 '양자 체셔 고양이'라는 이름을 붙였다. 연구진은 이것을 양자역학의 '빛의 중첩 효과'로 설명한다. 양자역학은 원자, 분자, 소립자 등 미시적 대상에 국한되어 적용된다. 고전 물리학에서는 입자의 초기 조건을 알면 일정한 법칙에 따라 입자의 미래를 정확하게 예측할 수 있었다. 그러나 양자역학에서는 입자의 미래는 오로지 확률적으로만 존재한다. 따라서 엄밀하게 입자의 위치나 상태를 예측하거나 결정할 수 없게 된다.

양자 체셔 고양이는 현재도 많은 과학자가 관심을 두고 있는 주제다. 하지만 실험으로 구현하는 과정이 절대 만만치 않으며, 실험 결과를 증명하는 여부를 놓고 과학자들이 팽팽히 맞서는 중이다.

입체주의, 전통 회화를 파괴하다

양자역학이 설명하는 이 모순 같은 상황은 미술계에서 피카소의 등장에 비유할 수 있다. 피카소Pablo Picasso, 1881~1973가 1907년 스물여섯 살에 〈아비

파블로 피카소, <아비뇽의 처녀들>, 1907년, 캔버스에 유채, 243.9×233.7cm, 뉴욕 현대미술관

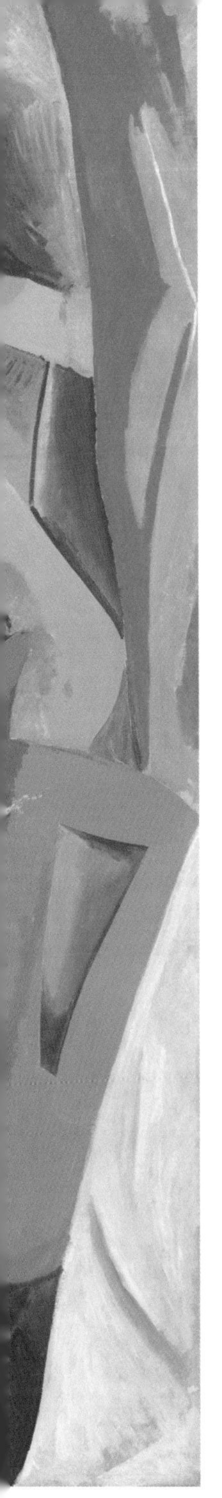

농의 처녀들〉을 내놨을 때, 미술계는 그의 작품을 전통과 권위에 대한 일종의 도전으로 간주했다. 비평가들은 〈아비뇽의 처녀들〉에 혹평을 쏟아 냈다.

그림 속 여인들의 모습은 괴기하기까지 하다. 오른쪽 앞에 앉아 있는 여인은 얼굴과 등을 동시에 보여 준다. 다른 여인들도 몸통과 팔다리가 분리된 듯 현실에서는 있을 수 없는 기이한 형상을 하고 있다. 그들의 얼굴은 또 어떠한가? 눈의 위치는 고르지 못하고 코는 옆에서 보는 방향으로 그려져 있어, 얼굴이 어디를 향하고 있는지 도무지 알 수가 없다.

사진 기술이 보편화되자 피카소는 눈에 보이는 형상을 그대로 그리는 사실주의 회화는 더는 설 곳이 없다고 생각했다. 그는 전혀 새로운 방식으로 독창적인 그림을 그려 회화의 존재 이유를 재정립하고자 했다. 그는 어느 날 우연히 보게 된 아프리카 원시인들의 비대칭적인 조각상에서 큰 감명을 받았다. 피카소는 단순하면서 강렬한 선을 강조했으며, 동시에 인체의 비례를 과감하게 무시하는 등 일종의 '익숙한 모든 것들로부터의 탈피'를 선언했다.

〈아비뇽의 처녀들〉은 기존 미술에 맞서는 피카소의 실험적 시도로 탄생했다. 이 그림은 '미술사의 대혁명'이라 불리는 입

피카소가 〈아비뇽의 처녀들〉을 그릴 때 영감을 받은 아프리카(가봉) 가면.

체주의(Cubism) 시대를 열었다. 입체주의 그림들은 우리가 작품을 감상하면서 기대하는 미(美)에 대한 기준을 완벽히 뒤엎는다. 비례와 조화로부터 오는 아름다움은 입체주의 그림에서 기대할 수 없다. 입체주의 그림은 괴상하고, 기이하고, 불편하기까지 하다. 단순한 법칙에 의해 우주의 모든 현상이 명쾌하게 설명되고 해석될 수 없다고 주장하는 양자역학이 과학계에 던진 충격도 이와 다르지 않았다.

그림 속 여인은 어디를 보고 있을까?

입체주의를 이끄는 화가들은 형태를 기하학적으로 해체하고 여러 개의 시점을 하나의 캔버스에 펼쳐 놓음으로써 오히려 사물의 본질에 더 다가갔다고 여겼다. 그들은 화면 전체를 일정하게 분할하고 그리고자 하는 주제의 앞모습과 옆모습의 특징적인 일부를 겹쳐서 나열했다. 사물의 원근, 빛에 의한 명암과 인상, 색채가 내포하는 상징성이나 경험에 기반을 둔 의미는 모두 철저하게 배제시켰다. 한 방향에서 본 사물 모습이 사물의 전부가 될 수 없으며, 다른 시간에 여러 방향에서 인지할 수 있는 모든 형태가 2차원 평면에 동시에 담긴다.

시공간을 초월하는 입체주의의 표현 방법은 오히려 우리의 상상을 더 자극한다. 사물의 형태는 자세하게 설명되고 표현될 때가 아니라 우리의 상상과 합쳐질 때 비로소 온전한 의미가 완성된다. 피카소의 〈비이올린과 포도〉에는 분석에 입각한 입체주의 성향이 잘 나타나 있다.

피카소는 중 · 후반기에 이르러 단순한 조형적 요소에 대한 실험에서 몇 걸음 더 나아가 작품에 색채적 요소를 가미했다. 1932년 작품 〈거울

파블로 피카소, 〈바이올린과 포도〉, 1912년, 캔버스에 유채, 61×50.6 cm, 뉴욕 현대미술관

앞의 소녀〉(256쪽)에서 그는 입체주의에 입각한 구도적 균형과 함께 색채의 다양한 조화를 추구했다. 거울을 마주하고 있는 여인의 얼굴은 옆모습과 앞모습이 절묘하게 겹쳐져 있다. 거울에 비친 모습은 거울 밖 얼굴과 다른 형상과 색으로 묘사되어 있다.

색의 조화 중에서도 피카소는 반대대비와 보색대비를 과감하게 사용했

파블로 피카소, 〈거울 앞의 소녀〉, 1932년, 캔버스에 유채, 162.3×130.2cm, 뉴욕 현대미술관

다. 특히 밝은 색조로 표현된 거울 밖 여인과 달리, 거울 속 여인은 어둡고 푸른빛으로 채색되어 있다. 여인의 어둡고 음울한 내면을 표현하고 있다. 이는 두 차례 세계대전을 겪으며 사람들이 느낀 불안과 공포, 시대적 우울을 표현했다고 해석되곤 한다. 굵고 대담한 검은색 윤곽선은 거울 안과 밖 여인의 몸을 절묘하게 연결해 분위기가 다른 두 여인이 같은 사람임을 암시적으로 표현하고 있다.

피카소는 그림의 대상을 완전히 해체하고 분리해 단순한 도형의 형태로 만들고 이들을 철저하게 낯선 방식으로 재배치한다. 또한 현실 세계에서 우리가 경험적으로 알고 있는 대상의 상징적인 색상을 의도적으로 배제한다. 형태의 재배치와 비현실적인 채색으로 재조합된 이미지는 전혀 새로운 의미를 갖게 된다. 그림 속 대상은 결코 우리가 알고 있는 자연의 법칙을 따르지 않는다.

양자역학이 다루는 미시세계에서는 우리가 살아가는 세계와는 전혀 다른 현상이 벌어진다. 양자역학에 의하면 빛은 입자이면서 동시에 파동이다. 물체의 특성이 다른 장소에서 동시에 관찰이 되기도 한다. 또한 대상을 보고자 하는 행위 자체가 대상의 위치와 상태에 영향을 주어, 우리는 대상의 절대 상태를 알 수가 없다.

피카소는 시공간을 초월해 여러 각도에서 본 세상을 하나의 캔버스에 표현한다. 그림 속 여인은 거울을 향해 서 있지만, 동시에 그림을 보는 우리를 보고 있기도 하다. 이것이 피카소가 이해한 세계이자 불가사의한 우주의 한 모습이다.

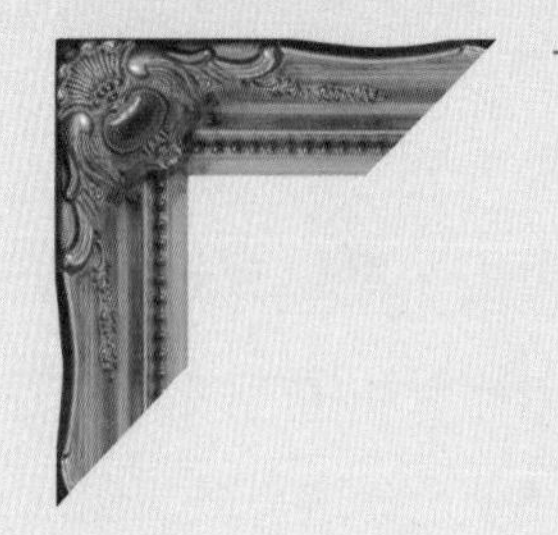

"새는 알을 깨고 나온다. 알은 세계다.
태어나려는 자는 하나의 세계를 파괴해야 한다."
현대미술과 현대물리학은 새가 알을 깨고 나오듯
절대적인 믿음을 깨트리며 세상에 나왔다.

태어나려는 자는 한 세계를 파괴해야 한다

상징과 은유의 향연

초현실주의 그림에는 어김없이 태양 또는 달이 주요한 오브제로 등장한다. '러시아의 달리'로 불리는 쿠쉬Vladimir Kush, 1965~의 그림도 마찬가지다. 쿠쉬는 뛰어난 상상력으로 현실 세계에서 우리가 보는 모든 사물의 스케일을 비틀고 순서를 뒤집는다. 과거와 현재가 공존하고, 생물과 사물이 연결되는 그의 그림은 환상적이고 몽환적이다.

쿠쉬의 〈해돋이 해변〉은 태양을 그린 것일까? 아니면 달걀을 그린 것일까? 쿠쉬는 장렬하게 떠오르는 태양을 달걀노른자에 은유했다. 알은 삶의 시작이자 세상 만물의 중심을 상징한다. 쿠쉬는 창조의 순간을 포착했는지 모른다. 태양은 유일한 빛의 근원이며, 동시에 세상을 바라보는 하나의 '눈'이기도 하다. 상징과 은유가 가득한 쿠쉬의 작품은 보는 사람의 경험과 지식에 따라 전혀 다른 형상으로 보인다.

극한의 무의식 세계를 캔버스로 옮긴 초현실주의는 뉴턴의 고전역학을 전복시킨 양자역학과 맞닿아 있다.

블라디미르 쿠쉬, 〈해돋이 해변〉, 1990년경, 캔버스에 유채, 63.5×53.4cm, 개인 소장

물리학을 발전시킨 논쟁, '빛이란 무엇인가?'

1900년 영국 물리학자 톰슨William Thomson, 1824~1907은 영국과학진흥협회에서 이렇게 선언했다.

"이제 물리학에서 새로운 발견이 이루어질 가능성은 없다. 우리에게 남은 과제는 관측의 정확도를 높이는 것뿐이다."

뉴턴의 고전물리학이 절정에 이른 19세기 후반, 과학자들은 과학이 완성 단계에 있다고 생각했다. 그러나 19세기에서 20세기로 넘어가면서 물리학계에는 지각변동이 일어났다. 상대성이론과 양자역학이 뉴턴의 고전물리학 체계를 송두리째 흔들었다.

모든 것은 '빛이란 무엇인가?'라는 근원적인 질문에서 시작되었다. 이것은 마치 신의 존재 혹은 생명의 근원에 대한 의문처럼 오래되고 중요한 문제다.

빛에 관한 과학적 연구는 17세기에 본격적으로 시작되었다. 네덜란드 물리학자 호이겐스Christian Huygens, 1629~1695는 빛이 '파동'이라 주장하며 간섭과 회절 현상을 설명했다. 영국 물리학자 뉴턴Isaac Newton, 1642~1727은 프리즘에 빛을 통과시켰을 때 일곱 가지 색으로 나뉘는 실험을 통해, 가시광선의 정체를 밝혀냈다. 그는 실험 결과를 바탕으로 빛을 작은 '입자'의 흐름이라고 주장했다. 그러다 영국의 영Thomas Young, 1773~1829과 프랑스의 프레넬Augustin Jean Fresnel, 1788~1827이 좁은 틈을 이용해 빛을 투과시키는 실험을 통해 빛의 파동성을 입증했다. 영국의 맥스웰James Clerk Maxwell, 1831~1879과 독일의 헤르츠Heinrich Rudolf Hertz, 1857~1894도 빛이 전자기파의 일종이라고 설명하며 파동설에 힘을 실었다.

그러나 1905년 독일 출신 미국 물리학자 아인슈타인Albert Einstein, 1879~1955이 빛 에너지는 '광자'라고 하는 작은 알갱이로 양자화되어 있다는 광양자설(Quantum Theory)을 제안했다. 아인슈타인은 빛(광자)을 금속 표면에 쪼여 줄 때 금속 표면에서 전자가 튀어나오는 광전효과를 설명하면서 빛의 입자적 측면을 지지했다. 아인슈타인의 뒤를 이어 1913년 덴마크의 보어Niels Henrik David Bohr, 1885~1962가 원자모형으로, 1923년 미국의 컴프턴Arthur Holly Compton, 1892~1962이 엑스선(X-ray) 산란 효과로 광양자설을 뒷받침했다.

빛의 정체에 대한 과학자들의 논쟁은 식을 줄 몰랐다. 하지만 실험적으로 검증된 사실을 반박하기는 어려웠다. 결국, 빛은 파동이면서 입자라고 결론 내리며 논쟁은 종결되었다. 물론 '빛의 이중성'을 받아들이는 과정은 전혀 간단하지 않았다. 현실에서 그런 일을 겪는 것은 불가능하며, 우리는 어쩔 수 없이 경험을 바탕으로 사고하기 때문이다.

1927년 보어는 양자 세계에서 빛의 이중성을 설명하기 위해 '상보성 원리(Complementarity principle)'를 제안했다. 빛은 간섭이나 회절 실험에서는 파동의 성질을 보여 주고, 광전효과 실험에서는 입자의 성질을 나타낸다. 그러나 파동성이나 입자성이나 빛의 두 가지 성질은 한 가지 실험에서 동시에 나타나지는 않는다. 여기에 독일 물리학자 하이젠베르크Werner Karl

카스파르 네츠허르, 〈크리스티안 호이겐스 초상화〉, 1671년, 캔버스에 유채, 30×24cm, 헤이그시립현대미술관

고드프리 넬러, 〈아이작 뉴턴의 초상화〉, 1702년, 캔버스에 유채, 75.6×62.2cm, 런던 국립초상화미술관

빛에 관한 과학적 연구는 17세기에 본격적으로 시작되었다. 호이겐스는 빛이 파동이라고, 뉴턴은 빛이 작은 입자의 흐름이라고 주장했다.

Heisenberg, 1901~1976의 '불확정성의 원리'를 더해 '코펜하겐 해석'이라고 한다. 불확정성의 원리는 어떤 물체의 상태, 즉 위치와 운동량은 동시에 정확하게 측정할 수 없다는 것이다. 코펜하겐 해석은 현재까지 양자역학에서 가장 보편적으로 받아들여지고 있는 해석이다.

코펜하겐 해석이라는 명칭은 덴마크 코펜하겐대학교에 설립된 보어의 연구소에서 유래되었다. 1916년 코펜하겐대학교 교수가 된 보어에게 대학에서 이론물리연구소를 마련해 주었다. 보어는 코펜하겐대학교 연구소에서 많은 물리학자와 공동으로 연구했다. 코펜하겐대학교 연구소는 원자물리학과 양자이론 연구의 국제적 중심지로 발전했으며, 1965년 10월 7일 보어 탄생 80주년을 맞아 '닐스보어 연구소'로 이름을 바꿨다.

반은 죽었고 반은 살아 있는 고양이

1935년 오스트리아 물리학자 슈뢰딩거Erwin Schrödingers, 1887~1961는 코펜하겐 해석을 부정하고 양자역학의 불완전함을 보여주기 위해 '슈뢰딩거의 고양이(Schrödinger's Cat)'라는 사고 실험을 고안했다. 상자 속에 반감기가 한 시간인 방사성 물질과 청산가리가 든 병, 고양이가 들어 있다. 방사성 물질이 붕괴하면 연결된 방사능 검출 계수기가 작동하면서 망치가 청산가리가 들어 있는 병을 깨고, 고양이는 청산가리를 흡입해 죽게 될 것이다. 방사성 물질은 50% 확률로 붕괴되도록 세팅되어 있다.

한 시간 뒤 고양이는 어떻게 되어 있을까? 코펜하겐 해석에 따르면 어떤 물질의 상태는 그 상태를 관측하면 변한다. 즉 고양이는 상자를 열어

서민아, 〈슈뢰딩거 고양이〉, 2019년, 종이에 수채화, 15×20cm

관찰하기 전까지 살아 있지도 죽어 있지도 않으며, 상자를 열어 우리가 관찰하는 순간 살았거나 죽은 상태 가운데 한 상태로 확정된다.

슈뢰딩거는 이것이 틀렸다고 주장했다. 고양이는 우리가 상자를 여는 행위(관찰)와 상관없이 살아 있거나 죽어 있으며, 단지 상자 밖에 있는 우리가 이 사실을 모를 뿐이라고 했다. 원자나 전자처럼 작은 미시세계가 아닌 거시세계, 즉 우리의 현실에 불확정성 원리와 코펜하겐 해석을 적용한다면 얼마나 이상하게 느껴지는지, 슈뢰딩거는 이 사고 실험을 통해 역설하고자 했다.

데칼코마니 같은 미술과 물리학의 궤적

빛은 파동이며 동시에 입자다. 흥미롭게도 양자역학이 태동하고 빛의 정체에 대한 열띤 토론과 논쟁을 거치는 동안, 미술계에서도 빛에 대한 해석과 빛을 표현하는 방식을 두고 다양한 화풍의 사조들이 쏟아져 나왔다.

19세기 후반에서 20세기 초 프랑스를 중심으로 퍼져나간 인상주의에서는 전통 회화기법을 모두 거부하고, 빛에 의해 달라지는 자연의 모습을 순간적으로 포착해 화폭에 담았다. 빛과 사물의 상호작용에 따라 달라지는 색이 그림의 색채를 결정했으며, 야외에 나가 직접 관찰하면서 객관적으로 세계를 표현하고자 했다. 대표적인 화가로 마네, 모네, 르누아르, 드가, 세잔, 피사로, 고갱, 고흐 등이 있다. 인상주의를 좀 더 체계적이고 과학적으로 발전시킨 신인상주의 대표 화가는 시냐크와 쇠라다. 특히 신인상주의의 중심에는 물리학자와 화학자의 빛과 색에 관한 이론을 기반으로 한 색채학이 자리하고 있다.

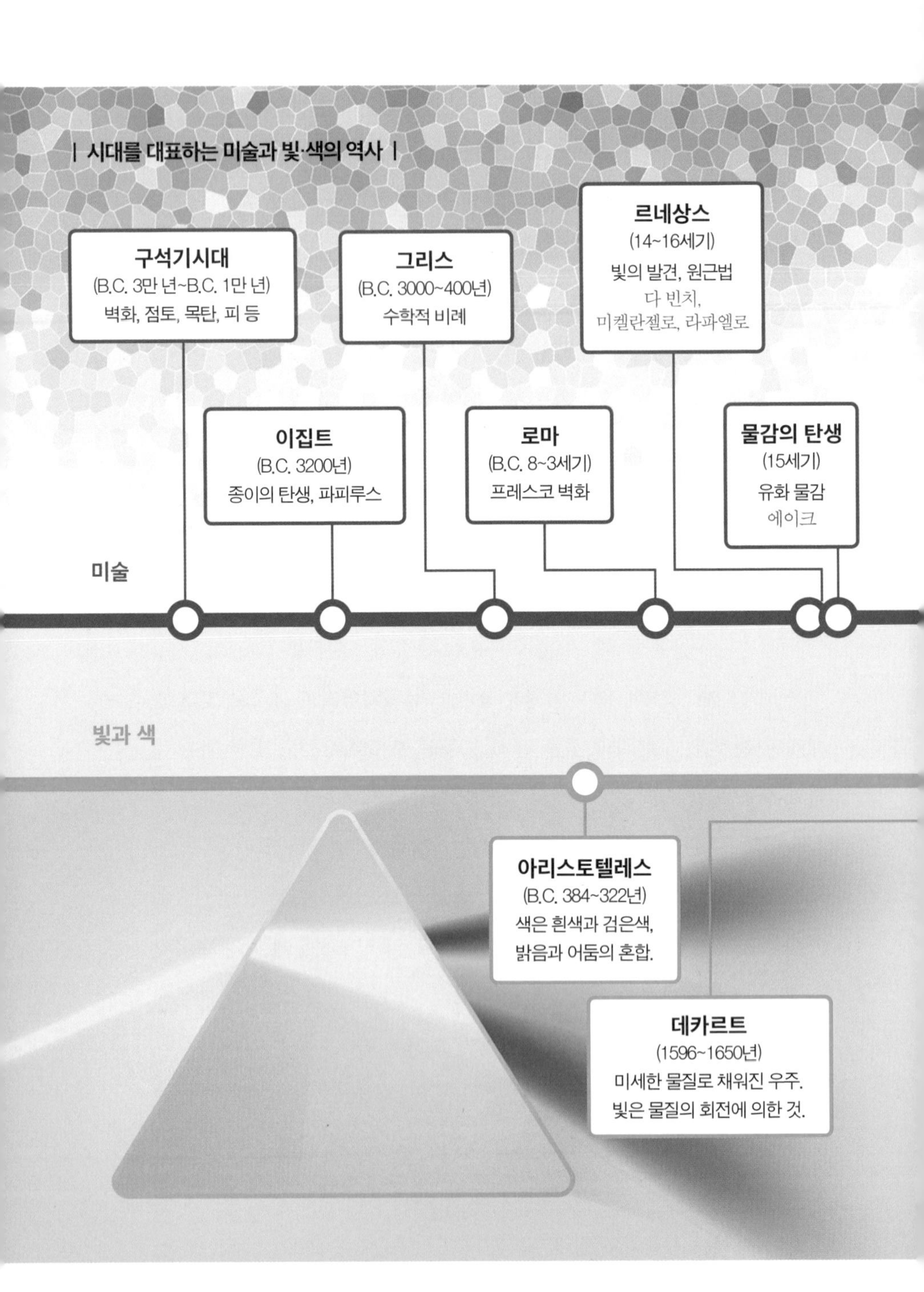
| 시대를 대표하는 미술과 빛·색의 역사 |
구석기시대
(B.C. 3만 년~B.C. 1만 년)
벽화, 점토, 목탄, 피 등
그리스
(B.C. 3000~400년)
수학적 비례
르네상스
(14~16세기)
빛의 발견, 원근법
다 빈치,
미켈란젤로, 라파엘로
이집트
(B.C. 3200년)
종이의 탄생, 파피루스
로마
(B.C. 8~3세기)
프레스코 벽화
물감의 탄생
(15세기)
유화 물감
에이크
미술
빛과 색
아리스토텔레스
(B.C. 384~322년)
색은 흰색과 검은색,
밝음과 어둠의 혼합.
데카르트
(1596~1650년)
미세한 물질로 채워진 우주.
빛은 물질의 회전에 의한 것.

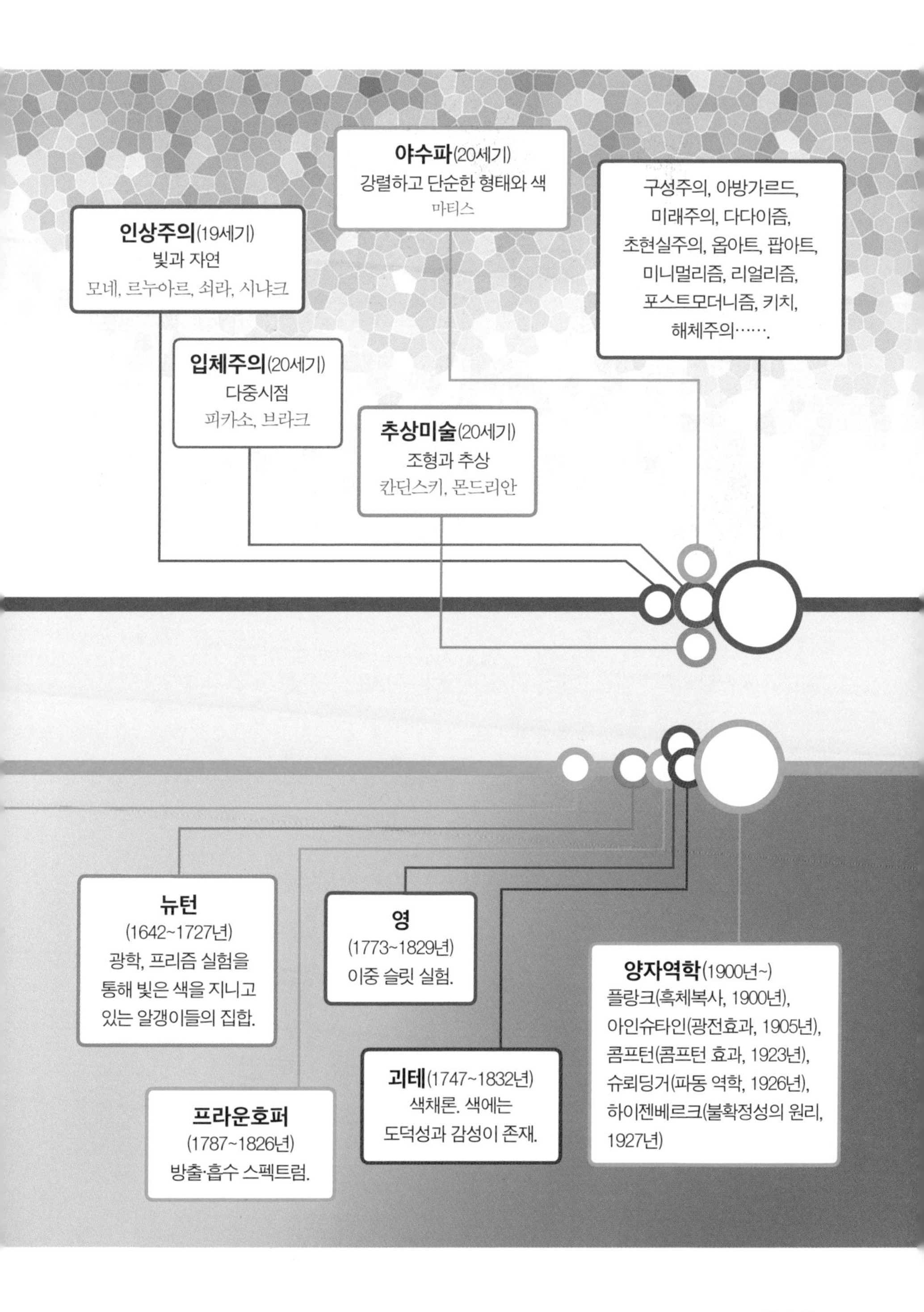

야수파(20세기)
강렬하고 단순한 형태와 색
마티스
인상주의(19세기)
빛과 자연
모네, 르누아르, 쇠라, 시냐크
구성주의, 아방가르드,
미래주의, 다다이즘,
초현실주의, 옵아트, 팝아트,
미니멀리즘, 리얼리즘,
포스트모더니즘, 키치,
해체주의…….
입체주의(20세기)
다중시점
피카소, 브라크
추상미술(20세기)
조형과 추상
칸딘스키, 몬드리안
뉴턴
(1642~1727년)
광학, 프리즘 실험을
통해 빛은 색을 지니고
있는 알갱이들의 집합.
영
(1773~1829년)
이중 슬릿 실험.
양자역학(1900년~)
플랑크(흑체복사, 1900년),
아인슈타인(광전효과, 1905년),
콤프턴(콤프턴 효과, 1923년),
슈뢰딩거(파동 역학, 1926년),
하이젠베르크(불확정성의 원리,
1927년)
괴테(1747~1832년)
색채론. 색에는
도덕성과 감성이 존재.
프라운호퍼
(1787~1826년)
방출·흡수 스펙트럼.

프로이트는 『꿈의 해석』을 통해 꿈이라는 무의식 세계를 체계적으로 분석한 정신분석학을 소개했다. 미술계는 정신분석학의 영향을 받아 무의식 세계를 화폭에 담았다.

피카소와 브라크 등이 이끌던 입체주의는 사물을 공간상에서 완전히 해체한 후에 전혀 새로운 구도로 재배치해 낯설게 그림으로써 화단에 충격을 주었다. 마티스로 대변되는 야수파 회화는 사실주의나 관찰주의에 입각한 색채에 관한 개념을 완전히 무너뜨렸다.

짧은 시간 다양한 사조가 등장하며 20세기 초 미술계는 요동쳤다. 같은 시기에 신경병리학자이자 심리학자 프로이트는 『꿈의 해석』을 통해 꿈이라는 무의식 세계를 체계적으로 분석한 정신분석학을 소개했다. 미술계는 정신분석학의 영향을 받아 무의식 세계를 화폭에 담았고, 이는 자연스럽게 극한의 무의식 세계를 담는 초현실주의로 이어졌다. 초현실주의는 현실에서 결코 일어날 수 없는 일이나 배치되는 상황을 그림의 주제로 거침없이 택하기에 이른다. 달리, 에른스트, 키리코, 미로, 마그리트, 탕기 등이 초현실주의를 대표하는 화가다.

르네상스시대까지 회화의 방식이나 주제 의식은 큰 틀에서 상당히 비슷했다. 그러다 빛을 직접 묘사하고, 회화 기법에 빛을 반영한 인상주의를 시작으로 새로운 미술 사조가 하나둘 등장했다. 하나의 사조가 일정 시간 부흥하다가 다시 반대 사조가 나타나고, 다시 이 사조를 부정하는 정반합(正反合) 과정을 반복하며 진화해 미술계는 오늘날과 같은 다양함에 이르게 되었다.

놀랍게도 19세기 말에서 20세기 초반 미술계 상황은 빛의 정체와 특성을 다양한 방법으로 분석하고 이를 뒷받침할 새로운 이론이 끊임없이 등장해 증명과 반박을 거듭하며 이루어낸 현대물리학의 발전과 그 맥을 같이 한다. 전혀 접점이 없을 것 같은 두 분야, 미술과 물리학이 '빛'이라는 공통의 화두를 놓고 고민하고 논쟁하며 비슷한 시기에 비슷한 패턴의 풍파를 겪으며 발전해 왔다는 것이 참으로 놀랍다. 자세히 들여다보면 빛에 관한 과학 이론에 직접적인 영향을 받아 탄생한 신인상주의도 있었으니, 예술과 과학이 오래전부터 서로 공생 관계였음을 부정할 수 없다. 회화는 '무엇을 어떻게 표현할 것인가?'라는 공통된 대명제를 놓고 철학적인 고민을 거듭하며 성장해 왔다. 그 고민의 궤가 물리학과 상당히 닮아 있다.

이미지의 배반과 상보성의 원리

마그리트René Magritte, 1898~1967는 1929년, 커다란 캔버스에 파이프를 하나 그리고 그 아래 이런 문장을 적었다(270쪽). 'Ceci n'est pas une pipe.' '이것은 파이프가 아니다.' 하나의 그림 안에서 이미지와 반대되는 의미의 문자가 충돌한다. 마그리트는 이 작품을 통해 미술계를 지배해 왔던 사실

르네 마그리트, 〈이미지의 배반〉, 1929년, 캔버스에 유채, 60×81cm, 로스앤젤레스 카운티미술관

주의에 입각한 사물의 형태와 구성 즉, '이미지'와 우리의 머릿속에서 경험에 의해 일체화되어 있던 '언어'와의 완벽한 분리를 꾀한다.

우리가 보는 이미지는 경험으로 습득한 언어의 지배를 받고 있다. 마그리트는 이 실험적 작품을 통해 우리가 보고 있는 것은 파이프라는 '형상'일 뿐, 실재(實在)가 아니라고 역설적으로 말하고 있다. 즉, 언어는 사회적 합의에 결정된 것이지 사물이나 본질과는 무관하다는 것을 말하고 있다. 〈이미지의 배반〉이라는 제목처럼 이 그림이 보여 주는 배반과 역설은 물리학에서 다루는 빛의 이중성 및 상보성과 닮아 있다. 보어가 상보성의 원리에서 말한 대로, 한 물리적 측면에 대한 특성은 다른 측면에 대한 특성을 배제하고 설명되어야 한다.

고전역학에 의하면 위치와 속도처럼 한 쌍의 물리량은 항상 동시에 측정할 수 있다고 생각했다. 측정값이 불확정한 것은 측정기술이 부족했기 때문이라고 봤다. 하지만 양자역학에서 입자의 위치와 속도는 동시에 확정된 값을 가질 수 없다. 한 가지를 정확히 알게 되면, 다른 한 가지에 대해서는 점점 더 정확도가 떨어진다. 우리는 물리량의 정확한 값을 알 수 없고, 그것은 오로지 확률로만 존재하게 된다.

독일의 문호 헤세Hermann Hesse, 1877~1962가 쓴 소설 『데미안』에 이런 문장이 나온다.

"새는 알을 깨고 나온다. 알은 세계다. 태어나려는 자는 하나의 세계를 파괴해야 한다."

새가 태어나기 위해서는 반드시 자신을 둘러싸고 있는 알을 깨야 한다. 새로운 세계는 기존 규범을 파괴해야 열린다. 현대미술과 현대물리학은 새가 알을 깨고 나오듯 절대적인 믿음을 깨트리며 세상에 나왔다.

몬드리안은 우리가 경험하는 3차원 세계에 존재하는
모든 것을 있는 그대로 보지 않고
1차원과 2차원으로 단순화시켜 본질만 남기고자 했다.
과학자들 역시 온갖 첨단 기술을 동원해 계속해서
낮은 차원의 세계로 들어가고 싶어 한다.
과학자와 예술가 모두가 낮은 차원의 세계 기저에 세상을 이루는
기본 원리가 숨어 있다는 것을 알고 있기 때문이다.

낮은 차원의 세계

패션이 된 그림

스물한 살 젊은 나이에 세계적 명품 브랜드 크리스찬 디올의 수석 디자이너가 된 이브 생 로랑Yves Saint Laurent, 1936~2008은 1966년에 몬드리안Piet Mondrian, 1872~1944의 작품에서 영감을 받아 디자인한 드레스를 패션쇼에 올렸다. 극도로 절제되고 단순한 기하학적 요소들을 통해 삼라만상을 표현하고자 했던 몬드리안의 철학과 단순한 요소야말로 가장 아름다운 형태임을 인지했던 이브 생 로랑의 아이디어가 만나 기존에 없던 새로운 예술 장르가 탄생했다. 몬드리안의 작품은 건축, 그래픽 디자인, 광고, 영화, 음악, 패션 등 20세기 예술계 전반에 새로운 시야를 선사했다.

네덜란드 화가 몬드리안은 조형 요소의 기본인 수직 · 수평선, 색의 삼원색인 빨강 · 파랑 · 노랑, 그리고 무채색만으로 우주 불변의 법칙을 표현하고자 했다. 몬드리안은 다양한 작업을 통해 단순한 것이 가장 아름답다는 철학을 피력해 왔다. 그는 사물의 외적인 모습 안에 숨어 있는 본질을 끄집어내 표현하는 것이 예술이며, 본질은 복잡한 형상과 색채를 모두 버림으로써 표현 가능하다고 믿었다. 그에게 수직선과 수평선은 질서를

피에트 몬드리안, 〈빨강, 파랑, 노랑의 구성〉, 1930년, 캔버스에 유채, 46×46cm, 취리히 쿤스트하우스

의미했다. 몬드리안은 수평선과 수직선의 조화와 균형이 미(美)의 궁극이라 생각했다.

몬드리안이 회화에서 강조한 수직선과 수평선은 가장 단순하면서도 아름다운 자연의 본질 그 자체다. 지구상에서 가장 긴 수평선은 바다와 하늘이 만나 이루는 수평선이다. 바다의 수평선은 지구가 끌어당기는 힘, 중력 때문에 발생한다. 넓은 공간에 균일하게 끌어당기는 중력이라는 힘의 작용으로 높이가 같은 해수면이 형성된다. 수직선으로 대변되는 자연은 나무다. 중력을 거슬러 하늘 높이 뻗은 나무숲은 태양에 다가가고자 하는 생명의 힘이 표출된 것이다. 수평선과 수직선, 이 두 가지 선은 자연의 가장 기본적인 형상이면서 동시에 거대한 자연의 힘을 상징한다.

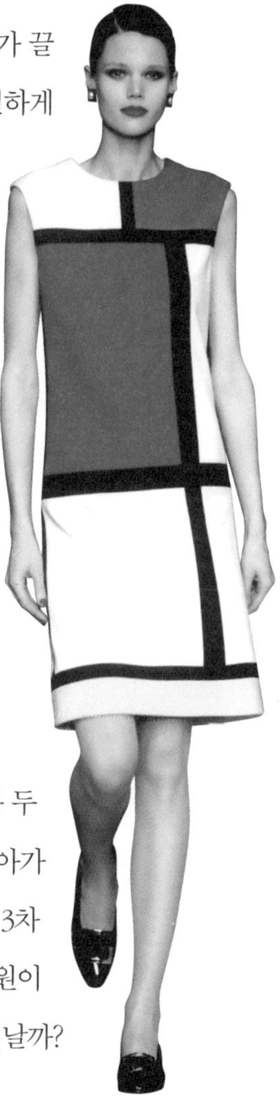

단순할수록 아름답다

몬드리안의 그림은 대개 수직과 수평, 두 방향의 선과 두 선이 만나 생겨난 면으로 이루어져 있다. 우리가 살아가는 세상은 가로, 세로, 높이로 형성되는 부피를 가진 3차원 사물로 이루어져 있다. 몬드리안의 발상처럼 차원이 줄어 1차원이나 2차원이 되면 실제로 어떤 일이 일어날까? 가장 낮은 차원은 한 개의 점으로 이루어져 있다. 이 점들이 한쪽 방향으로 연결되면 선, 즉

이브 생 로랑이 몬드리안의 〈빨강, 파랑, 노랑의 구성〉에 영감을 받아 디자인한 드레스.

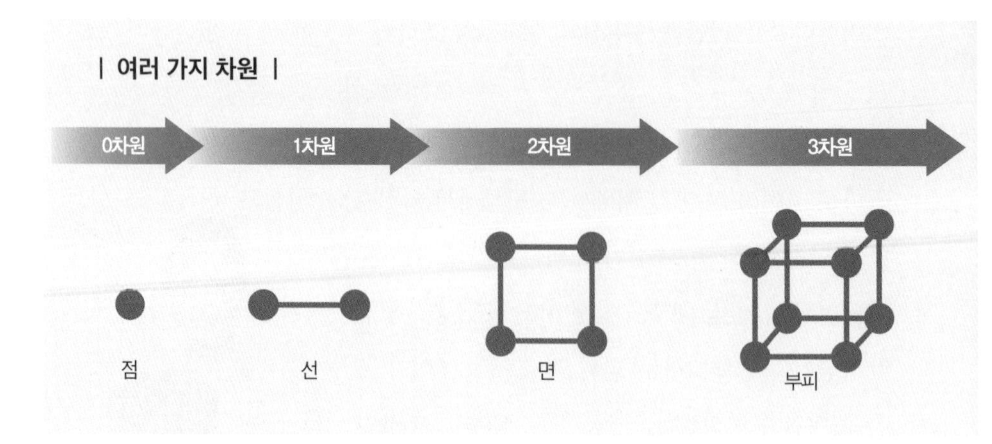

1차원이 된다. 1차원 세상에는 길이만 있고 면적이 없다. 이제 가로와 세로 선들이 연결되면 2차원이 된다. 2차원 세상에는 면적이 존재하지만, 부피는 없다.

우리가 사는 세상인 3차원 공간에서 차원이 줄어 1차원이나 2차원이 되면 자연은 어떤 상태가 될까? 차원을 줄여 나가 궁극적으로 몇 개의 원자로 구성된 물질계를 만날 수 있다면, 우리는 그 물음에 관한 해답을 얻을 수 있을 것이다. 최근 실험 기술이 비약적으로 발전하면서 낮은 차원의 물질을 발견하고 인위적으로 만들어 내는 것이 가능해지면서 본격적으로 의문이 풀리기 시작했다. 1차원 또는 2차원 등 낮은 차원의 물질에서 일어나는 여러 가지 물리 현상을 관찰하려면 우선 낮은 차원의 물질을 만들어야 한다.

동일한 원자로 구성되어 있어도 원자들이 어떻게 결합되어 있는지, 몇 차원 구조를 갖는지에 따라 특성이 전혀 다른 분자나 물질이 되는 경우가 있다. 다이아몬드와 흑연은 똑같이 탄소 원자로만 이루어졌지만, 탄소 배열 방법에 따라 전혀 다른 물질이 된다. 다이아몬드와 흑연처럼 원소 종

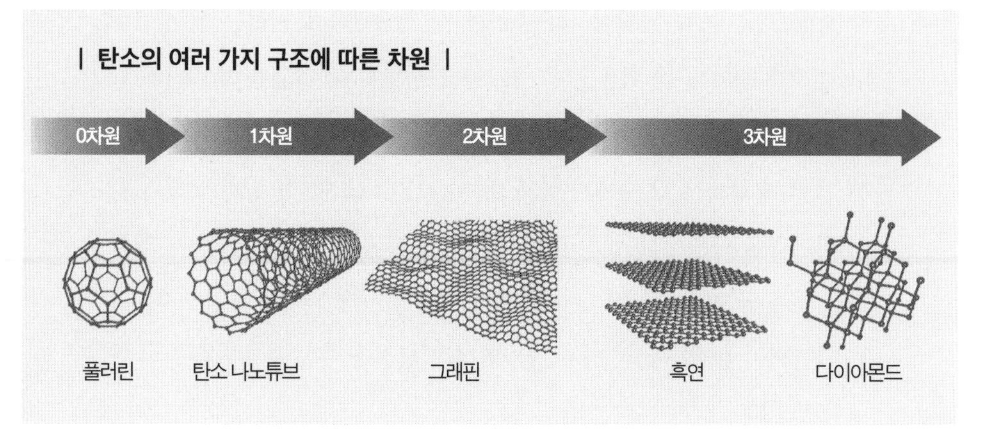

류는 같지만, 배열 방법이 다른 물질을 '동소체'라고 한다.

풀러린(Fullerene)은 탄소 원자 60개가 축구공처럼 오각형과 육각형으로 결합된 구형의 가장 작은 형태의 탄소 구조체다. 풀러린은 하나의 점으로 간주되어 0차원이라고 볼 수 있다. 탄소 나노튜브(Carbon nanotube)는 육각형의 탄소 원자들이 원통처럼 한 방향으로 길게 결합되어 있는 구조다. 탄소 나노튜브는 한쪽 방향으로 길어 1차원 구조에 해당한다. 과학자들은 단면 지름이 나노 크기인 각종 나노와이어(nanowire)나 탄소 나노튜브를 이용해 1차원 물질에서 일어나는 다양한 물리적 현상을 연구한다.

탄소 동소체 가운데 탄소 배열이 원자 한 개 두께만큼 얇아 2차원 물질이라고 불리는 그래핀(Graphene)이 있다. 그래핀은 일반 금속보다 전기가 잘 통하고, 반도체에 널리 쓰이는 실리콘보다 전자의 이동성이 매우 빠르며, 기계적 강도도 강철에 비해 강해 차세대 기술을 선도할 신소재로 주목받고 있다.

그래핀이 처음 발견된 것은 2004년이다. 영국 맨체스터대학교의 안드레 가임Andre Geim, 1958~과 콘스탄틴 노보셀로프Konstantin Novoselov, 1974~ 교수가 접착테이프를 이용해 연필심 같은 흑연에서 그래핀을 분리하는 데 성공했다. 신소재 분야의 큰 획을 그은 공로를 인정받아 두 사람은 2010년 노벨 물리학상을 수상했다. 흑연에서 분리한 한 장의 얇은 그래핀 막은 원자 한 개 층과 같아서 그 두께가 불과 0.3나노미터(nm)다. 한 장의 그래핀 막은 위아래에 다른 탄소 원자 층이 없어서 전자가 상대론적 양자전기역학의 지배를 받는다. 즉 여러 층으로 이루어져 위아래 원자들과 상호작용하는 일반적인 물질과 전혀 다른 전기역학적 성질을 띠는 새로운 물질이 탄생한 셈이다.

탄소 원자 하나의 두께인 그래핀은 두께가 얇아 투명성이 높고 신축성이 좋아 늘리거나 접어도 전기전도성을 잃지 않아 플렉시블(Flexible) 디바이스 시대의 차세대 소재로 손꼽힌다. 그래핀을 시작으로 다양한 2차원 결정들이 분리되었고, 단일 원자 층에서 일어나는 다양한 물리 현상에 대한 관측이 쏟아져 나오게 되었다.

몬드리안은 어떻게 낮은 차원의 세계로 들어갔을까?

낮은 차원의 물질에서 일어나는 전자의 특이한 운동과 현상은 전 세계적으로 수많은 과학자를 흥분시켰다. 낮은 차원의 물질세계에 대한 연구는 여전히 현재진행형이다. 낮은 차원의 물질에 많은 과학자가 매료된 까닭은 물질을 탐구하는 행위에 있어 낮은 차원으로 접근할수록 그들의 근본 속성에 가장 가깝게 다가갈 수 있기 때문이다.

몬드리안은 '나무'라는 주제를 놓고 1912년 〈꽃 피는 사과나무〉에서 선과 최소한의 면으로 이루어진 단순화 과정을 거친다. 몬드리안이 추상에

피에트 몬드리안, 〈붉은 나무〉, 1908~1910년, 캔버스에 유채, 70×90cm, 헤이그시립현대미술관

피에트 몬드리안, 〈꽃 피는 사과나무〉, 1912년, 캔버스에 유채, 78.5×107.5cm, 헤이그시립현대미술관

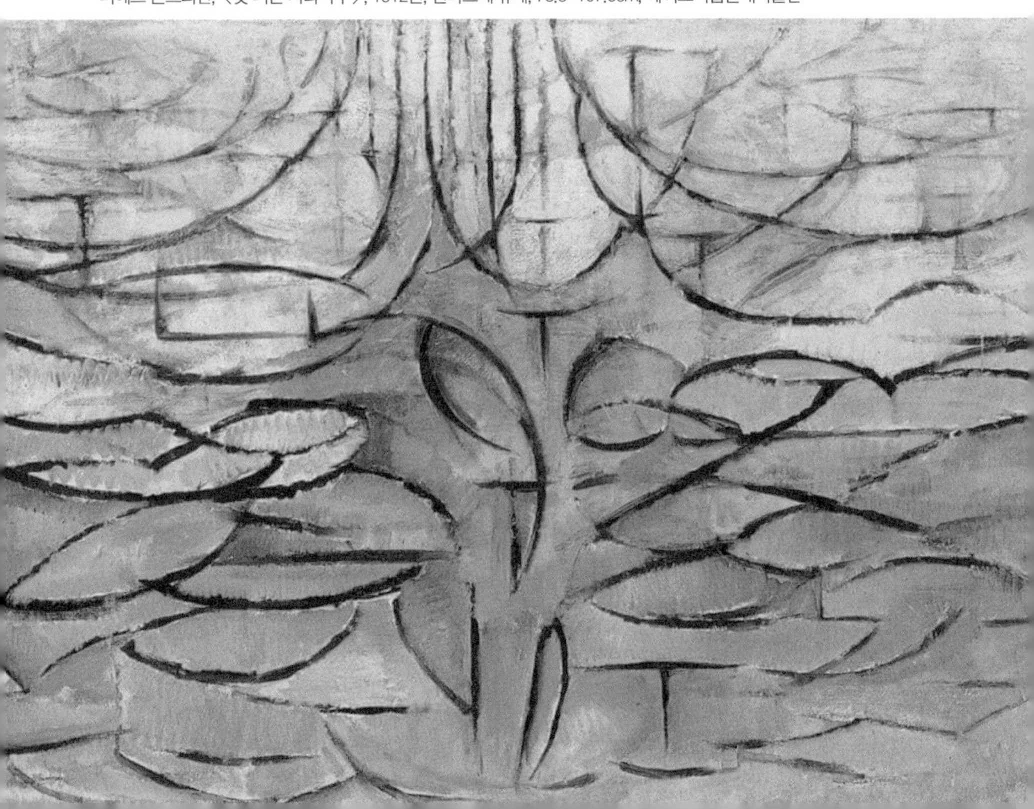

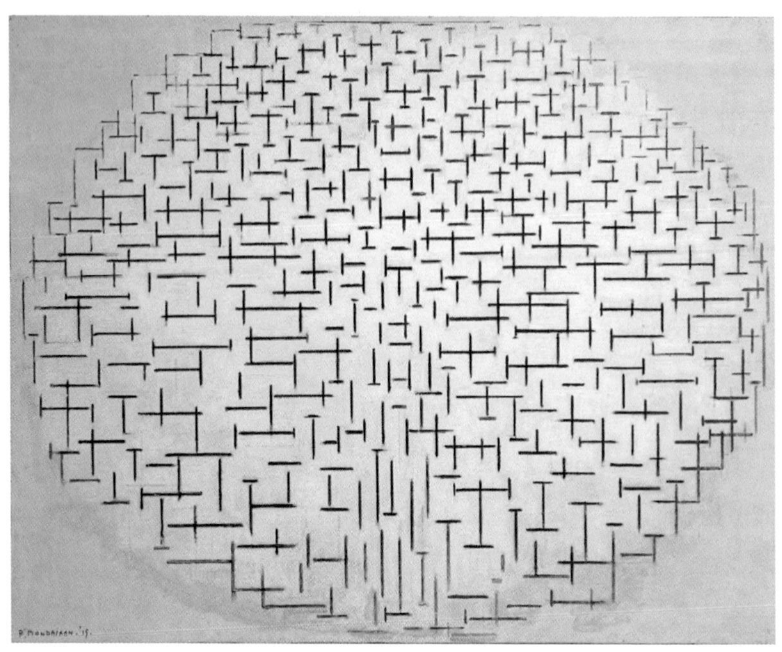

피에트 몬드리안, 〈구성 10〉, 1915년, 캔버스에 유채, 108×85.5cm, 오테를로 크뢸러뮐러미술관

이르는 과정을 보면, 현실 세계에서 점차 차원이 줄어드는 모습을 매우 잘 이해할 수 있게 된다. 몬드리안의 나무는 점점 더 단순화되고 추상화되어 〈꽃 피는 사과나무〉에서는 주로 수평선과 수직선, 그리고 타원 형태로 표현된다. 타원 형태의 면이 캔버스에 표현된 대상이 나뭇잎이라는 것을 어렴풋하게 짐작할 수 있게 한다. 자연을 직접적으로 연상시키는 초록색과 곡선을 표현하기를 극도로 꺼렸던 몬드리안의 신조형주의 화법이 아직 완성되기 이전, 일련의 중간 과정이라 추측할 수 있다.

1915년 〈구성 10〉에 이르렀을 땐 급기야 면도 사라진 1차원 선으로만 나무 형상을 축약한다. 이윽고 직선만 남은 이 구성을 모티브로 해 몇 가지 색채가 추가되면서 그의 대표작인 〈빨강, 파랑, 노랑의 구성〉과 그다음 시리즈가 태어날 수 있었다.

피에트 몬드리안, <브로드웨이 부기우기>, 1942년, 캔버스에 유채, 127×127cm, 뉴욕 현대미술관

다시 '구성' 시리즈를 살펴보자. 〈빨강, 파랑, 노랑의 구성〉에는 붉은 태양을 떠올리게 하는 빨강, 하늘과 바다의 파랑, 피어나는 생명의 에너지 노랑, 그리고 이 모든 세상을 고요하게 덮어 주는 겨울의 하얀 눈이 있다. 한 폭의 그림 속에 세상의 모든 풍경과 사계가 담겨 있다.

딴딴딴, 따따따, 따따딴딴! 캔버스에 흐르는 경쾌한 리듬

몬드리안은 고향 네덜란드를 떠나 파리, 런던에 머물다 제2차 세계대전 중 나치의 침략을 피해 뉴욕으로 이주했다. 전운이 감도는 암울하고 황폐한 유럽에서 건너온 이방인의 눈에 비친 뉴욕은 활기차고 역동적인 에너지가 넘쳐흐르는 신세계였다. 뉴욕에 반한 몬드리안은 〈뉴욕 시티〉, 〈뉴욕, 뉴욕〉 등 뉴욕이라는 도시 이름이 붙은 여러 작품을 제작했다. 〈브로드웨이 부기우기〉도 그 연장선에 있는 작품이다.

'부기우기(Boogie-Woogie)'라는 제목은 그가 좋아했던 경쾌한 비트의 재즈 연주 기법에서 가져왔다. 종전보다 훨씬 자잘하게 분할한 면을 보색으로 채색함으로써 리듬감을 부여해, 도시 생활 특유의 에너지를 담았다. 특히 이 그림에서 몬드리안은 오랫동안 고수해 온 검은 선에 대한 고집을 버렸다. 화면을 여러 가지 색으로 나눠 그만의 질서와 균형은 유지하면서도, 색채는 훨씬 풍부하고 깊어졌다. 음악을 회화적으로 표현하고자 했던 몬드리안의 시도는 칸딘스키Wassily Kandinsky, 1866~1944와도 상당히 닮아 있다.

몬드리안은 1917년 '신조형주의(Neo Plasticism)'를 주창하면서, 선과 색채만으로 순수한 추상적 조형을 나타내고자 했다. 이는 몬드리안의 모든 작품을 관통하는 기본 정신이다. 그는 세상을 이루는 가장 기본적인 조형

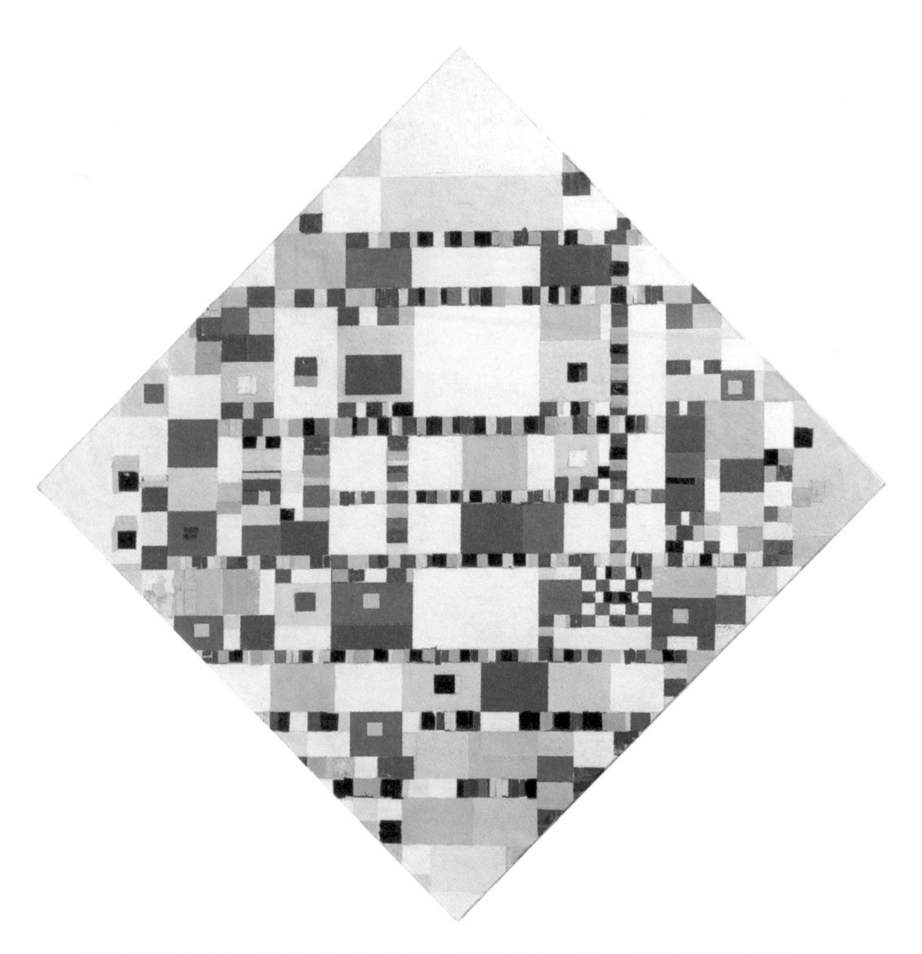

피에트 몬드리안, 〈빅토리 부기우기〉, 1944년, 캔버스에 유채, 127.5×127.5cm, 헤이그시립현대미술관

요소만 드러냈을 때 비로소 사물의 본질을 직시할 수 있다고 생각했다.

몬드리안은 우리가 경험하는 3차원 세계에 존재하는 모든 것을 있는 그대로 보지 않고 1차원과 2차원으로 단순화시켜 본질만 남기고자 했다. 과학자들 역시 온갖 첨단 기술을 동원해 계속해서 낮은 차원의 세계로 들어가고 싶어 한다. 과학자와 예술가 모두가 낮은 차원의 세계 기저에 세상을 이루는 기본 원리가 숨어 있다는 것을 알고 있기 때문이다.

고흐는 평생 동생 테오에게 경제적 지원을 받았지만,
다른 사람에게 손 벌리지 않고 그림만 그렸다.
덕분에 그의 그림은 점차 변색되고 있다.
빛의 과학은 화가가 가난과 힘겹게 싸웠던
시간까지 오롯이 보여 준다.

빛을 비추자 나타난 그림 속에 숨겨진 여인

그림으로 꽁꽁 가둔 여인

고흐Vincent van Gogh, 1853~1890는 생전에 단 한 점의 그림밖에 팔지 못했다. 숨 쉬듯 그림을 그렸으나, 작품을 팔지 못한 화가는 궁핍할 수밖에 없었다. 종이 살 돈도 부족해 그림 뒷면에도 그림을 그렸고, 완성한 그림 위에 물감을 덧칠해 새로운 그림을 그리기도 했다. 모델 살 돈이 없어 자신을 모델 삼아 거울을 보고 자화상을 그렸다.

세가토리Agostina Segatori, 1841~1910는 짝사랑이 전문이던 고흐와 실제 연인 관계였던 여성이다. 세가토리는 파리 클리쉬 대로에서 카페 겸 선술집 '르 탱부랭'을 운영했다. 고흐보다 열두 살 연상이었다. 그녀는 자신의 카페에 고흐 그림을 걸어 줬다. 하지만 그림은 한 점도 팔리지 않았다. 세가토리는 모델이 되어 가난한 고흐 앞에 섰다.

그렇게 탄생한 그림이 〈카페에서, 르 탱부랭의 아고스티나 세가토리〉(291쪽)다. 붉은 깃털 모자를 쓴 여성은 한 손에 담배를 들고 있다. 고흐가 괜찮다고 하면 금방 한 모금 빨아들일 생각인지, 담배에는 불이 붙어 있다. 무언가를 골똘히 생각하는 듯한 눈빛이다. 고흐와 세가토리의 사랑은

빈센트 반 고흐의 〈카페에서, 르 탱부랭의 아고스티나 세가토리〉(1887년)를 엑스선으로 촬영한 결과 나타난 밑그림.

오래가지 못했지만, 그들이 사랑했던 시간은 캔버스에 박제되었다.

네덜란드에 있는 반 고흐 미술관에서 이 그림을 엑스선(X-ray)으로 촬영했다. 그런데 놀랍게도 밑그림에서 다른 모습의 여인 흉상이 또렷이 나타났다.

빛의 과학, 어디까지 와 있나?

그림을 분석하는 방법에는 빛을 이용해 그림 표면 혹은 그 속을 직접 관찰하는 기법이 있다. 근래에는 광학 기술이 발전해 다양한 파장 대역의 빛이 비파괴 검사 형태로 미술품 분석에 이용되고 있다. 비파괴 검사는 검사 대상을 훼손하지 않고 현장이나 실험실에서 분석하는 방법이다. 여러 파장 대역의 전자기파를 이용해 검사 대상의 일부를 투시하는 형태로 검사하는 방법이 대표적이다. 빛이 그림에 입사될 때, 내부에 일어나는 물리적 현상의 영향으로 투과 또는 반사하는 빛의 양을 측정해 분석한다. 파장이 길어 침투깊이가 깊은 테라헤르츠파를 이용하면 처음 그린 밑그림을 알아낼 수 있다. 테라헤르츠파 분광법은 시간 의존 분석법의 원리와 물질마다 다른 반사율을 갖는 광특성을 이용해 층위별 성분이 다른 그림의 특징을 알아낸다.

예를 들어 테라헤르츠 기술을 이용하면 벽화에 처음 그려진 그림을 읽어 낼 수 있으며, 오래된 고문서를 열지 않고 페이지별로 글자를 읽어 낼 수

테라헤르츠 계단 단층 촬영법을 이용하면 마트료시카 내부도 투시해 볼 수 있다.

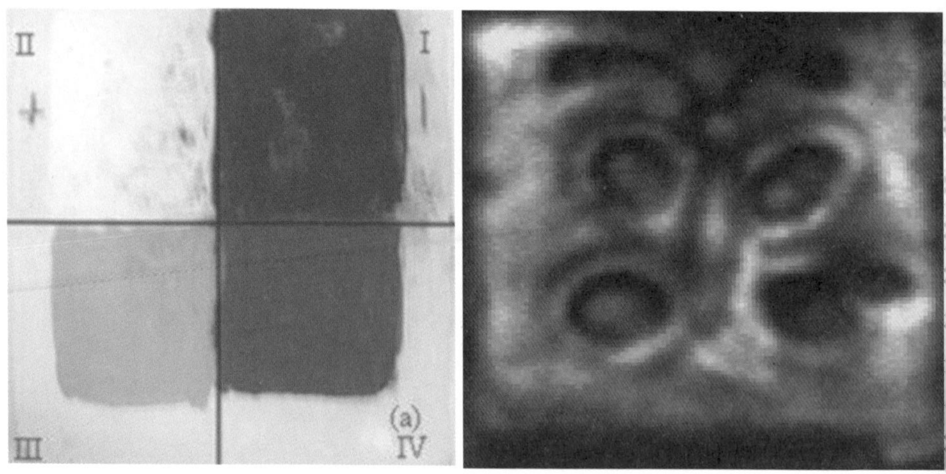

프레스코화를 테라헤르츠파로 촬영한 그림. Optics Communications 281, 527 (2008)

있다. 최근 미시건대학교 과학자들은 루브르박물관과 함께 프레스코화 바깥 그림에 비치는 흑연으로 그려진 밑그림을 테라헤르츠파 이미징을 이용해 분석해 냈다(2008). 이 방법을 적용하면 여러 번 덧그려진 미술작품도 층별로 그림 형태 및 재료 분석이 가능하다.

테라헤르츠파로 프레스코화를 분석했더니, 프레스코화 뒷면에 나비가 그려져 있음을 확인했다. 나비는 혼합된 탄소, 철, 산소 성분과 불에 탄 페인트 밑면에서 선명하게 드러났다. 흑연으로 그린 스케치 역시 두 개의 4나노미터(nm) 석고 기판 사이에서 테라헤르츠파 반사도를 측정했을 때 명확하게 드러났다.

미국 MIT 대학원 연구원들은 테라헤르츠파를 이용해 책을 열지 않고 읽어 내기도 했다(2016). 그들은 최근 논문에서 한 페이지에 한 글자씩 인쇄된 책을 열지 않고, 9장의 글자를 정확하게 읽었다. 이 시스템을 사용해 기계 부품이나 의약품 코팅같이 얇은 층으로 구성된 모든 물질을 분석할 수 있다고 덧붙였다. 여기에 3차원 영상 기법을 접목해 평면으로

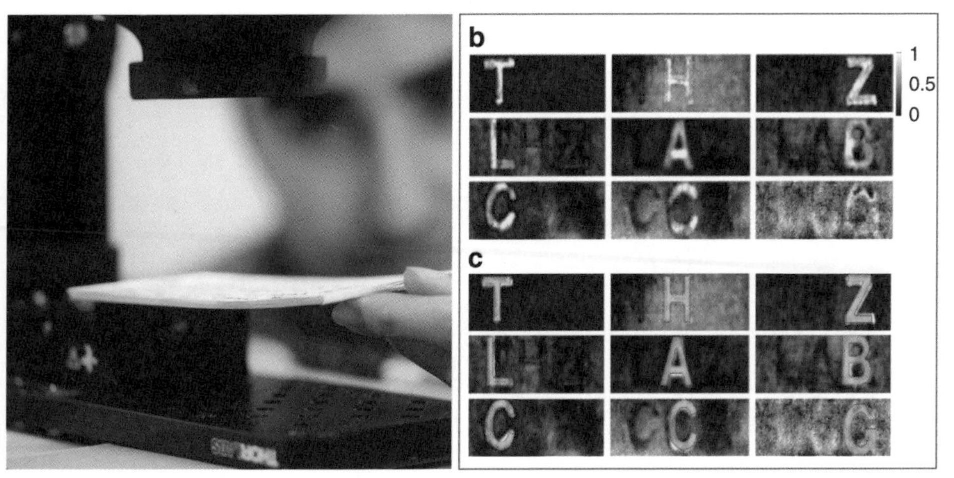

테라헤르츠 투시로 책을 열지 않고 글자를 읽어 낸다. Nature Communications 7, 12665 (2016)

된 그림이나 벽화가 아닌, 입체에 대한 투시 분석도 가능하다. 이 기술은 '테라헤르츠 계산 단층 촬영법'이라고 알려져 있다. 러시아를 대표하는 민속 공예품 마트료시카는 내부에 똑같이 생긴 좀 더 작은 크기의 인형이 여러 개 들어 있다. 테라헤르츠 계산 단층 촬영법을 이용하면 이러한 목각 구조물 내부를 볼 수 있게 된다. 처음에 그렸다가 다른 물감으로 뒤덮은 그림을 투시해서 볼 수 있는 기술까지, 빛의 과학은 끊임없이 진화해 오고 있다.

궁핍했던 예술가가 날마다 그릴 수 있었던 비결

현재까지 그림 분석에 가장 널리 이용되는 빛 기술은 엑스선이다. 엑스선 장치를 이용해 그림 표면을 이루는 원소와 함량, 조성 등을 파악할 수 있다. 엑스선을 이용하는 첫 번째 방법인 엑스선회절분광(XRD : X-ray Diffraction

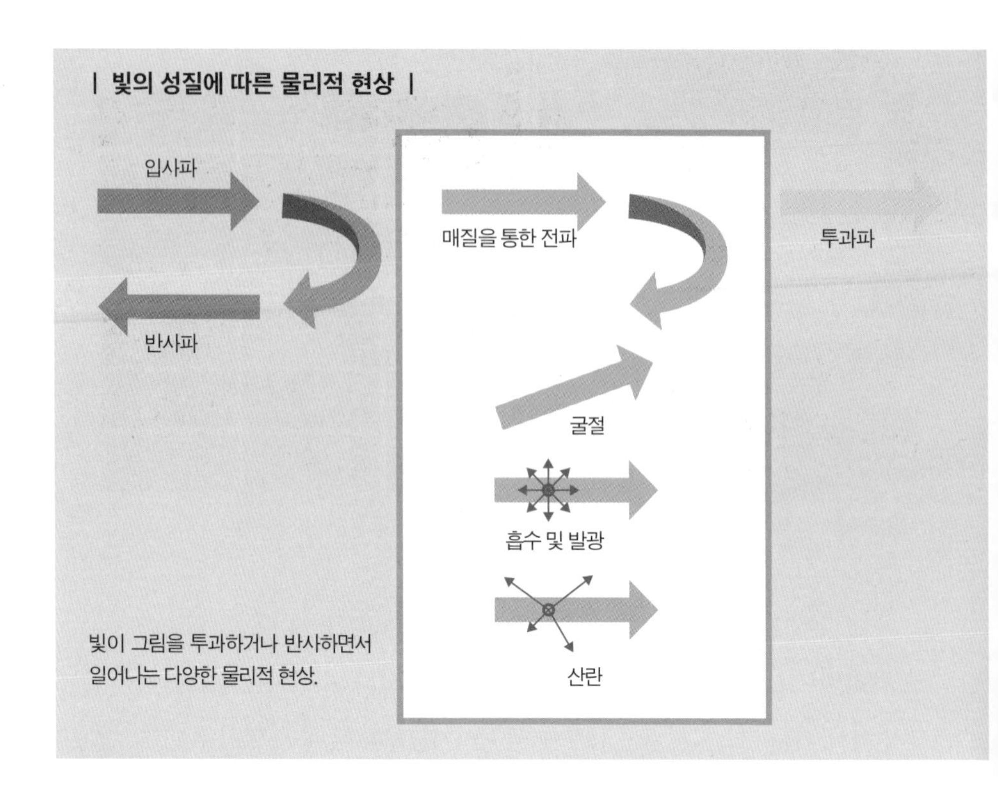

빛이 그림을 투과하거나 반사하면서 일어나는 다양한 물리적 현상.

Spectroscopy)은 파괴분석법이다. 즉 안료를 일부 추출해 직접 분석한다. 일부 채취한 안료 샘플에 엑스선을 쪼이면 안료를 구성하는 재료의 원자 배열에 의해 방출되는 엑스선이 회절된다. 엑스선회절분광은 회절 패턴을 분석해 안료를 구성하고 있는 재료의 조성과 양을 밝혀낸다.

두 번째 방법은 엑스선형광분광(XRF : X-ray Fluorescence Spectroscopy)으로, 비파괴 방식의 분석법이다. 즉 안료 일부를 그림에서 떼어 내지 않고 있는 그대로 분석한다. 그림에서 특정 안료 표면에 엑스선을 쪼이면, 입사되는 엑스선은 높은 에너지를 가지고 있어 안료 안에 들어 있는 원소들을 들뜨게 해 특성 엑스선을 방출시킨다. 이때 방출되는 빛을 '형광 엑스선'이라고 한다. 형광 엑스선의 파장에 따라 원소의 종류를, 강도에 따라 원소의

빈센트 반 고흐, 〈카페에서, 르 탱부랭의 아고스티나 세가토리〉, 1887년, 캔버스에 유채, 55.5×47cm, 암스테르담 반 고흐 미술관

양을 알 수 있다. 그 밖에도 다양한 방법이 폭넓게 적용된다. 각 기술의 장단점이 있어 상호보완적으로 여러 가지 기술이 동시에 적용된다고 보는 게 맞다.

근래에는 폭넓은 파장의 빛을 모두 사용해 비파괴 검사 형태로 미술품 분석에 활용하고 있다. 예를 들면, 엑스선형광분광, 라만 분광법, 레이저 분광법(가시광선, 적외선, 테라헤르츠 광선 등) 등이 있다. 특히 파장이 긴 적외선이나 테라헤르츠 분광법을 이용하면 그림 밑면에 감추어 놓은 캔버스나 스케치까지 깊이 있게 투시할 수 있다. 그림을 그릴 때 어떤 순서로 어떤 재료를 사용했는지 층별 정보도 알 수 있다.

엑스선 촬영을 통해 가난했던 고흐가 캔버스를 여러 번 재사용했다는 것이 밝혀졌다. 검은 선으로 존재하는 여인은 고흐가 네덜란드에서 활동하던 시절(1881~1885년)에 그린 것으로 추정된다. 그림을 팔지 못해 가난했던 예술가는 캔버스를 재사용했다.

잃어버린 큐피드를 찾아서

2019년 독일 드레스덴 고전거장미술관에서 베르메르Johannes Vermeer, 1632~1675의 〈열린 창가에서 편지를 읽는 여인〉(293쪽 위쪽 그림)을 현미경으로 관찰한 후, 2년간 외과용 칼을 이용해 정교한 작업 끝에 그림에 숨어 있던 큐피드를 찾아내 큰 화제가 되었다. 드레스덴 고전거장미술관의 복원전문가는 어둡게 칠해진 물감층 사이에 오염된 또 다른 층이 있다는 것을 알게 되었다. 그리고 덧붙여진 물감층을 걷어 내기로 했다. 사실 〈열린 창가에서 편지를 읽는 여인〉에서 큐피드의 존재는 오랫동안 연구자들에 의해

요하네스 베르메르,
〈열린 창가에서 편지를 읽는 여인〉,
1657~1659년,
캔버스에 유채, 83×64.5cm,
드레스덴 고전거장미술관

〈열린 창가에서 편지를 읽는 여인〉을 현미경과 안료 분석으로 복원 중인 그림.

요하네스 베르메르, 〈버지널 앞에 서 있는 여인〉, 1672년, 캔버스에 유채, 51.7×45.2cm, 런던 내셔널갤러리

언급됐다. 1979년 엑스레이를 이용한 투시 이미징 결과 그림 속 빈 벽에 큐피드를 그린 그림 액자가 있다고 밝혀졌다. 하지만 이내 베르메르가 스스로 짙은 물감을 칠해 이를 뒤덮었을 것으로 생각했다.

근래에 와서 이 그림의 캔버스 바탕 층에 대해 다시 엑스선, 적외선 반사 영상 및 현미경 분석과 안료 분석을 했다. 〈열린 창가에서 편지를 읽는 여인〉은 적어도 베르메르가 죽은 후 수십 년 뒤에 덧칠됐다는 것이 밝혀졌다. 그림에 큐피드 배경이 등장하면서, 그동안의 그림 해석을 뒤엎었다. 그림 속 여인은 연애편지를 읽고 있는 것일지도 모른다.

2019년 5~6월 잠시 드레스덴 고전거장미술관은 절반쯤 복원된 베르메르의 〈열린 창가에서 편지를 읽는 여인〉을 공개했다. 그리고 곧 덧칠된 나머지 물감도 제거할 계획이라고 밝혔다. 〈열린 창가에서 편지를 읽는 여인〉은 베르메르가 이후 그린 다른 그림 〈버지널 앞에 서 있는 여인〉에서 벽에 걸려 있던 천사 그림과도 일치한다. 아마 벽에 걸린 큐피드 그림을 실제로 베르메르가 소유했던 게 아니었을까?

빛은 화가의 가난 때문에 또는 실전처럼 반복된 연습 때문에 세상에 영원히 나오지 못했을 뻔했던 그림을 보여 줬다. 고흐는 평생 동생 테오에게 경제적 지원을 받았지만, 다른 사람에게 손 벌리지 않고 그림만 그렸다. 제대로 된 물감을 살 수 없어 싼 안료를 사용했다. 덕분에 고흐 그림은 색이 날아가거나 점차 변색되고 있다. 태양처럼 영원히 이글거릴 것 같던 〈해바라기〉도 차츰 시들고 있다(19쪽 참조). 〈카페에서, 르 탱부랭의 아고스티나 세가토리〉를 엑스선으로 촬영한 그림은 화가가 가난과 힘겹게 싸웠던 시간을 오롯이 보여 준다.

| CHAPTER 3 |

MATHEMATICIAN

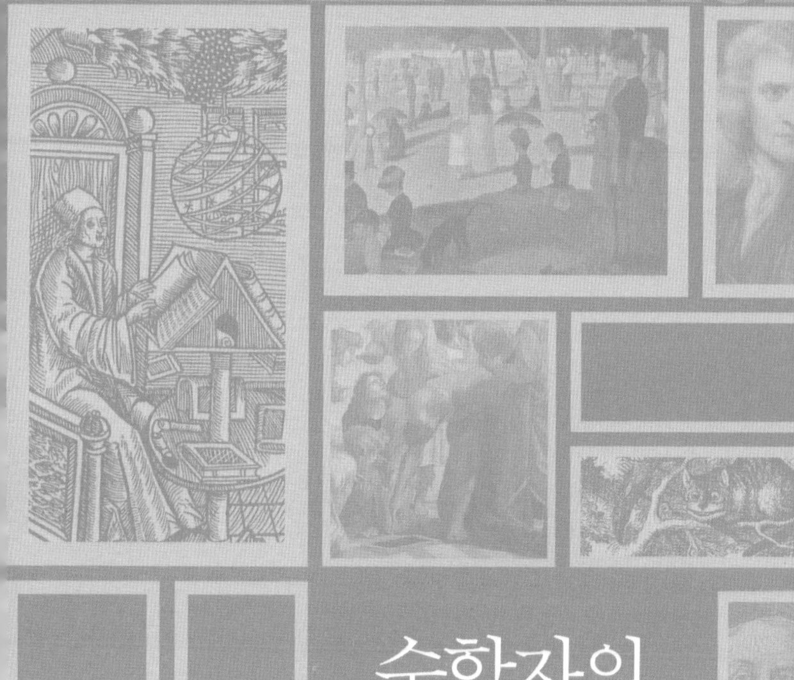

수학자의
미술관

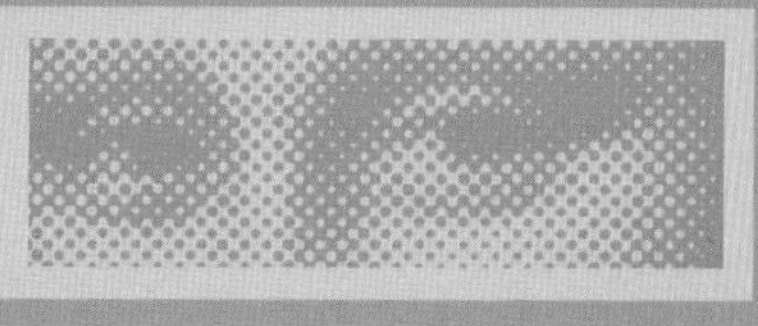

GALLERY

원근법은 '통섭'과 '융합'의 아이콘이다.
르네상스시대의 화가들이 회화의 2차원적 한계를 극복하기 위해
기하학 원리를 적용한 원근법을 착안해낸 것이야말로
'통섭'의 가장 이상적인 모습이다.
그리고 4차산업혁명시대에서 원근법은
현실세계와 가상세계를 '융합'시키는 발상의 전환을 가능하게 했다.

그림 속 저 먼 세상을 그리다

그리지 못한 걸까, 그리지 않는 걸까?

한국화와 서양화의 차이는 무엇일까? 미술에 전혀 관심이 없는 사람들조차 한국화 한 점과 서양화 한 점을 놓고 어떤 게 한국화이고 어떤 게 서양화인지 구별하라고 하면 거의 대부분 어렵지 않게 직관적으로 구별해 낸다. 한국화와 서양화는 그림의 소재가 확연히 다를 수밖에 없고, 채색도구인 물감과 종이도 근본적으로 다르기 때문이다.

그런데 한 걸음 더 들어가 한국화와 서양화의 구도상 차이점을 묻는다면 얘기가 달라진다. 미술에 웬만큼 조예가 깊지 않고서는 그 차이를 제대로 답하기가 쉽지 않다.

하지만 이런 질문은 뜻밖에 수학자에게 유리하다. 그림의 구도는 대체로 '원근법'이라고 하는 화법에 좌우되기 마련인데, 원근법은 수학의 기원을 이루는 기하학과 밀접하게 맞닿아 있기 때문이다. 즉, 한국화와 서양화의 가장 본질적인 구도상의 차이점은 원근법으로 설명된다. 대표적인 한국화인 추사 김정희秋史 金正喜, 1786~1856의 〈세한도〉를 예로 들어 그 이유를 살펴보자.

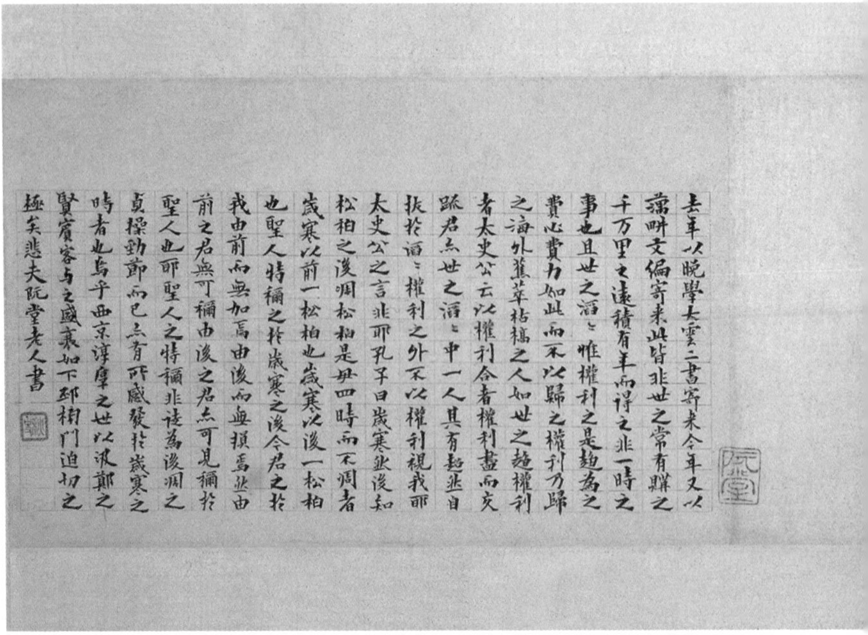

추사 김정희, 〈세한도〉(국보 180호), 1844년, 종이에 수묵, 23×69.2cm, 서울 국립중앙박물관

〈세한도〉는 추사가 탐욕과 권세에 아부하지 않고 지조와 의리를 지킨 제자 이상적李尙迪, 1804~1865을 추운 겨울의 소나무와 잣나무에 비유하여 그에게 그려 준 그림이다. 추사는 스산한 겨울 분위기 속에 서 있는 소나무와 잣나무 몇 그루를 갈필을 사용하여 그리고, 오른쪽 여백에 '歲寒圖'라고 그림의 제목을 썼다. 〈세한도〉는 화면에 빈틈이 많고 아직 완성되지 않은 것 같은 허전함이 있지만, 그 빈틈과 미완성은 자기를 내세우거나 자랑하지 않는 겸손한 태도를 의미한다. 〈세한도〉는 관람자가 여백에 담긴 깊은 뜻을 이해하고 감상했을 때 비로소 고매한 선비의 지조와 절개를 느낄 수 있는 그림이다.

〈세한도〉에서 나무나 집은 어떤 것이 멀리 있고 가까운지 알 수 없다. 예로부터 산수화를 그린 동양의 대부분의 화가들은 자기가 강조하고 싶은 물상(物像)이 멀리 있어도 가까운 것보다 더 크게 그렸다. 또는 그것을

강조하기 위하여 주변의 다른 물상을 제거하여 많은 여백을 남겼다. 이처럼 한국화에는 여백의 미가 있지만 원근감을 찾아보기 어렵다. 반면, 서양화는 여백의 미를 찾기 어렵지만 원근감이 있다. 사실 서양화에서도 르네상스 이전의 작품에서는 원근감을 찾아보기 어려웠다.

그림 속 벽에 거대하고 깊은 구멍을 그린 화가

원근법의 원리를 처음 창안한 사람은 15세기 이탈리아의 건축가 브루넬레스키Filippo Brunelleschi, 1377~1446다. 멀리 떨어질수록 작게 보인다는 것은 누구나 아는 사실이지만, 이것을 수학적으로 계산하여 체계화한 사람이 바로 브루넬레스키다. 그는 거리에 따른 사물의 크기가 수학적으로 축소되는 과정과 함께 수평선이 하나의 지평선으로 모이면서 수직선도 우리 시선

마사초, 〈성삼위일체〉, 1425~1428년, 프레스코, 667×317cm 피렌체 산타마리아노벨라성당

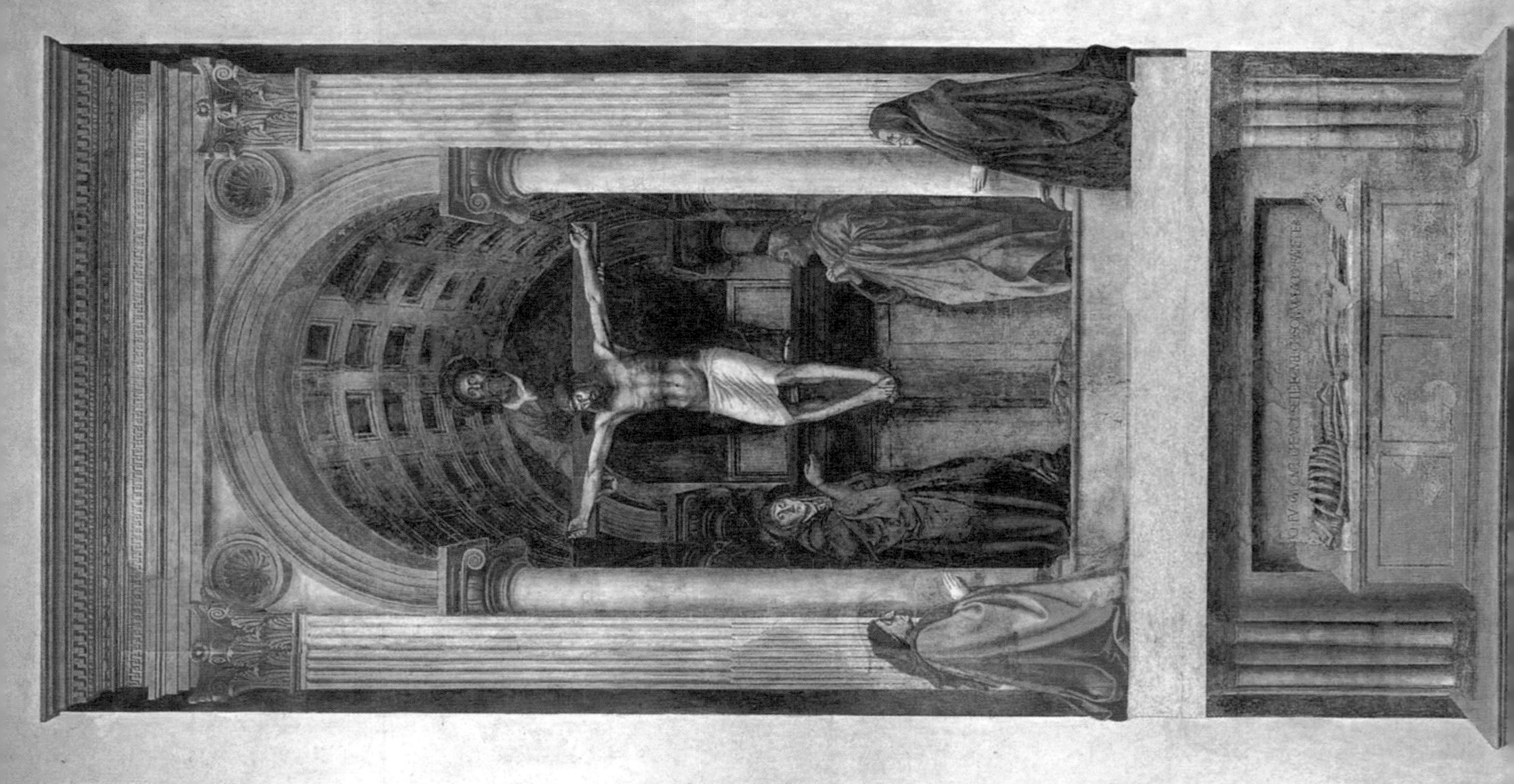

의 중심으로 수렴한다는 것을 최초로 확인한 인물로 알려져 있다.

원근법이란 단순히 먼 것은 작게, 가까운 것은 크게 그리는 것일까? 원근법은 3차원 공간에 있는 물체를 공간 전체와 관련지어 시각적으로 거리감을 느낄 수 있도록 2차원 평면에 그림을 그리는 방법이다.

원근법에는 색채원근법과 투시원근법이 있는데, 색채원근법은 가까이 있는 것은 뚜렷하게, 멀리 있는 것일수록 흐리게 하여 원근감을 나타내는 방법이다. 투시원근법은 가까이 있는 것은 크게, 멀리 있는 것은 작게 그려 거리감을 나타내는 방법이다. 우리가 보통 원근법으로 이해하는 것은 투시원근법이다.

서양미술사에서 회화에 원근법이 본격적으로 적용된 것은 르네상스시대부터다. 이탈리아 화가인 마사초Masaccio, 1401~1428의 〈성삼위일체〉는 르네상스 회화 중에서 원근법을 가장 먼저 선보인 작품으로 꼽힌다. 이 작품에 등장하는 인물들은 실물과 흡사한 크기로 그려졌다. 또 엄격한 구성을 통해 고대 조각처럼 조형적으로 살아 있는 듯한 입체감을 느낄 수 있다.

마사초는 이 작품을 감상하기 가장 좋은 거리를 전방 6미터로 정했고, 이 지점에 서서 그림을 보면 입체적인 화면을 볼 수 있도록 구성하였다. 그는 〈성삼위일체〉를 마치 벽에 거대하고 깊은 구멍이 파져 있는 것처럼 입체적으로 그렸다. 원근법을 활용하여 눈앞에서 십자가에 못 박힌 예수를 생생하게 느낄 수 있도록 한 것이다.

그림의 아래 부분에는 이 그림 제작을 의뢰한 부부가 십자가에 못 박힌 예수를 바라보고 있고, 맨 아래에는 해골이 그려져 있다. 여기에는 다음과 같은 문장이 피렌체 사투리로 새겨져 있다.

"나도 한때 당신들과 같았다. 당신들은 지금의 내가 될 것이오."

〈성삼위일체〉가 제작될 당시 유럽엔 페스트(흑사병)이 창궐하였는데, 마사초는 십자가에 못 박히는 예수를 통해 재앙의 공포를 알렸다.

캔버스에 기하학의 원리를 투영시키다

자, 이제 마사초가 사용한 원근법을 수학적으로 관찰해 보자. 원근법은 도형의 성질인 닮음과 비례 관계를 바탕으로 그림을 그리는 방법이다. 아래 그림처럼 높이가 같은 두 그루의 나무가 시점에서부터 거리의 비가 1:2인 위치에 서 있을 때, 이 두 그루의 나무를 원근법으로 화면 위에 그리면 선분 PQ, PR이 된다.

여기서 시점 O와 나무의 각 끝점으로 이루어지는 삼각형을 $\triangle OA_1B_1$, $\triangle OA_2B_2$, 시점 O와 화면에 그려진 선분으로 이루어지는 삼각형을 $\triangle OQP$, $\triangle ORP$라 하면 다음과 같이 삼각형으로만 나타낼 수 있다.

여기서 $\triangle OA_1B_1$과 $\triangle OQP$는 닮은 삼각형이고, $\triangle OA_2B_2$와 $\triangle ORP$도 닮은 삼각형이다. 두 그루의 나무가 시점에서부터 거리의 비가 1:2라고 했으므로 $\overline{OB_1}:\overline{OB_2}=1:2$이다. 그런데 $\overline{A_1B_1}=\overline{A_2B_2}$이므로 $\overline{QP}:\overline{RP}=1:\frac{1}{2}$이다.

따라서 같은 높이의 나무이지만 원근법으로 그린 그림에서는 눈으로부터 나무까지의 거리와 그 나무가 화면에 그려지는 길이 사이에 반비례 관계가 성립함을 알 수 있다. 즉, 다음과 같은 식으로 화면에 그려질 나무의 높이를 정할 수 있다.

$$(\text{화면 위의 나무의 길이}) = \frac{1}{(\text{시점으로부터 나무까지의 거리})}$$

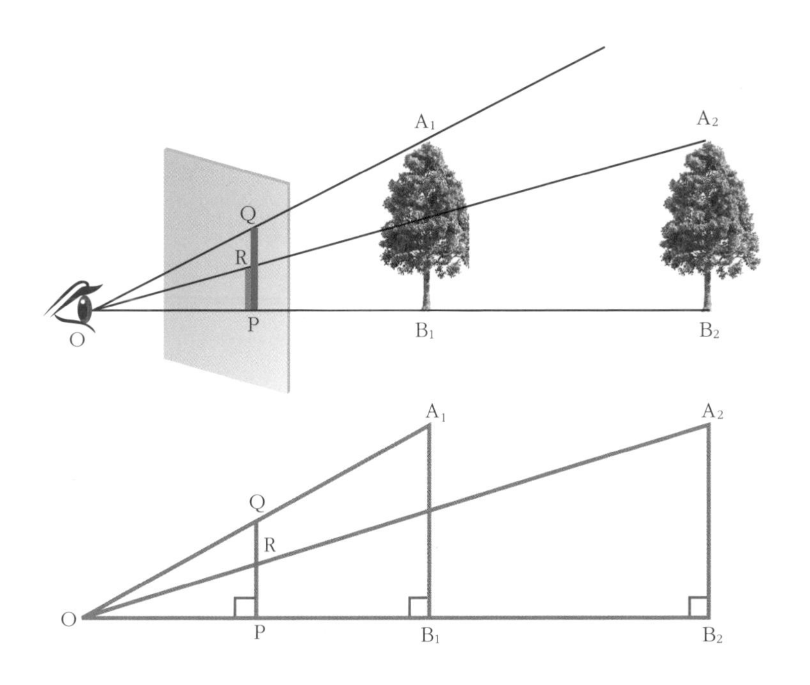

이와 같은 원리를 적용하여 마사초의 〈성삼위일체〉를 분석하면, 아래와 같이 작품에서 6미터 떨어진 감상자의 눈높이에서 시선을 따라 선을 그은 후 그림에 등장하는 인물들과 배경을 그렸음을 알 수 있다.

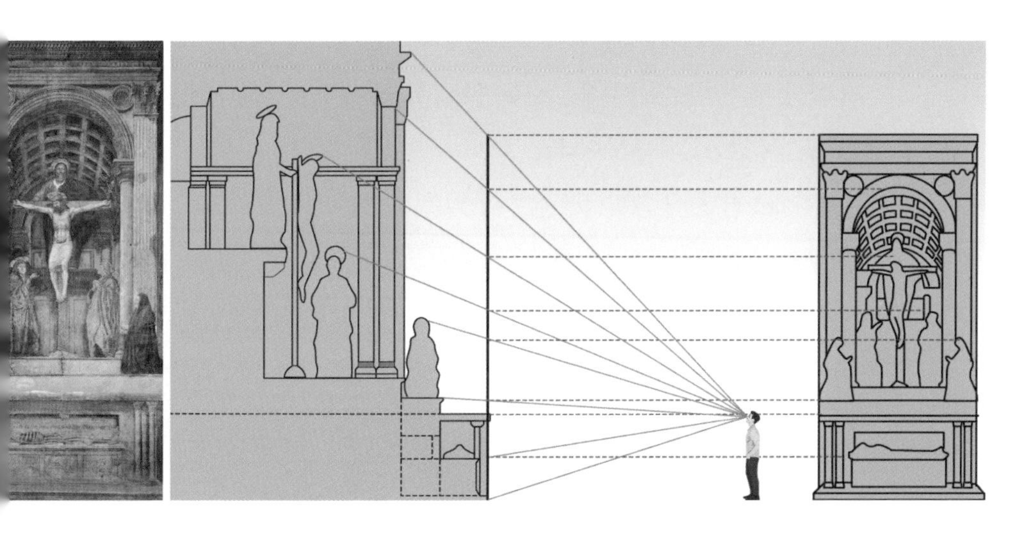

소실점을 발견한 화가들

원근법을 적용한 작품 중에 15세기 이탈리아의 화가이자 수학자인 프란체스카Piero della Francesca, 1416~1492가 그린 〈채찍질당하는 그리스도〉를 감상해 보자. 화가는 투시원근법을 통해 감상자의 시선을 자연스럽게 뒤쪽 궁정 안뜰에서 벌어지고 있는 예수가 기둥에 묶여 채찍질당하는 장면 쪽으로 유도하고 있다.

그리고 천장 위에서 내리는 밝은 빛 역시 보는 사람의 시선을 이끌고 있다. 프란체스카는 이 작품에서 섬세한 빛의 처리와 구성력 있는 명암법을 본격적으로 회화에 적용해 빛과 그림자를 통해 공간을 마치 연극 무대처럼 묘사했다.

그림을 다시 살펴보자. 저 뒤에 예수가 묶여서 채찍질당하고 있고, 앞에서는 세 명의 사람이 무엇인가 의논하고 있다. 그런데 그림 왼쪽 바닥과 천장의 무늬로부터 원근법에 사용된 비율을 알 수 있다. 천장과 바닥의 선이 하나의 지점, 즉 하나의 소실점으로 향하고 있는 것이다. 실제로는 평행인 두 직선을 원근법에서는 평행하지 않게 그릴 때, 두 직선이 멀리 한 점에서 만난다. 이 점을 소실점이라고 한다. 소실점에서 '소실(消失)'은 사라져 없어진다는 뜻이다.

프란체스카는 이 그림에서 예수의 키를 17.8센티미터로 그렸는데, 그는 실제 예수의 신장을 그 10배인 178센티미터로 생각했다고 한다. 예수의 신장을 기준으로 이 그림의 가로는 17.8센티미터의 4.5배이고 세로는 3.25배이다. 또한 전경에 보이는 두 기둥의 받침돌 사이의 거리는 예수 키의 2배이고, 그림에 등장하는 공간의 깊이는 14미터임을 알 수 있다.

원근법은 르네상스시대를 거쳐 회화의 기본 요소로 자리 잡으면서 근

피에로 델라 프란체스카, 〈채찍질당하는 그리스도〉, 1460년, 템페라, 58.4×81.5cm, 우르비노 마르케국립미술관

천장과 바닥의 선이 하나의 지점, 즉 하나의 소실점에서 만난다.

귀스타브 카유보트, 〈유럽의 다리〉, 1876년, 캔버스에 유채, 125×181cm, 파리 프티팔레미술관

다리의 난간과 왼쪽에 있는 도로의 경계석을 따라 직선으로 연결하면 소실점을 찾을 수 있다.

대를 지나 현대에 이르기까지 여러 작품에서 완벽하게 구현되어 왔다. 19세기에 프랑스에서 활약했던 카유보트Gustave Caillebotte, 1848~1894는 〈유럽의 다리〉라는 작품에서 원근법의 사용을 한 단계 더 진화시켰다.

이 그림의 오른쪽에 있는 다리의 난간과 왼쪽에 있는 도로의 경계석을 따라 직선으로 연결하면 아주 쉽게 소실점을 찾을 수 있다. 카유보트는 이 작품에서 마치 사진처럼 현실감을 자아내는 구도를 보여 주고 있다.

카유보트는 인상주의 화가로 알려져 있지만 모네Claude Monet, 1840~1926와 같은 기존 인상주의 화가들보다 훨씬 더 사실에 가깝게 그렸다. 카유보트의 작품이 매우 사실적일 수 있었던 것은 화가가 원근법에 대한 이해가 깊었기 때문이다.

현실에 좀 더 가까워진 그림들

지금까지 우리는 소실점이 하나인 작품을 감상했는데, 소실점이 둘인 작품도 많다. 우선 소실점이 하나인 경우와 둘인 경우에 정육면체를 그리는 방법에 대하여 알아보자.

소실점이 하나인 경우, 다음과 같은 순서로 정육면체를 그릴 수 있다.

① [그림 1]과 같이 정육면체를 정면에서 바라본 그림(정사각형)을 그린 후 정사각형 밖에 한 점(소실점)을 잡는다.

② [그림 2]와 같이 정사각형의 각 꼭지점과 소실점을 잇는 선분을 긋는다.

③ [그림 3]과 같이 직선 위 적당한 위치에 정사각형과 평행선을 그어 정육면체를 완성한다.

귀스타브 카유보트, 〈파리의 거리, 비오는 날〉, 1877년, 캔버스에 유채, 212.2×276.2cm, 시카고아트인스티튜트

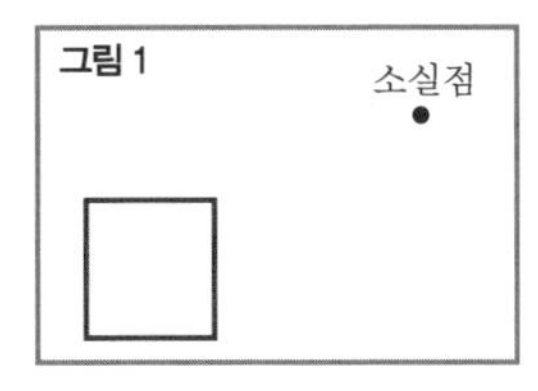

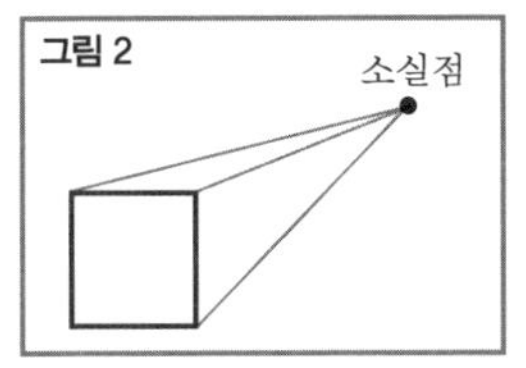

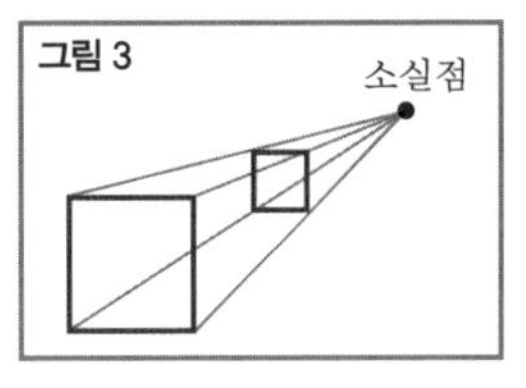

소실점이 둘인 경우, 다음과 같은 순서로 정육면체를 그릴 수 있다.

① [그림 1]과 같이 수평선과 수직선을 그린다.

② [그림 2]와 같이 수평선 위에 임의의 두 점(소실점)을 잡은 후 수직선의 끝점과 소실점을 잇는 선분을 긋는다.

③ [그림 3]과 같이 수직선을 그어 정육면체를 완성한다.

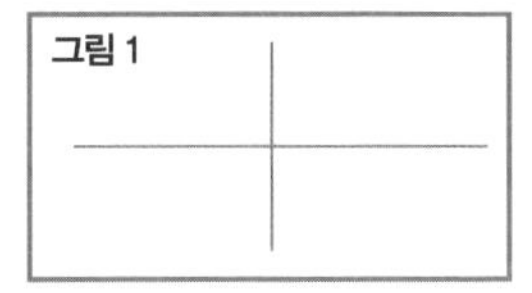

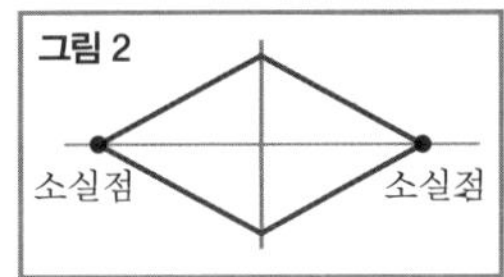

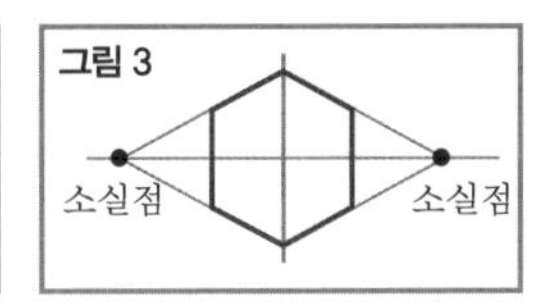

카유보트의 〈파리의 거리, 비오는 날〉은 소실점이 둘인 작품이다. 이 그림은 마치 비오는 날 파리의 거리를 카메라로 촬영한 것 같다. 그림 속 저 멀리에 이등변삼각형 모양으로 작아지는 건물을 볼 수 있다. 화가는 소실점을 둘로 하여 도로 사이에 있는 건물의 입체감을 살렸다.

가상의 세계까지 구현하다

한편, 소실점이 셋인 경우도 있는데, 이 경우의 정육면체는 앞에서와 마찬가지 방법으로 다음과 같이 그릴 수 있다.

다음에 나오는 방법으로 소실점이 셋인 경우도 평면에 그릴 수 있다.

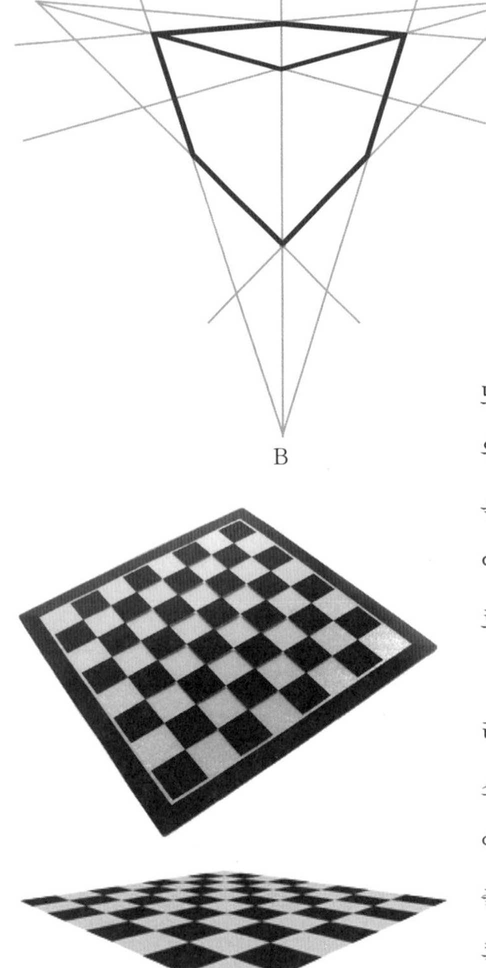

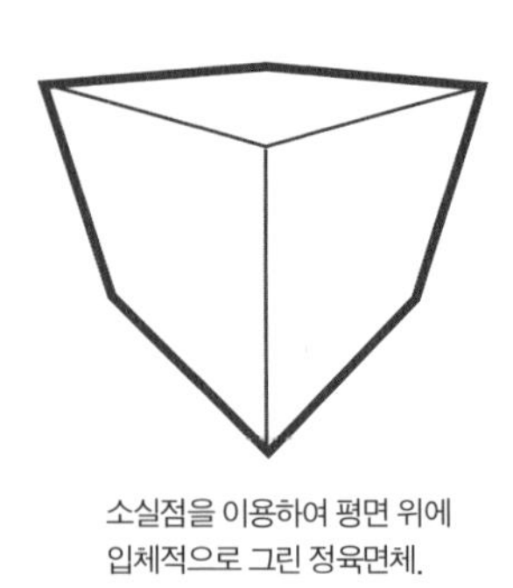

소실점을 이용하여 평면 위에
입체적으로 그린 정육면체.

또한 소실점 세 개 모두를 같은 직선 위에 위치하도록 그릴 수도 있다. 같은 직선 위에 있는 세 개의 소실점을 이용하여 평면인 체스판을 입체적으로 그려 보자.

평면인 체스판을 입체적으로 그리려면 같은 직선 위에 있는 세 개의 소실점을 잡아야 한다. 한 직선 l 위에 세 점 A, B, C를 잡고, 세 점에서 출발한 직선이 한 점 O에서 만나도록 세 개의 직선을 긋는다. 선분 OB 위에 점 O에서부터 B점을 향하여 일정한 비율로 줄어드는 점 B_1, B_2, B_3,……를 차례로 잡는다. 점 A에서 차례로 B_1, B_2, B_3,……를 지나 선분 OC와 만나는 점을 A_1, A_2, A_3,……라 하고, 점 C에서 차례로 B_1, B_2, B_3,……를 지나 선분 OA와 만나는 점을 C_1, C_2, C_3……라 하자. 그러면 각 선분은 일정한 모양으로 줄어드는 사각형을 만들어 낸다. 이때 만들어진 사각형에 교대로 흰색과 검은 색을 칠

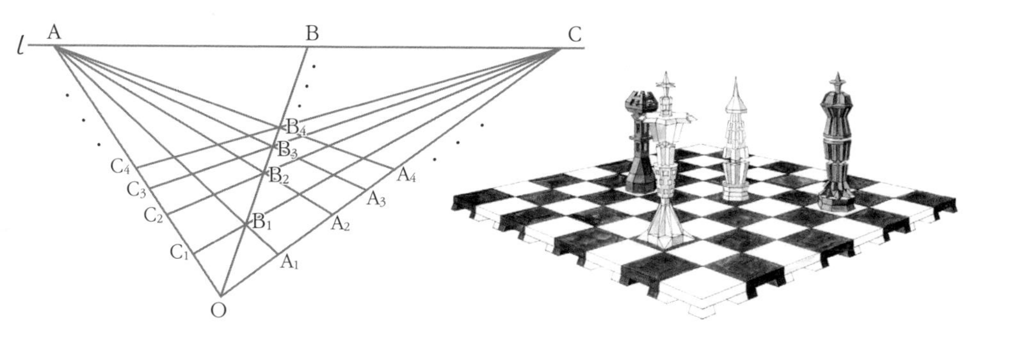

하면 체스판의 입체적인 모양을 얻을 수 있다.

오늘날 원근법은 다양하게 활용되고 있다. 특히 현실에 존재하는 이미지에 가상 이미지를 겹쳐 하나의 영상으로 보여 주는 증강현실(augmented reality)에서도 원근법은 매우 중요하다. 4차산업혁명시대에 증강현실은 가상현실(virtual reality)과 함께 핵심 기술로 자리 잡고 있다.

르네상스시대의 화가들이 회화의 2차원적 한계를 극복하기 위해 기하학 원리를 적용한 원근법을 착안해 낸 것이야말로 '통섭'의 가장 이상적인 모습이 아닐 수 없다. 그리고 4차산업혁명시대에서 원근법은 현실세계와 가상세계를 '융합'시키는 발상의 전환을 가능하게 했다. 원근법이 '통섭'과 '융합' 의 아이콘으로 불리는 이유가 여기에 있다.

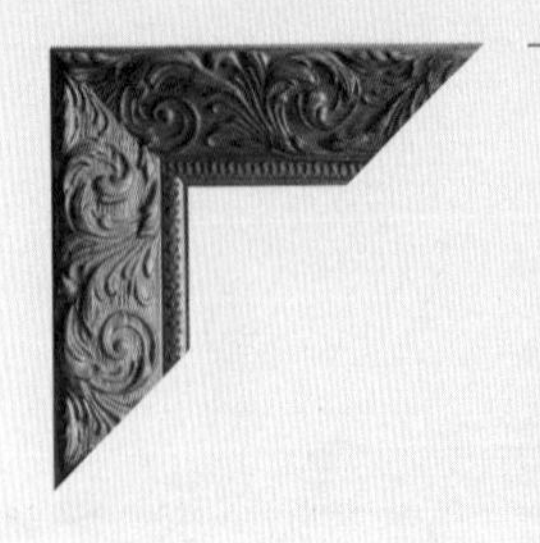

눈은 인간의 여러 장기 중에서 가장 중요하며
각종 정보를 보는 대로 믿게 하는 신체기관이다.
하지만 이런 중요한 눈은 자주 착시를 일으켜
진실을 왜곡하여 보여 준다.

당신의 시선을 의심하라!

안과 밖을 동시에 보다

우리 속담에 '백 번 듣는 것보다 한 번 보는 것이 낫다'와 '몸이 천 냥이면 눈이 구백 냥'이라는 말이 있다. 눈은 인간의 여러 장기 중에서 가장 중요하며 각종 정보를 보는 대로 믿게 하는 신체기관이다. 하지만 이런 중요한 눈은 자주 착시를 일으켜 진실을 왜곡하여 보여 준다.

착시는 어떤 사물의 크기, 모양, 빛깔 등의 객관적인 성질과 눈으로 본 형체 사이에 큰 차이가 있어서 생기는 착각이다. 착시에는 기하학적 도형에 의한 기하학적 착시, 멀고 가까움에 의한 원근(遠近)의 착시, 영화처럼 조금씩 다른 정지 영상을 잇달아 제시하면 연속적인 운동으로 보이는 가현운동(假現運動), 주위의 밝기나 빛깔에 따라 중앙 부분의 밝기나 빛깔이 반대 방향으로 치우쳐서 느껴지는 밝기와 빛깔의 대비 등이 있다.

화가들은 종종 착시를 이용하여 감정을 담아내기도 하는데, 그 대표적인 작품으로 마그리트René Magritte, 1898~1967의 〈인간의 조건〉이 있다. 착시를 이용한 이 그림은 방으로 보이는 공간을 표현하고 있으며, 문이라는 소재가 중심이 된다. 즉, 문 밖의 풍경으로 인하여 마치 안쪽과 바깥쪽이 공존

하는 듯한 느낌을 준다. 그래서 이 작품을 감상하는 사람들은 그림의 중심 배경이 방인지 풍경인지 헷갈리게 되는데, 이것이 바로 대표적인 초현실주의 작가로 불리는 마그리트의 의도라고 할 수 있다.

〈인간의 조건〉은 문이라는 경계선을 두고 안과 밖을 동시에 내다볼 수 있다. 이 그림을 감상하는 우리는 현실과 상상의 경계에서 깊은 고민에 빠질 수밖에 없다. 하지만 안과 밖은 마치 하나의 공간처럼 존재하고 있기 때문에 굳이 그 둘을 구분할 필요는 없을 것 같다.

마그리트는 〈인간의 조건〉과 같이 보는 사람들로 하여금 관습적인 사고(思考)의 일탈을 유도하는 작품들을 많이 발표했다. 얼핏 보기에는 일상적인 대상을 그린 듯하지만, 이런 대상들이 예기치 않은 배경에 놓였을 때 느껴지는 낯섦과 기묘함이 그의 작품의 특징이다. 마그리트는 종종 그림 안에 또 다른 그림을 그려 넣거나 사물의 이름 혹은 기호를 포함시키기도 하여 실재 대상과 그려진 대상 사이의 관계에 대해 의문을 제기한다. 그의 작품에서 보이는 논리를 뒤집는 이미지의 반란과 배신, 상식에 대한 도전은 사물이 지니고 있는 본질적인 가치를 환기시킨다.

르네 마그리트, 〈인간의 조건〉, 1935년, 캔버스에 유채, 24×19cm, 개인 소장

착시를 일으키는 가장 간단한 기하학적 도형

마그리트는 초현실주의 양식의 진수를 보여 주듯 어느 한 곳에도 확실함이라는 여지를 남겨 두지 않고 있다. 특히 〈인간의 조건〉에서 우리는 수평선과 해변의 평행선, 이젤의 평행선, 문의 평행선 등을 볼 수 있다. 마그리트는 이 작품에서 평행선을 이용한 착시를 만들어 마치 공간의 경계를 무너트린 듯 표현한 것이다.

평행선은 착시를 만드는 가장 간단한 기하학적 도형이다. 기하학적 착시는 보통 발견한 사람의 이름을 따서 부르는데 그들은 대부분 심리학 분야에서 커다란 공헌을 한 학자들이다. 평행선을 이용한 몇 가지 착시에 대하여 간단히 알아보자.

아래쪽 그림은 '포겐도르프 효과(Poggendorf Effect)'라고 하는 착시로, 명칭에서 알 수 있듯이 독일의 과학자 포겐도르프Johann Christoff Poggendorff, 1796~1877가 발견했다. 이 그림에서 눈으로만 직선 l을 연장하여 직선 AB와 만나는 점을 찾아 연필로 표시해 보자. 그런 후에 자를 이용하여 직선 l을 연장하여 미리 찍어 놓은 점과 일치하는지 살펴보자. 여러분이 미리 찍어 놓은 점은 직선 l을 연장하였을 때 직선 AB와 만나는 점과 다른 위치에 있을 것이다.

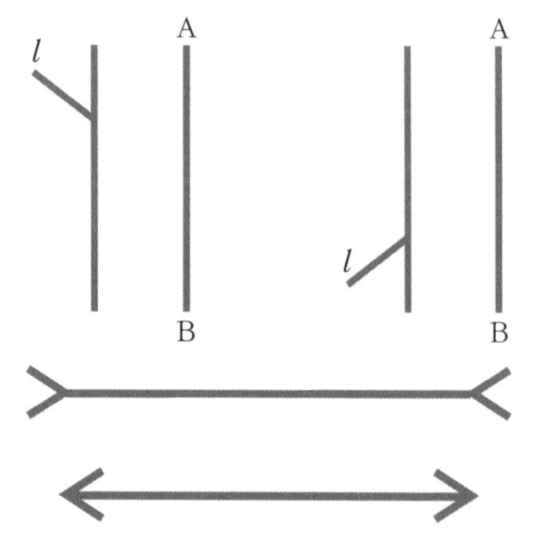

'뮐러-라이어 착시(Müller-Lyer Illusion)'는 1899년 독일의 심리학자 프란츠 뮐러-라이어Franz Carl Müller-Lyer, 1857~1916가 고안한 것으로, 동일한 두 개의 선분이 화살표 머리의 방향 때문에 길이가 달라져 보이는 것이다. 평행선 착시 중에서 가장 잘 알려진 것이다.

이탈리아 출신 심리학자 마리오 폰조Mario Ponzo, 1882~1960가 발견한 '폰조 착시(Ponzo Illusion)'는, 오른쪽 그림과 같이 사다리꼴 모양에서 기울어진 두 변 사이에 같은 길이의 수평 선분 두 개를 위아래로 배치하면 위의 선분이 더 길어 보이는 현상이다(그림 A).

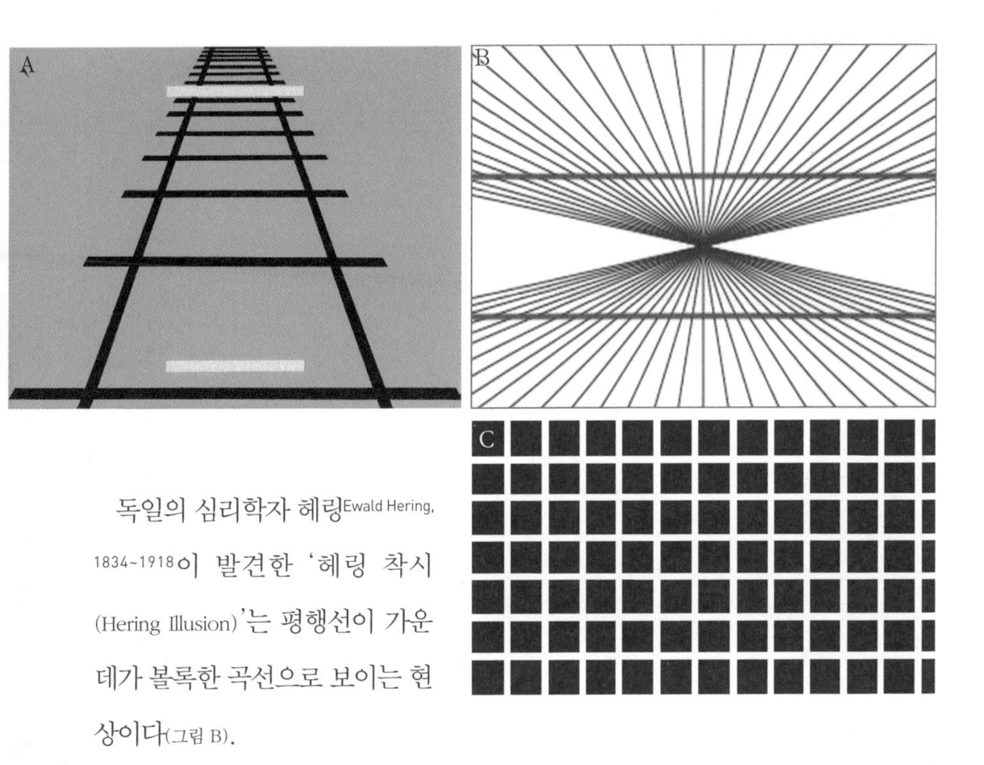

독일의 심리학자 헤링Ewald Hering, 1834~1918이 발견한 '헤링 착시(Hering Illusion)'는 평행선이 가운데가 볼록한 곡선으로 보이는 현상이다(그림 B).

독일의 심리학자 루디마르 헤르만Ludimar Hermann, 1838~1914이 발견한 '헤르만 격자(Hermann Grid)'의 검은색 사각형들을 가까이서 보면, 사각형들을 보는 동안 검은 사각형에 의해 생기는 흰색 평행선들의 교차점에서 검은 점들이 나타나는 착시가 일어난다(그림 C).

유클리드의 정의를 반박한 화가

마그리트는 평행선뿐만 아니라 원근법을 이용하여 착시를 일으키는 작품을 발표하기도 했다. 특히 마그리트의 〈유클리드의 산책〉은 대표적인 원근의 착시이다. 고대 그리스의 수학자 유클리드Euclid Alexandreiae, BC330~BC275

르네 마그리트, 〈유클리드의 산책〉, 1955년, 캔버스에 유채, 162.5×130cm, 미네소타 미니애폴리스미술관

는 "아무리 연장해도 절대 만날 수 없는 직선"을 평행선이라고 정의했는데, 마그리트는 원근법을 이용하여 유클리드의 정의가 옳지 않을 수도 있음을 표현했다. 그림의 왼쪽 원뿔 모양의 탑과 오른쪽 도로를 한 화면에 그린 것은 평행선으로 이뤄진 도로도 원뿔처럼 한 점에서 만날 수 있다는 것을 표현하기 위해서다.

이 작품에서 찾아볼 수 있는 착시는 두 사람이 걷고 있는 도로의 끝이 멀리서 만나 원뿔처럼 보이는 것이다. 실제로 도로의 양쪽 끝은 평행하여 만나지 않지만 그림에서는 원근법을 이용하여 만나는 것처럼 표현했다.

두 번째 착시는 실내의 이젤에 그려져 있는 그림이 창밖 풍경과 정확하게 일치해 그림을 보는 사람들로 하여금 마치 투명 이젤을 통해 밖을 내다보는 느낌을 받게 한다는 점이다. 그런데 이젤, 뾰족탑, 원뿔, 길 위의 두 사람, 평행선 등에 시선을 빼앗기고 신경을 집중하다 보면 창밖을 관찰하고 있는 '그림 속의 자신'을 발견하게 되는 착각을 일으키기도 한다.

세 번째 착시는 창밖에 있는 원뿔 뾰족탑과 함께 도로도 하나의 원뿔 뾰족탑으로 보여 그림 속에 두 개의 뾰족탑이 존재하는 것처럼 보이는 것이다. 특히 마그리트는 이 작품에서 원뿔을 가장 아름다운 모양이 되도록 황금삼각형 모양으로 그렸다.

화가와 건축가, 수학자에게까지 큰 영감을 일으킨 비율

황금비율은 잘 알려진 대로 가장 아름다운 비율로, 역사적으로 건축가와 예술가뿐만 아니라 수학자들에게도 큰 영향을 미쳤다. 마그리트의 〈유클리드의 산책〉에서 구현된 두 원뿔은 황금삼각형으로, 두 밑각의 크기가

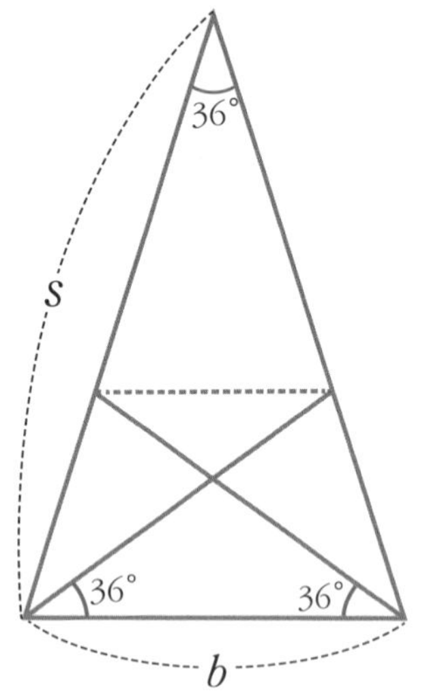

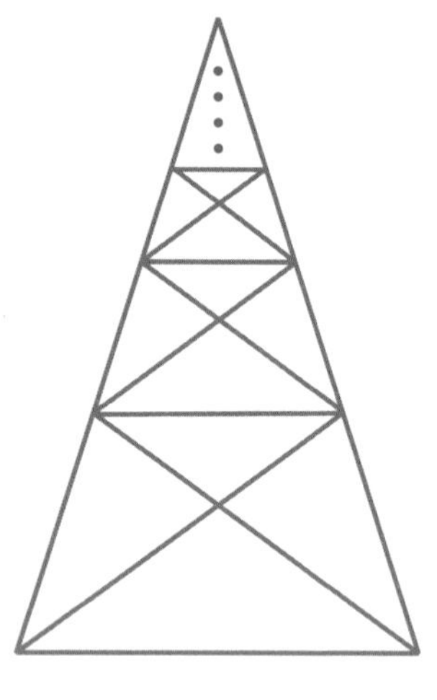

각각 72도이고, 밑변의 길이와 빗변의 길이의 비가 약 1:1.6으로 황금비를 이루는 이등변삼각형이다. 삼각형 내각의 합은 180도이므로 황금삼각형의 꼭지각의 크기는 180°-(2×72°)=36°이다. 즉 꼭지각의 크기는 밑각의 절반이므로 밑각을 반으로 나누면 새로운 황금삼각형 두 개를 만들 수 있다. 새로운 황금삼각형 두 개는 꼭지각이 원래 삼각형의 아래 모

통이에 있다. 이와 같은 과정을 무한히 반복하면 지그재그 형태의 황금삼각형으로 이루어진 탑이 나온다. 그림에서 알 수 있듯이 황금삼각형의 밑이 72도이므로 삼각형의 긴 변의 길이 s와 b사이에서, $\frac{s}{b} = \frac{1+\sqrt{5}}{2} \approx 1.618$인 황금비율을 얻을 수 있다.

황금삼각형은 마그리트의 작품 말고도 다른 작품에서도 찾아볼 수 있다. 다음 그림은 16세기 플랑드르 출신 화가인 브뢰헬Pieter Bruegel the Elder, 1525~1569이 그린 〈바벨탑〉이다. 『성경』에 나오는 바로 그 바벨탑을 그린 것이다. 브뢰헬은 거대한 탑이 막 무너져 내리는 긴박한 순간을 묘사했다. 이 그림에 그려진 바벨탑 역시 황금삼각형을 바탕으로 설계되었는데, 바벨탑을 캔버스 밖으로 연장해서 상상해 보면, 325쪽 상단 그림과 같은 도형을 얻을 수 있다.

바벨탑은 무너지지 않았을 수도 있었다?!

『성경』에 따르면, 창조주의 권위에 도전하여 하늘에 도달하려고 탑을 쌓기 시작한 인간들의 오만함에 신은 인간의 언어를 모두 뒤섞어 의사소통이 되지 않게 만들었다. 그러자 서로 무슨 말을 하는지 알지 못하게 되었고, 결국 탑을 쌓는 공사는 중단되었으며 탑은 무너지고 말았다. 그 이후에 인간들은 세계 각지로 흩어져 살게 되었으며 서로 알아들을 수 없는 언어를 사용하게 되었다.

그런데 아무리 모래로 탑을 쌓는다고 하더라도 무너지지 않게 탑을 쌓을 수 있다. 모래를 담은 상자 안에 돌멩이를 넣고 흔들면 무거운 돌멩이는 떠오르고 가벼운 모래는 가라앉아 마치 중력 법칙을 무시하는 듯한 결

과가 나타난다. 이런 현상은 고체와 액체에서 볼 수 없었던 알갱이의 특이한 현상으로 '알갱이 역학'이라고 한다. '알갱이 역학' 중에서 '멈춤각(angle of repose)'이라는 각이 있다. 일정한 속도로 모래를 계속 부어 주면 쏟아지는 모래와 밑으로 굴러 떨어지는 모래의 양이 평균적으로 균형을 이루면서 모래 더미가 일정한 각도의 더미를 이루게 된다. 이때 만들어진 각도를 멈춤각이라 부르는데, 신기하게도 이 각은 모래의 특성에 따라 모래 더미의 크기와는 상관없이 항상 일정한 값을 가진다. 정확히 말하면, 모래 더

대 피테르 브뢰헬, 〈바벨탑〉,
1563년, 패널에 유채,
114×155cm, 빈 미술사박물관

미는 스스로 일정한 각도의 모래 더미를 계속 유지하려고 한다. 멈춤각은 마른 모래의 경우 34도, 젖은 모래의 경우 45도, 흙의 경우 30~45도, 자갈의 경우 45도, 모래를 섞은 자갈의 경우 35~48도라고 한다.

만약 고대인들이 바벨탑을 세울 때, 이 각도를 알고 있었다면 멈춤각이 72도인 황금삼각형 탑을 쌓지는 않았을 것이다. 멈춤각은 창조주가 설계한 자연의 성질이므로 아무리 창조주라고 하더라도 멈춤각을 지켜서 쌓은 탑을 무너트리지는 못했을 것이다.

몬드리안은 가장 단순한 요소인
직선과 원색으로 그림을 완성하고자 했다.
그는 우주의 객관적인 법칙을 느낄 수 있게 해주는
명료하고 절도 있는 회화를 그리길 열망했다.
몬드리 안은 끊임없이 변화하는 것으로 보이는 형태들 속에
감춰진 불변하는 실재(實在)를 예 술로 밝혀내려고 노력했다.

예술과 수학은 단순할수록 위대하다!

단순한 그림에 담긴 불변의 진리

"미술관 전시실에 에어컨이 걸려 있는 줄 알았어."

십여 년 전 유럽에 여행을 다녀온 한국인 관광객이 한 말이다. 유럽여행을 가면 평소 미술에 관심이 없는 사람들도 미술관을 방문하게 된다. 유럽여행은 패키지 상품에 대부분 미술관 투어가 포함돼 있기 때문이다.

아무튼 미술관에 갔더니 전시실 안 그림들 사이에 에어컨이 걸려 있어서 놀랐다는 얘기에 무슨 영문인지 고개를 갸우뚱했던 적이 있다. 물론 미술관 전시실에 생뚱맞게 에어컨이 걸려 있는 일은 없었다. 한국인 관광객은 화가 몬드리안의 작품을 보고 잠깐 착각해서 우스갯소리를 한 것이다. 그 당시 국내 굴지의 가전업체에서 출시한 벽걸이 에어컨 모양이 정사각형이었는데, 에어컨 표면 전체에 몬드리안의 그림을 입혔던 것이다. 몬드리안 작품으로 장식한 에어컨이 인기를 끌면서 도시의 카페마다 몬드리안 작품의 이미테이션 그림들을 거는 게 한동안 유행했었다.

몬드리안이란 예술가의 명성을 모르고 그의 작품을 보는 사람들은 대개 "이게 무슨 그림이야?" 하고 반응하는 경우가 적지 않다. 오래전 필자

피에트 몬드리안, 〈빨강, 검정, 파랑, 노랑, 회색의 구성〉, 1920년, 캔버스에 유채, 52.5×60cm, 암스테르담국립미술관

도 그랬으니까. 정물화나 풍경화, 인물화 등 정통 회화에 친숙한 사람들에게 몬드리안의 작품은 생소하다. 네덜란드의 화가 몬드리안Piet Mondrian, 1872~1944은 점, 선, 면만을 이용한 이른바 '차가운 추상'의 거장으로 꼽힌다. '차가운 추상'이란 말 자체도 참 어렵다. 이처럼 모호한 그의 작품세계를 이해하기 위해서는 먼저 그의 삶부터 간략하게나마 알아 둬야 한다.

점과 선, 면만으로 사물의 본질을 그리다

어린 시절 숙부에게서 그림을 배운 몬드리안은, 스무 살에 암스테르담 국립미술아카데미에 입학하면서 본격적으로 미술 공부를 시작했다. 그는 직업화가로 입문한 뒤 입체파의 그림에 매료되면서 파리로 건너갔다. 몬드리안은 처음에는 주로 풍경화 등 정통 회화를 그리다가 서서히 추상화로 경도되었다. 이후 몬드리안은 마치 수학의 공리처럼 미리 정한 원칙에 따라서 예술적 기하학과 색채에 대한 새로운 시도를 선구적으로 해나갔다. 몬드리안의 작품 속 단순한 패턴은 필자와 같은 수학자들의 관심을 끌기에 충분했다.

몬드리안은 1917년 네덜란드에서 동료 화가들과 함께 '스타일(네덜란드어로는 '데 스틸(De Stijl)')'이란 그룹을 만들고 같은 이름의 잡지를 창간했다. 그는 이 모임에서 자신의 작품을 '신조형주의'라 규정하고, 잡지에 자신의 신조형주의 이론에 대해 게재했다.

몬드리안은 수직선, 수평선, 원색, 무채색만으로 표현되는 자신의 작품들에 대해 진리와 근원을 추구한 것이라고 밝혔다. 이를 위해 그림을 기하학적으로 단순화했다는 것이다. 몬드리안은 모든 대상을 수평선과 수

직선으로 극단화시켜 화면을 구성했다. 몬드리안은 사물을 있는 그대로 재현하는 방법을 버리고, 한 대상을 몇 가지 모티브로 단순화하기 위해 반복해서 연구했다.

몬드리안은 우리가 사는 세상을 단순화해 바라보면 점과 선, 면으로 이루어져 있음을 깨닫게 되는데, 이로서 가장 기본적인 조형 요소만으로 사물의 본질을 드러낼 수 있다고 생각했다. 이를 바탕으로 그는 자신의 작품을 구성하는 창작의 기본 원리를 다음과 같이 정했다.

1. 빨강, 파랑, 노랑 3원색 혹은 검은색, 회색, 흰색의 무채색만을 사용한다.
2. 평면과 입체 형상에는 사각형의 판과 기둥만을 사용한다.
3. 직선과 사각형만으로 구성한다.
4. 대칭은 피한다.
5. 미적 균형을 이루기 위해 대비를 쓴다.
6. 균형과 리듬감을 부여할 수 있도록 비율과 위치에 각별히 신경 쓴다.

미술에서 수학적 균형을 이뤄 내다

328쪽 〈빨강, 검정, 파랑, 노랑, 회색의 구성〉이라는 제목의 그림은 검정색 수직선과 수평선으로 구획을 나눈 단순한 구성에 빨강, 노랑, 파랑 등 3원색만을 사용한 것으로, 몬드리안의 대표작 중 하나다.

몬드리안은 수직선과 수평선이 만나는 부분을 적절하게 배치하면 감상자가 편안함과 역동성을 동시에 느낄 수 있다고 믿었다. 〈빨강, 검정, 파랑, 노랑, 회색의 구성〉은 무질서한 요소를 배제한, 수학적이고 건축적인 균형을 미술로 이뤄 내고자 한 몬드리안의 이론에서 탄생한 작품이다.

언뜻 보면 대부분 비슷해 보이는 몬드리안의 작품들은 색과 선, 면 등이 하나하나 치밀하게 계산되어 완성되었다. 〈빨강, 검정, 파랑, 노랑, 회색의 구성〉을 자세히 살펴보자. 흰 바탕에 검정색 선을 경계로 3원색을 칠한 것 같다. 하지만, 실제로 흰 바탕과 검정색 선은 정확하게 나누어진 부분으로 한 치의 오차도 없이 따로 색을 채워 넣은 것이다.

몬드리안은 자신의 창작 기본 원리에서 밝혔듯이, 화면 안에 있는 모든 직사각형들이 대칭이 되는 것을 피했다. 그리고, 그림 속 검정 수직선과 수평선은 서로 교차하며 사각형의 격자 구조를 이룬다. 이 격자 구조에 사용된 황금비율 $\frac{1+\sqrt{5}}{2}\approx 1.618$은 몬드리안의 다른 작품에서도 볼 수 있다.

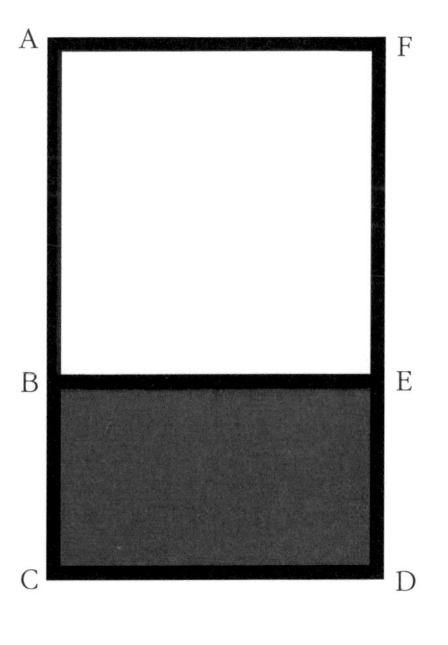

오른쪽 그림은 몬드리안 작품의 일부분으로, 직사각형 ACDF의 가로의 길이와 세로의 길이의 비가 1:1.618로, 이른바 '황금비'를 이루고 있다. 또 직사각형 BCDE도 세로의 길이와 가로의 길이가 1:1.618이다. 이와 같이 가로의 길이와 세로의 길이가 황금비인 직사각형을 '황금직사각형'이라고 하는데, 몬드리안의 작품들에는 황금직사각형이 자주 등장한다.

자, 그러면 황금직사각형을 만드는 황금비의 정확한 개념을 알아보자. 다음 그림에서 선분 AC 중 짧은 선분 AB의 길이를 S라 하고 긴 선분 BC의 길이를 L이라 할 때, 다음과 같은 식으로 나타낼 수 있다.

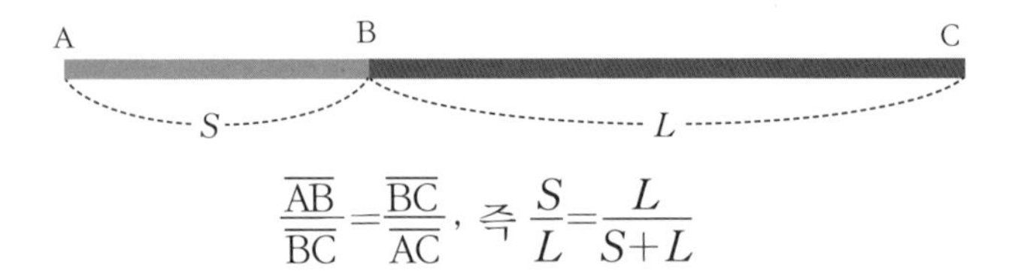

$$\frac{\overline{AB}}{\overline{BC}}=\frac{\overline{BC}}{\overline{AC}},\ 즉\ \frac{S}{L}=\frac{L}{S+L}$$

다시 말하면 짧은 선분의 길이 S와 긴 선분의 길이 L의 비는 L과 전체의 길이 $S+L$의 비와 같게 되는데, 이와 같은 비로 분할하는 것을 '황금분할(Golden Section)'이라고 하고, 이때 $S:L$을 황금비라고 한다.

몬드리안의 황금직사각형 그려 보기

몬드리안의 작품 속 황금직사각형을 직접 작도해 보자.

먼저 한 변의 길이가 2인 정사각형을 그린다. 그다음, 변 AB의 중점 E를 잡고, 그 점 E에서 꼭짓점 C로 직선을 그린다. 그러면 그 길이는 피타고라스 정리에 따라 $\sqrt{5}$가 된다. $\sqrt{5}$는 약 2.236이다.

그다음, 변 AB를 F까지 연장하는데 이때 점 E에서 점 F까지의 거리는 $\sqrt{5}$가 되도록 점 F를 잡는다. 그러면 직사각형 AFGD의 변의 비율은 $2:(\sqrt{5}+1)$이다. 이렇게 완성된 직사각형의 세로의 길이와 가로의 길이의 비는 $1:\frac{1+\sqrt{5}}{2}\approx 1.618$인 황금비이고, 직사각형 AFGD는 몬드리안의 작품 속 황금직사각형이 된다.

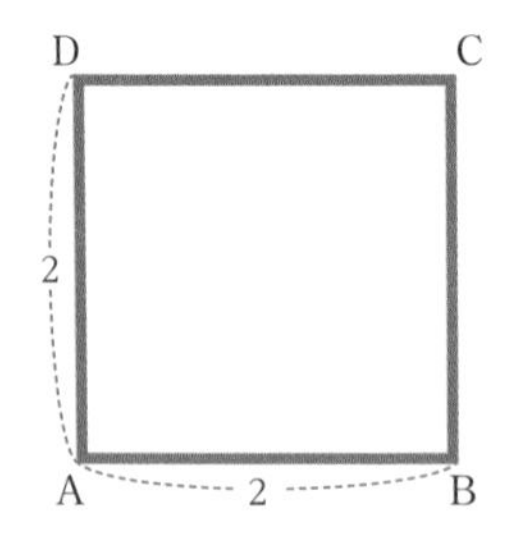

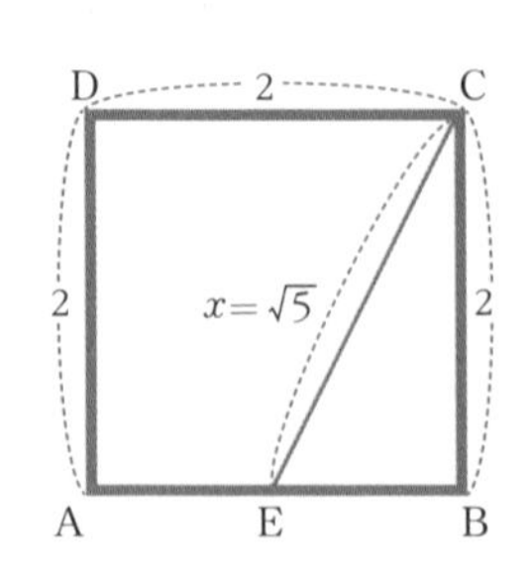

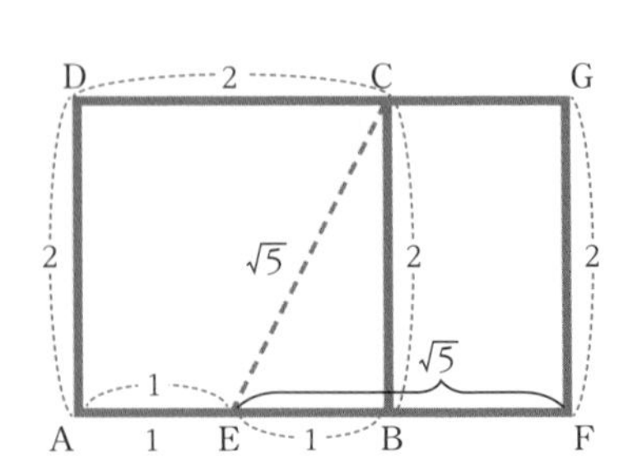

그런데 다음과 같은 순서로 보다 간단하게 황금직사각형을 만들 수도 있다.

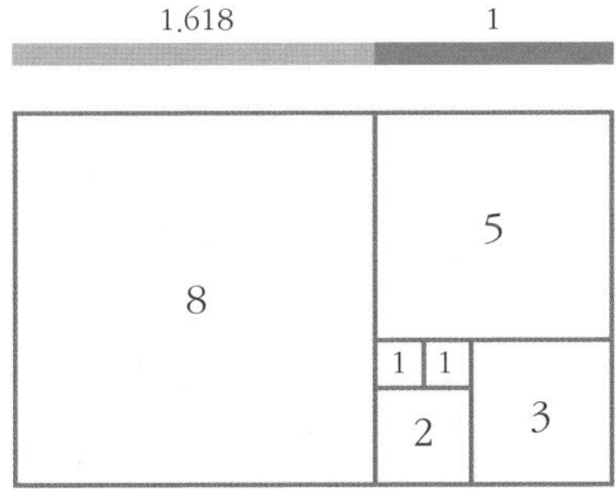

① 한 변의 길이가 1인 정사각형 두 개를 붙여서 그린다.

② 한 변의 길이가 2인 정사각형을 '①'에서 그린 정사각형에 접하게 그린다.

③ '①'과 '②'에서 그린 한 변의 길이가 1과 2인 정사각형과 접하게 한 변의 길이가 3인 정사각형을 접하게 그린다.

④ '②'와 '③'에서 그린 한 변의 길이가 2와 3인 정사각형과 접하게 한 변의 길이가 5인 정사각형을 접하게 그린다.

⑤ '④'와 같은 방법으로 정사각형을 계속 그린다.

위와 같은 차례로 정사각형을 그려 나가면 위쪽 그림과 같은 황금직사각형을 만들 수 있다.

〈모나리자〉에도 황금직사각형이!

황금직사각형은 다 빈치Leonardo da Vinci, 1452~1519의 대표작 〈모나리자〉에서도 찾을 수 있다. 〈모나리자〉를 그린 다 빈치는 더 이상 설명이 필요 없는 화가이자 과학자이고 수학자였다.

상복처럼 보이는 검은 베일을 걸친 여인이 먼 산과 강을 배경으로 신비로운 미소를 지으며 조용히 앉아 있다. 상체를 약간 옆으로 돌리고 얼

레오나르도 다 빈치, 〈모나리자〉, 1506년, 패널에 유채, 77×53cm, 파리 루브르박물관

굴은 정면으로 바라보는 포즈 자체가 종래의 옆얼굴 초상화와 확연히 구별된다. 두 손을 교차하여 의자의 팔걸이에 올려놓은 표현은 매우 절묘하다. 또 배경의 공기원근법(空氣遠近法)이 구사된 아련한 산악 풍경도 독특하다. 공기는 아무것도 없는 것이 아니라 무게와 밀도를 지니고 있어서, 멀리 있는 것은 공기에 의하여 흐릿해진다는 원리가 바로 공기원근법이다.

〈모나리자〉에는 비록 정확한 황금비는 아니지만, 수학적으로 충분히 근거가 있는 황금비가 숨어 있다. 먼저 여인의 손에서 머리까지가 아래 그림과 같이 황금직사각형 안에 들어가 있다. 또 여인의 얼굴 가로의 길이를 1이라고 하면 세로의 길이는 1.618, 턱에서 코 밑까지의 길이를 1이라고 하면 코밑에서 눈썹까지의 길이는 1.618, 코의 너비를 1이라고 하면 입의 길이는 1.618, 인중의 길이를 1이라고 하면 입에서 턱까지의 길이는 1.618이다. 즉 그림 속 여인이 앉아 있는 모습과 얼굴은 온통 황금비로 그려진 것이다.

황금비는 미술 작품뿐 아니라 건축에도 사용되었다. 기원전 약 2000년

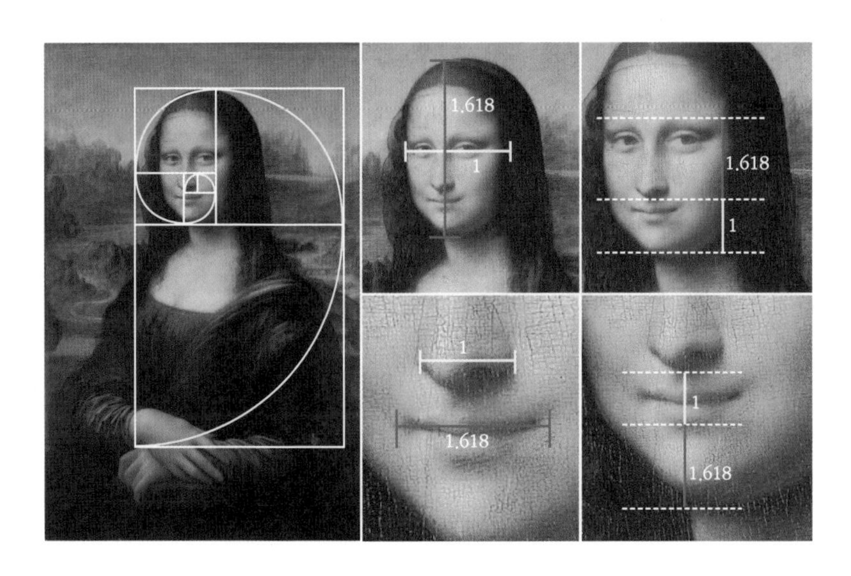

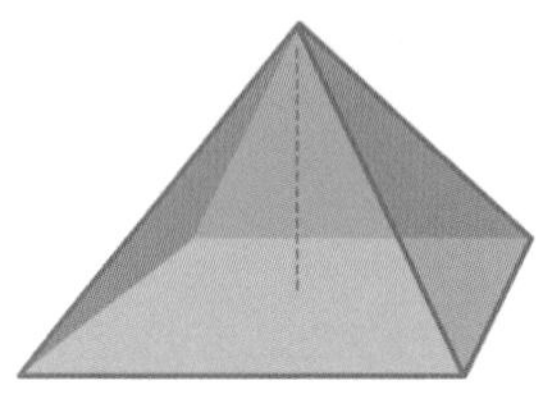
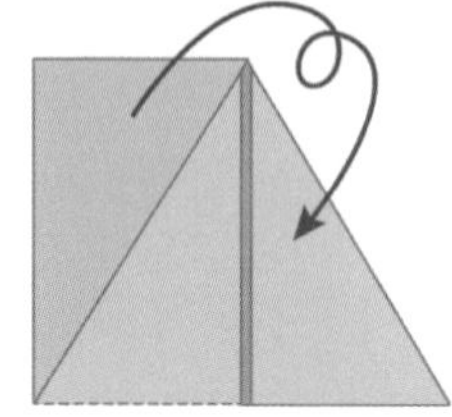

에 지어진 이집트 기자(Giza)의 피라미드는 대표적인 황금비 건축물이다. 피라미드 밑면의 정사각형의 한 변에 대한 높이의 비는 약 5:8로 1:1.6이다. 더욱이 피라미드 옆면을 이루고 있는 삼각형을 반을 잘라 붙이면 황금직사각형이 된다.

이밖에도 많은 예술품과 건축물에서 황금비를 발견할 수 있지만, 이들은 대체로 황금비와 비슷한 값을 가질 뿐 황금비를 정확히 이루지 않는다는 것이 최근 밝혀졌다.

미술이란 자연과 인간을 소거(消去)해 나가는 것

몬드리안은 가장 단순한 요소인 직선과 원색으로 그림을 완성하고자 했다. 그는 우주의 객관적인 법칙을 느낄 수 있게 해주는 명료하고 절도 있는 회화를 그리길 열망했다. 몬드리안은 끊임없이 변화하는 것으로 보이는 형태들 속에 감춰진 불변하는 실재(實在)를 예술로 밝혀내려고 노력했다.

몬드리안은 몇 개 되지 않는 형태와 색채를 결합하여 그것들이 잘 어울려 보일 때까지 다양한 방식으로 연결시키는 작업을 끊임없이 해나갔다. 몬드리안의 작품세계를 알게 되면, 단순한 선과 면 분할 및 채색만으로 완성되는 작품일수록 깊은 사고와 성찰이 요구됨을 깨닫게 된다.

몬드리안은 직선과 반듯한 면 그리고 몇 가지 컬러로만 이루어진 대단히 금욕적인(!) 작품들처럼 수도자에 비유되는 검소한 삶을 살았다. 세계적인 예술가로 명성을 얻었지만, 일부러 재산을 최소한으로 유지하며 삶의 본질을 궁구(窮究)하는 데 몰두했다. 이러한 몬드리안의 삶의 철학은 그의 작품에 고스란히 반영되었다. 평소 그가 되뇌었던 금언(金言)은 이를 방증한다.

"미술이란 자연과 인간을 점차적으로 소거(消去)해 나가는 것이다"

사실 수학에서도 가장 단순한 도형만을 연구하는 분야는 오히려 다양한 조건과 모양이 주어진 기하를 연구하는 분야보다 더 어렵고 깊은 사고력을 필요로 한다. 수학의 양대 부류인 '기하'와 '대수'에 있어서, '논증기하'와 '수론('정수론'이라고도 함)'은 모든 수학의 기본이자 가장 심오한 분야라 할 수 있다. 또한 이 둘은 수학에서 가장 아름다운 분야로 꼽힌다. 수학의 황제로 일컬어지는 독일의 수학자 가우스Carl Friedrich Gauss, 1777~1855는 정수론을 가리켜 다음과 같은 유명한 말을 남겼다.

"과학의 여왕은 수학이며, 수학의 여왕은 수론이다!"

옌센, 〈가우스의 초상화〉, 1840년, 캔버스에 유채

우리가 미술관이나 박물관에서
아름다운 조각상을 감상할 때
제대로 감상할 수 있는 자리는
조각상에서 얼마만큼 떨어진 지점일까?

수학의 황금비율

콘트라포스토란 무엇인가

수학에서와 마찬가지로 예술에서도 비율은 매우 중요하다. 화가나 조각가는 명작을 남기기 위해 황금비와 같은 아름다운 비율을 이용해 왔다. 특히 예술가들은 인체의 아름다움을 표현하기 위하여 비율뿐만 아니라 자세에도 많은 관심을 가지고 있었다.

고대 그리스인들은 인물상을 조각할 때나 그림을 그릴 때, 작품 속의 사람이 몸무게를 한쪽 다리에 싣고 다른 쪽 다리는 무릎을 약간 구부리고 있는 자세를 자연스럽다고 생각했다. 이런 자세를 하면 몸무게가 이동함에 따라 둔부 · 어깨 · 머리는 신체 내부의 유기적인 움직임을 나타내듯이 기울어지게 된다. 이와 같이 몸의 무게 중심을 한쪽 다리에 두면 몸은 S자 곡선을 그리게 되는데, 이 곡선을 가리켜 인간의 신체를 가장 아름답게 표현한다는 '콘트라포스토(contrapposto)'라고 부른다.

미술사에는 일일이 나열할 수 없을 만큼 수많은 화가들이 콘트라포스토를 그렸다. 그 가운데서도 가장 유명한 작품을 꼽는다면 독일의 화가 뒤러Albrecht Dürer, 1471~1528가 1504년에 제작한 〈아담과 이브〉가 아닐까 싶다.

알브레히트 뒤러, 〈아담과 이브〉, 1504년, 동판화, 25×19cm, 랭스 르 베르줴르 박물관

뒤러는 이 작품에서 키의 반은 다리 길이가 되고, 상반신의 반에는 젖꼭지, 하반신의 반에는 무릎이 오도록 하였다. 또 키는 머리 길이의 8배가 되고, 키 전체를 3:5로 나누는 위치에 사람의 중심이라고 할 수 있는 배꼽을 그렸다. 이것은 뒤러가 그림 속의 두 주인공을 황금비인 1:1.6을 만족하는 8등신이 되도록 그린 것이다. 또 아담과 이브의 몸무게 중심이 한쪽 다리에 있게 함으로써 전체 몸이 S자 곡선을 이루도록 그렸다.

아담 옆의 나뭇가지에 조그마한 명판이 달려 있는데, '알브레히트 뒤러가 1504년에 완성했다'라고 서명되어 있다. 뒤러는 이전 시대 화가들과 달리 자신의 작품에 서명을 남겼는데, 그만큼 그는 화가로서 자의식이 강했다. 뒤러의 서명이 전범이 되어 후대 화가들도 자신의 작품에 서명을 남겼다.

"나는 수(數)를 가지고 남자와 여자를 그렸다!"

뒤러가 그린 대형 누드화인 〈아담〉과 〈이브〉는 앞에서 소개한 판화를 완성하고 3년 뒤에 그림 작품이다.

이 작품에서는 아담과 이브가 8등신임을 판화에서보다 좀 더 정확히 알 수 있다. 아담은 곱슬곱슬한 금발머리에 적당히 잔 근육이 보이는 아름다운 몸매를 가진 미남으로 묘사됐으며, 이브는 창백하고 매끈한 피부에 긴 머리칼과 작고 붉은 입술을 가진 미녀로 그려졌다.

그런데 이브를 좀 더 자세히 살펴보니 약간 어색한 부분이 관찰된다. 바로 이브의 목과 어깨인데, 목은 너무 길며 어깨는 처져서 승모근이 굉장히 커 보인다. 뒤러가 활동할 당시 북유럽 사람들이 생각하는 미인의

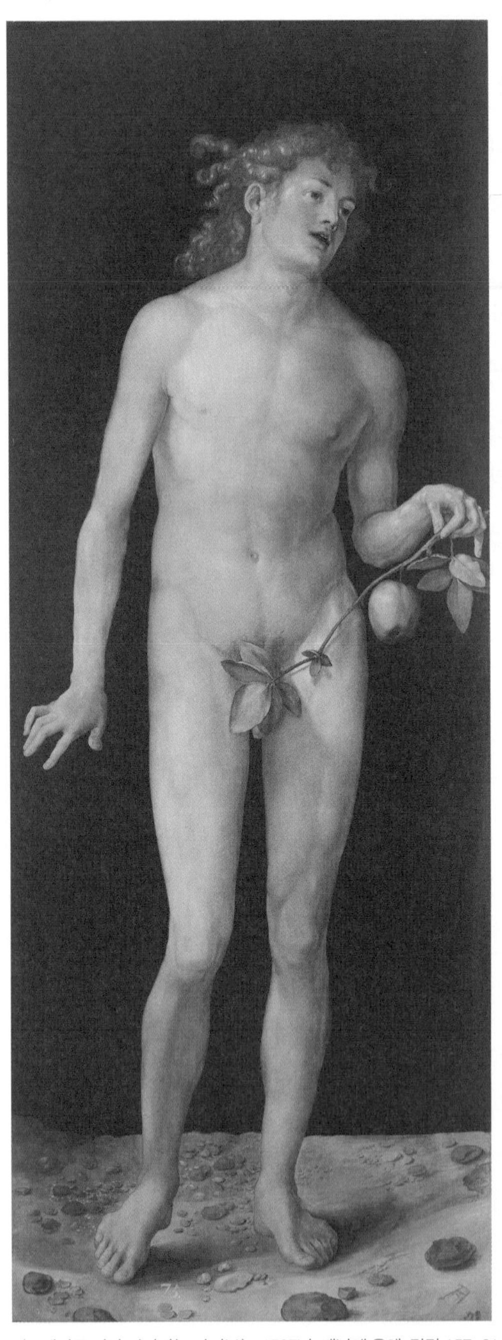

알브레히트 뒤러, 〈아담〉, 〈이브〉, 1507년, 패널에 유채, 각각 157×61cm, 마드리드 프라도미술관

조건은 이브와 같이 생긴 목과 어깨, 창백하고 매끈한 피부, 작고 붉은 입술, 넓은 이마였다고 한다. 즉, 뒤러는 당시에 북유럽에서 미인으로 여기는 조건에 신체의 비율까지 고려하여 이브를 완벽한 미를 갖춘 여인으로 그린 것이다.

이브 옆의 나뭇가지에 조그마한 명판이 달려 있는데, 판화에서와 같이 '알브레히트 뒤러가 1507년에 완성했다'라고 서명되어 있다. 이 시기의 독일에서는 뒤러처럼 아름다우면서도 해부학적으로 흠잡을 데 없는 인체를 그릴 줄 아는 화가가 드물었다. 그 당시 뒤러는 이미 이탈리아를 두 번이나 여행하면서 이탈리아 르네상스의 이상적인 아름다움과 해부학적으로 정확히 인체를 표현하는 법을 배우고 익힌 뒤였다고 한다. 그는 〈아담〉과 〈이브〉를 그리고 나서 이렇게 말했다.

"나는 수(數)를 가지고 남자와 여자를 그렸다!"

뒤러가 이탈리아에서 배워 온 것은 인간의 몸이 수의 규칙과 비례로 이루어져 있다는 인체비례론이었다. 인체비례론에 따르면 창조주가 인간을 아무렇게나 만든 것이 아니라, 창조주의 머릿속에 들어 있던 인간을 만들기 위한 설계도는 조화로운 수의 관계로 이루어져 있다는 것이다. 그래서 예술에서도 인간을 표현할 때는 창조주의 설계도와 마찬가지로 정확한 비례를 사용해야 한다는 인체비례론을, 뒤러는 이탈리아에서 배워 와 자신의 작품에 활용한 것이다.

인체비례론으로 가장 잘 알려진 것은 다 빈치Leonardo da Vinci, 1452~1519의 〈비트루비우스적 인간(Vitruvian Man)〉 또는 〈인체 비례도(Canon of Proportions)〉라고 불리는 소묘 작품이다. 다 빈치는 이 작품에 대해, "두 팔을 벌린 길이는 신장과 같다. 만약 두 다리를 신장의 $\frac{1}{4}$만큼 벌리고 팔을 벌려 중지를 정수리 높이까지 올리면 뻗친 팔에 의해 형성된 원의 중심은 배꼽이

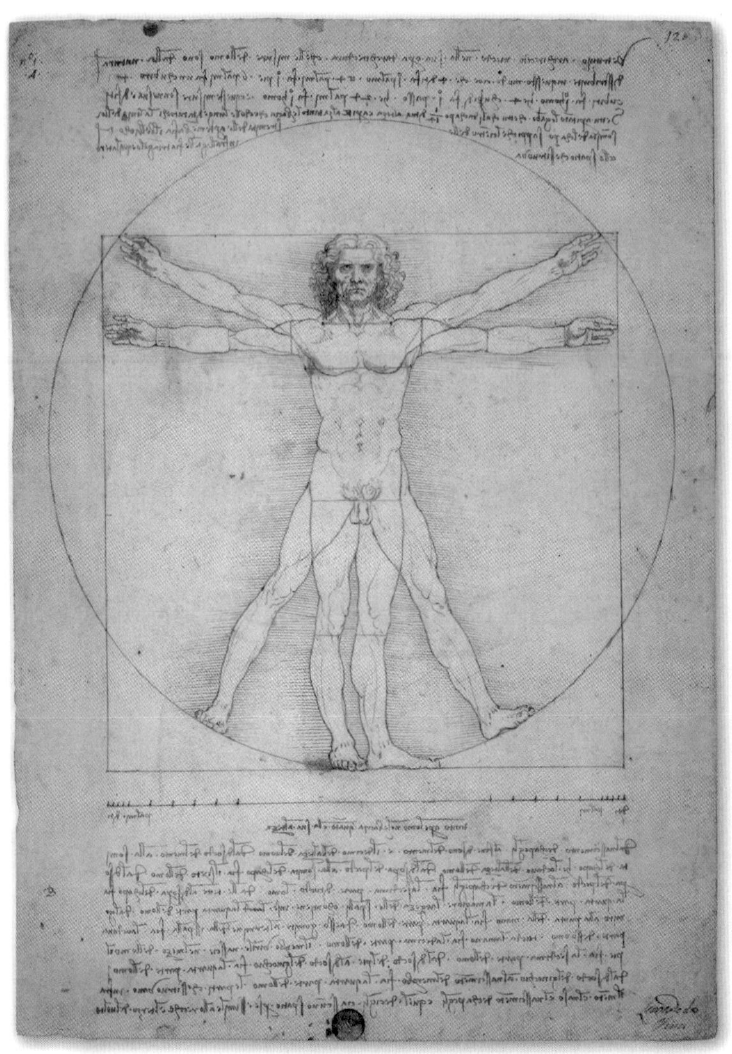

레오나르도 다 빈치, 〈비트루비우스적 인간〉, 1490년, 종이에 잉크, 34.6×25.5cm, 베니스 아카데미아미술관

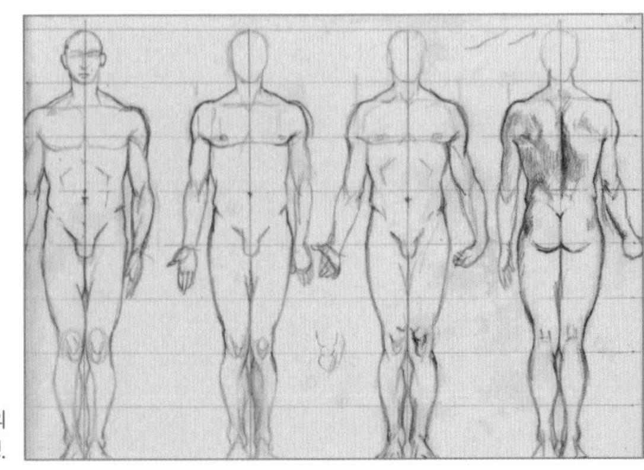

인체비례론을 설명할 때 황금비율의 예로 드는 '8등신'의 드로잉.

되며, 두 다리 사이의 공간은 정확한 이등변삼각형을 형성한다"고 설명했다.

인체비례론에 따르면 두 팔을 가로로 벌렸을 때 전체 길이는 그 사람의 키와 같고, 머리 길이의 여덟 배가 키와 같다. 또 손바닥의 폭을 키와 비교하면 1:24가 된다.

황금비율을 만드는 세 가지 조건

뒤러는 〈아담〉과 〈이브〉를 완성하기 위하여 무려 3백 명이나 되는 사람들을 모두 발가벗겨서 인체의 비례를 측정하였고, 마침내 모든 인류의 아버지와 어머니인 아담과 이브의 비례를 얻었다고 한다.

뒤러의 판화 〈아담과 이브〉와 유채화 〈아담〉과 〈이브〉를 다시 한 번 자세히 살펴보자. 작품 속 두 남녀는 거의 대칭에 가까운 이상적인 포즈를 하고 있다. 흥미로운 사실은, 판화 〈아담과 이브〉의 아담은 15세기 후반에 발굴된 헬레니즘 조각 〈벨베데레의 아폴론〉과 유사한 포즈를 하고 있다. 그리고 유채화 〈이브〉에서의 이브의 모습은 〈밀로의 비너스〉와 유사한 포즈를 취하고 있다. 미술사가들은 뒤러가 자신의 작품을 구상할 때, 고대 조각상이나 조각을 그린 드로잉을 참고했을 것으로 추정한다. 뒤러가 참고했을 것으로 추정되는 두 조각상 모두 황금비에 맞춰 제작되었다.

특히 인체비례론을 소개할 때 빠지지 않고 등장하는 작품이 바로 〈밀로의 비너스〉다. 〈밀로의 비너스〉는 아름답고 완벽한 균형을 가진 몸매로 인해 '미'의 전형으로 알려져 있다. 이처럼 〈밀로의 비너스〉가 '미'의 전형으로 언급되는 데는 크게 세 가지 이유가 있다.

첫째, 조각상에 몸의 뼈대와 근육을 포함한 완벽한 해부학이 적용되었고, 둘째, 이 작품에서도 어김없이 몸의 무게중심을 한쪽 다리에 둠으로써 나타나는 S자 곡선, 즉 콘트라포스토가 나타난다. 셋째는 〈밀로의 비너스〉 역시 앞에서 이야기했던 8등신의 신체구조를 갖추고 있다는 점이다.

즉, 〈밀로의 비너스〉도 위에서 예시한 8등신도처럼 배꼽이 신장을, 어깨의 위치가 배꼽 위의 상반신을, 무릎의 위치가 하반신을, 코의 위치가 어깨 위의 부분을 각각 1:1.6으로 황금분할하고 있다.

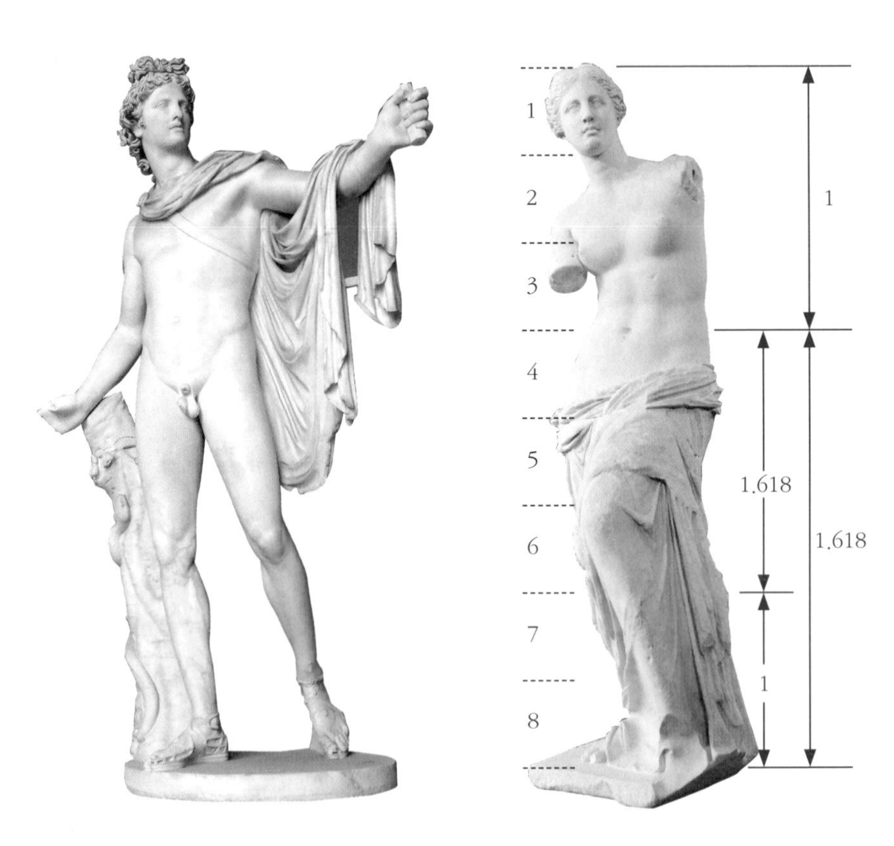

레오카레스(Leochares, BC 4세기에 활동한 아테네 출신의 조각가)가 BC350년경에 제작한 청동상 〈벨베데레의 아폴론〉을 로마시대에 모작한 것으로 추정. 높이 224cm, 바티칸박물관(왼쪽), 〈밀로의 비너스〉, BC130~120년경, 대리석, 높이 202cm, 파리 루브르박물관(오른쪽)

인체조각상의 황금비율을 제대로 감상하기 위한 최적의 관람 지점 구하기

우리는 선대의 훌륭한 예술가들 덕택에 황금비율의 인체조각상을 감상할 수 있는 호사를 누리게 됐다. 물론 진품을 보기 위해서는 해당 작품이 전시된 해외의 미술관이나 박물관까지 가기 위해 시간과 비용을 들여야 하지만 말이다. 그런데, 시간과 비용을 들여 해당 작품이 전시된 해외의 미술관과 박물관에 갔다 하더라도 조각상의 황금비율을 제대로 감상하지 못하는 사람들이 대부분이다. 왜 그럴까?

그것은 바로 조각상 앞에 선 우리의 위치 때문이다. 즉, 조각상과 얼마나 떨어진 거리에서 어떤 각도로 바라보느냐에 따라 조각상의 황금비율이 보일 수도 그렇지 않을 수도 있다는 얘기다.

그렇다면 우리가 미술관이나 박물관에서 아름다운 조각상을 감상할 때 제대로 감상할 수 있는 자리는 조각상에서 얼마만큼 떨어진 지점일까? 조각상에 아주 가까이 서 있을 경우 고개를 젖혀 하늘을 쳐다봐야 하고 너무 멀리 떨어지게 되면 받침대 위에 있는 조각상은 점점 작아 보여서 자세하게 감상할 수 없게 된다.

조각상의 크기에 따라 적정한 거리에서 관람해야만 작품 전체는 물론 황금비율까지 느낄 수 있는 것이다. 그래서 조각상을 감상할 때 최적의 관람 거리를 아는 것은 뜻밖에도 매우 중요하다.

다음 페이지의 그림과 같이 눈높이가 v인 관람자가 조각상으로부터 x만큼 떨어져서 눈높이보다 t만큼 높은 위치에 있는 높이가 s인 조각상을 관람한다고 하자. 이때 눈높이와 받침대 사이의 각의 크기를 b, 조각상 밑에서 위까지의 각의 크기를 a라 하자. 유감스럽게도 이제부터 약간 어려운 수학공식이 등장한다. 혹시 수학에 어려움을 겪고 있는 독자라면 자세한 계산은 건너뛰고 결과만 봐도 무방하다.

먼저 삼각함수 중에서 탄젠트함수를 이용하면 다음 식을 얻을 수 있다.

$$\tan b = \frac{t}{x},\ \tan(a+b) = \frac{(s+t)}{x}$$

이를 탄젠트함수에 대하여 잘 알려진 다음 공식에 대입해보자.

$$\tan(a+b) = \frac{\tan a + \tan b}{1-\tan a \cdot \tan b},\ \frac{(s+t)}{x} = \frac{\tan a + \frac{t}{x}}{1-\tan a \cdot \frac{t}{x}}$$

이 식을 정리하면 $\tan a = \dfrac{sx}{x^2 + t(s+t)}$ 를 얻을 수 있다.

이 식에서 조각상이 가장 잘 보이는 각 a가 되는 x를 구해야 하는데, x의 값에 따라서 각 a의 크기가 달라지므로 x의 변화율에 대한 a의 변화율을 구해야 한다. 즉, 주어진 식을 x에 대하여 미분한 후 $\dfrac{da}{dx}=0$ 인 값을

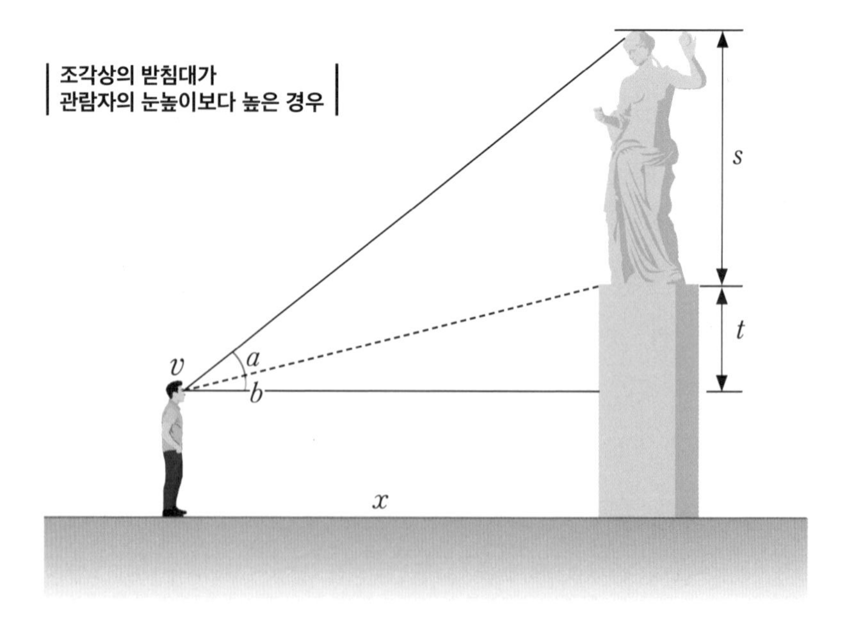

구하면 된다. $\tan a$를 미분하면 $\sec^2 a$이고 $\sec a = \dfrac{1}{\cos a}$이므로 위의 식을 x에 대하여 미분하면 다음과 같다.

$$\sec^2 a \frac{da}{dx} = \frac{-x^2+st(s+t)}{(x^2+t(s+t))^2}, \quad \frac{da}{dx} = \frac{-sx^2+st(s+t)}{(x^2+t(s+t))^2} \cdot \cos^2 a = 0$$

이 식에서 $\cos^2 a$는 $\cos a$의 제곱이므로 a가 0도에서 90도 사이일 경우 양의 값을 갖는다. 따라서 위의 방정식은 분자 $-sx^2+st(s+t)$가 0이어야 한다. 그런데 거리는 양수이므로 다음을 얻는다.

$$x^2 = t(s+t), \ x = \sqrt{t(s+t)}$$

예를 들어 미켈란젤로Michelangelo Buonarroti, 1475~1564의 〈다비드상〉은 s=5.17미터이다. 받침대의 높이가 2.5미터이므로 눈높이가 1.5미터인 사람이 〈다비드상〉을 가장 잘 관람하려면 $x=\sqrt{1(5.17+1)}=\sqrt{6.17}\approx 2.48$, 즉 조각상으로부터 약 2.48미터 떨어진 지점에서 관람하면 된다. 또 신라시대의 대표적인 불상인 석굴암 본존불의 경우 높이가 약 3.3미터이고,

조각상의 받침대가 관람자의 눈높이보다 낮은 경우

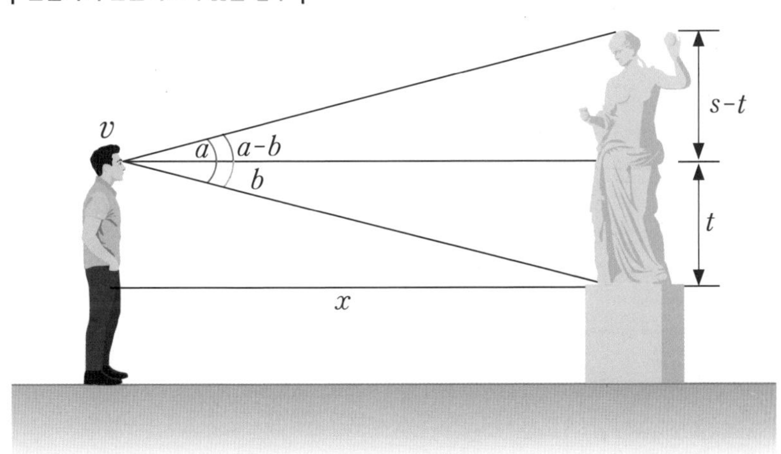

미켈란젤로 부오나로티, 〈다비드상〉,
1501~1504년경, 대리석, 높이 517cm,
피렌체 아카데미아미술관

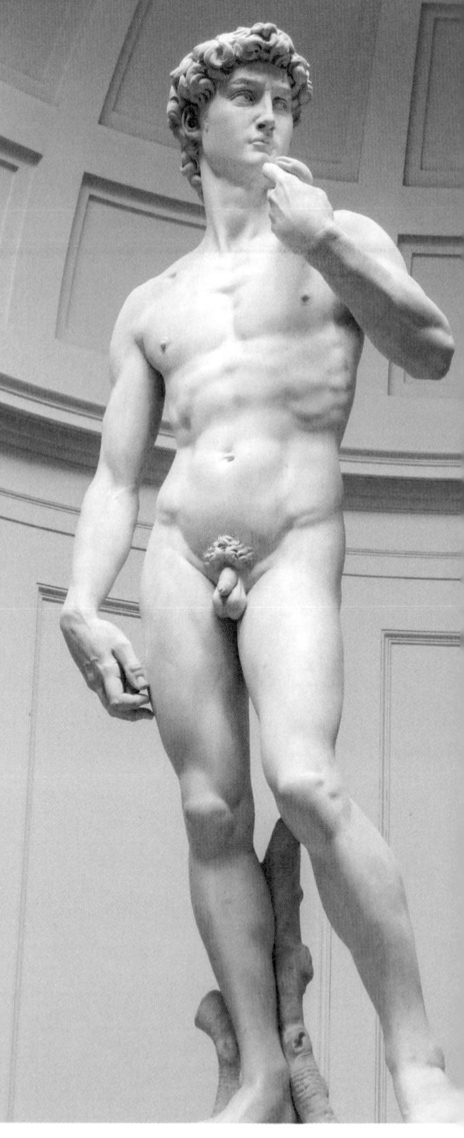

〈석굴암 본존불〉(국보 제24호),
751년(경덕왕 10년), 높이 326cm, 경주 석굴암

좌대의 높이는 약 1.67미터이므로 $t=1.67-1.5=0.17$이다.

따라서 $x=\sqrt{0.17(3.3+0.17)} \approx 0.78$, 즉 석굴암 본존불은 약 78센티미터 떨어진 지점에서 관람하는 것이 가장 좋다.

한편, 받침대의 높이가 눈높이보다 낮은 경우도 있다. 이때는 조각상을 바라보는 각도 a, b를 349쪽의 그림과 같이 설정하고 앞에서와 마찬가지 방법으로 계산하면 $x=\sqrt{t(s-t)}$ 를 얻을 수 있다. 이를테면 〈밀로의 비너스〉는 높이가 약 2.03미터인데, 약 1미터 높이로 전시하고 있다면 $x=\sqrt{1(2.03-1)} \approx 1$ 이다. 따라서 〈밀로의 비너스〉는 약 1미터 거리에서 관람하는 것이 가장 좋다.

수학과 미술이 만나는 지점?!

이쯤 되고 보니 왠지 여기저기서 탄성과 한숨이 들여오는 것만 같다. 아예 처음부터 황금비율을 감상하는 걸 포기하겠다는 푸념도 함께 들리는 것만 같다. 황금비율의 조각상을 감상하기 위해 삼각함수와 미분까지 동원해야 한다니 말이다.

생각건대 미술관이나 박물관에서 이러한 최적의 관람 거리를 구해서 해당 지점을 조각상 앞에 표시해 두면 어떨까? 그리고 최적의 관람 거리를 구한 과정을 작품 해설판 근처에 함께 밝혀놓으면 수학에 관심 있는 사람들이 한 번 더 눈여겨볼 수 있지 않을까? 바로 그 최적의 관람 포인트야말로 수학과 예술이 가까워지는 지점 아닐까? 수학자가 미술관에서 할 수 있는 일이 하나 생겼다고 생각하니 왠지 뿌듯해진다.

르네상스의 걸작 중
수학과 관련 깊은 작품 단 하나만 꼽으라면
필자는 주저하지 않고 라파엘로의 대작
〈아테네학당〉을 떠올린다.
이유는 간단하다.
하나의 작품 속에서 수학을 발전시켰던
여러 선인들과 조우할 수 있기 때문이다.

한 점의 그림으로 고대 수학자들과 조우하다

거장의 시대, 콰트로첸토

프랑스어로 '부활' '재생'을 뜻하는 르네상스(renaissance)는 14세기에 시작된 문예부흥 운동을 총칭한다. 아울러 유럽의 암흑기로 일컬어지는 중세의 끝을 알리는 유럽문명의 한 시기를 뜻하기도 한다. 이 시기에 유럽에서는 신대륙의 발견과 탐험이 이루어지는 대항해가 시작되었고, 지동설이 천동설의 자리를 대신했으며, 봉건제도가 몰락하면서 상업이 번성했다. 또 중국으로부터 종이제조법, 인쇄술, 항해술, 화약과 같은 혁신적인 신기술이 도입되었다.

르네상스를 이끈 이탈리아는 지중해를 벗어나 동양을 포함하여 세계 여러 나라와 활발한 교역으로 많은 돈을 확보하게 되었고, 막대한 자금을 바탕으로 유럽의 문화적 쇠퇴와 정체를 끝내고 인간 중심의 고전학문과 지식을 '부활'시켰다.

르네상스는 예술, 문학, 철학, 자연과학 등 다방면에 걸쳐 전개되었는데, 그중에서도 특히 가장 만개한 분야는 미술이었다. 그 당시 사람들에게 미술은 인간 본성에 대한 통찰뿐만 아니라 신과 그 피조물의 형상을

라파엘로 산치오, 〈아테네학당〉, 1510~1511년, 프레스코, 500×770cm, 바티칸박물관

표현하는 하나의 학문영역이었다. 예술가들은 눈으로 볼 수 있는 세계의 관찰에 바탕을 두고, 자신들의 작품에 당시에 발달하기 시작한 균형과 조화, 원근법 등의 수학 원리를 적용하기 시작했다.

이탈리아 사람들은 르네상스가 한창이던 15세기를 '400년대'라는 뜻의 '콰트로첸토(Quattrocento)'라고 부른다. 콰트로첸토는 숫자 '400'을 뜻하는 이탈리아어로, '4'를 뜻하는 '콰트로(Quattro)'와 '100'을 뜻하는 '첸토(cento)'를 합성한 말이다. 콰트로첸토는 일반적으로 서양미술사의 시대 구분에서 1400년대, 즉 15세기 이탈리아의 문예 부흥기를 지칭하는 고유명사가 되었는데, 그렇게 되기까지 이름만 들어도 고개가 끄덕거리는 르네상스의 거장들이 한몫했다. 다 빈치Leonardo da Vinci, 1452~1519, 미켈란젤로Michelangelo Buonarroti, 1471~1564, 라파엘로Raffaello Sanzio, 1483~1520, 티치아노Vecellio Tiziano, 1488~1576, 조르조네Giorgione, 1477~1510 등이 그 주인공으로, 콰트로첸토를 '거장의 시대'로 바꿔 불러도 지나치지 않을 정도로 이들의 역할은 위대했다.

그를 생각하면 입체도형이 떠오른다

이탈리아 르네상스의 거장들은 다양한 소재와 주제로 창작 활동을 했는데, 필자에게 더없이 인상적인 점은 수학과 관련된 작품이 많았다는 사실이다. 수학과 관련된 작품들을 모두 소개하려면 책 한 권 분량으로도 모자랄 정도이니 필자에게는 르네상스라는 말만 들어도 가슴이 벅차오를 따름이다.

르네상스의 걸작 중 수학과 관련 깊은 작품 단 하나만 꼽으라면 필자는 주저하지 않고 라파엘로의 대작 〈아테네학당〉을 떠올린다. 이유는 간단하다. 하나의 작품 속에서 수학을 발전시켰던 여러 선인들과 조우할 수 있기 때문이다.

〈아테네학당〉은 라파엘로가 바티칸 궁에 있는 네 개의 방의 천장과 벽에 그렸던 그림들 중 하나로, 가로 길이가 무려 7.7미터에 이르는 대작이다. 이 그림은 플라톤Plato, BC427~BC347과 아리스토텔레스Aristoteles, BC384~BC322는 물론 소크라테스Socrates, BC470~BC399의 모습까지 담고 있어 (지금 전시되어 있는) 바티칸박물관을 방문하는 수많은 관람자들에게 매우 인기가 높다. 하지만, 〈아테네학당〉에서 '수학'을 포착해 내는 이들은 많지 않다. 지금부터 필자는 〈아테네학당〉 앞에서 수학 전문 도슨트가 되어 볼까 한다.

〈아테네학당〉의 한가운데에 두 사람이 서 있다. 왼쪽에 있는 사람은 손으로 하늘을 가리키고 있는 이상주의자 플라톤이고, 손을 아래로 향한 오른쪽 사람은 현실주의자였던 아리스토텔레스다.

플라톤은 손에 『티마이오스』를, 아리스토텔레스는 『윤리학』을 들고 있는데, 이 책들은 각각 그들의 중심 사상이 담겨 있는 중요한 저서다. 특히 라파엘로는 플라톤의 얼굴은 자기가 존경했던 다 빈치를, 아리스토텔레스의 얼굴은 나이 든 미켈란젤로를 모델로 해서 그렸다.

〈아테네학당〉 부분도. 왼쪽부터 플라톤과 아리스토텔레스.

『티마이오스』는 플라톤이 기원전 360년경에 쓴 책으로, 소크라테스와 대화 상대자들인 티마이오스Timaios, 크리티아스Kritias, BC460~BC403, 헤르모크라테스Hermokrates, BC450~BC408 그리고 익명의 한 사람이 우주와 인간, 영혼과 육체 등에 대해 토론하는 형식으로 집필됐다. 플라톤은 이 책에서 과학과 수학적 주제에 대해 말하고 있다. 특히 그는 당시 물질의 궁극적 원소로 간주되었던 물 · 불 · 흙 · 공기인 이른바 4원소의 수학적 구조에 대해 설명했다. 플라톤은 불에는 정사면체, 공기에는 정팔면체, 물에는 정이십면체가 해당되고, 흙에는 정육면체가 해당된다고 주장했다. 또 이들을 포함하는 우주는 정십이면체에 해당된다고 했다.

고대인들은 우주가 물 · 불 · 흙 · 공기의 네 가지 기본 원소로 이루어져 있다고 여겼다. 이 네 가지를 물질의 기본 원소라고 여기는 4원소설을 최초로 주장한 사람은 엠페도클레스Empedocles, BC493~BC433다. 고대인들은 지구는 움직이지 않고 태양이나 달 그리고 별들이 움직인다는 천동설을 믿었기 때문에, 모든 우주 현상은 지구를 중심으로 해석되었다. 그래서 당연히 이들 네 원소 역시 지구를 중심으로 무거운 것부터 차례로 쌓여 있다고 생각했다. 이들 중 가장 무거운 흙이 맨 아래에 있고, 흙 위에 바다와 강 등의 물이 있으며, 물 위에 공기가, 다시 공기 위에 태양으로 상징되는 불이 있다고 생각했다. 그런데 여기에 신의 존재를 개입시키면서 불보다 더 높은 하늘 위에 신의 세계가 존재하고 이를 표현하는 다섯 번째 원소를 생각하게 되었는데, 이 다섯 번째 원소를 정십이면체로 연결시켰다.

플라톤은 네 가지 기본 원소의 입자는 모두 정다면체 꼴을 가지고 있다고 생각했다. 가장 가볍고 날카로운 원소인 불은 정사면체, 가장 무거운 원소인 흙은 정육면체, 가장 유동적인 원소라고 생각한 물은 가장 잘 구르는 정이십면체, 마지막으로 정팔면체는 뾰족한 두 모서리를 손가락으로 잡고 입으로 바람을 불면 바람개비처럼 돌아가기 때문에 공기라고 생각했다. 그리고 플라톤은 정십이면체가 우주 전체의 형태를 나타낸다고 주장하면서, 이런 말을 남겼다.

"신은 이것을 전 우주를 위하여 쓰셨다."

이러한 이유로 정다면체들을 '플라톤의 입체도형'이라고 부른다.

고대 그리스시대부터 정다각형과 정다면체를 작도하는 것은 흥미로운 일이었다. 그 당시는 정다각형과 정다면체를 눈금 없는 자와 컴퍼스만으로 작도할 수 있을지에 대해서 관심이 컸지만, 지금은 컴퓨터를 이용하여 아주 쉽게 작도할 수 있다.

하지만, 우리가 알고 있는 모든 방법을 동원하여 그릴 수 있는 정다면체에는 정사면체, 정육면체, 정팔면체, 정십이면체, 정이십면체 다섯 종류밖에 없다. 이 가운데 정사면체, 정육면체, 정팔면체는 이미 고대 이집트인들도 알고 있었지만, 수학적으로 이것을 연구하기 시작한 것은 고대 그리스인들이었다. 정사면체, 정육면체, 정팔면체는 피타고라스Pythagoras, BC580~BC500와 그의 제자들에 의하여, 그리고 정십이면체와 정이십면체는 테아이테토스Theaiteto에 의하여 이론적으로 밝혀졌다.

정다면체를 면의 모양에 따라 분류하면 다음과 같다.

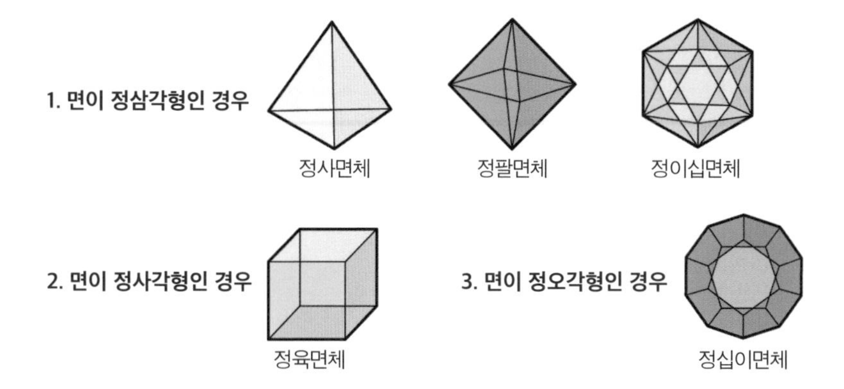

다면체의 한 꼭짓점에 모이는 각의 크기의 합이 360도이면 평면이 되므로 360도보다 작아야 한다. 각 면이 정삼각형인 정다면체는 한 꼭짓점에 모인 면이 세 개인 정사면체, 네 개인 정팔면체, 다섯 개인 정이십면체뿐이다.

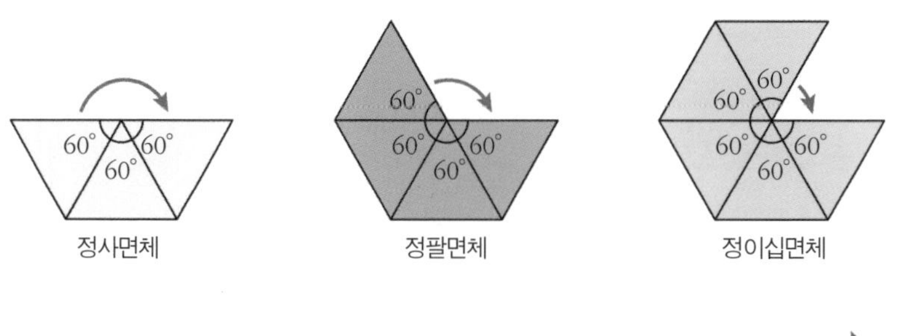

또 각 면이 정사각형인 정다면체는 한 꼭짓점에 모인 면이 세 개인 정육면체뿐이고, 각 면이 정오각형인 정다면체는 한 꼭짓점에 모인 면이 세 개인 정십이면체뿐이다.

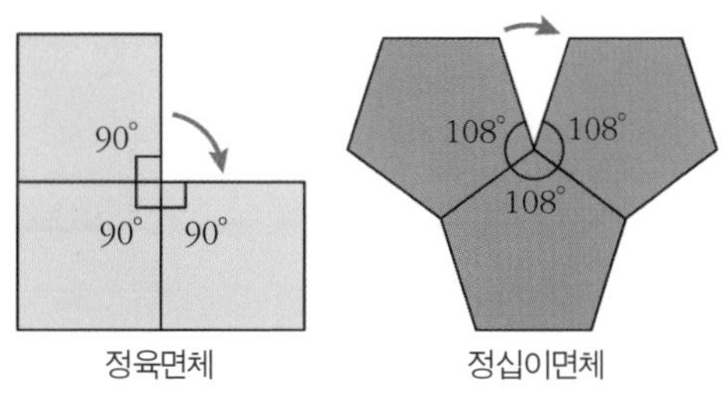

인류 최초의 여성 수학자를 만나다

〈아테네학당〉의 왼쪽 아래에 한 팔을 괴고 홀로 앉아 있는 사람은 철학자 헤라클레이토스Heraclitus of Ephesus, BC540~BC480로, 라파엘로는 자신이 존경한 젊은 미켈란젤로를 모델로 그렸다. 서판을 들고 서 있는 사람은 기원전 5세기 철학자인 파르메니데스Parmenides, BC515~BC445다. 그리고 그 옆에 흰 옷을 입고 서 있는 사람은 인류 최초의 여성 수학자 히파티아Hypatia, 355~415다. 그녀는 수학 · 의학 · 철학 분야에서 이름을 떨쳤으며, 그리스의 수학자 디오판토스Diophantos, 246~330의 『산학』, 아폴로니우스Apollonius의 『원추곡선론』에 대한 주석집을 쓴 것으로 기록돼 있다.

400년경 이집트의 알렉산드리아에 살던 히파티아는 높은 학식뿐만 아니라 아름다운 외모로 학문의 여신인 '뮤즈' 또는 '뮤즈의 딸'이라고 불렸다. 알렉산드리아에 새로 부임한 키릴 대주교는 당시 무제이온(mouseion, 박물관을 뜻하는 'museum'의 기원)에서 강의와 연구를 하던 히파티아를 본 순간 사랑에 빠졌고, 마침내 그녀에게 청혼했다. 하지만 히파티아는 대주교의 청혼을 거절했다. 그러자 질투심에 가득 찬 대주교는 폭도를 동원하여 그녀를 살해했다. 히파티아는 폭도가 던진 돌에 맞아 쓰러졌고, 머리채를 마차에 묶인 채 이리저리 끌려 다니다가 처참하게 죽임을 당했다. 과학사를 연구하는 학자들은 그녀가 당시 키릴 대주교와 정치적으로 대립하고 있던 오레스테스하고 가깝게 지냈던 것이 그녀의 운명을 재촉했다고 보고 있다. 그리고 이 사건을 계기로 히파티아의 모든 저작이 소실됨으로써 그녀의 생애 대부분이 미스터리로 남게 되었다. 히파티아가 죽은 뒤 알렉산드리아는 학문의 중심지로서의 위상을 점차 상실해 갔다. 알렉산드리아의 쇠퇴는 고대 과학의 전반적인 쇠퇴로 이어졌다.

〈아테네학당〉 부분도. 왼쪽부터 히파티아, 파르메니데스, 헤라클레이토스.

제논의 역설을 뒤집은 순환소수

히파티아 주변을 다시 살펴보자. 그녀의 왼쪽에서 책을 펴 들고 무언가 열심히 쓰고 있는 사람이 보인다. 그가 바로 피타고라스다. 그리고 등 뒤에서 피타고라스가 쓰고 있는 것을 엿보면서 적고 있는 사람은 탈레스Thales, BC624~BC545의 제자로 알려진 밀레토스학파의 아낙시만드로스Anaximandros, BC610~BC546다. 피타고라스의 뒤쪽 기둥에서 무엇인가를 적고 있는 사람은 데모크리토스Democritos, BC460~BC370이고, 녹색 모자를 쓰고 아기를 안고 있는 노인은 제논Zenon, BC490~BC430이다. 데모크리토스는 디오판토스와 함께 나이를 맞히는 방정식 문제로 유명하다.

여러 가지 역설로 잘 알려진 제논은 피타고라스학파의 주장을 반박하

〈아테네학당〉 부분도. 왼쪽부터 제논, 데모크리토스, 아낙시만드로스, 피타고라스.

기 위하여 다양한 역설을 만들어 냈는데, 그중에서 가장 유명한 것은 '아킬레스와 거북이의 경주'이다. '아킬레스와 거북이의 경주'는 달리기를 무척 잘하는 아킬레스와 거북이를 경주시킬 때, 거북이를 일정 거리 앞에서 출발시키면 아킬레스는 절대 거북이를 따라잡을 수 없다는 역설이다. 아킬레스가 거북이의 처음 출발점에 도착했다면, 거북이는 그사이에 느린 속도지만 앞으로 나아갔으므로 아직도 아킬레스보다 앞에 있다. 다시 아킬레스가 거북이가 있었던 그다음 위치까지 가는 동안 거북이는 계속해서 움직이므로 아킬레스보다 앞서 있다. 이런 식으로 계속하면 아무리 발이 빠른 아킬레스라고 해도 결코 느림보 거북이를 따라잡을 수 없다는 것이다.

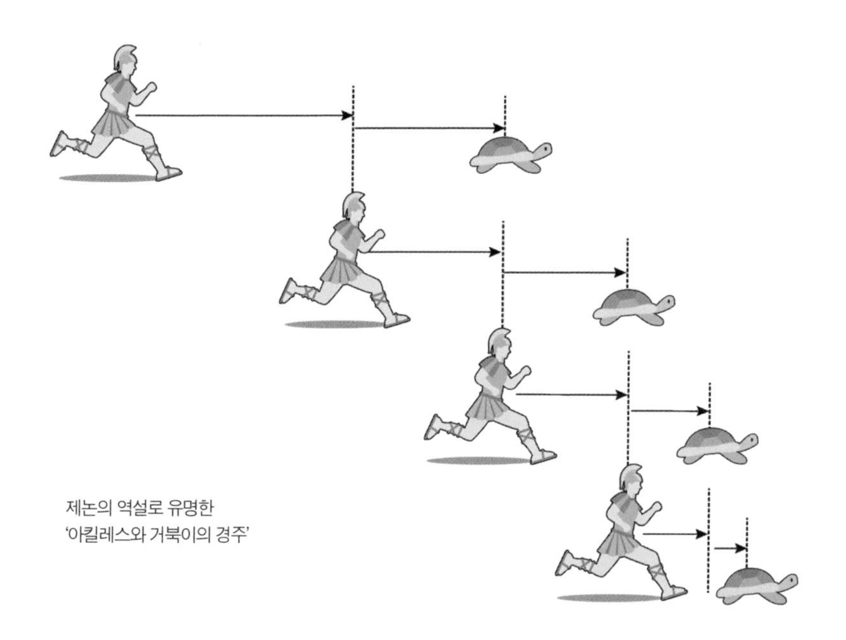

제논의 역설로 유명한
'아킬레스와 거북이의 경주'

제논의 역설 중 하나인 '아킬레스와 거북이의 경주'는 유감스럽게도 오늘날 중학교 수학 과정에 등장하는 순환소수로 사실이 아님이 증명됐다.

편의상 아킬레스가 거북이 속력의 10배 빠르기로 달린다고 가정하자. 처음 거북이가 있던 곳에 아킬레스가 도달하는 데 1분이 걸렸다고 하자. 그러면 그다음에 아킬레스가 거북이가 있던 곳에 도달하는 데에는 $\frac{1}{10}$분, 그다음에는 $\frac{1}{100}$분, 그다음에는 $\frac{1}{1000}$분이 걸리므로 이 과정을 한없이 반복하는 데 소요되는 시간의 합계는 다음과 같다.

$$1+\frac{1}{10}+\frac{1}{100}+\frac{1}{1000}+\frac{1}{10000}+\cdots(\text{분})$$

여기서

$$\frac{1}{10}=0.1,\ \frac{1}{100}=0.01,\ \frac{1}{1000}=0.001,\ \frac{1}{10000}=0.0001\cdots$$

이므로 다음이 성립한다.

$$1+\frac{1}{10}+\frac{1}{100}+\frac{1}{1000}+\frac{1}{10000}+\cdots=1+0.1+0.01+0.001+0.0001+\cdots$$
$$=1.1111\cdots$$

그런데 1.1111⋯은 소수점 아래에 숫자 1이 무한히 반복되는 순환소수이므로 중학교에서 배운 표기법을 이용하면 $1.1111\cdots=1.\dot{1}$와 같이 나타낼 수 있다. 그리고 이 순환소수를 분수로 바꾸면 $1.\dot{1}=\frac{10}{9}$이다. 즉, 아킬레스는 $\frac{10}{9}$분만에 거북이와 같은 지점에 있게 되고, 그다음에 바로 추월할 수 있게 된다. 아무튼 이와 같은 제논의 역설은 훗날 미분과 적분을 탄생시키는 기초가 되었다.

소크라테스가 죽을 수밖에 없는 이유

자, 다시 그림 속으로 들어가 보자. 이제 소크라테스가 나올 차례다. 그림의 왼쪽 구석에 상체를 벗고 있는 사람은 시인 디아고라스Diagoras, 그 뒤에 머리만 살짝 보이는 사람은 소피스트이자 웅변가였던 고르기아스Gorgias, BC483~BC376, 그 옆에 있는 사람은 플라톤의 사촌으로 소크라테스의 제자였던 크리티아스다. 앞쪽에서 그들을 향해 손짓하는 사람은 소크라테스의 열성적인 제자로, 스승이 독배를 마실 때도 함께 있었던 아이스키네스Aischines, BC390~BC314다. 그 앞에 투구를 쓴 사람은 마찬가지로 소크라테스의 제자이자 군인이며 정치가인 알키비아데스Alkibiades, BC450~BC404이고, 모자를 쓰고 무언가를 열심히 듣고 있는 사람 역시 소크라테스의 제자이자 역사 저술가인 크세노폰Xenophon, BC430~BC355이다. 그리고 이들 앞에서 열심히 강의하고 있는 인물이 바로 소크라테스다. 한편, 소크라테스 옆에 녹색 옷을

〈아테네학당〉 부분도. 소크라테스(가장 오른쪽 인물)와 그 제자들.

입고 강의를 듣는 둥 마는 둥 하고 있는 사람은 마케도니아의 왕인 알렉산드로스Alexandros the Great, BC356~BC323다.

"모든 사람은 죽는다 / 소크라테스는 사람이다 / 그러므로 소크라테스도 죽는다."

소크라테스가 수학자인 필자에게 유독 특별하게 다가왔던 까닭은 바로 위 문장들 때문이다. 이는 연역법을 설명할 때 공식처럼 등장하는 것이기도 한데, 문장에 소크라테스가 나오는 이유는 연역법이 그의 주장에서 비롯했기 때문이다.

연역법을 설명할 때 단짝처럼 등장하는 것이 귀납법이다. 이 둘은 모두 논리적으로 이미 알고 있는 사항에서 미지의 사항이 올바르다는 것을 이끌어내기 위한 추론 방법이다. 하지만 연역법과 귀납법의 접근 방법은 정반대이다. 먼저 연역법은 전체에 성립하는 이론(가정)을 부분에 적용하는 것이다. 눈앞에 아름다운 벚꽃이 흐드러지게 피어 있는 모습을 보고 "모든 벚꽃은 시든다. 그러므로 이 벚꽃도 언젠가는 시들 것이다"라고 추론하는 것이 연역법이다. 반면 귀납법은 부분에 적용되는 것을 가지고 와서 전체에 통하는 이론을 이끌어 내는 것이다. 벚꽃을 다시 예로 들면, "작년에도 재작년에도 그 전년에도 벚꽃은 시들었다. 그러므로 벚꽃은 반드시 시든다"와 같이 추론하는 것이다.

수학에서 비롯된 '학문의 왕도'

〈아테네학당〉의 오른쪽 아래 한 무리의 사람들 틈에서도 수학자가 관찰된다. 먼저 허리를 숙인 채 컴퍼스로 무언가를 작도하고 있는 사람은 고대 그리스의 수학자인 유클리드Euclid Alexandreiae, BC330~BC275이고, 유클리드 뒤편에 천구의를 든 사람이 인류 최초로 유일신을 주장했고 우리에게 '차라투스트라'로 알려진 조로아스터Zoroaster, BC630~BC553이다. 그 앞에 뒤통수만 보이는 사람은 『수학대계』라는 천문학 책을 쓴 프톨레마이오스Ptolemaeus, 85~165다. 나중에 『수학대계』는 아라비아 사람들에 의해 '위대한 책'이라는 뜻의 『알마게스트』라는 제목으로 번역되었다. 『알마게스트』는 바로 앞에서 소개한 히파티아가 주석을 달아 새롭게 해설서를 펴낸 책이기도 하다.

유클리드가 쓴 『원론』은 모든 수학책의 표준이 되었는데, 오늘날 우리가 중학교와 고등학교 수학시간에 배우는 많은 내용이 지금으로부터 약 2300년 전에 저술된 『원론』에서 비롯한 것들이다. 지구상에서 『성경』 다음으로 많이 읽힌 책이라는 의미에서 일명 '수학의 성서'라 불리기도 한다.

그 당시 『원론』은 출간되자마자 대단한 화제를 불러일으켰다. 심지어 이 책이 출간되기 전에 나온 수학에 관한 책들은 한동안 자취를 감추었을 정도였다. 이로 인해 유클리드 이전의 수학적 업적이 누구의 것인가를 밝히는 작업은 지금까지 계속되고 있다. 그러나 정작 유클리드의 개인 신상에 대해서는 알려진 것이 그리 많지 않다.

〈아테네학당〉 부분도. 왼쪽부터 유클리드, 조로아스터, 프톨레마이오스.

유클리드는 기원전 323년 알렉산드로스 대왕이 죽고 이집트를 통치하게 된 프톨레마이오스시대에 살았던 인물로 추정된다. 그러한 추정을 뒷받침하는 것이 유클리드와 프톨레마이오스 1세 소테르Ptolemy I Soter, BC367~BC283 사이에 주고받은 '기하학의 왕도' 이야기다.

두 사람의 대화를 소개하기에 앞서 '왕도'라는 말의 유래부터 살펴보도록 하자. 여기서 왕도(王道)는 말 그대로 왕의 길을 의미하는 데, 중요한 역사적 배경을 담고 있다.

메소포타미아 지방은 기원전 1530년경에 고대 바빌로니아 왕국이 망하게 되자 혼란기에 접어들었다. 혼란기는 당시 아시리아인이 기병과 전차를 동원해 정복전쟁을 일으키는 기원전 900년경까지 이어졌다. 정복자들의 가혹한 지배로 인하여 끊임없이 반란이 이어졌고 결국 기원전

610년경에 왕국이 다시 멸망하면서 네 개의 나라로 쪼개지고 말았다. 그리고 얼마 지나지 않은 기원전 525년에 페르시아가 이 지역을 통일하게 되는데, 이것이 바로 유럽, 아시아, 아프리카에 걸친 '아케메네스 페르시아 제국'이다. 페르시아 제국은 최대 판도였을 당시 세 개 대륙에 걸친 대국이었다. 동쪽으로는 아프가니스탄과 파키스탄의 일부에서부터 이란, 이라크 전체 흑해 연안의 대부분의 지역과 소아시아 전체, 서쪽으로는 발칸 반도의 트라키아, 현재의 팔레스타인 전역과 아라비아 반도, 이집트와 리비아에 이르는 광대한 지역을 모두 차지했다.

페르시아 제국은 정복한 다른 민족에 대하여 풍습과 신앙의 자유를 인

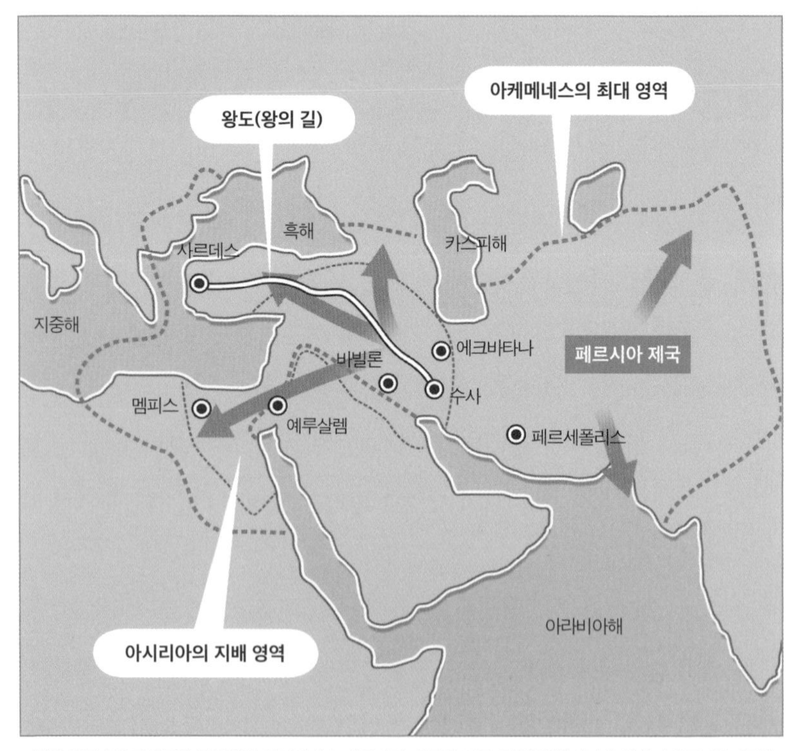

기원전 525년 오리엔트를 통일했던 아케메네스 페르시아 제국의 지도. 정치 중심지인 수사에서 사르데스까지 놓인 길이 바로 '왕도'이다.

정했다. 그리고 수도를 정치 중심지인 '수사', 겨울 궁전인 '바빌론', 여름 궁전인 '에크바타나' 등 세 개의 도시로 정했다. 고대 그리스의 역사가 헤로도토스Herodotos, BC484~BC425는 페르시아의 수도인 수사와 소아시아의 사르데스를 잇는 약 2400킬로미터의 길에 관해 언급하면서 상인이 3개월 걸리는 길을 왕의 사자(使者)는 1주일 만에 주파했다고 기록했다. 이 길이 바로 '왕도'이다.

자, 다시 유클리드와 프톨레마이오스 1세 소테르의 대화를 들어 보자. 워낙 오래된 사건이라서 출처를 정확하게 밝히는 것은 사실상 불가능하다. 그러나 대부분의 학자들은 유클리드가 당시 이집트의 왕인 프톨레마이오스 1세 소테르에게 다음과 같이 말했다고 여기고 있다.

프톨레마이오스 1세 소테르는 알렉산드리아대학교로 유클리드를 초빙하여 그에게서 기하학을 배우고 있었는데, 왕은 기하학이 너무 어려워 유클리드에게 물었다.

"기하학을 쉽게 배울 수 있는 방법이 없겠소?"

유클리드는 곰곰이 생각하다가 이렇게 말했다.

"왕이시어. 길에는 왕께서 다니시도록 만들어 놓은 왕도가 있지만 기하학에는 왕도가 없습니다."

유클리드의 말은 후대에 "학문에는 왕도가 없다"는 격언으로 설파되었다. 유클리드의 말을 되씹어 읽어 보니, 어쩌면 그는 왕에게 이런 말을 하고 싶었는지도 모르겠다. 권력으로 세상의 모든 것을 얻을 수 있다 하더라도 단 하나 구할 수 없는 게 있다면 그건 바로 '학문'이라고. 아무리 화려하고 거대한 왕궁이라도 결코 아테네학당보다 위대할 수 없는 이유가 여기에 있는가 보다.

자연은 항상 뛰어난 수학자이다.
자연이라는 수학자는 과일이
과육에 품고 있는 수분을 빼앗기지 않으려면
어떤 모양을 하고 있어야 할지를 알고 있었다.

디도 여왕과 생명의 꽃

한 폭의 풍경화 같은 정물화

다음 페이지의 정물화는 세잔Paul Cézanne, 1839~1906의 대표작 〈사과와 오렌지〉다. 그의 정물화는 매우 독특한데, 이 작품을 보면 왼쪽에 놓인 과일 접시와 중앙에 높이 솟아오른 과일 그릇, 오른편에 화려하게 장식된 포트의 시점이 각기 다르다. 한 시점에서 대상을 포착해야 한다는 전통적인 원근법에서 벗어나 여러 시점에서 대상을 묘사하는 이와 같은 방법은 현대미술에 큰 영향을 끼쳤다.

세잔은 정물화를 그릴 때 사물을 보이는 대로 그리지 않고 창조적인 그림을 그리려고 노력했다. 그는 사과와 오렌지 등 정물의 위치를 자기 마음대로 바꾸고 구성하면서 대상의 질서 자체를 파괴하는 것이 미술의 진정한 힘이라고 생각했다. 또 사물의 본질을 찾으려 애썼고, 과일의 색조가 서로 보색을 이루도록 초록색 과일은 붉은색 옆에 노란색 과일은 푸른색 옆에 배치하여 자신이 원하는 구도가 나올 때까지 과일을 다양한 각도로 놓고 바라보면서 최고의 위치를 찾아내는 작업을 계속했다.

〈사과와 오렌지〉에서 흰색 식탁보는 사과와 오렌지의 싱싱함을 더욱

폴 세잔, 〈사과와 오렌지〉, 1900년경, 캔버스에 유채, 74×93cm, 파리 오르세미술관

빛나고 도드라지게 만드는 역할을 한다. 이 작품에는 대상들이 여러 모양과 색의 조화를 이루며 빼곡하게 들어차 있기 때문에 마치 한 폭의 풍경화처럼 느껴지기도 한다. 기존 정물화의 구성에서 안정감을 주던 테이블의 직사각형 틀이나 정물 뒤에 위치한 벽이 주는 평면감은 사라지고 없다. 대신에 자연스럽게 접힌 식탁보와 소파의 천이 공간 전체에 드리워져 있다. 그래서 전통적으로 정물화의 수직 · 수평적 구성에서 볼 수 있는 안정된 느낌을 찾을 수는 없지만 정물이 화면 중심으로 쏠리는 듯한 역동성을 느낄 수 있다. 이런 불안정한 구도에도 불구하고 각각의 과일들과 그 배치는 매우 견고해 보여 세잔이 추구했던 상대적 운동감과 견고한 체계가 반영되어 있음을 느낄 수 있다. 상징주의 화가이자 미술학자 모리스 드니Maurice Denis, 1870~1943는 다음과 같이 말했다.

"세잔의 사과는 그의 미술세계를 엿보게 하는 단초를 제공한다."

하찮은 과일 몇 알이 시대를 뒤흔든 위대한 화가를 탄생시키는 순간을, 드니는 목도한 것이다.

짐 쌓기에서 비롯한 케플러의 추측

세잔은 후기 인상파 화가였지만 빛의 변화에 따라 화려하게 꾸며 내는 채색법에 반발하여 물체가 지닌 변하지 않는 고유의 색과 형태를 극단적으로 추구하는 독자적 화풍을 완성했다. 세잔에게 사과의 둥근 형태와 여러 색이 조합된 색채는 색을 표현하는데 가장 적합한 주제였다.

앞에서 살펴본 그림과 또 다른 세잔 작품인 〈사과〉에서 모두 둥그런 과일들을 정사면체 모양으로 쌓아 올린 것을 볼 수 있다. 과일을 쌓을 때 이

폴 세잔, 〈사과〉, 1890년, 캔버스에 유채, 38.5×46cm, 개인 소장

런 모양으로 쌓는 것이 가장 좋다는 것은 누구나 알고 있다. 과일을 정사면체 모양으로 쌓아 올리는 것이 가장 좋다는 것이 바로 '케플러의 추측'이라는 유명한 수학문제다.

이 문제는 영국의 항해 전문가인 월터 랠리 경Sir Walter Raleigh, 1552~1618으로부터 시작되었다. 그는 1590년대 말 항해를 위해 배에 짐을 싣던 중, 자신의 조수였던 토머스 해리엇Thomas Harriot, 1560~1621에게 배에 쌓여 있는 포탄 무더기의 모양만 보고 그 개수를 알 수 있는 공식을 만들라고 했다. 뛰어난 수학자이기도 했던 조수 해리엇은 특별한 모양의 수레에 쌓여 있는 포탄의 개수를 알 수 있는 간단한 표를 만들었다. 해리엇은 특정 형태로 쌓여 있는 포탄의 개수를 계산하는 공식을 고안했을 뿐만 아니라, 배에 포탄을 최대한 실을 수 있는 방법을 찾으려고 했다. 그러나 그는 자신이 이 문제를 해결할 수 없다고 생각하여, 당시 최고의 수학자이자 천문학자인 케플러Johannes Kepler, 1571~1630에게 이 문제에 대한 편지를 보냈다.

케플러는 이것과 관련된 문제를 1611년 자신의 후원자인 와커John Wacker에게 헌정한 「눈의 6각형 결정구조에 관하여」라는 논문에서 처음으로 거론했다. 케플러는 눈송이에 대하여 언급한 이 논문에서 평면을 일정한 도형으로 채우는 문제를 생각했다. 평면을 완전하게 채울 수 있는 가장 간단한 도형이 정삼각형이라는 사실로부터 케플러의 문제를 들여다보자.

백 원짜리 동전 여러 개를 평평한 탁자 위에 올려놓고 이리저리 움직여 붙여 보자. 동전의 밀도 즉, 전체 공간에 대해 동전이 차지하는 공간의 비율을 가장 높게 배열하는 방법은 여섯 개의 동전들이 하나의 동전을 둘러싸도록 하는 것이다. 따라서 동전들을 정육각형 형태로 규칙적으로 배열하면 평면을 덮을 수 있다.

동전을 정육각형 모양으로 배열했을 때, 이 배열의 밀도를 수학적으로 계산하면 0.907, 즉 평면의 약 90.7%를 덮을 수 있다. 참고로 동전을 정사각형 모양으로 배열하여 평면을 덮을 때의 밀도는 약 0.785이므로 평면의 약 78.5%를 덮을 수 있다는 것을 알 수 있다.

케플러는 물질을 구성하는 작은 입자들의 배열 상태를 연구하던 중에 부피를 최소화시키려면 입자들을 어떻게 배열시켜야 할지를 생각했다. 모든 입자들이 공과 같은 구형

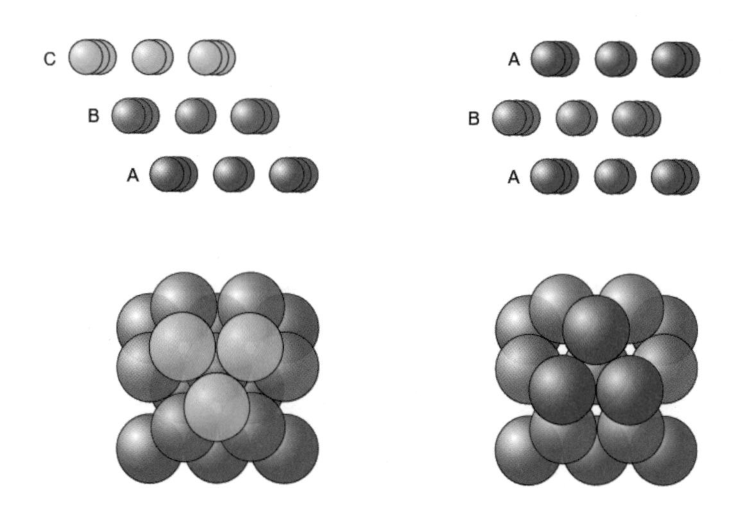

이라고 한다면 어떻게 쌓는다 해도 사이사이에 빈틈이 생긴다. 문제는 이 빈틈을 최소한으로 줄여서 쌓인 공이 차지하는 부피를 최소화시키는 것이다. 이 문제를 해결하기 위해 케플러는 여러 가지 다양한 방법에 대하여 그 효율성을 일일이 계산해 보았지만, 끝내 결론을 내리지 못하고 추측만을 남겨 놓게 되었다. '케플러의 추측'은 약 400년 동안이나 수학자들을 괴롭히다가, 결국 1998년경 미시건대학교 수학교수 토머스 할스 Thomas Hales, 1958~에 의해 증명되었다. 즉, 3차원 공간에서 여러 개의 구를 가장 밀집하게 배열하는 방법은 위의 그림과 같은 '육방최밀격자' 혹은 '면심입방격자' 구조로, 케플러가 처음 제안했던 모양과 같다는 것이다.

'디도의 문제'에 봉착한 수학자들

자, 이제 케플러의 추측에서 한 걸음 더 들어가 보자. 입자의 배열에 빈틈이 생기는 원인은 바로 입자가 구형이기 때문이다. 그래서 처음 세잔의

피에르 나르시스 게랭, 〈디도에게 트로이 전쟁을 이야기하는 아이네이아스〉, 1815년, 캔버스에 유채, 292×390cm, 보르도미술관

정물화로 돌아가 이런 질문을 던져 보자.

'그런데 사과를 비롯한 거의 모든 과일은 왜 둥근 모양일까?'

자연은 항상 뛰어난 수학자이다. 자연이라는 수학자는 과일이 과육에 품고 있는 수분을 빼앗기지 않으려면 어떤 모양을 하고 있어야 할지를 알고 있었다. 어떤 물체의 수분 손실은 그 물체의 겉넓이에 비례한다. 즉, 물체를 덮고 있는 표피가 넓으면 넓을수록 증발로 인해 더 많은 수분을 빼앗긴다. 따라서 모든 과일은 번식을 위하여 과육의 부피를 최대로 하며 겉넓이를 가장 작게 하는 쪽으로 진화했다. 그 답이 바로 지금과 같은 둥근 공 모양의 과일이다. 이 문제를 우리는 '디도의 문제(Dido's Problem)'라고 한다. 디도의 문제를 이해하기 위해서는 그리스신화에 나온 디도 이야기를 알고 있어야 한다.

그리스신화는 많은 화가들에 의하여 명화로 재탄생되었다. '엘리사'라고도 하는 카르타고의 여왕 '디도'에 관한 이야기도 화가들이 즐겨 그린 그리스신화 가운데 하나다. 로마를 세운 그리스의 영웅 아이네이

아스(Aeneias)와 디도의 비극적인 사랑은 많은 화가들이 즐겨 그린 단골 소재다.

왼쪽 그림은 프랑스 화가 게랭Pierre-Narcisse Guérin, 1774~1833이 그린 〈디도에게 트로이 전쟁을 이야기하는 아이네이아스〉다. 이 그림은 디도가 페니키아를 탈출하여 카르타고를 세운 이후의 이야기를 그린 것이다.

디도 이야기는 지금부터 약 2800년 전 고대 그리스시대로 거슬러 올라간다. 페니키아의 폭군 피그말리온의 여동생 디도는 오빠의 폭정을 피해 자신의 추종자와 몇몇 원로원 의원을 데리고 북아프리카의 해안에 도착한다. 디도는 그곳 원주민의 통치자였던 얍(Yarb)에게 자신이 가져온 황금을 줄 테니 땅을 팔라고 요청한다. 얍은 땅을 팔 생각이 없었지만 디도의 설득에 넘어가 황소 한 마리의 가죽으로 최대한 둘러쌀 수 있는 만큼만 팔겠다고 한다. 디도는 언덕을 둘러쌀 수 있도록 가늘게 쇠가죽을 잘라 영역을 정하였고, 이 언덕은 가죽이라는 뜻의 '비르사(Byrsa)'라고 불리게 되었다. 디도는 비르사에 요새를 만들고 백성들을 잘 다스려 조그마한 지역을 도시로 번성시켰다. 나중에 이 도시는 '카르타고'라고 불리게 되었다. 오른쪽 조각은 프랑스의 조각가 카이요Claude-Augustin Cayot, 1667~1722의 작품으로, 연인 아이네이

클로드 오귀스탱 카이요, 〈디도의 죽음〉, 1711년, 대리석, 높이 86.8cm, 파리 루브르박물관

아스가 떠나자 디도가 목숨을 끊으려 하는 순간을 묘사한 것이다.

이 신화 속 이야기에는 중요한 수학문제가 담겨 있는데, '디도의 문제'로 불리는 등주문제(isoperimetric problem)가 바로 그것이다. 등주문제는 둘레의 길이가 L인 단일폐곡선으로 넓이가 최대가 되는 도형을 만드는 문제다. 공간에서는 곡면의 겉넓이 S가 주어졌을 때 부피 V가 최대가 되는 입체를 구하는 것이다.

등주문제에 대한 엄밀한 증명은 19세기에 들어서 스위스 수학자 슈타이너Jacob Steiner, 1796~1863에 의해 우여곡절 끝에 이뤄졌다. 스타이너는 둘레의 길이가 일정할 때 가장 넓은 넓이를 갖는 것이 '원'임을 밝혔다.

과일 쌓기나 디도의 문제에서 살펴보았듯이, 원은 단순하게 보이지만 매우 다양한 특성을 지닌 도형이다. 여러 개의 원을 겹쳐서 그리면 '생명의 꽃'이라는 문양을 만들 수 있는데, 이는 뉴에이지 작가인 멜키체덱Drunvalo Melchizedek, 1941~이 고안해 이름을 붙인 패턴이다.

꽃 모양 패턴에서 이름이 유래한 '생명의 꽃'은 열아홉 개의 합동인 원으로 만든다. '생명의 꽃'은 가장 바깥쪽에 있는 큰 원 안에 서로 접하게 여섯 개의 원을 그리고, 원이 접하는 점을 중심으로 다시 같은 크기의 원 여섯 개를 그린다. 열두 개의 원이 만나는 점을 중심으로 다시 여섯 개의 원을 그리고, 마지막으로 가운데에 하나를 그리면 '생명의 꽃'이 완성된다.

멜키체덱이 고안한 '생명의 꽃' 패턴과 이를 응용해 만든 펜던트.

'생명의 꽃'을 완성한 뒤, 문양이 있는 책의 페이지

를 비스듬하게 아래쪽에서 올려 보면 가운데에 여섯 개의 물방울이 보이고, 대칭적으로 다섯, 넷, 세 개의 물방울이 늘어서 있는 것을 볼 수 있다. 마찬가지 각도에서 책을 서서히 돌리면 네 모둠의 물방울로 된 줄들을 볼 수 있다. 그림을 경사지게 보면 점들과 선들 사이의 거리가 달라지고 눈이 점을 연결하는 가장 가까운 거리도 달라져 보이는 것이다.

'생명의 꽃'의 고리에 얽힌 수학적 맥락을 밝히다

'생명의 꽃'의 기초가 되는 것은 '생명의 삼각대'라고도 불리는 '보로메오 고리(Borromean Ring)'이다. 세 개의 고리가 서로 엉켜 있는 모양으로, 르네상스시대 그 모양을 가문의 문장으로 사용한 이탈리아 가문의 이름을 따서 보로메오 고리라고 한다. 흥미로운 것은 이 고리 세 개 중에 하나만 잘라도 세 개 모두 흩어져 버린다는 점이다.

보로메오 고리.

스코틀랜드의 수학자이자 물리학자인 피터 거스리 테이트Peter Guthrie Tait, 1831~1901는 1876년에 이 고리들을 수학적 맥락에서 검토하기 시작했다. 각 고리의 교차에 대해서는 위 또는 아래 두 가지 선택이 가능하기 때문에, $2^6=64$가지나 가능한 교차 패턴이 존재한다. 대칭성을 고려한다면, 이 패턴들 중 기하학적으로 서로 다른 것은 열 개뿐이다. 그리고 이 고리는 오늘날 수학의 한 분야인 '매듭이론'과 깊은 관련이 있다. 수학에서 매듭을 학문적으로 연구하게 된 계기는, 분자의 화학적 성질이 이를 구성하는 원자들이 어떻게 꼬여서 매듭을 이루고 있는가에 달려 있다는 켈빈Kelvin의

볼텍스(vortex)이론에서 비롯했다. 본명이 윌리엄 톰슨William Thomson, 1st Baron Kelvin, 1824~1907으로, 그의 다른 이름인 켈빈은 스코틀랜드 글래스고대학교 캠퍼스 앞에 흐르던 강 이름인 켈빈강을 따 남작 작위를 받으면서 지은 것이다. 수리물리학자인 그는 절대온도의 단위인 켈빈(K)으로 유명하다.

수학에서 매듭이론은, 간단히 말하면 매듭의 교차점의 수에 따라 매듭을 분류하는 것이다. 매듭을 분류하기 위해서 가장 먼저 해야 할 일은 두 매듭이 어떤 경우에 같은 매듭인지 정의하는 것이다. 매듭이론에서 가장 간단한 매듭은 꼬인 곳이 없는 매듭으로, 아래의 왼쪽 그림과 같은 원형 매듭(또는 풀린 매듭)이다. 아래 그림에서 원형매듭 이외의 나머지 매듭은 모두 끈을 조금씩 움직이면 원형매듭과 같은 매듭이 되므로 사실 이들은 모두 원형매듭이다.

매듭에서 두 번째로 쉽게 생각할 수 있는 것은 일반적으로 한 번 묶었을 때 나타나는 모양의 매듭의 양 끝을 연결한 매듭이다. 그런데 이 매듭

자명한 매듭인 원형매듭

3차원 공간에서 꼬아 놓은 상태를 조금씩 움직이면 왼쪽의 원형매듭이 된다.

일반적으로 한 번 묶는 매듭

왼세잎매듭

오른세잎매듭

은 다음 그림과 같은 왼세잎매듭과 오른세잎매듭 두 종류가 있다. 얼핏 보기에는 단순해 보이는 두 매듭이 같은 매듭인 것처럼 보이지만 두 매듭은 서로 다르다는 것이 이미 증명되었다.

여러 가지 방법으로 분류된 매듭은 교차점의 개수에 따라 다음 그림과 같이 분류하는데, 예를 들어 그림에서 6_3은 교차점이 여섯 개인 매듭의 세 번째 모양이라는 뜻이다. 분류된 매듭의 이름은 3_1은 세잎매듭, 4_1은 8자매듭, 5_1은 오엽매듭 등과 같이 보통 그들의 모양에 따라서 붙여진다.

오늘날 매듭이론은 DNA의 구조나 바이러스의 행동방식을 연구하는데 중요하게 활용되고 있다. 세잔이 몇 알의 사과를 보고 커다란 예술적 성과를 거뒀듯이 수학과 과학도 하찮아 보이는 일상에서 위대한 발견을 이뤄낸 것이다. 예술가와 수학자 그리고 과학자의 창의적인 눈과 두뇌가 하나의 매듭으로 이어질 때 세상이 보다 아름답게 진화할 수 있음을 깨닫게 된다.

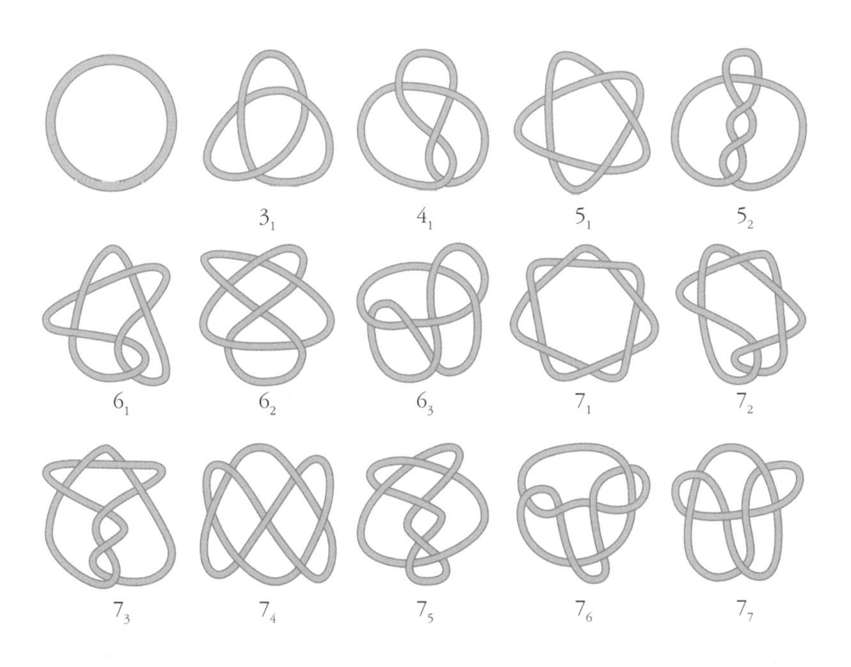

일대일 대응은 아주 오래전부터
수를 세는 기초 개념으로 인식되어 왔으며 지금도 사용되고 있다.
일대일 대응 원리에 의하여 시작된 수는 기호를 사용하면서
매우 다양하게 발전해 왔다.

수의 개념에 관한 역사

10년 넘게 이어진 지난한 전쟁을 종식한 목마

고대 시인 호메로스Homeros, BC800~BC750가 쓴 대서사시 〈일리아스〉와 〈오디세이아〉로도 많이 알려져 있는 트로이 전쟁은 신화시대를 통틀어 가장 위험하고 긴 싸움이었으며, 많은 영웅들을 희생시킨 격전이었다.

트로이 전쟁 이야기는 트로이 왕의 막내아들인 파리스가 스파르타에 외교사절로 갔다가 스파르타의 왕 메넬라오스의 아름다운 아내 헬레네와 트로이로 달아나면서 시작된다. 아가멤논을 총사령관으로 하는 그리스 동맹군은 지중해를 건너 트로이와 전쟁을 시작했다. 쉽게 끝날 것 같았던 전쟁은 양쪽의 전력이 팽팽해서 무려 10년 동안이나 계속되었다.

너무 길어진 전쟁에 그리스 동맹군은 점점 지쳐 갔고 군대를 철수시키자는 이야기가 오갔다. 이때 지혜로운 전사 오디세우스는 커다란 목마 속에 그리스 군대를 숨겨 놓는 위장 전술로 마지막 승부수를 띄웠다. 목마만 놓고 철수했다가 트로이군이 방심하는 틈을 타 불시에 공격하려는 속셈이었다. 오디세우스는 스파이를 시켜 그리스 군대가 아테나 여신을 위해 목마를 남겨 놓고 철수했다는 거짓 소문을 트로이에 퍼트렸다. 스파이의 말을 믿은 트로이 사람들은 목마를 아무런 의심 없이 성문 안으로 끌고 들어갔다. 이윽고 트로이 사람들이 모두 잠든 밤에 목마 안에 몰래 숨어 있던 그리스 군대가 기습을 펼치며 트로이의 성문을 열어젖혔다. 결국 트로이는 전쟁에 패해 역사 속으로 사라지고 말았다.

이 그림은 목마를 트로이 사람들이 성 안으로 들여놓고 있는 장면을 묘사한 것이다. 이 작품은 이탈리아 화가 티에폴로Giovanni Battista Tiepolo, 1696~1770가

지오반니 바티스타 티에폴로, 〈트로이 목마〉, 1760년경, 캔버스에 유채, 39×67cm, 런던 내셔널갤러리

그린 〈트로이 목마〉다. 티에폴로의 작품 중에는 베네치아 로코코 회화의 전형을 보여 주는 것들이 많다.

'로코코(rococo)'라는 말은 프랑스어 '로카유(rocaille)'에서 유래한다. 로카유는 조개껍질 세공(細工)이나 모양을 뜻하는데, 당시 프랑스에서 유행한 화려한 장식의 패턴과 닮았다. 로코코는 주로 바로크 양식과 대비된다. 바로크의 풍만하고 장중한 이미지가 로코코에서는 화려한 세련미로 바뀌게 된다.

로코코 양식에 기반한 티에폴로의 작품들은 가볍고 들떠 있는 분위기를 자아내며, 화면 곳곳이 환상적인 세부 묘사로 채워져 있다. 〈트로이 목마〉를 보면, 승리에 취해 들떠 있는 트로이 사람들의 흥분한 모습에서 목마 속에 숨어 있는 그리스 군대에 대한 생각은 전혀 없어 보인다. 밧줄로 목마를 끌고 있는 트로이 사람들의 오른쪽을 어둡게 표현하여 그들에게 곧 닥칠 것이 죽음임을 암시하고, 상대적으로 목마는 밝게 채색해 승리의 도구임을 짐작하게 한다.

트로이 목마의 침투를 막는 일방향함수

오늘날 트로이 목마는 상대방이 눈치 채지 못하게 몰래 침투하여 무너뜨릴 때 사용하는 관용구이기도 하지만, 컴퓨터의 악성코드(malware)로 더 유명하다. 악성코드 중에는 마치 유용한 프로그램인 것처럼 위장하여 사용자들로 하여금 거부감 없이 설치를 유도하는 프로그램들이 있는데, 이들을 '트로이 목마'라고 한다.

트로이 목마는 해킹 기능을 가지고 있어 인터넷을 통해 감염된 컴퓨터의 정보를 외부로 유출하는 것이 특징이지만 바이러스처럼 다른 파일을 전염시키지 않으므로 해당 파일만 삭제하면 치료가 가능하다. 그런데 트로이 목마의 가장 위험한 점은 감염된 컴퓨터를 사용할 때 누른 자판 정보를 외부에 알려 주기 때문에 신용카드 번호나 비밀번호 등이 유출될 수 있다는 사실이다. 다행히 트로이 목마와 같은 악성 프로그램을 막아내고 치료할 수 있는 백신 프로그램들이 많이 개발되어 있다. 백신 프로그램들에는 대부분 '함수'를 활용한 덫이 설치되어 있다.

트로이 목마와 같은 악성코드를 막기 위해서는 일종의 '덫(trapdoor)'이 필요한데, 여기서 말하는 덫은 정보를 한쪽 방향으로 보내기는 쉽지만 그 반대 방향으로 보내는 것은 매우 어렵도록 만든 것이다. 이를테면 인터넷을 사용하는 사람들이 원하는 사이트에 접속하여 필요한 정보를 얻을 때, 필요한 정보를 사용자의 컴퓨터로 쉽게 다운받을 수 있지만 악성코드는 침입하기 어렵게 하는 안전장치가 바로 덫이다. 이런 덫을 가리켜 수학에서 '일방향함수(one-way function)'라고 한다.

수학에서 두 유한집합 A, B 사이에 정의된 일대일 대응 f:A→B에 대하여 각 원소 a∈A의 함숫값 $f(a)$는 쉽게 계산해 낼 수 있지만, f의 역함수

f^{-1}:B→A를 얻기가 상당히 어려울 때, 즉 각 원소 b∈B에 대하여 $f^{-1}(b)=a$인 원소 a∈A를 구하기가 어려울 때, 함수 f를 일방향함수라고 한다.

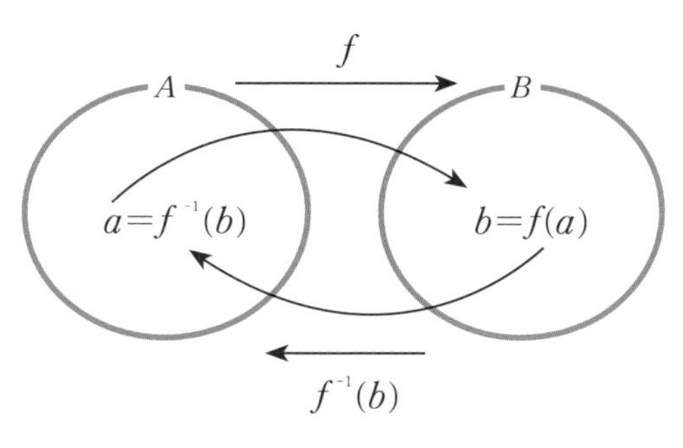

특히, 일방향함수 f:A→B에 대하여 추가적인 정보(덫문)를 가지고 있는 경우에만 역함수 f^{-1}:B→A를 쉽게 구할 수 있을 때, f를 '덫문 일방향함수(trapdoor one-way function)'라고 한다.

일방향함수의 가장 간단한 예는 소인수분해인데, 어떤 자연수의 소인수분해는 그 자연수를 소수의 곱으로 나타내는 것이다. 예를 들어 두 소수 137과 149를 곱한 결과 137×149=20413을 얻기는 쉽지만, 반대로 20413이 주어졌을 때 이 수가 어떤 두 소수의 곱인지 아는 것은 쉽지 않다. 즉, 두 소수의 곱은 쉽지만 반대로 소인수분해는 쉽지 않으므로 소인수분해는 일방향함수이다.

비밀번호 안에 담긴 비밀스러운 원리

오늘날 거의 모든 암호는 이와 같은 일방향함수를 사용하여 정보를 암호화하여 보호한다. 컴퓨터를 이용한 통신에 대한 수요와 공급이 확대됨에 따라 군사 및 외교 분야에서만 사용되어 왔던 암호(cipher)를 이용한 통신이 이제 정보의 전송(transmission) 및 저장에 이용될 뿐 아니라, 제3자에 의한 도청 또는 노출을 막기 위해 상업용 통신이나 개인 사이의 통신 또는 전자계산기 보안(security) 분야에 이르기까지 폭넓게 활용되고 있다. 따라서 각종 정보를 안전하게 유지하는 방법은 정보를 암호화(encryption)하는 것이다.

비밀유지를 요하는 통신문을 평문(plaintext)이라고 하고, 이 평문을 일정한 기호나 수로 고쳐 놓은 것을 암호문(ciphertext)이라고 한다. 송신자는 여러 개의 열쇠(key) 중에서 적당한 열쇠를 택하여 평문을 암호문으로 전환시켜 전송하고, 합법적인 수신자는 이 열쇠 또는 다른 열쇠를 이용하여 수신된 암호문을 본래의 평문으로 복호(復號, decryption)한다. 암호문의 비밀유지에 유의하여 공격자가 암호문을 평문으로 복원하는 일이 대단히 어렵거나 거의 불가능하도록 평문을 암호화하는 방법을 '암호기법(cryptography)'이라고 한다. 그리고 열쇠에 대한 지식 없이 평문이나 열쇠를 알아내거나 한정된 자료만을 이용하여 암호문으로부터 평문과 열쇠를 모두 탐지해 내는 것을 '암호해독(cryptanalysis)'이라고 한다. 암호기법과 암호해독 모두를 연구하는 학문을 '암호학(cryptology)'이라고 한다. 389쪽의 다이어그램은 평문을 암호화하여 암호문으로 송신하고 또 수신된 암호문을 다시 평문으로 복호하는 방식을 나타낸 것이다.

다이어그램에서 P, C는 각각 평문(plaintext)과 암호문(ciphertext)을 뜻하고 또 K_e, K_d는 각각 암호화 열쇠, 복호 열쇠를 뜻한다. 위와 같은 암호체계는 평문을 암호화하는 방법에 따라 '비밀열쇠 암호체계(secret-key cipher system)'와 '공개열쇠 암호체계(public-key cipher system)' 두 가지로 나뉜다.

비밀열쇠 암호체계에서는 암호화열쇠 K_e와 복호열쇠 K_d가 동일하기 때문에 '대칭 암호체계(symmetric cipher system)'라고 한다. 공개열쇠 암호체계에서는 암호화열쇠 K_e와 복호열쇠 K_d가 서로 다르고, 또 암호화열쇠는 공개하지만 복호열쇠는 비밀로 보관한다. 이러한 의미에서 공개열쇠 암호체계를 비대칭 암호체계(asymmetric cipher system)라고 한다.

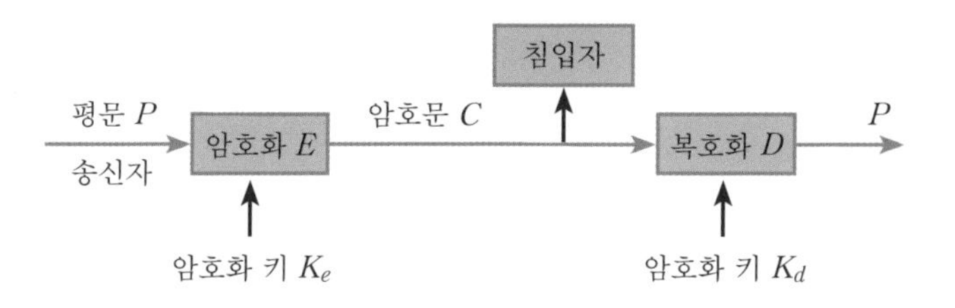

공개열쇠 암호체계로서 널이 이용되고 있는 RSA 암호체계는 이를 처음으로 연구한 수학자 론 리베스트Ron Rivest, 1947~와 아디 셰미르Adi Shamir, 1952~, 레오나르드 아델만Leonard Adleman, 1945~의 성의 이니셜을 합성한 용어다. 공개열쇠 암호체계에서 평문을 암호문으로 만들 때 앞에서 설명했던 두 소수의 곱이 이용되고, 암호문을 다시 평문으로 복호할 때 소인수분해를 이용한다고 이해하면 된다. 즉, 평문을 암호문으로 만들기는 쉽지만 암호문을 원래대로 되돌리기는 매우 어려운 것이 공개열쇠 암호체계다.

폴리페모스의 양 세는 법

다시 트로이 전쟁 이야기로 돌아가 보자. 트로이 전쟁에서 그리스 군대가 승리를 거두기는 했지만 상처뿐인 영광이었다. 특히 트로이 목마로 승리의 일등공신인 오디세우스는 포세이돈의 미움을 사서 10년 동안 고향에 돌아가지 못하고 떠돌아다니는 신세가 됐다.

오디세우스가 포세이돈의 미움을 산 이유는 외눈박이 거인 폴리페모스 때문이다. 바다를 떠돌던 오디세우스 일행은 식량과 물이 떨어져 외눈박이 거인 폴리페모스가 사는 섬에 가게 되었다. 그곳에서 오디세우스 일행은 폴리페모스에게 잡혀 동굴에 갇혔다. 오디세우스는 폴리페모스에게 포도주를 잔뜩 먹인 후 술에 취한 거인의 눈을 창으로 찔러 시력을 잃게 했다.

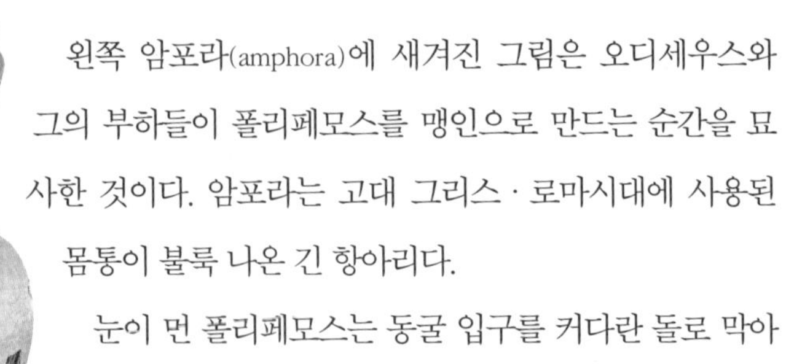

암포라에 새겨진 오디세우스 일행과 폴리페모스.

왼쪽 암포라(amphora)에 새겨진 그림은 오디세우스와 그의 부하들이 폴리페모스를 맹인으로 만드는 순간을 묘사한 것이다. 암포라는 고대 그리스 · 로마시대에 사용된 몸통이 불룩 나온 긴 항아리다.

눈이 먼 폴리페모스는 동굴 입구를 커다란 돌로 막아 오디세우스 일행이 도망가지 못하도록 했다. 하지만 오디세우스는 영민한 기지를 발휘해 동굴을 무사히 탈출했다. 오디세우스가 거인의 동굴을 어떻게 탈출했는지 플랑드르 출신의 화가 요르단스Jacob Jordaens, 1593~1678가 그린 〈폴리페모스 동굴 속의 오디세우스〉를 보면 알 수 있다.

그림 속에는 양을 세 마리씩 묶고 있는 오디세우스와 그의 뒤에서 차례를 기다리고 있는 그의 부하들이 묘사되어 있다. 폴리페모스의 발밑을 자세히 보면 양 밑에 얼굴 하나가 눈에 띈다. 오디세우스는 부하들에게 양들을 덩굴로 세 마리씩 묶고, 가운데 양의 배에 거꾸로 달라붙어 밖으로 나가자고 했다. 이윽고 아침이 되자 양들이 동굴에서 내보내 달라고 울었다. 그 소리에 폴리페모스는 더듬거리며 동굴의 입구로 양들을 몰아갔다. 동굴 입구에서 커다란 바위를 치운 폴리페모스는 양들을 밖으로 몰고 나갔다.

시력을 잃은 가엾은 거인은 양들의 등을 만지며 사람이 아닌지 확인했다. 이때 오디세우스 일행은 가운데 양의 배에 거꾸로 매달려 무사히 동굴을 빠져 나올 수 있었다. 이 일로 바다의 신 포세이돈의 미움을 받은 오디세우스는 고향으로 돌아가는데 무려 10년의 세월이 필요했다.

맹인이 된 폴리페모스는 동굴에서 양떼를 키우며 살았는데, 아침에 동굴 입구에 앉아서 양들을 한 마리씩 동굴에서 나오게 할 때마다 조약돌 한 개씩을 동굴 밖에 놓았다. 그리고 저녁에 양들이 돌아오면 밖에 놓아

야콥 요르단스, 〈폴리페모스 동굴 속의 오디세우스〉, 1635년, 캔버스에 유채, 76×96cm, 모스크바 푸시킨박물관

두었던 조약돌을 한 개씩 동굴 안으로 들여놓았다. 그렇게 해서 양들이 모두 동굴로 돌아왔는지 확인했다.

'일대일 대응'의 기원

폴리페모스 이야기는 수를 셀 때 사용하는 방법으로, '일대일 대응'이다. 손으로 하나씩 만져서 확인하거나 조약돌을 이용하는 것이 모두 하나에 하나씩 짝지어 대응하는 것이기 때문이다. 조약돌은 라틴어로 'calculus'라고 하는데, 오늘날 '계산하다'라는 단어 'calculate'의 어원이다. 이것으로 보아 조약돌을 이용한 계산 방법이 아주 오래전부터 널리 사용되어 왔음을 추측할 수 있다. 즉, 물건 하나에 조약돌 한 개, 물건 둘에 조약돌 두 개를 놓는 방법으로 수를 표현하며 계산했던 것이다.

계산 방법 중 매듭을 이용하는 것도 유서 깊다. 페루의 잉카인들은 수확하여 모은 곡식의 각 단을 기록하기 위하여 매듭을 지어 사용했다. 오른쪽 사진은 잉카인들이 사용했던 매듭이다. 각각의 끈은 색깔마다 다른 의미를 지니고 있고, 지어진 매듭의 수가 같아도 매듭이 지어진 형태에 따라 나타내는 의미가 다르다.

한편, 조약돌이나 매듭을 사용하여 수를 표현했던 인류에게 한 가지 문제가 있었다. 매듭이나 조약돌과 같이 수를 표현할 수 있는 것들이 없을 때는 그 수를 표현할 방법이 사라진다는 것이다. 그래서 인류는 수에 각각 적당한 이름을 붙이게 되었는데, 인류가 수의 개념을 인식하는 과정은 언어에도 남아있다. 고대 인류는 분명히 맨 처음에는 둘까지만 세었고, 그보다 많은 개수에 대하여 단순히 '많다'라고만 했다. 그래서 여러 언어에는 '하나, 둘, 둘보다 많다'고 하는 세 가지 구별법이 남아 있다. 이로부터 오늘날 사용되고 있는 여러 언어에는 하나를 나타내는 단수와 여럿을 나타내는 복수의 두 가지 구별이 생기게 된 것이다.

우리의 경우는 어땠을까? 1부터 10까지 수를 세는 우리나라 고유의 수사는 하나, 둘, 셋, 넷, 다섯, 여섯, 일곱, 여덟, 아홉, 열이다. 우리 민족이 언제부터 이와 같은 수사를 사용했는지 정확하게는 알 수 없지만, 하나는 태양과 같은 말인 해의 옛말 ' ᄒᆞᆫ(日)', 둘은 달의 옛말인 'ᄃᆞᆯ(月)', 셋은 '설(年)'에서 비롯되었다고 한다. 또 다섯과 열은 선조들이 손가락셈을 했다는 흔적이다. 다섯은 손가락을 하나씩 꼽으면서 셈을 하다 보면 다섯 번째에는 손가락이 모두 닫히기 때문에 '닫힌다'에서 비롯되었다고 한다. 열은 닫힌 손가락을 하나씩 펴 가다 마침내 10이 되면 모두 열리기 때문에 '열린다'에서 비롯되었다고 한다. 물론 언어학적으로 엄격한 학술적

잉카인들이 사용한 매듭.

근거와 사료의 뒷받침이 있어야 하겠지만, 이런 말들은 우리 선조들이 오랜 세월 손가락셈을 해 왔음을 추측하게 하는 증거다.

수의 개념을 인식하는 과정에서 같은 개수이지만 서로 같다는 것을 알지 못했다는 증거도 발견되는데, 서로 다른 물건에 대하여 같은 개수를 부르는 이름이 다르다는 것이 이를 방증한다. 예를 들어 영어에 '한 쌍'을 나타내는 말로 team(한 쌍의 말), span(한 쌍의 노새), yoke(한 쌍의 소), pair(한 켤레의 신발)와 같이 여러 가지 표현이 있다.

어쨌든 일대일 대응은 아주 오래전부터 수를 세는 기초 개념으로 인식되어 왔으며 지금도 사용되고 있다. 일대일 대응 원리에 의하여 시작된 수는 기호를 사용하면서 매우 다양하게 발전해 왔다. 이를테면 12를 기본으로 하여 시간을 계산하고 1년을 열두 달로 나누는 12진법, 각도와 시간에서 1시간을 60분으로 1분을 60초로 나누는 60진법, 현재 컴퓨터에서 사용되고 있으며 동양의 음양사상을 바탕으로 한 2진법, 그리고 오늘날 보편적으로 사용하는 10진법 등이 있다. 10진법은 단순히 생물학적인 이유, 즉 인간의 손가락이 열 개인 데서 비롯되었다고 한다.

원을 그릴 때 사용하는 도구인 컴퍼스는
성경에도 나올 만큼 아주 오래전부터
세상을 창조하는 도구로 소개됐다.
신이 '수학으로' 세상을 창조했다는 생각은
동양에서도 마찬가지였다.

수학자의 초상

인류에 어깨를 내어준 거인

미국의 컴퓨터 프로그래머인 제임스 다우 앨런James Dow Allen은 전 세계 수학자들을 대상으로 인류 역사상 가장 뛰어난 수학자를 뽑는 설문조사를 해 왔다. 그 결과는 계속 업데이트되고 있는데, 20세기 수학자까지 포함한 '최고의 수학자 200명'의 선정 작업이 지금도 진행 중이다.

앨런의 설문조사를 들여다보니 400쪽 초상화와 사진 속 주인공인 수학자들은 상위 랭킹에서 거의 빠지지 않고 있다. 그 가운데서도 1, 2, 3위는 변함없이 뉴턴Isaac Newton, 1642~1727, 아르키메데스Archimedes, BC287~BC212, 가우스Carl Friedrich Gauss, 1777~1855다. 특히 뉴턴은 1위 자리를 늘 고수하고 있어 눈길을 끈다.

사실 뉴턴은 수학자라기보다는 천체물리학자로 더 알려져 있다. 물리학의 유명한 세 가지 운동법칙(관성의 법칙, 힘과 가속도의 법칙, 작용-반작용의 법칙) 및 천문학 관련 여러 운동들을 증명했기 때문이다. 하지만 뉴턴은 케임브리지의 트리니티 칼리지에서 수학을 전공한 뒤 수학과 교수까지 지냈던 수학자였다.

윌리엄 블레이크, 〈뉴턴〉, 1795년, 모노타이프, 46×60cm, 런던 테이트브리튼

인류 역사상 가장 뛰어난 수학자의 초상화

필자가 갑자기 인류 역사상 가장 뛰어난 수학자들의 랭킹을 소개하는 이유는, 이 책에서 굳이 그들의 업적을 되새기기 위함이 아니다. 필자의 눈길을 끈 대목은 바로 초상화와 사진 속 수학자들의 모습이다. 필자는 무엇보다도 초상화를 그린 화가들의 눈에 비춰진 수학자들이 궁금했다. 감성 충만한 예술가들에게 논리와 이성으로 무장한 수학자들의 인상은 어떠할지 말이다.

수학자의 초상화 중에 필자에게 가장 깊은 인상을 준 작품을 꼽으라면 역시 뉴턴의 초상화이다. 넬러Godfrey Kneller, 1646~1723라는 화가가 그린 초상화(401쪽)와 시인이자 화가인 블레이크William Blake, 1757~1827가 그린 그림(398쪽)이 특히 인상적인데, 이 두 사람은 공교롭게도 상반된 시각으로 뉴턴을 그렸다.

뉴턴은 살아생전 과학자로서뿐 아니라 조폐국 장관을 역임할 정도로 유명인사였기 때문에 많은 화가들이 그의 초상화를 그렸다. 당시 영국 최고 초상화가인 넬러는 뉴턴의 초상화를 가장 많이 그린 화가로 알려져 있다. 그가 그린 초상화는 오늘날에도 뉴턴을 소개할 때 감초처럼 등장한다. 특히 401쪽 초상화는 뉴턴을 가장 정확하게 묘사한 가장 '뉴턴다운' 초상화라고 평가받는다.

이 초상화가 그려지던 당시 뉴턴은 학자로서 매우 왕성한 활동을 이어가고 있었다. 자신의 최고 역작 『프린키피아』를 출간한 것도 그 즈음이었다. 책 제목 '프린키피아(Principia)'는 라틴어 프린키퓸(Principium)의 복수형으로 우리말로 '원리'를 뜻한다. 이 책의 원제는 '자연철학의 수학적 원리(Philosophiae Naturalis Principia Mathematica)'로, 그 유명한 '만유인력의 법칙'

앨런의 홈페이지(http://fabpedigree.com/james/greatmm.htm)를 방문하면 세계 100대 수학자에 대한 자세한 자료를 볼 수 있다. 위 이미지는 위 홈페이지에서 캡처해온 '톱 12' 수학자들의 초상화와 사진이다.

이 바로 이 책을 통해 세상에 알려졌다.

뉴턴은 『프린키피아』에서 미적분을 거의 쓰지 않았는데, 이는 당시 사람들의 수학적 지식수준을 감안해서였다고 한다. 하지만 이와 다른 주장도 있다. 1676년경 뉴턴은 자신과 동일한 미분법을 발견한 라이프니츠 Gottfried Wilhelm von Leibniz, 1646~1716와 우선권 논쟁을 격렬하게 벌였다. 이로 인해 뉴턴은 자신의 저작에 미적분을 사용하지 않았다는 것이다. 뉴턴으로서는 일생을 건 최고의 역작을 발표하는 데 있어서 더 이상 불필요한 논쟁을 피하고 싶었다는 얘기다. 아무튼 라이프니츠와의 미분 우선권 논쟁 이후 뉴턴은 실험적 방법에서 수학적 방법으로 연구 방식에 변화를 주면서 스스로가 수학자로 불리길 원했다고 한다.

자, 다시 넬러가 그린 〈아이작 뉴턴의 초상화〉를 살펴보자. 뉴턴의 양쪽 어깨를 타고 내려온 머리카락은 자연스럽게 길고, 머리는 몸에 비하여 다소 크게 묘사되었다. 눈과 이마에서 긴박함이 느껴질 만큼 눈살을 찌푸리

고드프리 넬러, 〈아이작 뉴턴의 초상화〉, 1702년, 캔버스에 유채, 75.6×62.2cm, 런던 국립초상화미술관

고 있으며, 입은 굳게 다물고 있다.

일부 미술평론가들은 초상화 속 뉴턴을 찬찬히 살펴보면 그의 성격이 강해 보이고 심지어 불친절해 보인다고 평하기도 한다. 정말 그럴까? 혹시 뉴턴이 수학과 물리학이라는 어렵고 딱딱한 학문을 연구하는 학자라는 신분에서 느껴지는 선입견은 아닐까? 수학을 전공하는 사람에게 따라붙는 이미지는 동서고금을 막론하고 크게 다르지 않다. 필자 역시 단지 수학자라는 직업 때문에 차갑고 냉정한 사람으로 비춰질 때가 종종 있으니 말이다.

하지만, 필자가 보기에 초상화 속 뉴턴은 불친절하거나 성격이 날카로워 보이지 않는다. 무거운 눈빛에는 학자로서의 고뇌가 엿보이고 굳게 다문 입술에서는 진리만을 말하겠다는 대학자의 아우라(aura)가 느껴지기 때문이다.

이 그림에 대한 뉴턴의 생각도 필자와 다르지 않았던 걸까? 뉴턴은 넬러가 그린 이 초상화를 평생 소장하고 있었다고 한다. 아마도 뉴턴은 이 그림을 꽤 마음에 들어 했던 모양이다.

세상은 기하학으로 설명될 수 있다?

뉴턴을 그린 그림 중에 초상화라고 하기에는 좀 그로테스크해 보이는 작품이 하나 있는데, 필자에게는 인상 깊다 못해 충격적이기까지 하다. 영국의 시인이자 화가인 윌리엄 블레이크가 그린 〈뉴턴〉이란 작품이다(398쪽).

블레이크는 초상화나 풍경화처럼 자연의 외관만을 그대로 복사하는 회화를 경멸했다. 그는

조각가 에두아르도 파올로치가 블레이크의 그림에 착안해 제작한 〈뉴턴〉(1995년)

이론적인 원리를 벗어나 묵상을 통해 상상하는 신비로운 세계를 그리길 즐겼다.

블레이크가 그린 〈뉴턴〉을 보면, 그가 뉴턴에 대해서 그다지 호의적이지 않았음을 알 수 있다. 그림 속 뉴턴은 몸을 매우 불편하게 구부린 채 컴퍼스를 쥐고 도형을 응시하고 있다. 무엇보다 발가벗은 뉴턴이라…… 대학자이자 고위 관료였던 뉴턴의 지위를 고려하건대, 화가가 그림 속 모델을 조롱하고 있다는 느낌을 지울 수 없다.

그림에서 뉴턴은 단순한 도형이 세상의 이치를 담은 진리라고 믿는 듯 진지해 보인다. 그렇다. 블레이크는 이 그림에서 뉴턴을, 복잡한 세상을 기하학으로 표현할 수 있다고 믿는 단순한 사람으로 묘사한 것이다. 블레이크는 실제로 다음과 같이 뉴턴을 비판했다.

"신이시여, 제발 우리를 깨어나게 해주옵소서. 외눈박이 시각과 뉴턴의 잠으로부터……"

런던의 국립도서관 앞에는 블레이크의 그림을 본뜬 조형물 〈뉴턴〉이 설치돼 있다. 조각가 에두아르도 파올로치Eduardo Paolozzi, 1924~2005의 작품이다. 영국의 대표 과학자를 폄하한다며 철거를 주장하는 목소리가 높았지만, 이 조형물은 지금도 도서관 앞을 지키고 있다. 도서관 관계자들이 조형물 〈뉴턴〉을 계속 전시하고 있는 이유는, 과학만능주의를 경고했던 블레이크의 인문정신 역시 영국이 자랑하는 전통이라고 여기기 때문이라고 한다.

과학만능주의를 비판한 인문주의?

블레이크는 〈뉴턴〉보다 1년 먼저 발표한 〈태고적부터 계신 이〉라는 그림

에서도 신이 컴퍼스를 가지고 세상을 창조하는 것 같은 장면을 그렸다(이 작품의 이름을 〈태고의 날들〉 또는 〈태초의 창조주〉라고 번역하기도 한다).

〈태고적부터 계신 이〉는 『유럽 예언서』라는 블레이크의 시집에 수록된 삽화 중 하나다. 블레이크는 런던 램버스에 살 때 계단 꼭대기에 앉아 있다가 그의 머리에 떠오른 환상 속에서 컴퍼스로 지구를 재려고 몸을 구부리고 있는 한 이상한 노인의 모습을 봤다고 한다. 그 기억을 모티브로 한 그림 〈태고적부터 계신 이〉에서 창조주는 바다 앞에서 컴퍼스를 세워 작업하고 있는 모습을 하고 있는데, 그림의 전체적인 분위기가 1년 뒤에 그릴 〈뉴턴〉과 닮아 있다. 뉴턴을 컴퍼스를 들고 있는 창조주에 빗대어 풍자한 것이다.

블레이크는 그의 작품들에서도 드러나듯이 기상천외한 가치관과 사고방식 탓에 주변 사람들로부터 기인(奇人) 혹은 광인(狂人) 취급을 받기 일쑤였다. 시든 그림이든 그의 작품은 많은 사람들에게 인정받지 못했고 그래서 그는 늘 가난했고 고독했다.

블레이크의 예술가적 진가를 처음 발견한 이들은 낭만주의자들이었다. 그는 세상을 떠난 지 백 년이 훌쩍 지나서야 가장 위대한 낭만주의 시인 가운데 하나로 추앙받게 되었다. 그의 그림도 마찬가지였다. 후대 미술사가들은 블레이크의 화화를 가리켜, "르네상스시대 이래로 공인된 전통의 규범을 의식적으로 포기한 최초의 화가"라고 평가했다. 시인 워즈워스 William Wordsworth, 1770~1850는 블레이크에 대해서 다음과 같이 말했는데, 블레이크의 예술가적 삶을 이보다 더 잘 표현한 말은 없을 듯하다.

"그가 미친 것은 분명하다. 그러나 그의 광기 속에는 제정신이었던 바이런이나 월터 스코트에게서 발견할 수 없는 그 무엇이 있다."

윌리엄 블레이크, 〈태고적부터 계신 이〉, 1794년, 캔버스에 유채, 30.8×24.8cm, 런던 대영박물관

신이 수학으로 세상을 창조했다는 가설

화가 넬러에게 (뉴턴으로 대표되는) 수학자의 이미지가 '진중함'으로 각인되었다면, 블레이크는 뜻밖에도 컴퍼스라는 도구로 수학자의 정체성을 묘사했다.

원을 그릴 때 사용하는 도구인 컴퍼스는 『성경』에도 나올 만큼 아주 오래 전부터 신이 세상을 창조하는 도구로 소개됐다. 『구약성경』 「잠언」 8장에는 솔로몬이 다음과 같이 말하는 구절이 나온다.

"야훼께서 만물을 지으시기 전 처음에 모든 것에 앞서 나를 지으셨다. (중략) 멧부리가 아직 박히지 않고 언덕이 생겨나기 전에 나는 이미 태어났다. (중략)

그가 하늘을 펼치시고 깊은 바다 앞에서 컴퍼스를 세우실 때에, 구름을 높이 달아매시고 땅속에 샘을 솟구치게 하실 때에 내가 거기 있었다."

오른쪽 그림은 컴퍼스가 나오는 『성경』의 구절을 충실하게 묘사한 것으로, 1220년경 『도덕의 성서』라는 책에 삽입된 〈창조주 하나님〉이라는 세밀화다. 이 그림은 중세시대 때 이름 모를 화가가 컴퍼스를 가지고 천지창조에 몰두하는 창조주를 그린 것이다. 화가는 이 그림이 천지창조라는 것을 알리기 위해 그림 상단에 다음과 같은 글귀를 새겨 넣었다.

"보라, 하나님이 하늘과 땅, 해와 달 그리고 모든 원소들을 지어내신다."

창조주는 컴퍼스의 한 다리가 그림의 틀을 벗어나지 않도록 매우 조심스럽고 세심하게 원을 그리는데 온 신경을 집중하고 있다. 원이 잘 그려지는지 보려고 두 눈을 크게 뜨고 검은 눈동자를 컴퍼스의 한 축에 모으고 있다. 그런데 정작 창조주는 천지창조에 너무 열중한 나머지 자신의 한쪽 발이 그림 액자의 바깥으로 나간 것도 모르고 있다. 창조주의 얼굴이

<창조주 하나님>, 1220~1230년경, 75.6×62.2cm, 종이에 채색, 빈 오스트리아국립도서관

〈복희와 여와〉, 7세기경, 189×93cm, 마(麻)에 채색,
서울 국립중앙박물관

붉어지도록 집중해서 컴퍼스로 그린 원은 이제 막 탄생하는 우주의 모습이다. 우주의 모습은 마치 호두의 반을 갈랐을 때와 같으며, 울퉁불퉁한 것은 하늘과 땅을 가르는 물이다. 원의 중심에 있는 말랑말랑한 반죽 덩어리 같은 것이 지구다. 아직 지구는 완성되지 않았지만 창조주는 컴퍼스의 중심을 바로 반죽의 한가운데 놓았다. 즉, 지구가 우주의 중심임을 의미한다. 또 원의 내부에 동그란 작은 두 원은 해와 달이고, 해와 달 뒤로 별들이 빛을 내기 시작한다.

이처럼 신이 '수학으로' 세상을 창조했다는 생각은 동양에서도 마찬가지였다. 왼쪽 그림은 중국 창조신화의 두 주인공이자 남매인 〈복희(伏羲)와 여와(女媧)〉이다. 이 그림은 천지창조의 설화를 그린 것으로 위에는 태양의 상징이 그려져 있고, 아래에는 달의 상징이 그려져 있다. 그리고 왼쪽에는 하나의 별을 둘러싼 여섯 개의 별이 그려져 있고 오른쪽에는 북두칠성이 그려져 있다.

남신인 복희는 왼손에 ㄱ자 모양의 자인 '곡척'을, 오른손에 먹통을 들고 있다. 그리고 여신인 여와는 오른손에 컴퍼스를 들고 있다. 둘은 어깨동무를 하고 있으며, 하반신이 마치 하나로 꼬여있는 뱀의 모습을 하고 있다. 이들이 서로 몸을 꼬고 있는 모습을 통해 세상이 조화를 이루고 만물이 생성됨을 나타내고 있으며, 이는 궁극적으로 죽은 사람의 재생과 풍요를 기원하는 내세관을 반영한다. 이 작품에서도 컴퍼스는 세상을 창조하는 도구로 묘사됐다. 결국 동서양을 막론하고 우주가 수학적으로 설계되어 있다고 생각했었음을 알 수 있다.

수학자가 수학자의 초상화를 바라볼 때

블레이크가 조롱한 대로 뉴턴은 컴퍼스로 그린 단순한 도형이 세상의 이치를 담은 진리라고 믿지는 않았을 것이다. 블레이크가 생각하는 것만큼 수학자는 그렇게 단순하지도 낭만적이지도 않다. 넬러가 그린 초상화 속 뉴턴의 진중하면서도 고뇌에 찬 표정이 이를 방증한다.

필자는 가끔 '수학이란 어떤 학문인가?'하고 스스로에게 질문을 던질 때가 있다. 이 질문에 대한 답을 찾기 위해 수십 년 동안 수학의 세계에 푹 빠져 지냈지만, 여전히 모르겠다.

이런 필자를 보고 초상화 속 뉴턴이 무어라 말을 건네는 것 같지만, 잘 들리지 않는다. 아마도 뉴턴은 필자에게 아직 답을 알 수 있을 때가 되기 않았다고 하지 않았을까? 그림에 좀 더 다가가 뉴턴의 눈과 입을, 그리고 뉴턴의 손에 들린 컴퍼스를 하염없이 바라본다.

의도적으로 왜곡해서 그려
어느 지점에 도달하면
정상으로 보이게 하는 그림이 왜상이다.
왜상은 원근법과 초기 형태의
사영기하학이 접목된 것이다.

유클리드 기하학의 틀을 깬 한 점의 명화

근대의 여명을 연 종교개혁

종교개혁은 중세시대 유럽인들을 지배한 가톨릭교회와 로마 교황의 권위를 부정하고 성서의 우위를 확립하려는 운동이었다. 초기 종교개혁은 가톨릭교회에 만연한 부정부패를 뿌리 뽑기 위하여 일부 성직자들을 중심으로 시작되었으나 점차 봉건적 구속으로부터 벗어나려는 국왕과 민중이 참여하는 현실 개혁운동으로 발전했다. 종교개혁은 르네상스와 함께 중세를 넘어 근대의 여명을 여는 중대한 사건이었다.

유럽대륙의 종교개혁은 몇몇 성직자가 주도하는 민중 투쟁을 바탕으로 이루어진 반면, 영국의 종교개혁은 종교적 원인이 아니라 정치 · 경제적인 이유에서 국왕인 헨리 8세Henry VIII, 1491~1547가 주도했다. 헨리 8세는 루터Martin Luther, 1483~1546의 종교개혁을 비판하는 데 앞장서 교황으로부터 신앙의 수호자라는 칭호까지 얻었다. 하지만 헨리 8세가 에스파냐 출신의 왕비 캐서린이 아들을 낳지 못한다는 이유로 이혼하려 하자, 교황이 교리를 내세우며 이를 허락하지 않았다. 이에 그는 가톨릭과 단절하고 수도원을 해산시켰으며, 전 영토의 3분의 1에 이르는 막대한 수도원의 영지를 몰수하

한스 홀바인, 〈헨리 8세의 초상〉, 1536년, 캔버스에 유채, 239×134cm, 리버풀 워커아트갤러리

여 로마 교황청의 돈줄을 죄어 왕실의 재정을 튼튼히 했다. 마침내 헨리 8세는 1533년 부활절 주간에 가톨릭과 결별을 선언하고 교황이 아닌 영국 국왕을 수장으로 하는 영국 국교회를 세웠다.

권력을 상징하는 초상화 한 점

종교개혁을 전후로 교권과 왕권 간의 헤게모니 싸움은 거장들의 명화를 통해서도 알 수 있다. 특히 국왕의 초상화 가운데 단연 걸작으로 꼽히는 홀바인Hans Holbein the Younger, 1497~1543이 그린 〈헨리 8세의 초상〉에는 그 당시 권력 다툼을 읽을 수 있는 여러 상징들이 담겨 있다.

헨리 8세는 홀바인에게 자신의 힘과 권위가 강조되도록 초상화를 그려 달라고 주문했다. 홀바인은 초상화에 헨리 8세의 요구에 따라 먼저 헨리 8세의 넓적한 얼굴과 매서운 눈초리를 그려 넣어, 표정에서 경외감이 들도록 했다. 홀바인은 왕의 옷과 장신구 등 지극히 세세한 부분까지 정확하게 묘사했다. 왕의 옷에 값비싼 금박과 은박으로 장식함으로써 왕의 권위를 화려한 옷을 통해 강조했다.

강력한 왕권의 상징은 그림 속 헨리 8세가 서 있는 공간 배경에서 절정을 이룬다. 헨리 8세 뒤로 묘사된 그림 속 배경은 궁전에 실재하는 공간이 아니다. 홀바인은 초상화의 배경을 궁전의 어느 곳도 아닌 가상의 공간을 모호하게 표현하여 시간과 공간을 초월한 왕의 지위를 간접적으로 표출했다. 특히 초상화에 헨리 8세의 그림자를 그려 넣지 않음으로써 왕이 마치 신과 같다는 인상이 들도록 했다. 독일인이었던 홀바인은 16세기에 유럽에서 가장 명망 있는 화가 중 한 사람이었는데, 1536년에 헨리 8세로부

한스 홀바인, 〈대사들〉, 1533년, 패널에 유채와 템페라, 207×209.5cm, 런던 내셔널갤러리

터 궁정화가라는 공식 직함을 받기도 했다.

문명과 과학의 시대적 흐름을 관찰하다

〈헨리 8세의 초상〉이 그 당시 홀바인의 명성을 드높였던 작품이라면, 지금부터 소개할 〈대사들〉이란 작품은 후대 서양미술사에서 홀바인의 이름을 널리 각인시킨 작품이라 하겠다. 특히 이 그림은 현대 과학자들에게도 매우 친숙한 작품인데, 그림 속에 과학을 상징하는 물건들이 가득 담겨 있기 때문이다. 물론 필자와 같은 수학자들에게도 매력적인 작품이다.

〈대사들〉은 홀바인이 1533년 런던에서 그린 것으로 알려져 있다. 이 그림의 주인공은 프랑스의 프랑수아 1세Francis I, 1494~1547의 외교사절이었던 장 드 당트빌Jean de Dinteville, 1504~1555과 라보르의 주교인 조르주 드 셀브Georges de Selve, 1508~1541다. 그 당시 프랑수아 1세는 영국과 로마 교황청의 관계를 회복하기 위하여 헨리 8세의 궁정에 급하게 이들을 파견했다. 그림 속 주인공인 당트빌과 셀브는 영국 국교회가 가톨릭교회로부터 탈퇴하지 않도록 하는 프랑스 왕의 특별한 임무를 수행하러 왔지만 그들의 노력은 실패했고, 결국 영국과 로마가 갈라서면서 유럽의 분열을 불러왔다.

〈대사들〉은 당시 영국에 파견된 외교관이었던 당트빌이 영국 왕실을 위해 초상화를 주로 그리던 홀바인에게 주교와 함께 있는 그림을 그려 줄 것을 요청하여 제작됐다.

홀바인은 이 그림을 통해 당시 유럽의 시대적 · 정치적 상황을 의미심장하게 표현했다. 그림의 왼쪽에 서 있는 당트빌이 쥐고 있는 단검에는 'AET. SVAE 29'라는 라틴어가 새겨져 있는데, 당시 그의 나이가 스물아

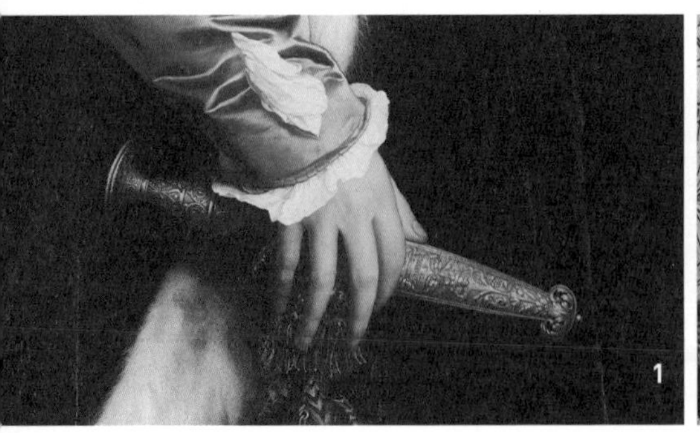

홉 살이었음을 알려 준다. 당트빌의 화려한 의상과 장신구는 그의 명예와 영광을 한껏 드러내고 있다. 또 프랑스 주교 셀브가 오른팔을 얹고 있는 책의 가장자리에 새겨진 글씨에서 그가 스물다섯 살임을 알 수 있다. 셀브는 종교개혁의 원인이 가톨릭 내부의 부패에 있음을 지적했던 가톨릭 개혁주의자이다. 지금 생각하면 이들은 매우 어린 나이에 사회적으로 높은 지위에 올랐지만 16세기에는 그렇게 드문 일도 아니었다.

2단으로 된 탁자 위에는 여러 가지 소품들이 놓여 있다. 상단에는 항해술과 천문학 등 과학에 관련된 천구의, 사분의, 다면 해시계, 태양광선 각도 측정기인 토르카툼(torquatum)이 있다. 천구의의 그림은 닭이 독수리를 공격하는 형상인데, 닭은 프랑스를 독수리는 유럽을 상징한다. 이는 프랑스가 유럽에서 차지할 우위를 표현한 것이다. 년, 월, 일을 표시할 수 있는 다면 해시계는 4월 11일 10시 30분을 가리키고 있는데, 이 날은 헨리 8세와 캐서린이 이혼한 날짜와 시간이다. 홀바인은 바로 이 시각이 영국과 로마의 결별, 그리고 유럽의 분열에 따른 위기의 순간임을 표현하고 있다.

한편, 천구의는 태양계의 중심이 지구가 아닌 태양이라는 코페르니쿠스Nicolaus Copernicus, 1473~1543의 혁명적인 이론을 암시하기도 한다. 코페르니쿠

1. 당트빌이 쥐고 있는 단검　**2.** 주교 셀브가 오른팔을 얹고 있는 책
3. 1527년 독일에서 출간된 상인들을 위한 수학책 산술교본과 대항해시대임을 암시하는 지구본
4. 다면 해시계　**5.** 류트와 찬송가책
6. 코페르니쿠스의 혁명적인 이론을 암시하는 천구의

스의 지동설은 학계와 종교계에 엄청난 파장을 불러일으켰다. 이 시대는 대항해시대가 시작될 무렵으로 테이블 위에 놓여 있는 것과 같은 과학적 도구들은 세계일주와 신대륙 발견 등을 가능하게 했다. 실제로 홀바인이 이 그림을 그린 것은 1492년에 콜럼버스Christopher Columbus, 1451~1506가 아메리카 대륙을 발견한 후 50년도 채 지나지 않은 때였다.

탁자의 하단에는 줄이 끊어진 류트가 있는데, 이는 유럽의 균형에 이상이 생겼음을 표현한 것이다. 류트 앞에는 찬송가책이 열려 있는데, 왼쪽은 십계명을 의미하는 성가 〈인간이여 행복하기 바란다면〉이고, 오른쪽은 루터파의 합창곡인 〈성령이여 오소서〉이다. 이들은 각각 구교와 신교를 대표하는 찬송가로 두 교파 간에 야기된 갈등을 해소하여 서로 원만하게 일이 마무리되길 바라는 주교 셀브의 종교적 염원을 표현한 것이다.

찬송가책 위에는 컴퍼스가 있고, 왼쪽에는 곱자가 꽂혀 있는 수학책이 놓여 있다. 이 수학책

은 1527년 독일에서 출간된 상인들을 위한 산술교본으로 나눗셈을 다루는 부분이 펼쳐져 있다. 이는 이들의 임무가 결국 분열로 결론날 것임을 암시하는 것이다.

수학책 위에는 지구본이 놓여 있어서 이 시기가 대항해시대임을 알 수 있게 한다. 특히 곱자와 컴퍼스는 지도 제작에 필수적인 물건들이며, 새로 출간된 수학책으로 보아 대사들이 근대적인 교육을 받은 폭넓은 지식의 소유자임을 알 수 있다.

유클리드 기하학의 틀을 깬 세계지도

홀바인은 〈대사들〉을 제작하기 한 해 전인 1532년에 〈새로운 세계전도〉를 목판화로 제작하기도 했다. 이 세계지도는 〈대사들〉에 등장하는 지구본과 마찬가지로 당시 알려진 세계에 대한 모든 지식을 포괄하고 있다. 지도는 세계 각 지역을 매우 섬세하게 담고 있다. 눈길을 끄는 것은 세계의 가장자리라고 여겨졌던 지역에 식인종이 그려져 있고, 바다에는 세이렌과 같은 님프들이 노니는 모습이 묘사돼 있다.

홀바인이 〈새로운 세계전도〉를 제작한 16세기 유럽에서는 미지의 세계를 탐험하기 위해 보다 정확한 지도에 대한 갈망이 점점 커졌다. 그래서 다양한 방법으로 세계지도가 제작되기 시작했는데, 그중에서도 당시 가장 획기적인 지도는 1569년에 네덜란드의 지리학자 게라르두스 메르카토르Gerhardus Mercator, 1512~1594가 '메르카토르 도법(Mercator's projection)'으로 제작한 것이다. 수학을 활용한 이 지도에서 경선은 간격이 일정하면서 평행한 수직선이고, 위선은 수평으로 평행한 직선으로, 적도에서 거리가 멀어질

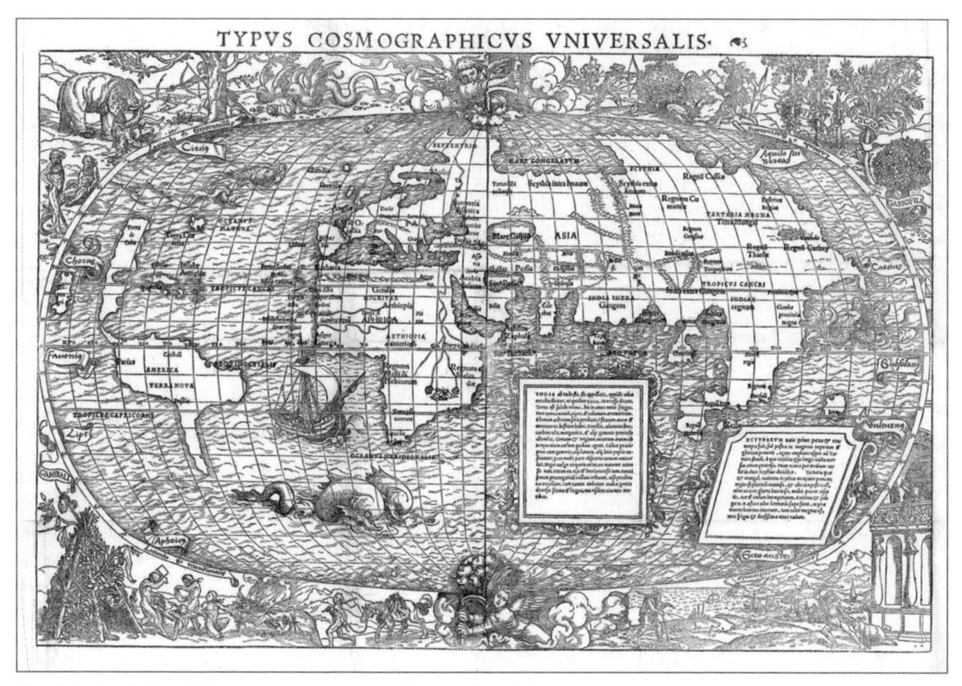

한스 홀바인, 〈새로운 세계전도(Novus Orbis Reginum)〉, 1532년, 목판화

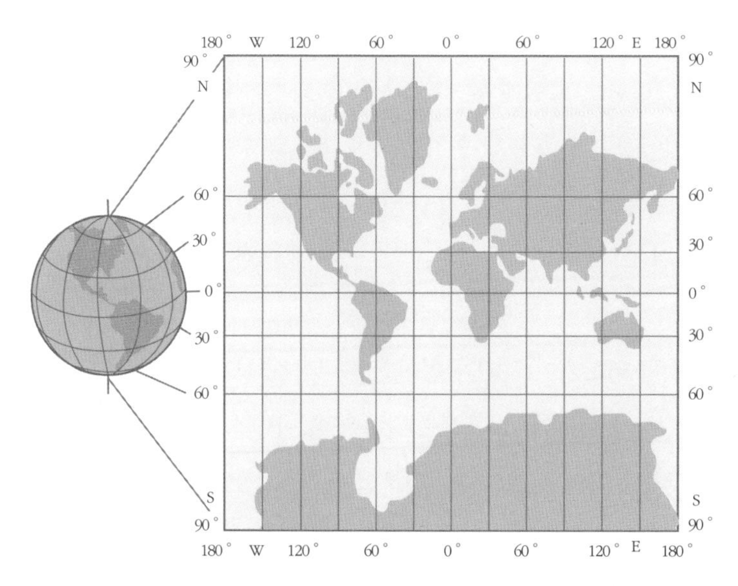

메르카토르 도법으로 제작된 지도에서는 적도에서 먼 지역일수록 축척이 왜곡되어 균형에 맞지 않게 크게 표현된다. 즉, 북아메리카의 그린란드의 영토가 남아메리카 대륙보다 크게 표현되지만, 그린란드의 실제 면적은 사우디아라비아보다도 작다.

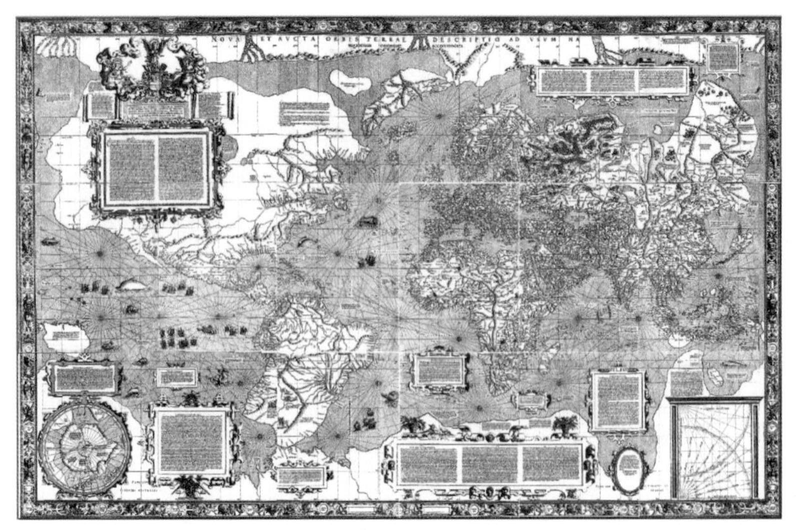

1569년 메르카토르 도법으로 제작된 세계지도.

수록 간격이 더 많이 벌어진다. 메르카토르 도법으로 그린 지도 위의 모든 직선은 항상 정확한 방위를 표시했기 때문에, 항해자들이 직선항로를 잡을 수 있어서 항해도로 널리 사용됐다.

하지만 이 지도도 해결하지 못한 문제가 있었는데, 적도에서 먼 지역일수록 축척이 왜곡되어 균형에 맞지 않게 크게 표현된다는 것이다. 예를 들면 메르카토르 도법에서는 그린란드의 영토가 남아메리카 대륙보다 크게 표현되지만, 그린란드의 실제 면적은 사우디아라비아보다도 작다. 따라서 적도에서 멀어질수록 축척 및 면적이 크게 확대되기 때문에 위도 80도 이상의 지역은 실제와 많이 다르다. 지구는 구형인 입체이기 때문에 전 지구를 평면 위에 나타내는 메르카토르 도법은 결국 한계를 드러내고 말았다.

메르카토르 도법은 여러 가지 문제가 있지만 수학적으로 보면 구형인 지구를 원기둥에 옮기기 위하여 '유클리드 기하학'이 아닌 '사영기하학'을 이용해야 했다. 즉, 유클리드 기하학이 전부인 줄 알고 있었던 시기에 점점 유클리드 기하학적 생각에서 벗어나기 시작했다는 것이다.

유클리드 기하학적 생각의 탈피는 홀바인의 〈대사들〉에서도 볼 수 있다. 그림을 자세히 살펴보면, 당트빌과 셀브의 발 사이에 마치 길쭉한 바게트 빵 같은 형상을 볼 수 있다. 많은 과학자들이 이 그림을 유심히 관찰하는 대목이다. 물론 필자와 같은 수학자에게도 예외는 아니다. 이 그림은 계단 벽에 걸릴 목적으로 그려졌는데, 계단을 오르며 그림을 보면 아무것도 아닌 것처럼 보이지만 계단을 내려오면서 그림을 보면 이 길쭉한 모양이 점점 해골로 변해 보인다고 한다. 홀바인은 일찍 출세한 이 사람들 앞에 해골을 그려 넣어 인생의 무상함을 암시하고자 했다는 것이다.

해골 그림처럼 의도적으로 왜곡해서 그려 어느 지점에 도달하면 정상으로 보이게 하는 그림을 어려운 말로 '왜상(歪像, anamorphosis)'이라고 한다. 왜상은 실제 형상을 변형시키기 때문에 그림을 어떤 각도에서 보는가에 따라 다르게 나타난다. 원근법의 일종이기도 한 왜상을 예술에서 사용하기 시작한 것은 르네상스시대부터였다. 왜상은 예술가들의 연구와 더불어 원근법과 초기 형태의 사영기하학이 접목된 것이다.

홀바인과 동시대에 활동했던 많은 화가들은 왜상에 관심이 많았다. 특히 뒤러Albrecht Dürer, 1471~1528는 원근법과 어둠상자나 격자판과 같은 도구를 이용하여 왜상을 표현하고자 노력했다. 422쪽의 그림은 뒤러가 1525년

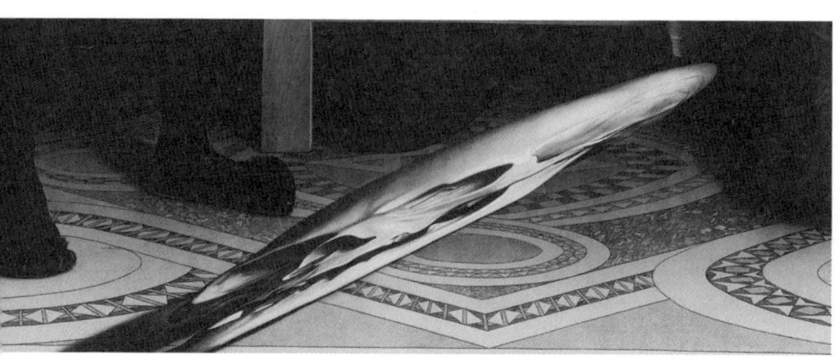

〈대사들〉 중 '왜상'을 묘사한 해골

알브레히트 뒤러, 〈격자판을 이용해 누드를 그리는 화가〉, 1525년, 목판화

에 그린 〈격자판을 이용해 누드를 그리는 화가〉이다. 이 작품에서 화가는 수직격자 창문을 통하여 모델을 보는 관점을 캔버스에 옮겨 놓았다. 그리고 화가의 시각을 창문에 수직이 되게 하였다. 그러면 화가가 보는 각도에 따라 어떤 격자에서는 그림이 길어지기도 할 것이고, 그 형태가 변형되기도 할 것이다. 뒤러의 작품 속에 있는 화가는 자신의 캔버스 위에 각각의 격자를 통해 보이는 모델의 각 부분을 왜곡되게 그려 작품을 완성시키는 것이다.

평행선은 정말 만나지 않을까?

왜상예술은 오랜 세월을 거치며 발전해 왔다. 어떤 왜상예술가들은 그림을 변형하기 위하여 원기둥, 원뿔, 피라미드 형태의 거울에 반사되는 모양을 이용하기도 한다. 오른쪽 그림과 같이 왜곡된 그림을 바닥에 펼쳐놓은 후 원기둥 모양의 거울 재질 통을 정해진 위치에 올려놓으면 거울에 바닥의 그림이 비쳐 제대로 된 그림을 볼 수 있게 된다. 이런 왜상을 '반사왜상'이라고 한다.

반사왜상 효과를 이용한 작품.

왜상을 이용한 그림은 정교한 계산이 필요하기 때문에 수학적일 수밖에 없다. 예를 들어 모눈의 각 칸을 순서쌍(가로 칸, 세로 칸)으로 나타내면 하트 모양이 있는 칸은 (C, 5)이고, 왼쪽 그림의 모눈에 있던 선분은 오른쪽 방사형에서도 선분이 되지만 위치와 길이가 변하게 된다.

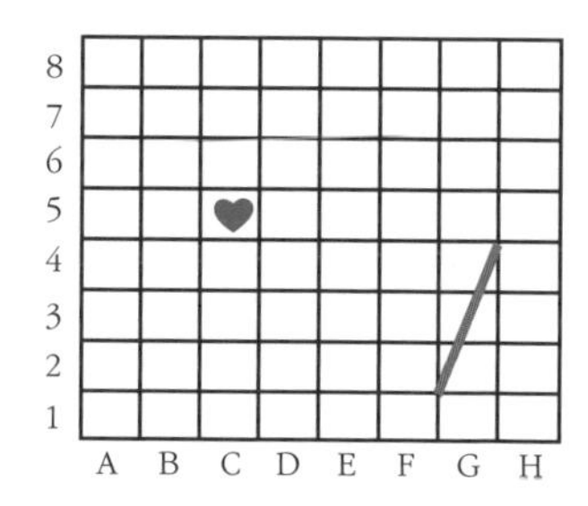

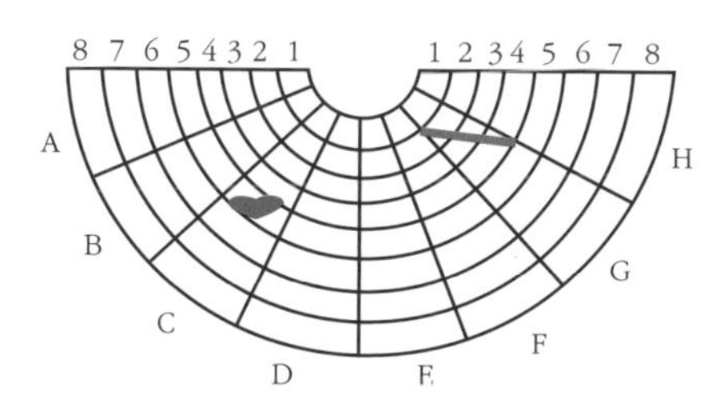

빛이 평평한 거울에 비춰지는 경우에 입사각과 반사각은 같지만 구부러진 거울의 경우는 구부러진 정도에 따라 입사각과 반사각이 다르게 된다. 그래서 구부러진 거울에 반사된 물체의 상은 실제와 다르게 보인다. 어떤 경우는 평행한 수직선이 활 모양으로 바깥쪽으로 휘어져 보이기도 하고 곡선은 직선처럼 보일 것이며, 평행하지 않은 선분은 평행하게 보일 것이다.

그러나 아무리 구부러진 거울에 비춰져도 원래의 평행선은 만나지 않으므로 그 평행선의 거울에 비친 상도 만나지 않을 것이다. 이처럼 원래의 것과 그것의 그림자 사이에 변하지 않는 기하학적 성질을 다루는 기하학을 '사영기하학'이라고 한다.

유클리드 기하학의 "평행선은 만나지 않는다"라는 평행선 공준을 증명하려는 노력이 오랫동안 계속돼 왔지만 모두 실패로 돌아갔었다. 소위 非유클리드 기하학이 출현하게 된 것은 19세기 전반이었다. 19세기에는 퐁슬레Jean Victor Poncelet, 1788~1867, 뫼비우스August Ferdinand Möbius, 1790~1868 등에 의하여 선분의 길이, 각의 크기 등을 다루는 유클리드 기하학과는 다른 사영기하학의 연구가 활발했었다.

다양한 기하학 원리들을 통일하고 분류하는 방법을 생각한 수학자는 스물세 살의 어린 나이에 독일 에를랑겐대학의 교수가 된 펠릭스 클라인Christian Felix Klein, 1849~1925이다. 당시 에를랑겐대학은 신임교수가 자기의 전문 분야를 소개하는 의미로 자신의 연구 실적과 장래 연구 계획을 알리는 관례가 있었다. 그래서 클라인은 취임 강연을 위하여 〈에를랑겐 프로그램〉을 제출했다. 클라인의 〈에를랑겐 프로그램〉은 그 당시에 존재했던 모든 기하학을 근본적으로 요약했을 뿐 아니라, 기존 기하학의 틀을 깨는 신선한 연구 방향을 제시해 호평을 받았다. 클라인은 〈에를랑겐 프로그램〉에서 사영기하학을 다음과 같이 정의했다.

"사영기하학이란 사영 변환에 의하여 불변인 성질을 연구하는 기하학이다."

클라인의 정의는 기하학 연구의 지평을 넓힘과 동시에 그 당시 기하학에 존재했던 혼동에 대해서 아름다운 질서를 제공했다는 평가를 받았다.

왜상은 상을 왜곡하여 전혀 다른 모양으로 표현하지만 원래의 모습이 지니고 있는 특징은 변하지 않는다. 따라서 왜상은 사영기하학의 일부라고 할 수 있다.

무엇이 보이는가?

홀바인, 뒤러와 마찬가지로 사영기하학 원리를 이용한 화가로 쇤Erhard Schön, 1491~1542이 있다. 뒤러의 제자였던 쇤은 뒤러처럼 매우 정교한 목판화를 완성했다.

에르하르트 쇤, 〈Was siehst du?〉, 1538년, 목판화, 21.2×85.1cm, 런던 대영박물관

쇤의 작품 중에서 왜상이 돋보이는 것으로는 〈Was siehst du?(무엇이 보이는가?)〉가 유명하다. 위의 그림을 자세히 보면 물고기입에서 요나(Jonah)가 나오고 있다. 『성경』 속 인물인 요나는 하느님의 말씀을 거역하고 자기 뜻대로 행동하며 배를 타고 가다가 풍랑을 만나 물고기에게 잡혀 먹힌다. 그런데 하느님으로부터 새로운 생명을 얻으며 물고기 입에서 살아나오게 된다. 요나 이야기는 하느님의 뜻을 성실히 따라야 한다는 종교적인 교훈을 담고 있다. 그러나 이 그림을 옆에서 보면 이 작품의 제목과 제작 연도가 나와 있고, 오른쪽 그림처럼 보인다. 여러분은 무엇이 보이는가?

40일간 쏟아진 빗물의 총량은
지구 전역에 걸쳐 지구표면을 5144미터 높이로 뒤덮었다.
그리고 물로 지구표면을 5144미터 높이로 뒤덮으려면
대략 26억 km^3의 물이 필요하다.
즉 바닷물의 약 2배의 물이 필요하다.

수학자가 본 노아의 방주

인간의 탐욕이 빚은 홍수

인류역사상 가장 많은 사람들이 읽은 책으로 꼽히는 『성경』에는 신이 인간을 벌하는 내용이 여러 번 나오는데, 그 첫 번째가 대홍수다. 『성경』에서 대홍수 이야기는 「창세기」 6장 5절에서 9장 28절까지에 걸쳐 있다. 하느님은 세상에 악이 만연하자 세상의 모든 것을 창조하신 걸 후회하며 마음 아파하셨다. 그러나 오직 노아만이 의롭고 흠 없는 사람이었기에 하느님은 노아에게 말했다.

> "나는 모든 살덩어리들을 멸망시키기로 결정하였다. 그들로 말미암아 세상이 폭력으로 가득 찼다. 나 이제 그들을 세상에서 없애 버리겠다. 너는 전나무로 방주를 한 척 만들어라. 그 방주에 작은 방들을 만들고, 안과 밖을 역청으로 칠하여라. 너는 그것을 이렇게 만들어라. 방주의 길이는 삼백 암마, 너비는 쉰 암마, 높이는 서른 암마이다. 그 방주에 지붕을 만들고 위로 한 암마 올려 마무리하여라. 문은 방주 옆쪽에 내어라. 그리고 그 방주를 아래층과 둘째 층과 셋째 층으로 만들어라. (중략)

미켈란젤로 부오나로티, 〈천지창조〉, 1510년, 캔버스에 유채, 프레스코, 132×412cm, 바티칸 시스티나 성당

그리고 너는 먹을 수 있는 온갖 양식을 가져다 쌓아 두어, 너와 그들의 양식이 되게 하여라." _한국 천주교 주교회 성서위원회에서 편찬한 『성경』을 인용

노아는 하느님의 말씀대로 거대한 방주를 만들었다. 왼쪽 그림은 미켈란젤로Michelangelo Buonarroti, 1471~1564가 바티칸 시스티나성당 천장에 그린 〈천지창조〉 중 〈대홍수〉다. 이 작품은 방주에 오르지 못하고 남겨진 사람들의 처참함을 적나라하게 보여 주고 있다. 저 멀리에 완전히 폐쇄된 건물처럼 보이는 방주가 떠 있고, 사람들은 이 방주에 들어가려고 안간힘을 쓰고 있다. 땅은 홍수로 물이 가득 찼고, 막 뒤집어질 것 같은 배에서 살아 보려는 한 무리의 사람들과 홍수를 피해 높은 지대로 몰려드는 피난민들의 행렬을 볼 수 있다. 작품을 자세히 살펴보면 피난민들은 가재도구를 이고 지고, 가족을 업고, 아이를 안고 심지어 다리에도 매달고 높은 지대로 피하고 있다. 왼쪽에 축 처진 엄마 곁에 우는 아이도 보인다. 이들은 모두 신의 분노로부터 벗어나려고 필사적이다.

430쪽 그림은 스승 뒤러Albrecht Dürer, 1471~1528에게 절대적인 신임을 받은 제자 발둥Hans Baldung, 1484~1545이 그린 〈대홍수〉다. 이 작품에서도 홍수로 죽을 운명에 처한 사람들과 동물들의 고통이 잘 묘사되어 있다. 마치 보석함과 같은 모양의 방주에는 거대한 문이 있는데, 문에는 자물쇠가 채워져 있다. 또 검은 구름 사이로 치는 번개는 방주로 들어가지 못한 이들의 비극적이고 처참한 상황을 더욱 극대화시킨다.

이 두 작품에서 방주는 모두 직사각형 모양으로 묘사되어 있다. 이것은 『성경』에 나온 하느님의 말씀을 그대로 따라 그린 것으로 추측된다.

한스 발둥, 〈대홍수〉, 1516년, 캔버스에 유채, 밤베르크 노이에레지덴츠(신궁전)

방주의 크기 구하기

『성경』을 읽다 보면 수학자로서 느끼는 몇 가지 궁금증이 있다. 이를테면 노아의 방주에서 방주의 실제 크기와 대홍수에서 범람한 물의 양과 수위 같은 것이다.

『성경』에 따르면 방주의 길이는 300암마, 폭은 50암마, 높이는 30암마다. '암마'는 우리에게 생소한 단위인데, 고대 이집트인들이 사용했던 단위로 환산해 보면 이해가 쉽다. 고대 이집트인들은 측량에 관심이 많았기 때문에 다양한 단위를 만들어 사용했다. 노아의 방주도 고대 이집트인들이 사용한 단위로 환산하여 크기를 가늠해보면 훨씬 이해하기 편하고 또 흥미롭기도 하다.

고대 이집트인들은 길이를 잴 때 파라오의 신체를 이용하여 측정 단위를 정했다. 이집트에서 사용한 길이의 표준은 큐빗(cubit)으로 건장한 남자의 팔꿈치에서 손가락 끝까지의 길이다. 큐빗보다 작은 단위로 큐빗의 $\frac{1}{7}$에 해당하는 팜(palm)이 있고, 1팜의 $\frac{1}{4}$인 1디지트(digit)가 있다. 1디지트는 손가락 하나의 굵기이므로 1팜인 4디지트는 손가락 네 개의 굵기의 길이다. 또 한 발의 길이인 1피트(feet)가 있다. 고대 이집트에서는 인간의 신체가 '자'와 같은 역할을 한 것이다.

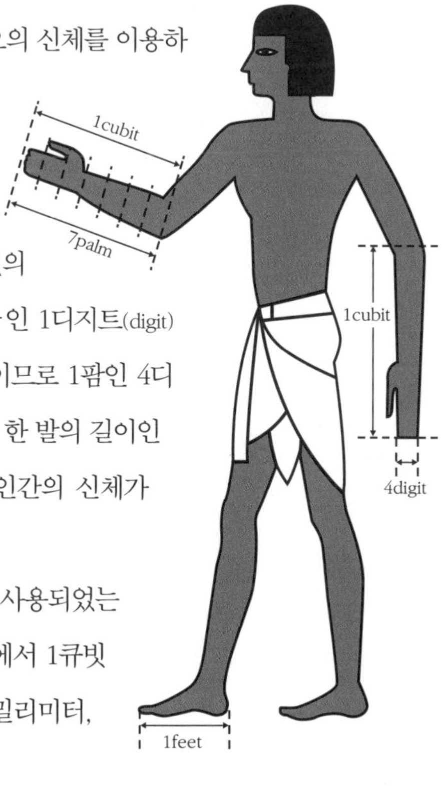

큐빗은 시대와 지역마다 다른 길이로 사용되었는데 오늘날의 길이로 바꾸면 고대 이집트에서 1큐빗은 523.5밀리미터, 고대 로마는 444.5밀리미터,

고대 페르시아는 500밀리미터다. 피트의 경우도 재는 사람의 발 크기에 따라 25~34센티미터로 다양했는데, 1959년부터 304.8밀리미터를 1피트로 정해 사용하고 있다.

『성경』에 기록된 암마는 이집트의 큐빗과 거의 같으므로 오늘날 단위로 환산하면 방주의 크기는 길이 약 135미터, 폭은 약 23미터, 높이는 약 14미터인 직육면체 모양이 된다.

이 방주의 안팎으로 역청을 칠하고 내부는 세 겹 구조로 작은 방을 여러 칸 만들었다. 천장에는 빛이 들어오는 창을 냈으며, 마지막으로 출입구는 방주의 옆으로 냈다고 기록되어 있다. 앞에서 살펴본 두 작품에서 보았던 상자 모양과 일치함을 알 수 있다. 미켈란젤로와 발둥 모두 매우 과학적인 마인드에 입각해서 그림을 그렸던 것이다.

다른 문헌들을 보면 노아의 방주를 일반적인 배로 묘사한 경우도 눈에 띈다. 그런데 노아의 방주의 목적을 생각하면 미켈란젤로와 발둥의 그림 속 묘사처럼 오히려 직육면체에 가깝다고 추측할 수 있다. 더욱이 방주 전설의 원형이라 여겨지는 바빌로니아의 전설에서 건조된 배도 밑바닥이 편편하고 네모난 상자와 같은 모양이었다. 목적지가 있는 것도 아니고

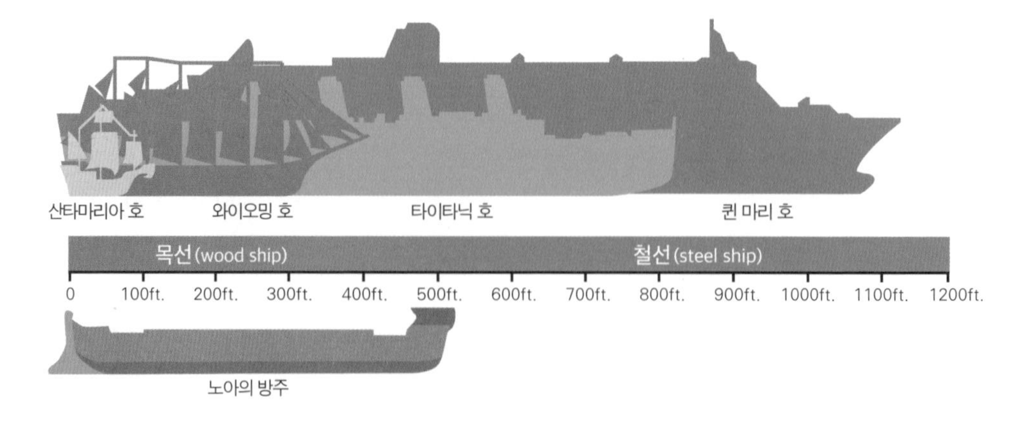

단순히 물에 떠 있기만 하면 되기 때문에, 작품에서 보듯이 노아의 방주는 투박한 상자 모양의 배라고 생각할 수 있다.

어쨌든 노아의 방주는 인류역사상 문헌에 기록된 목선 가운데 가장 긴 배였다. 노아의 방주 다음으로 가장 긴 목선은 1909년 출항한 석탄 무역용 배인 '와이오밍'으로 길이가 100.4미터였지만 1924년 태풍을 만나 침몰했다고 한다.

시대를 대표하는 거장들이 남긴 '대홍수 시리즈'

『성경』에 따르면 노아의 방주는 한참을 물 위에 떠 있었다. 홍수의 시작은 「창세기」 7장 11절부터이고 홍수의 끝은 「창세기」 8장 14절이다.

> "노아가 육백 살 되던 둘째 달 열이렛날, 바로 그날에 큰 심연의 모든 샘구멍이 터지고 하늘의 창문들이 열렸다. 그리하여 사십일 동안 밤낮으로 땅에 비가 내렸다. (중략) 땅에 사십일 동안 홍수가 계속되었다. 물이 차올라 방주를 밀어 올리자 그것이 땅에서 떠올랐다. 물이 불어나면서 땅 위로 가득 차오르자 방주는 물 위를 떠다니게 되었다. 땅에 물이 점점 더 불어나 하늘 아래 높은 산들을 모두 뒤덮었다. 물은 산들을 덮고도 열다섯 암마나 더 불어났다. 그러자 땅에서 움직이는 모든 살덩어리들, 새와 집짐승과 들짐승과 땅에서 우글거리는 모든 것, 그리고 사람들이 모두 숨지고 말았다. (중략) 그때 하느님께서 노아와 그와 함께 방주에 있는 모든 들짐승과 집짐승을 기억하셨다. 그리하여 하느님께서 땅 위에 바람을 일으키시니 물이 빠져나가기 시

작했다. 심연의 샘구멍들과 하늘의 창문들이 닫히고 하늘에서 비가 멎으니 물이 땅에서 계속 빠져나가, 백오십일이 지나자 물이 줄어들었다. 그리하여 일곱째 달 열이렛날에 방주가 아라랏 산 위에 내려앉았다. 물은 열째 달이 될 때까지 계속 줄어, 열째 달 초하룻날에는 산봉우리들이 드러났다."

_ 한국 천주교 주교회 성서위원회에서 편찬한 『성경』을 인용

오른쪽 작품은 프랑스의 화가 푸생Nicolas Poussin, 1594~1665이 그린 〈겨울(대홍수)〉이다. 이 작품은 푸생이 리슐리외 추기경을 위해 1660년부터 1664년 사이에 그린 〈사계〉 시리즈 중 하나다. 그래서 그림의 원제도 '겨울'이다.

푸생은 대홍수의 비참한 광경을 이 작품에 묘사했다. 〈겨울(대홍수)〉은 『성경』 '최후의 심판'을 주제로 하고 있는데, 믿음을 가진 자는 살아남으며 그렇지 못한 자는 하늘의 심판을 받는다는 이야기가 담겨 있다. 검은 구름이 잔뜩 끼어있는 하늘 사이로 무서운 번개가 내리꽂고 있으며, 이미 온 세상이 물에 잠겨 버렸다. 사람들은 살아남기 위해 안간힘을 쓰고 있다. 배에 짐을 싣고 아기를 내리며 가까스로 살길을 찾는 가족이 보이고, 그 뒤로는 난파된 배에서 살려 달라며 간절히 빌고 있는 사

니콜라 푸생, 〈겨울(대홍수)〉, 1660~1664년, 캔버스에 유채, 118×160cm, 파리 루브르박물관

테오도르 제리코, 〈대홍수〉, 18세기경, 캔버스에 유채, 97×130cm, 파리 루브르박물관

람도 있다. 또 화면 왼쪽에는 바위에서 내려오는 뱀을 피해 두 사람이 나무판자를 잡고 가까스로 건너편으로 헤엄쳐 가고 있다. 마치 지옥과 같이 대홍수의 비참함을 푸생은 어둠이 내린 겨울로 표현하고 있다.

푸생의 〈대홍수(겨울)〉는 미켈란젤로가 그린 시스티나성당 천장화를 참조했다고 전해진다. 예배당의 천장화에는 천지창조에서부터 대홍수까지 『구약성경』 속 이야기를 여러 장면에 걸쳐 표현하고 있는데, 푸생은 그 가운데 대홍수 장면을 참조하여 〈사계〉 시리즈 중 하나인 이 그림을 그린 것이다.

흥미로운 사실은 프랑스의 화가 제리코Théodore Géricault, 1791~1824는 푸생의 〈겨울(대홍수)〉을 다시 참조하여 또 다른 〈대홍수〉를 완성했다. 서양미술사에서 시대를 달리하는 거장들이 완성한 '대홍수 시리즈'라 할 수 있다.

『성경』 속 대홍수는 일어날 수 없는 일?!

그렇다면 실제로 이런 대홍수가 일어날 수 있을까? 『성경』의 내용을 충실히 따라 수학적으로 생각해 보자.

먼저 노아의 방주가 정박한 곳인 아라랏산은 터키의 동쪽 국경선 산맥인 우라르투(Urartu) 북부에 위치한다. 높이가 5137미터인 아라랏산은 컵을 거꾸로 엎어 놓은 모양으로 주변에는 높이가 3914미터인 소아라랏산 이외에 다른 산들이 없다. 『성경』에 따르면 물은 모든 산을 덮고 15암만 즉 15큐빗이 더 불었으므로 이때의 수위는 아라랏산의 높이 5137미터에 15큐빗인 약 7미터를 더하면 5144미터가 된다. 비가 40일 동안 내렸으므로 시간으로 따지면 960시간이다. 이로부터 시간당 강우량을 구할 수 있다. 최고수위를 시간으로 나누면,

$$5144(\mathrm{m}) \div 960(\mathrm{hour}) = 5.4(\mathrm{m/hour}) = 5400(\mathrm{mm/hour})$$

즉, 시간당 5400밀리미터의 폭우가 960시간 동안 쏟아진 것이다. 국제 관례상 비 형태의 강수는 내리는 양에 따라 다음 페이지 상단 그림처럼 분류한다.

이러한 분류에 따르면 『성경』에 기록된 비는 폭우도 이만저만한 폭우가 아니다. 물폭탄을 넘어서 물핵폭탄, 아니 물수소폭탄이라고 해야 맞겠다. 아무튼 표현할 수 있는 어휘가 없을 만큼 어마어마한 폭우다. 비는 노아가 600살이 되는 해에 시작되었으므로 비가 내리기 시작하여 홍수가 나고, 다시 물이 빠지는 과정을 그래프로 나타내면 다음 페이지와 같다.

이게 현실적으로 가능할까?

지구 전체 물의 97.6%를 차지하는 바닷물의 총량은 약 13억세제곱킬

| 강수량에 따른 구분 |

지름 0.5mm 이하의 물방울이 지속적으로 고르고 느리게 내리는 비.

지름 0.5mm 이상의 물방울이 시간당 2.5mm 내리는 비.

시간당 2.5mm~7.6mm 내리는 비.

시간당 7.6mm 이상 내리는 비.

| 성경에 나오는 대홍수 수위 |

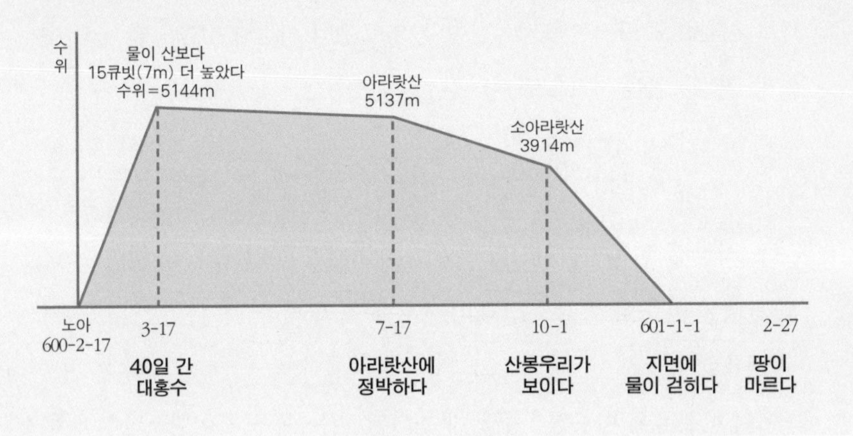

로미터(km^3)라고 한다. 그런데 40일간 쏟아진 빗물의 총량은 지구 전역에 걸쳐 지구표면을 5144미터 높이로 뒤덮었다. 그리고 물로 지구표면을 5144미터 높이로 뒤덮으려면 대략 26억세제곱킬로미터(km^3)의 물이 필요하다. 즉 바닷물의 약 2배의 물이 필요하다.

『성경』에 나오는 대홍수에 관한 기록을 기상학적으로 분석해 보면 홍미로운 결과가 도출된다. 대홍수를 일으켰던 물은 증발하여 지상의 공기 속으로 돌아갔을 것이며, 또한 대홍수를 일으켰던 물, 즉 비도 대기 중에서 생긴 것이다. 따라서 이 물은 현재에도 역시 대기 중에 있어야 한다. 그런데 기상학에 따르면 가로와 세로의 길이가 각각 1미터인 정사각형 땅 위의 공기 기둥 속에는 수증기가 평균 16킬로그램 포함되어 있으며, 많아도 25킬로그램 이상을 넘지 않는다고 한다. 25킬로그램 즉 25000그램의 물의 부피는 25000세제곱센티미터(cm^3)이고, 정사각형의 땅 넓이가 1제곱미터(m^2)=10000제곱센티미터(cm^2)이므로 물의 부피를 밑넓이로 나누면 25000÷10000=2.5센티미터이다.

따라서 전 세계를 덮은 대홍수는 기껏해야 강우량이 2.5센티미터밖에 되지 않는다. 왜냐하면 대기 중에는 이 이상의 수분이 없기 때문이다. 또한 이 깊이는 내린 비가 땅속에 스며들지 않는다고 가정했을 때 가능하다. 비가 40일 동안 2.5센티미터 내렸으므로 하루 동안에 내린 비의 양은 평균 0.625밀리미터이고, 시간당 0.026밀리미터가 내린 것인데, 비가 이렇게 내렸다는 것은 내려도 별로 표시가 나지 않는 양이다. 앞에서 분류한 내리는 양에 따른 강수로 보면 약한 비보다 100배나 적게 내린 이슬비 중에서도 매우 약한 이슬비였음을 알 수 있다.

결국 수학적으로 지구 전체를 덮는 대홍수는 일어날 수 없는 일이 된다. 하지만, 수학이 규명하지 못하는 것을 할 수 있는 존재가 있으니 바로 '신'이다. 종교는 종교일 뿐이고, 수학은 수학일 뿐이라는 얘기다. 필자는 이 글을 결코 『성경』을 부정하거나 비판하는 차원에서 쓰지 않았음을 밝혀 둔다. 이 글은 회화의 소재가 된 성경 속 대홍수를 수학적 관점에서 살펴보고 싶은 호기심에서 비롯한 것이다. 수학이 고리타분하고 딱딱하다는 세상의 선입견에 맞선 어느 별난 수학자의 위트 정도로 읽히면 충분할 듯하다.

점과 선 그리고 면은 우리 주변의 모든 사물과 현상을
그냥 지나치지 않고 한 걸음 더 들어가 바라보게 만들었다.
세상의 모든 사물과 현상의 존재를 인식시키는
가장 기초적인 단위로 자리매김한 것이다.

작은 점, 가는 선 하나에서 피어난 생각들

과학기술로 확장된 예술 세계

백남준, 〈다다익선〉, 1986년, 높이 165cm, 과천 국립현대미술관

연속하지 않는(불연속) 공간을 다루는 이산수학(離散數學)에서 시작된 디지털은 아날로그를 넘어 우리의 문명과 문화를 한 단계 높였다. 예술 분야에서도 디지털은 새로운 장르를 연 것으로 평가된다. 대표적인 디지털 예술가로는 백남준白南準, 1932~2006이 꼽힌다. 백남준은 우리나라에서 태어나 주로 미국에서 활동한 비디오아트 작가이자, 작곡가이며, 전위 예술가이다. 여러 가지 매체를 이용하여 자신만의 예술세계를 개척했고, 특히 비디오아트라는 새로운 예술을 창안하여 발전시켰다.

오른쪽에 있는 모니터 탑 같은 조형물은 1986년 국립현대미술관에 설치된 〈다다익선(多多益善)〉이라는 작품이다. 1003개의 모니터가 한층 한층 탑을 축조하듯이 쌓아 올려져 있다. 국립현대미술관의 중앙 홀에 전시돼 있는데, 나선형으로 올라가는 계단을 따라가면서 관람할 수 있다.

〈다다익선〉은 어느 각도에서 보아도 모니터를 통해 비디오아트 작품을 볼 수 있다. 1003개의 모니터는 10월 3일 개천절을 의미한다. 작품의 제목인 〈다다익선〉은 원래 많을수록 좋다는 뜻이지만, 여기서는 어떤 물건이 많다는 것이 아니고 수신(受信)의 절대수를 뜻한다. 이것은 당시 일방적으로 수신만 할 수 있는 매스커뮤니케이션의 전달 방식을 비유적으로 표현한 것이다. 백남준은 장차 브라운관이 캔버스를 대신할 것이라고 했는데, 오늘날에는 브라운관마저도 사라지고 평평한 화면으로 비디오아트를 관람할 수 있게 됐다.

Technology가 Art가 되는 순간

앞에서 살펴보았듯이 백남준을 비롯한 시각예술가들은 그들의 작품 소재나 창작 도구로 첨단기술을 활용해 왔다. 예술과 만나는 바로 그 순간이야말로 폭주기관차처럼 질주하는 테크놀로지가 잠시 멈춰 쉬어 가는 순간이다.

오른쪽 비디오아트 작품은 2011년 서울스퀘어 건물에 표현된 작가 진시영의 연작 중 하나인 〈Sign〉의 한 장면이다. 이 작품은 사람들의 움직임으로 소통이 가능한지에 대한 고민에서 제작한 것이라고 한다. 이 작품을 감상하다 보면 서울스퀘어의 창문 하나하나가 디지털 화면의 화소(畵素)와 같음을 알 수 있다.

진시영, 〈Sign〉, 2011년, 서울스퀘어(사진 : 유튜브)

화소는 주로 디지털 카메라나 컴퓨터 화면의 해상도에 사용되는 용어이다. 컴퓨터 화면이나 인쇄물에서 볼 수 있는 모든 디지털 이미지들을 아주 크게 확대하면 이미지들의 경계선들이 연속된 곡선이 아니라 작은 직사각형들로 구성되어 있음을 알 수 있다. 이처럼 디지털 이미지들은 더 이상 쪼개지지 않는 직사각형 모양의 작은 점들이 모여서 전체 이미지를 구성한다. 이때 이미지를 이루는 가장 작은 단위인 이 직사각형 모양의 작은 점들을 '픽셀(Pixel)'이라고 한다. 픽셀은 그림(picture)의 원소(element)라는 뜻을 갖도록 만들어진 합성어로, 우리말로는 화소라고 읽힌다.

일반적으로 화소의 수가 많은 화면은, 그 화면 안에 화소가 더 조밀하게 구성되어 있으므로, 이미지가 선명하고 정교하다. 즉, 화소가 많다는 것은 점을 이루는 직사각형의 크기가 작다는 것이고, 직사각형들이 작을수록 해상도가 높은 영상을 얻을 수가 있다.

이를테면 '이 컴퓨터 화면은 해상도가 1920×1080픽셀이다'라는 말은 이 화면에서 가로와 세로의 길이가 1인치인 정사각형이 가로로 1920개, 세로로 1080개인 선으로 나누어져 있으므로 변의 길이가 1인치인 정사각형 안에 작은 직사각형 모양의 점인 화소가 1920×1080=2073600개 들어 있다는 뜻이다. 그래서 해상도가 높을수록 이미지가 깨끗하고 선명하게 보이는 것이다.

조르주 쇠라, 〈그랑자트섬에서의 일요일 오후〉, 1884~1886년경, 캔버스에 유채, 207.6×308cm, 시카고아트인스티튜트

회화를 이루는 기초 단위가 '점'이라는 사실을 깨달은 화가들

19세기 서양미술사로 거슬러 올라가 보면 픽셀이라는 개념의 시초라고 할 수 있는 미술 작품을 만날 수 있다. 1886년 쇠라Georges Pierre Seurat, 1859~1891라는 프랑스 화가가 점을 찍어서 완성한 〈그랑자트섬에서의 일요일 오후〉라는 작품이다(444~445쪽). 서양미술사는 이 그림이 신인상주의 사조의 시작을 알렸고, 훗날 현대미술의 방향을 바꾸었으며, 19세기 회화를 대표하는 상징이 된 작품 가운데 하나라고 기록하고 있다. 얼핏 보면 화면이 거칠고 뿌옇게까지 보이는 그림인데, 뭐가 그리 대단하다는 건지 궁금하다. 지금부터 자세히 관찰해 보자.

이 작품을 확대해 보면 수많은 점이 찍혀 있음을 알 수 있다. 쇠라는 점을 찍어서 그림을 그리는 화법인 '점묘법'을 개발했다. 점묘화의 장점은 적은 색으로 효율적인 명암을 나타낼 수 있다는 것이다. 그러나 당시에는 손으로 일일이 그려야 했기 때문에, 작품을 완성하기까지 많은 시간과 엄청난 노력을 필요로 했다.

쇠라의 점묘법은 과학이론을 회화에 접목한 기법으로, 미술계는 물론 과학계에도 그 의미가 남다르다. 쇠라는 색채에 담긴 과학 원리에 매료되면서 점묘법을 자신의 작품에 본격적으로 활용하기 시작했다. 19세기 후반에는 과학계에서 같은 계열의 색이나 그와 반대색(보색)을 분리하고 난 뒤 이들을 나란히 배치(병치)시키면 색들이 시각적으로 통합되면서 보다 뚜렷한 색채가 보여진다는 사실을 발견했다. 이를테면 종이에 붓으로 파란 점과 붉은 점을 나란히 찍으면 초록색이, 같은 방식으로 붉은 점과 주황 점을 나란히 찍으면 다홍색이 보이게 된다.

쇠라를 비롯한 화가들은 이러한 원리를 회화에 적용했다. 미리 팔레트

폴 시냐크, 〈우산 쓴 여인〉, 1893년, 캔버스에 유채, 81×65cm, 파리 오르세미술관

에서 여러 색 물감을 섞지 않고, 동일한 크기의 작은 원색을 점으로 찍었더니 사람의 망막에서 색이 섞이면서 새로운 색이 보이게 된다는 사실을 알게 된 것이다.

쇠라의 점묘법은 동시대와 후대 화가들에게 많은 영향을 끼쳤다. 그 대표적인 화가로 피사로Camille Pissarro, 1830~1903와 시냐크Paul Signac, 1863~1935가 있다. 이들이 점묘법으로 그린 작품을 살펴보면 쇠라의 화풍이 녹아 있음을 느낄 수 있다. 특히 시냐크는 쇠라의 작품을 통해 한때 인상주의의 대표주자인 모네Claude Monet, 1840~1926의 작품세계에 빠져 있었던 자신의 예술적 스펙트럼을 확장할 수 있게 됐다. 시냐크는 이젤과 물감을 화실 밖으로 가지고 나가 자연채광의 경험을 캔버스에 담아 낸 인상주의 화가들의 예술적 성취에서 한 걸음 더 나아가고자 했는데, 그런 시냐크를 이끈 건 바로 쇠라였다. 즉, 시냐크는 쇠라처럼 화가의 노력과 의지에 따라 얼마든지 과학적 논리와 수학적 사고를 작품에 투영시킬 수 있음을 깨달은 것이다.

쇠라는 약 3미터 너비인 〈그랑자트섬에서의 일요일 오후〉를 2년에 걸쳐 완성했는데, 이 기간 동안 작품의 배경이 된 그랑자트 섬을 수 없이 답사하면서 70점 이상의 습작 스케치 작업을 거쳤다고 한다.

점묘법에서 화소가, 이진법에서 디지털이!

자, 그럼 화소와 점묘법과 관련 있는 수학 이야기를 나눠 보도록 하자.

화소와 점묘법은 둘 다 점이 있고 없음을 이용한 것이다. 점이 있는 경우를 1로, 점이 없는 경우를 0으로 하면 수학에서 말하는 이진법이 된다. 간단히 말하면, 이진법은 0과 1로 수를 표현하는 방법이다. 우리나라에서는

7차 교육과정까지만 해도 중학교 수학시간에 이진법을 배웠지만 지금은 교육과정에서 제외됐다. 요즘 아이들은 디지털이 중요하다고 배우면서도 한편으로는 어렵다는 이유로 디지털의 기본인 이진법이 정규교육에서 사라진 이율배반적인 과정을 배우고 있는 것이다.

현재는 수학에서 이진법을 배울 수 없기 때문에 여기서 간단히 원리를 알아보자. 그러기 위해 먼저 우리가 사용하고 있는 십진법에 대하여 알아보자. 예를 들어 수 2018은 다음과 같이 나타낼 수 있다.

$$2018=2000+10+8=2\times1000+0\times100+1\times10+8\times1$$

즉, 2018에서 2는 1000의 자리의 수, 0은 100의 자리의 수, 1은 10의 자리의 수, 8은 1의 자리의 수를 나타낸다. 이와 같이 우리가 일상생활에서 사용하고 있는 수는 자리가 하나씩 올라감에 따라 자리의 값이 10배씩 커진다. 이와 같은 수의 표시 방법을 십진법이라고 한다. 십진법의 수 2018은 10의 거듭제곱을 사용하여 다음과 같이 나타낼 수 있다.

$$2018=2\times10^3+0\times10^2+1\times10^1+8\times1$$

이와 같이 십진법으로 나타낸 수를 10의 거듭제곱을 써서 나타낸 식을 '십진법의 전개식'이라고 한다. 이를테면 1234는 십진법의 전개식으로 다음과 같다.

$$1234=1\times10^3+2\times10^2+3\times10^1+4\times1$$

십진법의 전개식에서 10의 거듭제곱을 2의 거듭제곱으로 나타내고, 각 자리에 사용된 숫자를 2보다 작은 0과 1로 바꾼 것이 이진법이다. 즉 자리가 하나씩 올라감에 따라 자리의 값이 1, 2^1, 2^2, 2^3 등으로 2배씩 커지게 수를 나타낼 수 있다. 예를 들어 십진법의 수 11은 다음과 같이 2의 거듭제곱으로 나타낼 수 있다.

$$1011=1\times2^3+0\times2^2+1\times2^1+1\times1$$

이때 이진법으로 나타낸 수 1011을 십진법으로 나타낸 수와 구별하기 위하여 $1011_{(2)}$와 같이 나타내고 '이진법으로 나타낸 수 일영일일'이라고 읽는다. 그리고 위와 같이 이진법으로 나타낸 수를 2의 거듭제곱을 써서 나타낸 식을 '이진법의 전개식'이라고 한다.

이를테면

$$1011_{(2)}=1\times 2^3+0\times 2^2+1\times 2^1+1\times 1=8+2+1=11$$

이므로 $1011_{(2)}$는 십진법으로 11과 같고,

$$12=1\times 2^3+1\times 2^2+0\times 2+0\times 1$$

이므로 십진법의 수 12를 이진법으로 나타내면 $1100_{(2)}$이다.

전기가 흐를 때를 1로, 흐르지 않을 때를 0으로 하여 구성된 것이 바로 디지털이므로 이진법은 디지털 기술의 기본원리이고, 앞에서 소개한 화소도 마찬가지이다. 화면에 점이 나타낼 때는 1이고 나타나지 않을 때를 0으로 하면 앞에서 감상했던 작품들이 모두 수학적으로 이진법과 깊은 관련이 있음을 알 수 있다. 그리고 화소는 점이라고 할 수 있다. 우리 눈으로 보기에는 점이 너무 작기 때문에 직사각형 모양이나 둥근 점이나 같게 보인다. 실제로 경우에 따라서 직사각형 모양의 화소가 아니라 원을 화소로 사용하기도 한다. 직사각형이든 원이든 우리 눈에는 그 모든 것이 점으로 보인다. 그리고 점은 우리의 뇌와 눈을 착각에 빠트리기도 한다. 뇌와 눈이 점의 배열을 이해하려는 방법 중 하나는 어떤 점과 그 점에서 가장 가까운 점 사이에 가상의 선을 만드는 것이다.

예술작품뿐만 아니라 우리 주변에서 접하는 사물은 대부분 점, 선, 면으로 이루어진 도형으로 나타낼 수 있다. 이때 도형을 이루는 점, 선, 면을 도형의 기본 요소라고 한다. 다음 그림과 같이 점이 움직인 자취는 선이 되고, 선이 움직인 자취는 면이 된다.

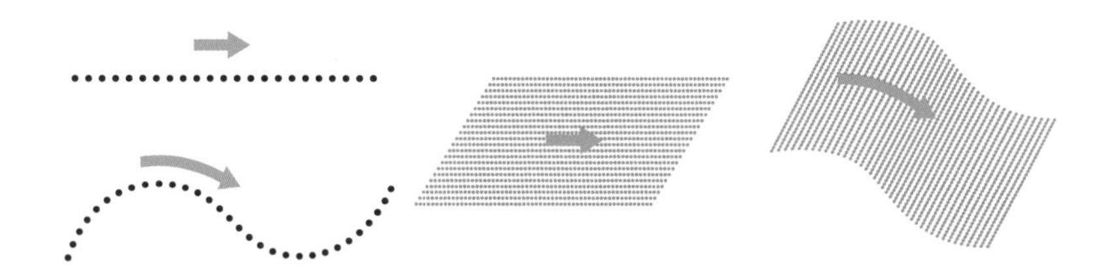

따라서 선은 무수히 많은 점으로 이루어져 있고, 면은 무수히 많은 선으로 이루어져 있음을 알 수 있다. 삼각형, 원과 같이 한 평면 위에 있는 도형을 평면도형이라 하고, 직육면체, 원기둥, 구와 같이 한 평면 위에 있지 않은 도형을 입체도형이라고 한다. 이러한 평면도형과 입체도형도 모두 점, 선, 면으로 이루어져 있다. 따라서 도형을 이루는 점, 선, 면을 도형의 기본 요소라고 할 수 있다.

점과 선 그리고 면은 우리 주변의 모든 사물과 현상을 그냥 지나치지 않고 한 걸음 더 들어가 바라보게 만들었다. 세상의 모든 사물과 현상의 존재를 인식시키는 가장 기초적인 단위로 자리매김한 것이다. 이러한 인식의 재발견은 여러 분야에서 꽃을 피웠다. 각각의 점들에 담긴 색이 모여 다시 빛을 분해하고 흡수해 제3의 색채를 발산함으로써 기존의 형식을 깨는 새로운 예술로 진화했다. 아울러 이러한 원리가 테크놀로지 분야로 옮겨 가면서 디지털이라고 하는 기술혁신을 가져왔다. 아주 작은 점, 아주 가는 선 하나에서 시작한 사소한 생각의 파편들이 모여 세상을 달리 보이게 했고, 세상을 바꿔 나가고 있는 것이다.

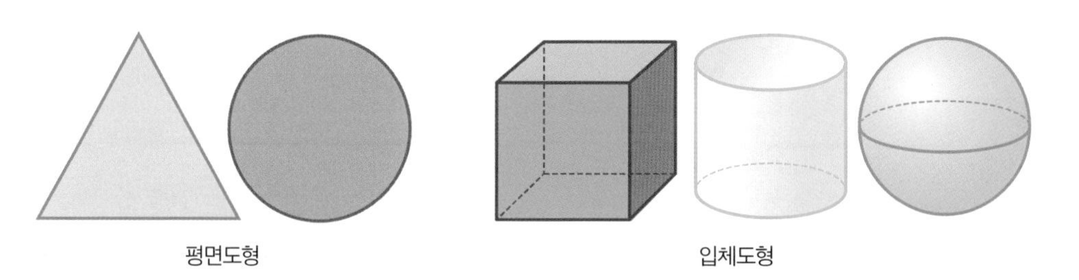

| CHAPTER 4 |

MEDICAL SCIENTIST

의학자의 미술관

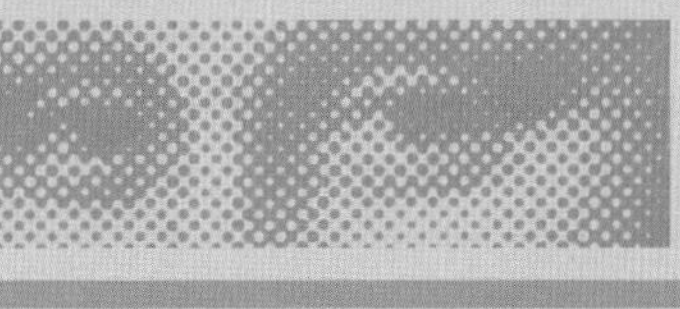

GALLERY

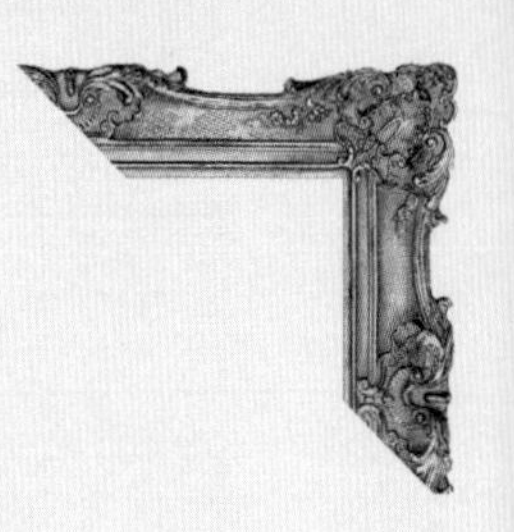

인부가 하얀 천으로 둘둘 만 시체를 매장하고 있다.
그런데 왼쪽에 있는 인부는 병에 전염됐는지
시체를 매장하기도 전에 쓰러진다.
시체의 다리를 붙들고 있는 인부 오른편에
성직자로 보이는 사람들이 찬송가를 부르며 장례를 집전하고 있다.
이런 일이 일상적이라는 듯 성직자들은 무표정하다.

유럽의 근간을 송두리째 바꾼 대재앙, 페스트

순식간에 유럽을 집어삼킨 괴물

인류 역사에서 짧은 시간에 가장 많은 사람이 죽은 사건은 보통 전쟁이다. 하지만 두 차례 세계대전보다 더 많은 사람을 죽음으로 내몬 것은 '페스트'라는 질병이었다. 1347~1351년, 불과 4~5년 사이 유럽 전역에 퍼진 페스트로 유럽 인구의 30~50%가 목숨을 잃었다. 페스트에 걸리면 하루 이틀 만에 사망했다. 페스트균이 혈액을 타고 전신에 퍼지면 간, 폐, 피부 등에 출혈성 괴사가 나타나면서 마치 검게 썩은 것처럼 보인다. 그래서 페스트의 다른 이름은 '흑사병(黑死病, black death)'이다.

인류는 수많은 전염병과 싸워 왔다. 페스트는 20세기 후반에 항생제가 보급되며 종적을 감춘 듯 보이지만, 아직 인류가 완전히 퇴치하지 못한 질병 중 하나다. 지금도 아프리카와 아시아 등지에서는 매년 천 건 이상 페스트 감염 사례가 발생한다. 인류가 전염병과의 싸움에서 완전히 승리한 것은 1980년 세계보건기구가 박멸을 공식 선언한 천연두와의 전쟁, 단 한 차례에 불과하다.

소나기처럼 쏟아지는 '죽음의 화살'을 막아줄 수호성인

페스트가 유럽을 휩쓸던 14세기 한복판으로 우리를 데리고 갈 그림 한 편이 있다. 리페랭스Josse Lieferinxe, 1493~1503가 그린 〈역병 희생자를 위해 탄원하는 성 세바스티아누스〉는 프랑스 항구도시인 마르세유(Marseille)에 있는 성당에서 제단을 장식하기 위해 주문한 것이다. 르네상스 초기 작품으로 원근법이 다소 서툴게 표현되어 있지만, 인물의 표정만큼은 매우 사실적이다.

인부가 하얀 천으로 둘둘 만 시체를 매장하고 있다. 그런데 왼쪽에 있는 인부는 병에 전염됐는지 시체를 매장하기도 전에 쓰러진다. 시체의 다리를 붙들고 있는 인부 오른편에 성직자로 보이는 사람들이 찬송가를 부르며 장례를 집전하고 있다. 이런 일이 일상적이라는 듯 성직자들은 무표정하다.

반대쪽에는 망자의 가족과 친지로 보이는 사람들이 있다. 이들은 이 광경을 안타깝게 바라보면서도, 시신 가까이 다가가지 않는다. 그 뒤로는 하얀 천으로 감싼 시체를 둘러맨 남자가 보이고, 더 멀리 시체를 가득 실은 수레가 보인다. 공중에서는 천사와 악마가 싸우고 있다. 더 위쪽에는 온몸에 화살이 꽂힌 남자가 하느님 앞에서 무릎을 꿇고 기도하고 있다. 이 남자는 과연 누구일까?

그림 속 남자는 성 세바스티아누스(Sebastianus, 3세기 말경 순교)로 초기 기독교 순교자 가운데 한 사람이다. 로마 황제의 장교였으나 몰래 기독교인들을 도와주다 발각되어 화살받이가 되는 형벌을 받는다. 놀랍게도 세바스티아누스는 온몸에 화살을 맞고도 죽지 않았다고 한다.

조스 리페랭스, 〈역병 희생자를 위해 탄원하는 성 세바스티아누스〉, 1497~1499년, 패널에 유채, 81.8×55.4cm, 볼티모어 월터스아트뮤지엄

안드레아 만테냐, 〈성 세바스티아누스〉, 1480년경, 캔버스에 유채, 255×140cm, 파리 루브르박물관

그가 왜 페스트를 묘사한 그림에 등장하는 걸까? 당시 사람들은 페스트가 마치 쏟아지는 화살 같아서, 어떤 이는 한 발만 맞아도 죽고 어떤 이는 운 좋게 피하기도 하고 또 어떤 이는 화살을 맞고도 죽지 않고 회복할 수 있다고 생각했다. 그래서 소나기처럼 쏟아지는 화살 세례에서도 살아남은 성 세바스티아누스를 페스트라는 '죽음의 화살'을 막아줄 수호성인으로 여겼던 것이다.

대재앙의 불씨,
투석기로 날아온 시체 한 구

페스트가 유럽에 전염된 경로를 설명하는 여러 가지 학설에 공통으로 언급되는 것이 몽골 제국이다. 몽골 제국은 실크로드(Silk road)를 통해 중앙아시아를 점령하고 유럽을 침공했다. 1347년 칭기즈칸의 장남 주치가 세운 킵차크 한국(남러시아에 성립한 왕조로 금장한국이라고도 한다) 기마병들은 크림 반도 남부 연안의 무역항 카파를 포위하고 있었다. 카파는 지중해 무역으로 번성한 이탈리아 도시국가 제노바의 무역기지였다. 몽골군은 적군의 사기를 꺾기 위해 중앙아시아에서 페스트로 흉측하게 썩은 시신을 가지고 와 투석기에 실어 성안으로 던져 넣고 철군했다. 지금 관점에서 보면 '생물학전'인 셈이다.

제노바 상인들은 몽골군이 철군한 틈을 타 배를 타고 앞다투어 이탈리아 본토로 도망쳤다. 이때 쥐와 벼룩도 이들과 함께 배에 올라탔다. 페스트는 놀랄 만큼 빠른 속도로 유럽을 집어삼켰다. 불과 5년 만에 유럽 대부분 지역에 페스트가 퍼졌다.

들로네Jules Elie Delaunay, 1828~1891의 〈로마의 흑사병〉을 보면 길바닥에 시체들이 널브러져 있다. 거리와 하늘은 잿빛 어둠으로 물들고 있다. 오른쪽 모퉁이 쪽 계단에 앉아 있는 사람은 모포를 둘러쓰고 몸을 오들오들 떨고 있다. 그 옆의 남자는 고개를 뒤로 젖힌 채 절규하고 있다. 문 앞에는 이런 어둠과 대비되는 순백의 커다란 날개를 단 천사가 보인다. 천사는 바로 앞에 있는 잿빛 얼굴의 남자에게 무엇인가를 지시하고 있다. 이 문을 부수라고 명령하는 걸까? 잿빛 얼굴의 남자는 창으로 문을 내려치려 한다. 이 작품은 신성로마제국 말기에 페스트로 신음하던 상황을 표현한 것이다.

들로네는 신고전주의 화가다. 신고전주의는 18세기 후반에서 19세기 초에 프랑스를 중심으로 풍미한 미술사조다. 과장되고 왜곡된 바로크 양식이나 사치스럽고 도덕성이 결여된 로코코 양식에서 벗어나 그리스와 로마 예술의 부활을 목표로 했다. 신고전주의 화가들은 그림에 새로운 사상과 정치 이념을 담고자 했다. 그래서 혁명 정신을 대변할 수 있는 고대 영웅 이야기를 많이 그렸다. 신고전주의 그림에는 연극무대처럼 한정된 공간, 단순한 구도, 건축적 배경이 자주 등장한다. 이를 통해 작가는 주제의 극적 효과를 한층 끌어올렸다. 〈로마의 흑사병〉 또한 이런 장치를 적극적으로 활용해, 비극성을 극대화하고 있다.

페스트는 페스트균에 의해 발생하는 급성 열성 전염병이다. 페스트균에 감염된 쥐에 기생하는 벼룩이 페스트균을 사람에게 옮겨 감염된다. 14세기 유럽은 도시로 물자와 사람들이 몰려들고, 도시는 제대로 처리하지 못한 오물들로 뒤덮여 있었다. 페스트균이 확산할 수 있는 최적의 환

쥘 엘리 들로네, <로마의 흑사병>, 1869년, 패널에 유채, 131×176.5cm, 파리 오르세미술관

경이었다.

페스트가 균에 의해 감염된다는 것은 그로부터 한참 후인 1900년대에 밝혀졌다. 중세 시대에 페스트는 뾰족한 치료법도 없고 감염되면 하루 이틀 만에 죽는 치사율 100%의 무시무시한 질병이었다. 가족과 이웃이 순식간에 질병에 희생되는 참혹한 광경을 목격하면서, 자신도 언제 죽을지

모른다는 두려움에 떨어야 했다.

의학도 아무 소용이 없었다. 당시 유럽 최고 권위의 의학기관이었던 파리 의과대학은 토성·목성·화성이 일직선상에 놓일 때 오염된 증기가 바람에 실려 페스트가 퍼졌다고 발표했다.

기독교가 지배하던 중세사회에서 대다수 사람들은 페스트를 인간이 지은 죄에 대한 하느님의 응징이라고 생각했다. 이런 사고를 반영한 작품이 〈로마의 흑사병〉이다. 그림 속 천사가 가리키는 집에 사는 사람은 곧 냉엄한 형벌을 받게 될 것이다.

'심판의 날'이 다가왔다고 느낀 사람들은 공포에 울부짖었다. 이성이 마비된 혼돈의 세계에서 사람들에게 필요한 것은 '희생양'이었다. 광기의 화살은 유대인에게로 향했다. 유대인들이 우물에 독약을 넣어 페스트가 퍼졌다는 유언비어가 떠돌았고, 많은 유대인이 생매장당하거나 산 채로 불 속에 던져졌다.

유대인들에 대한 대량 학살은 몇백 년 후에 있을 홀로코스트(Holocaust, 제2차 세계대전 때 나치 독일이 자행한 유대인 대학살)의 전초전이라고 볼 수 있다. 재앙과 같은 질병 앞에서 드러나는 인간의 광기와 잔혹성은 페스트의 위협보다 더 공포스럽다.

무자비한 괴물과 무기력한 인간

뵈클린Arnold Böcklin, 1827~1901이 그린 〈페스트〉를 보자. 해괴한 몰골의 괴물이 박쥐의 날개에 용의 꼬리를 단 기괴한 형상의 동물을 타고 골목을 누빈다. 길에는 시신이 여러 구 널브러져 있다. 괴물은 손에 든 낫으로 마치

아르놀트 뵈클린, 〈페스트〉, 1898년, 패널에 템페라, 149.5×104.5cm, 바젤시립미술관

벼를 베듯 사람들의 목숨을 닥치는 대로 거둬들이고 있다. 골목에는 독가스 같은 연기가 퍼져 있고, 도시는 완전히 괴멸된 것처럼 보인다. 뵈클린은 스위스 바젤 출신의 상징주의 화가다. 이 그림은 뵈클린이 죽기 3년 전에 그리기 시작해서 완성하지 못한 작품이다.

뵈클린은 죽음을 주제로 많은 작품을 그렸다. 〈페스트〉는 북유럽 특유의 어둡고 우울한 정서와 당시 유럽의 불안정한 시대 분위기가 잘 반영된 작품이다. 작가의 가족사도 작품에 영향을 미쳤다. 뵈클린은 열두 명의 자녀를 두었다. 그런데 그중 여섯 명이 페스트, 콜레라, 장티푸스 같은 전염병으로 사망했다.

뵈클린을 유명하게 만든 작품은 같은 주제로 무려 다섯 번이나 제작된 〈죽음의 섬〉이다. 그전까지 뵈클린은 투박하고 야성적인 그림을 그리는 평범한 화가였다. 그러나 〈죽음의 섬〉이 발표된 이후 인기가 급상승하며 복제품과 판화가 불티나게 팔리는 화가가 되었다. 라흐마니노프Sergei Rachmaninoff, 1873~1943는 〈죽음의 섬〉에서 영감을 얻어 동명의 교향시를 작곡했고, 히틀러Adolf Hitler, 1889~1945는 뵈클린의 열렬한 팬으로 그의 작품을 소장하기도 했다.

아르놀트 뵈클린, 〈죽음의 섬 : 세 번째 버전〉, 1883년, 패널에 유채, 80×150cm, 베를린 구 국립미술관

페스트, 봉건제도를 붕괴시키다!

역사학자 윌리엄 맥닐William H. Mcneill, 1917~2016은 『전염병과 인류의 역사』라는 책에서 전염병과의 오랜 싸움은 유럽의 과학과 의료기술을 발달시켰으며, 그로 인해 새로운 이성의 시대가 열렸다고 주장한다. 페스트가 중세 유럽 사회를 붕괴시키고 개편하는 데 일조했다는 것은 대다수 학자가 동의하는 내용이다.

신께 아무리 기도해도 페스트가 누그러지지 않자 사람들의 믿음에 균열이 생기기 시작했다. 차츰 사람들이 교회로부터 멀어지기 시작하면서 교회의 지배력도 흔들렸다. 이러한 사회적 분위기는 종교개혁의 단초가 되었으며, 인본주의를 태동시켰다.

페스트가 창궐하기 전까지 유럽 대다수 나라는 교회와 봉건귀족이 장악하고 있었다. 성직자와 귀족이라고 해서 페스트의 광풍을 비켜갈 수는 없었다. 페스트로 많은 성직자가 죽자 라틴어를 읽고 쓸 수 있는 사람들이 줄어들면서 영어, 프랑스어, 이탈리아어 등 자국어를 사용하는 빈도가 늘어났고, 이는 민족주의 출현으로 이어졌다.

유럽 인구의 3분의 1이 목숨을 잃자 노동력이 부족해지고 농민들은 더 좋은 노동 조건을 찾아 도시로 떠났다. 이에 따라 농민들의 지위가 향상되면서 봉건제도가 붕괴하기에 이르렀다.

페스트와 같은 불가항력적인 시련을 맞닥뜨렸을 때 우리는 어떻게 해야 할까? 카뮈Albert Camus, 1913~1960는 소설 『페스트』에서 현실이 아무리 잔혹하다 할지라도 희망을 버리지 않고 자신의 자리에서 최선을 다하는 것이 우리가 나아갈 길이라고 말한다. 필자도 카뮈의 생각에 동의한다.

사람들은 압생트를 '녹색의 요정' 혹은
'에메랄드 지옥' 등으로 부르며 사랑했다.
압생트는 가난한 예술가들에게는
'예술적 영감'을 주는 좋은 친구였다.
하지만 압생트 때문에 울고, 웃고,
목숨을 끊는 사람들이 생겨났다.

가난한 예술가와 노동자를 위로한 '초록 요정'에게 건배!

고단한 하루를 마감하는 '녹색의 시간'

19세기 프랑스 파리에서는 노동자들이 일과 후 카페로 몰려들어 휴식을 즐기는 늦은 저녁 시간을 '녹색의 시간'이라고 불렀다. '녹색'이라는 늦은 저녁과는 어울리지 않는 색깔이 붙은 건 순전히 '압생트' 때문이다. 에메랄드빛의 압생트는 19세기 유럽을 풍미한 술이다. 제1차 세계대전을 전후해서 압생트의 생산과 판매가 금지될 때까지 압생트의 위력은 대단했다. 일반인은 물론이고 고흐Vincent van Gogh, 1853~1890, 드가Edgar De Gas, 1834~1917, 피카소Pablo Picasso, 1881~1973, 졸라Emile Zola, 1840~1902, 헤밍웨이Ernest Hemingway, 1899~1961, 랭보Arthur Rimbaud, 1854~1891 등 많은 예술가들이 압생트를 즐겼다.

쑥을 주원료로 만든 압생트는 저렴하지만 알코올 도수가 높아 빨리 취하는 장점이 있다. 압생트를 마실 때 행하는 특별한 의식(?)은 예술가와 애주가들을 사로잡았다. 먼저 잔 위에 숟가락을 걸치고 그 위에 각설탕을 올려놓는다. 이 위로 압생트를 조금 부은 다음, 차가운 물을 서서히 붓는다. 이렇게 하면 술의 도수가 낮아지고 쓴맛도 줄어들어 더 많이 마실 수 있다.

높은 대중적 수요를 바탕으로 19세기 프랑스 전역에는 각기 다른 상표의 압생트가 1000여 개가량 있었던 것으로 추정된다. 1880년대에 이르러서 압생트는 마치 우리의 소주처럼 서민들이 마시는 '국민 술'이 되었다. 하지만 압생트를 주기적으로 마실 경우 건강에 해롭다는 것이 밝혀지면서 20세기 초반부터는 압생트 음주를 법으로 금했다. 압생트에 들어 있는 '투존'이라는 성분은 술에 독특한 향취를 선사하지만, 뇌세포를 파괴하고 환각을 일으켜 쉽게 중독되게 한다.

사람들은 압생트를 '녹색의 요정' 혹은 '에메랄드 지옥' 등으로 부르며 사랑했다. 압생트는 가난한 예술가들에게는 '예술적 영감'을 주는 좋은 친구였다. 하지만 압생트 때문에 울고, 웃고, 목숨을 끊는 사람들이 생겨났다.

압생트에 취한 고독한 남과 여

1875년 파리의 남루한 어느 카페 안이다. 초췌한 모습의 남녀가 두 개의 테이블 사이에 어정쩡하게 앉아 있다. 허탈하고 지친 표정의 여인은 자신 앞에 놓인 술잔만 하염없이 바라보고 있다. 그 여인 바로 옆의 남자 또한 세상사에 아무 관심 없다는 듯 파이프를 문 채 무심히 창밖을 바라보고 있다. 남자는 정장을 입고 중절모까지 쓰고 있지만, 행색은 초라하다. 자세히 보니 그의 코는 술 때문에 빨갛게 물들어 있다. 남녀 모두 화면 구석에 있어 그림을 보는 관객은 왠지 두 사람이 더욱 불안해 보인다. 그리고 다리가 없는 모서리가 예리한 테이블들은 그림을 더욱 불안하게 보이게 한다. 여인 앞에 놓여 있는 노란색 술이 바로 압생트다. 탁자 옆에 물병이 놓여 있는 걸로 봐서 그녀가 압생트를 희석해서 마시고 있음을 알 수 있다.

〈압생트 한 잔〉은 작품 속 남자의 신체 일부와 파이프가 잘려 있어 마

에드가 드가, 〈압생트 한 잔〉, 1875~1876년, 캔버스에 유채, 92×68cm, 파리 오르세미술관

Degas

치 스냅사진처럼 보인다. 이런 독특한 구도는 당시 인상파 화가들이 흠뻑 빠져 있던 일본의 목판화 '우키요에'에서 영감을 얻은 것이다. 우키요에 화가들은 정면이나 측면이 아닌 독특한 각도에서 바라본 장면을 그렸다. 그리고 우키요에는 인물을 반드시 중앙에 두지 않아 신체 일부가 잘린 그림이 많다.

〈압생트 한 잔〉은 1876년 제3회 인상파 전시회에서 공개되었다. 대중에게 공개되었을 당시 이 작품은 마네Edouard Manet, 1832~1883의 〈풀밭 위의 점심〉과 〈올랭피아〉처럼 평론가들에게 큰 비난을 받았다. 그 이유는 파리 뒷골목 바에서나 볼 수 있는 타락한 인물을 모델로 삼았다는 점과 그림 속 모델이 나름 당대의 유명인이었다는 점이다.

드가는 압생트 중독의 위험성이나 사회의 타락상을 경고하는 등 어떤 메시지를 전달하고자 이 그림을 그리지 않았다. 그저 동시대 삶의 단면을 있는 그대로 포착한 것이다. 이 작품은 산업화된 사회에서 부품이 되어 버린 근대 시민의 소외감과 고독감을 표현하고 있다. 이 작품은 드가가 카페에서 모델을 발견하고 즉흥적으로 그린 것이 아니라 작업실에서 계획하고 연출한 상황을 그린 것이다. 두 모델에게는 알코올 중독자 같은 표정을 지어 달라고 부탁했다.

인상파 화가들이 주로 야외로 나가 시간에 따라 달라지는 빛의 변화를 포착하고 화폭에 옮겼던 것과 달리, 드가는 파리의 근대적인 생활에서 주제를 찾았다. 그는 정확한 소묘 능력을 바탕으로 신선한 구도와 풍부한 색감이 돋보이는 작품들을 발표했다. 특히 '일상생활의 한 단면을 포착해 재현한다'는 마네로부터 시작된 시대적 경향과 '주도면밀하게 계산된 화면 구성'이라는 고전주의적 전통을 잘 결합한 작품을 내놓았다. 그렇다고 해서 드가가 고전주의 화풍의 화면 구성을 그대로 따른 것은 아니다. 그는 독특한 화면 설정, 공간 규정, 인물의 자세, 색조의 대비 등을 통해 막연한 불안감이 느껴지는 개성적인 작품 세계를 선보였다.

가난한 예술가가 기댈 유일한 안식처

고흐가 홀로 어느 카페 구석에서 앞을 주시하며 무심히 앉아 있다. 테이블에는 압생트 한 잔이 쓸쓸하게 놓여 있다. 유일하게 남아 있는, 고흐의 옆모습을 그린 작품이다. 파스텔로 그린 선들이 역동적으로 느껴진다. 다른 어느 초상화보다도 당시 고흐의 심경이나 내면 세계를 잘 담고 있다.

로트레크Henri de Toulouse Lautrec, 1864~1901는 1886년 가을, 파리에 나타난 고흐를 코르몽Fernand Cormon, 1845~1924의 화실에서 만났다. 두 사람은 1888년 2월에 고흐가 프랑스 남부 아를로 떠나기 전까지, 작품에 대한 의견을 나눌 정도로 매우 가깝게 지냈다. 두 사람이 만났을 때 로트레크는 스물두 살, 고흐는 서른세 살이었다.

1887년 말경에 그려진 것으로 추정되는 이 그림은 파스텔을 사용했다는 점이 특이하다. 스케치는 고흐에게 영향을 받은 듯하고 색채 사용에서는 로트레크만의 개성이 느껴진다. 아마도 로트레크와 고흐가 이야기하던 중 로트레크가 색채에 대한 자기 생각을 직접 보여 주기 위해 즉흥적으로 그린 것으로 보인다.

화가들조차 고흐를 미치광이로 여겼지만, 로트레크는 그림에 대한 고흐의 열정과 앞뒤를 가리지 않는 무모한 신념에 깊이 감동했다. 어쩌면 육체의 고통을 예술로 승화시킨 로트레크였기에 고흐를 이해했는지도 모른다(497쪽 참조). 첫 만남 후 4년 뒤인 1890년 서른일곱 살의 나이로 고

툴루즈 로트레크, 〈빈센트 반 고흐의 초상〉, 1887년, 카드보드지에 파스텔, 54×45cm, 암스테르담 반 고흐 미술관

흐가 죽을 때까지, 둘은 서로에게 큰 영향을 미친다. 고흐에게 아를로 이주해서 그림을 그려 보라고 제안했던 사람이 바로 로트레크였다. 한번은 예술가들이 모인 카페에서 누군가 고흐의 그림을 비난하자, 로트레크는 작고 병약한 몸으로 결투를 신청했다고 한다.

고흐가 죽었을 때 로트레크는 이런 말을 했다. "비록 서른일곱 해의 짧은 인생이었지만, 그래도 위대한 예술을 이룩했으니 아쉬워할 필요는 없다. 나도 언젠가 그럴 수 있으면 좋겠다." 정확히 11년 뒤인 1901년 로트레크도 고흐와 같은 서른일곱의 나이에 사망한다.

〈별이 빛나는 밤에〉는 압생트 중독의 결과다?

〈별이 빛나는 밤에〉는 고흐의 대표작이다. 이 그림은 고흐가 고갱과 다툰 뒤 자신의 귀를 자르고 몇 번의 간질 발작을 일으킨 후, 생 레미 요양원에 있을 때 그린 것이다. 고흐는 정신장애로 인한 고통을 밤하늘에 요동치는 소용돌이로 묘사했다. 고흐에게 밤하늘은 무한함을 표현하는 대상이었고 그는 밤하늘의 풍경, 정확히는 밤하늘 속에서 빛나는 별을 그리고 싶었다. 그래서 전경의 마을 풍경을 최대한 작게 그리고 하늘 풍경과 수직으로 뻗은 사이프러스 나무를 큼직하게 그렸다. 이는 당시 고흐가 풍경화를 그릴 때 자주 이용했던 방법이다.

그런데 이 그림에서 별 주변에 노란색 '광환'이라고 불리는 코로나가 보인다. 압생트를 즐기던 고흐가 사물이 노랗게 보이는 황시증을 앓아서 별을 이렇게 표현했다는 이야기가 있다. 그의 작품에 유독 노란색이 많은 이유도 황시증 탓이라고 한다. 즉 압생트의 투존에 중독되어 고흐 눈에 비친 별이 이렇게 보였다는 것이다.

한때 압생트의 투존이라는 성분이 신경에 영향을 미치고, 이 탓에 압생트를 장기간 마신 사람은 환각을 보게 되고 서서히 중독되어 시신경이 파괴될 수도 있다는 주장이 굉장한 힘을 얻어 압생트의 판매와 생산이 금지되었다.

하지만 실제로 투존의 독성은 생쥐를 기준으로 니코틴의 15분의 1에 불과하다. 압생트의 경우 리터당 6밀리그램 남짓한 미량의 투존이 들어 있어 거의 중독이 될 염려가 없다. 당시 알코올 남용에 대한 책임을 가장 대중적인 술이었던 압생트에 떠넘기고, 압생트에 밀려 기를 못 펴던 와인업자들의 끈질긴 로비로 죄 없는 압생트가 모함을 받았다는 설도 있다.

1997년에는 별 주변에 코로나가 보일 정도가 되려면 182리터 이상의 압생트를 단번에 마셔야 한다는 논문이 발표되었다. 그 정도의 술을 한꺼번에 마시면 사람은 죽는다. 그리고 만취한 상태에서 그림을 그릴 수도 없다.

빈센트 반 고흐, <별이 빛나는 밤에>, 1889년, 캔버스에 유채, 73.7×92.1cm, 뉴욕 현대미술관

고흐에게 압생트는 약이었을까, 독이었을까?

고흐가 〈별이 빛나는 밤에〉와 같은 그림을 그릴 수 있었던 것은 몇몇 의사들의 주장처럼 고흐가 복용하던 약 때문 아닐까 추측한다. 그 약은 '디지털리스'라는 약초다. 지금도 일부 심장병 치료에 디지털리스 성분이 들어 있는 디곡신을 사용하고 있다. 당시 고흐는 측두엽 간질 진단을 받았고, 디지털리스는 간질 치료제로 사용됐다. 아마도 생 레미 요양원에서부터 간질 발작을 한 고흐에게 고용량의 디지털리스를 복용시켰을 것으로 추정한다. 그런데 디지털리스의 흔한 부작용이 황시증과 눈이 커지고 동공이 확대되고 눈에 코로나 현상이 보이는 것이다.

격변의 시대에 가난한 예술가에게 예술적 영감을 주고 그들의 마음을 어루만져 준 것은 오직 압생트 한 병뿐이었다. 지금도 많은 이에게 감동을 주는 명작 가운데 '초록 요정'의 축복으로 탄생한 작품이 많다.

하지만 고흐와 로트레크가 사랑하던 초록 요정은 예술적 영감을 주는 대신 그들을 죽음으로 이끄는데 크게 기여했다. 압생트는 이 천재 예술가들에게 과연 약이었을까, 독이었을까?

1981년 유럽연합(EU)의 전신인 유럽공동체(EC)가 압생트 합법화 결정을 내리면서 유럽 국가들은 압생트 생산을 재개했다. 현재는 대략 200여 개 브랜드의 압생트가 생산되고 있다. 유럽 국가들이 압생트 생산을 재개한 이유는 압생트의 부작용이 과장되었고 그 위험이 다른 술보다 높지 않으며, 유해물질의 농도는 충분히 조절할 수 있다는 주류 업계의 주장을 받아들였기 때문이다.

어떤 술이든 종류와 관계없이 지속해서 마시면 중독되며 건강에 치명적이다. 지속적인 음주로 인해 간경변 환자가 되는 경우는 대략 15% 정도다.

빈센트 반 고흐, 〈압생트 잔과 물병〉, 1887년, 캔버스에 유채, 46.5×33cm, 암스테르담 반 고흐 미술관

사람들은 무언가를 잊기 위해 술잔을 채운다. 오장육부를 들어낼 듯 괴로움을 게워 내고 나면 어느새 날이 밝아져 있다. 그렇게 비운 몸과 마음에 다시 새로운 기억을 채우며 하루를 사는 사람들이 있다. 술이 잊게 해주는 것이 괴로움뿐이라면 참 고맙겠지만, 음주에는 대가가 따른다는 것을 잊지 말아야 한다. 지속적이고 과한 음주는 소중한 추억까지도 모조리 지울 수 있다.

스페인독감은 흑사병이
100년 동안 죽인 것보다 더 많은 사람을 죽였다.
또한 후천면역결핍증후군(에이즈)이 24년 동안 죽인 것보다
더 많은 사람을 24주 동안 죽였다.
스페인독감은 '인류 역사상 최악의 재앙'이라는 명성에 걸맞게
수많은 사람을 죽음으로 내몰았다.

제1차 세계대전의 승자, 스페인독감

인류 역사상 최악의 재앙, 스페인독감

'스페인독감(Spanish influenza)'은 1918년 3월부터 1920년 6월까지 제1차 세계대전(1914~1918년)과 맞물려 대유행한 바이러스 질환이다. 유럽에서는 제1차 세계대전으로 인해 목숨을 잃은 사람이 1500만 명 정도였다. 전 세계로 범위를 넓히면 스페인독감으로 사망한 사람은 2100만 명에서 5000만 명 또는 1억 명으로 추정된다. 당시 유럽 인구가 약 16억 명 정도였는데, 유럽 인구의 3분의 1이 넘는 약 6억 명의 사람이 스페인독감에 걸렸다. 인류 역사를 뒤흔든 무시무시한 전염병이었다.

통계마다 사망자 수에서 많은 차이가 나는 이유는 스페인독감의 빠른 전염 속도 탓도 있다. 당시 스페인독감이라고 진단할 겨를도 없이 사망한 사람이 많았다. 야전에서 스페인독감으로 사망한 군인들의 경우와 부상당한 군인들이 독감 합병증으로 사망한 경우에는 스페인독감 사망자에 포함하지 않기도 했다. 근본적으로 제대로 된 통계 체계가 없었기 때문에 정확한 사망자 수를 추정할 수 없었다.

스페인독감이라는 이름 때문에 스페인은 최초 발생지(발생원)라는 오해

에곤 실레, 〈가족〉, 1918년, 캔버스에 유채, 152×162.5cm, 빈 벨베데레갤러리

를 사지만, 사실 스페인독감의 최초 발생지는 1918년 3월 미국 시카고 부근이었다. 미군 병영에서 처음 발생했으며 군인들의 이동 경로를 따라 세계로 퍼졌다. 하지만 미국과 유럽은 당시 제1차 세계대전으로 전시 보도 검열이 철저하게 이루어졌다. 군인 사망 소식은 군사력 감소를 판단할 수 있는 중요한 정보이기 때문에 언론에서 다루는 것이 금지됐었다. 스페인은 제1차 세계대전 참전국이 아니었기에, 스페인 언론은 여러 나라에서 많은 민간인이 놀라운 속도로 병들고 죽어 간다는 특종 보도를 실었다. 그래서 최초 발생지와는 아무런 관련이 없음에도 스페인독감이라고 이름 지어진 것이다.

스페인독감, 무오년에 조선을 강타!

스페인독감은 인류를 통째로 집어삼킬 듯 전 세계로 퍼져 나갔다. 우리나라에서 '무오년 독감'이라고 부르는 것도 바로 스페인독감이다. 1918년 조선 사람 742만여 명(당시 조선 총인구 1670만여 명)이 스페인독감에 걸렸고, 이 중 14만여 명이 목숨을 잃었다. 조선인의 약 37%가 스페인독감에 걸린 셈이며, 이 중 약 2%는 사망에 이르렀다. 전염병으로 흉흉해진 민심이 이듬해인 1919년 3.1운동을 발발한 원인 중 하나로 꼽힌다.

인도는 전체 인구의 5%에 해당하는 1700만 명이 스페인독감으로 죽었다. 알래스카와 태평양섬은 전염병의 불모지와 같았기 때문에 면역학적으로 특히 취약했다. 타히티와 사모아 제도 인구의 10~20%가 스페인독감으로 목숨을 잃었다.

한 보고에 의하면 스페인독감은 흑사병이 100년 동안 죽인 것보다 더 많은 사람을 죽였다. 또한 후천면역결핍증후군(에이즈)이 24년 동안 죽인 것보다 더 많은 사람을 24주 동안 죽였다. 스페인독감은 '인류 역사상 최악의 재앙'이라는 명성에 걸맞게 수많은 사람을 죽음으로 내몰았다.

스페인독감 때문에 미완으로 남은 한 화가의 가족

〈가족〉이라는 제목의 작품을 보자(480~481쪽). 눈을 동그랗게 뜨고 정면을 응시하고 있는 젊은 남자가 벌거벗은 채로 침대에 앉아 있다. 평소 그림에 좀 관심이 있는 사람이라면 단박에 그가 누구인지 알아챘을 것이다. 남자는 이 그림을 그린 실레Egon Schiele, 1890~1918다. 남자 앞쪽에는 벌거벗은 여인이 웅크려 앉아 한 곳을 멍하니 바라보고 있다. 여인의 다리 사이에는 귀여운 얼굴의 아기가 밝은색 이불로 몸을 감싼 채 앉아 있다.

1915년 실레는 에디트 하름스Edith Harms와 결혼한다. 실레는 결혼 후 각종 전시회에서 성공을 거두며, 본격적인 유명세를 타기 시작하며 작가로서 명성과 부를 얻게 된다. 그러나 그에게 일에서의 성공보다 더 기쁜 소식은 아내 에디트가 임신했다는 사실이었다. 실레는 너무나 기쁜 나머지

조카를 모델 삼아 아직 태어나지 않은 아이의 얼굴을 그려 〈가족〉을 완성한다.

〈가족〉은 실레의 후기작품 중 가장 중요한 작품으로 평가받고 있다. 실레의 다른 작품과 이 그림의 가장 큰 차이는 그가 '가족'이라는 관계 속에서 자신의 모습을 담아 냈다는 점이다. 실레의 작품 가운데 온전한 가족의 모습이 등장하는 건 이 작품이 유일하다. 그만큼 실레에게 가족이 주는 의미는 컸다고 할 수 있겠다.

당시 유럽을 관통한 무시무시한 위력의 스페인독감에 아내 에디트가 감염되면서, 실레는 아내와 배 속의 아이까지 함께 잃고 만다. 그리고 아내를 지극히 간호하던 실레 또한 아내가 죽은 지 3일 만에 사망한다. 그가 그린 〈가족〉의 모습은 끝내 현실 세계에서 이루어지지 못한다.

실레는 오스트리아를 대표하는 표현주의 화가다. 초기에는 그의 동료이자 선배 화가인 클림트Gustav Klimt, 1862~1918를 연상시키는 그림을 그리다가, 점차 자신만의 독창적인 스타일을 완성한다. 실레의 그림 속에는 죽음, 욕망, 원초적 성본능, 동성애 같은 주제가 자주 등장한다. 이러한 주제가 인간의 죽음에 대한 공포와 내밀한 욕망, 그리고 인간의 실존을 둘러싼 고통스러운 투쟁을 담고 있기 때문이다.

실레는 스물여덟이라는 짧은 생을 살면서, 생전에 3000점 넘는 작품을 남겼다. 그중 유화도 300점에 이른다. 그가 스페인독감으로 요절할 때까지 그에 대한 대중의 평가는 극과 극을 달렸다. 1911년 4월에는 실레의 첫 개인전이 열렸다. 분리파(19세기 말 독일과 오스트리아 각 도시에서 일어난 회화, 건축, 공예 운동으로, 아카데미즘이나 관 주도의 미술에서 독립하고자 했다)의 세련되고 웅장한 그림에 익숙하던 오스트리아 빈의 관람객들은 실레의 노골적이고 원색적인 자화상을 보고 강한 인상을 받았다.

왜 젊은 층에서 스페인독감 치사율이 가장 높았을까?

평소 건강하던 실레와 그의 아내는 젊은 나이에 독감으로 사망했다. 다른 바이러스가 어린아이나 노약자처럼 면역체계가 약한 사람에게 주로 전염되는 데 비해, 스페인독감은 특이하게도 20~30대 전반의 젊고 건강한 사람들에게 가장 맹위를 떨쳤다. 젊고 건강한 사람일수록 치사율이 높았던 이유는 '사이토카인 폭풍(cytokine storm)'으로 설명할 수 있다.

'사이토카인'은 세포 간에 정보를 주고받는 물질이다. 몸에 외부 침입자가 들어오면 침입자를 물리치기 위해 면역세포들은 다른 면역세포들에게 와서 도와줄 것을 요구하며 면역세포의 숫자를 불리도록 신호를 보낸다. 이 신호가 바로 사이토카인이다. 사이토카인은 염증 반응을 유도하기도 하고 억제하기도 한다. 사이토카인 폭풍은 면역 반응이 과도하게 일어남으로써 지나치게 많은 사이토카인이 분비되어 결과적으로 신체조직을 파괴해 정상 세포에 해를 입히는 현상을 말한다.

사이토카인 폭풍은 주로 치사율이 매우 높은 바이러스 전염병이 유행해 사망자가 대규모로 발생하는 원인을 설명하는 병리기전으로 자주 등장한다. 2015년 우리나라에서 메르스(MERS : 중동호흡기증후군)가 발생했을 때 사망한 사람 가운데 사이토카인 폭풍의 희생자가 많았을 것으로 추정하고 있다. 사이토카인 폭풍은 면역이 활성화된 젊고 건강한 사람들에게서 더 쉽게 일어날 수 있다. 스페인독감에 젊고 건강한 사람들이 유독 많이 목숨을 잃은 이유를 사이토카인 폭풍에서 찾고 있다. 하지만 아직 사이토카인 폭풍이라는 병리기전에 대해서는 논란이 있으며, 좀 더 많은 연구가 필요하다.

에곤 실레, 〈줄무늬 옷을 입은 에디트 실레의 초상〉, 1915년, 캔버스에 유채, 180×110cm, 헤이그시립현대미술관

비극적 운명의 화가 뭉크, 노년에 찾아온 스페인독감을 극복하다!

노년의 남자가 침대 옆 의자에 긴 검은색 가운을 입고 가지런히 손을 모으고 앉아 있다. 노인은 입을 벌리고 초췌한 모습으로 멍하니 앞을 바라보고 있다. 벽은 붉은색으로 칠해져 있고 검은색 가운으로 인해 그림은 다소 어두운 분위기다.

〈스페인독감을 앓은 후의 자화상〉이라는 제목처럼 인류 역사상 가장 치명적인 전염병 중 하나인 스페인독감에서 회복된 후 뭉크Edvard Munch, 1863~1944가 그린 자신의 모습이다. 병마에 시달려 극도로 수척해진 모습이지만, 곧 병을 털고 새로운 삶을 이어 가려는 의지를 표현하기 위해 이 작품을 그린 게 아닐까? 그림을 그릴 당시에 뭉크는 50대 중반이었지만 병마와 처절한 사투를 벌인 직후라 할아버지처럼 머리도 벗겨지고 맥이 빠진 모습이다.

뭉크는 노르웨이 출신의 표현주의 화가이자 판화가다. 노르웨이 신화와 전설에는 유난히 음침하고 어둠의 그림자가 드리워진 풍경이 그려진다. 오랜 시간 동안 피오르드(fjord : 빙하가 깎아 만든 U자 골짜기에 바닷물이 유입되어 형성된 좁고 기다란 만)와 빙하에 둘러싸여 있고 오로라가 밤도 낮도 아닌 북구의 하늘에 빛의 그림자를 드리우는 곳이 노르웨이다. 노르웨이 로이텐에서 태어난 뭉크는 그림을 통해서 자신의 인생과 질병을 표현한 화가다.

뭉크의 할아버지는 고위 성직자였고, 아버지는 군의관으로 일하다 나중에는 오슬로 근교 빈민가에서 의사로 활동했다. 뭉크는 다섯 남매 가운데 둘째로 태어났다. 태어났을 때부터 매우 병약해서 어린 시절부터 류머티즘에 의한 고열과 기관지천식이 늘 그를 괴롭혔다. 다섯 살 무렵에는

에드바르 뭉크, 〈스페인독감을 앓은 후의 자화상〉, 1919년, 캔버스에 유채, 150.5×131cm, 오슬로국립미술관

어머니가 결핵으로 세상을 떠나고, 그로 인해 아버지는 우울증으로 인한 정신분열증으로 종교에 집착하는 증상을 보였다. 어머니 사망 후 집안일은 누나 소피에와 이모가 맡아서 꾸려 나갔다. 뭉크가 열다섯 살이 되었을 때 누나 소피에가 결핵으로 죽고, 1895년 남동생 안드레아스가 결혼한 지 얼마 되지 않아서 급성 폐렴으로 사망한다. 이어 1898년에는 여동생 라우라가 정신분열증으로 정신병원에 입원하게 된다. 이런 상황에 뭉크는 "우리 가족에게는 병과 죽음밖에 없네, 그게 우리 핏속에 있어"라는

자조적인 말로 푸념했다고 한다.

하지만 뭉크는 홀로 끝까지 살아남아 그림을 그렸다. 평생을 괴롭히던 천식도 이겨 냈다. 알코올 중독과 신경쇠약에 의한 정신분열증이 나타나기도 했지만 9개월 동안 입원한 후 일상으로 돌아와서 다시 그림을 그렸다. 1918년에 전 세계를 휩쓸고 숱한 사망자를 냈던 스페인독감까지 병약한 뭉크를 공격했다. 뭉크는 크림트와 실레의 목숨을 앗아간 스페인독감도 끝내 이겨 냈다. 많은 사람들이 뭉크 작품 전반에 흐르는 우울하고 불안한 정서 때문에 그가 고흐Vincent van Gogh, 1853~1890처럼 젊은 나이에 자살로 생을 마감할 것이라고 지레짐작했다. 하지만 뭉크는 모두의 예상을 뛰어넘어 여든 살 넘게 살았고, 그림을 그리고 또 그렸다.

인류를 모조리 집어삼킬 듯 맹위를 떨치던 스페인독감은 왜 갑자기 사라졌을까?

아시아를 비롯해 우리나라에서 확산되고 있는 조류독감(AI : Avian Influenza)이 '스페인독감 바이러스'와 매우 유사하다는 보고가 나오자, 모두가 공포에 떨었다. 다행히도 조류독감은 비교적 많은 희생자를 낳지는 않았다. 지난 80년 동안 인류에게 엄청난 피해를 준 수준의 돌연변이가 발생한 독감은 없었다.

조류독감이 발견됐을 당시에는 조류에만 전염되는 바이러스로 알려졌다. 그런데 1997년 홍콩에서 변종 바이러스에 감염된 인간 희생자가 발생했다. 이후 조류의 배설물을 통해 새에게서 사람에게로 감염될 수 있다는 사실이 밝혀졌다. 지금까지 조류독감으로 열여섯 명이 사망했으며, 사람 간의 전파 가능성도 완전히 배제할 수 없으므로 감염자가 적다고 해서 안심할 수 없다.

본래 독감은 조류에게 유행하는 바이러스 질병이었다. 비교적 가벼운 질병이었으나 돌연변이 바이러스가 출현하면서 새들이 떼죽음을 당하게 되었다. 돌연변이를 일으킨 일부 바이러스는 조류에서 사람 간의 감염 즉, 종간장벽을 넘어서 인간까지 감염시켰다.

대다수의 바이러스 질환은 바이러스를 일으키는 질병을 가볍게 앓고 나면 항체가 생성돼 이 병으로부터 우리 몸을 보호할 힘, 즉 면역력을 얻게 된다. 이를 자연면역이라고 한다. 하지만 돌연변이를 일으킨 변종 바이러스가 인체에 들어오면 인체의 면역체계가 무너진다. 변종 바이러스에 대항할 항체가 없어 병을 심하게 앓게 되고, 최악에는 목숨을 잃기도 한다. 돌연변이 바이러스는 면역성이 없는 집단을 공격해 대규모로 확산된다. 바이러스에 공격당할 만큼 당한 후, 즉 어느 정도 유행하고 나면 바이러스에 감염됐던 집단 가운데 생존자를 중심으로 면역력이 생기게 된다. 이렇게 바이러스의 병독성이 약해지면서 감기처럼 가벼운 질병이 된다. 스페인독감의 치료약제인 항바이러스 약물이 없었던 시기에, 스페인독감이 거짓말처럼 저절로 사라진 것도 이런 원리다.

모델과 닮지 않은 것으로 유명한 루소의 초상화

공원에 두 명의 남녀가 서 있다. 순진한 얼굴의 남자는 한쪽 손에는 종이를 움켜쥐고 있고 또 다른 손에는 깃털 펜을 들고 있다. 그가 시인이라는 표시다. 왼쪽에 있는 여자는 다소 뚱뚱한데, 푸른색 드레스가 그녀를 오페라 주인공처럼 보이게 한다. 여자는 남자의 등을 살포시 두드리며 하늘을 가리키며, 남자를 격려하고 있다. 이들 앞에는 '시인의 꽃'이라고 알려진 패랭이꽃이 피어 있다.

〈시인에게 영감을 주는 뮤즈〉는 파리 뤽상부르 공원을 배경으로 루소Henri Rousseau, 1844~1910가 아폴리네르Guillaume Apollinaire, 1880~1918와 그의 연인 로랑생Marie Laurencin, 1883~1956을 그린 작품이다. "미라보 다리 아래 센강은 흐르고 우리 사랑도 흐른다"라고 시작하는 시 〈미라보 다리〉(1912년)가 바로 기욤 아폴리네르의 작품이다. 스물일곱의 젊은 시인과 스물네 살의 전도유망한 화가는 피카소Pablo Picasso, 1881~1973의 소개로 만나 사랑을 시작했다.

1911년까지 두 사람은 열렬히 사랑했으며, 누구보다도 서로 이해하고 서로의 작품에 많은 영향을 주었다. 특히 아폴리네르는 이 시기에 로랑생에게 보내는 연애편지와 같은 주옥같은 사랑 시를 많이 써낸다.

루소가 그린 초상화는 사실 모델과 닮지 않은 것으로 유명하다. 정규 미술 교육을 받지 않은 루소는 기본적인 데생 실력도 떨어지고 원근법에 어긋나게 그리는 경우가 많다. 그래서 그가 그린 초상화 속 인물들은 보통 인체 비율이 맞지 않고 사실적인 느낌도 들지 않는다. 〈시인에게 영감을 주는 뮤즈〉를 그리기 전에 루소는 모델의 얼굴 치수를 자로 재보기도 하고 피부의 정확한 색을 찾기 위해 물감의 여러 색들을 찾아서 실제 얼굴과 비교까지 했다고 한다. 고생한 루소에게는 미안한 말이지만, 이 그림 역시 아폴리네르와 로랑생과는 전혀 닮지 않았다.

20세기에 파리를 중심으로 한 미술 흐름은 크게 변화하고 있었다. 이상적이고 아름다움을 추구하던 아카데미 화풍의 그림은 서서히 빛을 잃게 되고, 인상파 화풍의 그림에도 사람들은 서서히 지겨움을 느낀다. 이른바 새로운 취향의 시대가 열리기 시작했다. 피카소, 마티스Henri Matisse, 1869~1954,

앙리 루소, 〈시인에게 영감을 주는 뮤즈〉, 1909년, 캔버스에 유채, 146×97cm, 바젤시립미술관

브라크Georges Braque, 1882~1963, 블라맹크Maurice de Vlaminck, 1876~1958를 포함한 파리의 젊은 아방가르드 화가들은 더 이상 규범화된 그림을 그리지 않고 원시적이고 이국적인 작품을 그리려고 했다. 여기에 루소도 포함된다.

루소와 같은 아마추어 화가들을 보통 '소박파'라고 부른다. 소박파(나이브 아트라고도 한다)는 야수파나 입체파같이 어떤 이념이나 목표를 공유하는 화가들이 아니고 기본적으로 앙데팡당(independent, 독립) 화가들이다. 세관원이던 루소처럼 이들은 보통 직업을 가지고 있으며 취미 삼아 틈틈이 휴일에 그림을 그렸으며, 직장을 그만둔 후부터 본격적으로 자신만의 작품 세계를 펼쳤다.

루소는 환상적이고 생명력이 넘치는 독창적인 스타일의 작품으로, 당대 전위 화가들의 지지를 받았다. 루소와 같은 동시대 인물인 미술 평론가 루이스 로이스는 "그의 그림이 불가사의하고 이상해 보일지 모르지만, 그 이유는 우리가 이전에 봤던 어떠한 것들과도 다르기 때문이다. 왜 이전에 보지 못한 것은 비웃음의 대상이 되어야 하는가? 루소는 새로운 예술을 지향하는 것이다"라고 루소에게 찬사를 보냈다.

스페인독감이 앗아간 천재 시인의 삶

아폴리네르와 로랑생은 5년간 열애를 한 후에 엉뚱한 이유로 헤어졌다. 바로 1911년 프랑스는 물론 전 유럽을 떠들썩하게 만들었던 '〈모나리자〉 도난 사건' 때문이다. 〈모나리자〉를 훔친 범인이 이탈리아 남자라는 소문이 돌았고, 아폴리네르는 단지 아버지가 이탈리아인이라는 이유만으로 용의자로 몰려 어처구니없게 1주일간 감옥에 갇힌다. 이 사건으로 인해 아폴리

마리 로랑생, 〈예술가들〉, 1908년, 캔버스에 유채, 65.1×81cm, 파리 마르모탕미술관

네르와 로랑생의 관계는 소원해졌고, 결국 소소한 문제로 갈등이 생겨 두 사람은 헤어지게 됐다.

두 사람은 헤어진 후 각자의 삶을 열심히 살았다. 로랑생은 화가로서 개인전을 여는 등 사회적으로 인정받는 화가가 되었고, 아폴리네르는 피카소나 브라크 같은 입체파 화가를 옹호하는 미술 평론가로서 그리고 시인으로 맹활약했다. 그러다가 제1차 세계대전이 발발하고 아폴리네르는 자원해 참전했다. 그는 전투 중에 날아온 탄환에 머리에 총상을 입어 당시로는 매우 위험한 뇌수술을 받고도 살아남았다. 하지만 총상에서 회복

되던 차에 스페인독감으로 종전을 삼일 남겨 두고 생을 마감했다. 그때 그의 나이는 서른여덟이었다.

총상으로 두개골 관통상을 당하고 두 번이나 수술한 후 회복기에 스페인독감으로 생명을 잃었으니 사실 아폴리네르가 전사한 것인지 병사한 것인지는 다소 모호하다. 어쨌든 아폴리네르는 참전 대가로 그렇게 열망하던 프랑스 국적을 얻고 프랑스인으로 죽었다. 아폴리네르의 부고를 들은 로랑생은 충격에 빠져 식음을 전폐하고 한동안 절망에 빠져 일상생활을 못 했다고 전해진다. 로랑생이 그린 〈예술가들〉(493쪽)에서 비극적인 운명으로 엇갈리기 전 두 사람의 모습을 볼 수 있다. 한가운데 책을 들고 있는 남성이 아폴리네르, 붉은 꽃을 들고 있는 여성이 로랑생, 왼쪽에 넥타이를 맨 남성이 피카소, 오른쪽 구석에 팔로 얼굴을 괴고 있는 여성이 피카소의 첫사랑 페르낭드 올리비에Fernande Olivier, 1881~1966이다.

독감 백신 탓에 달걀이 귀해졌다?

오랜 연구 끝에 인류는 독감의 원인은 세균이 아닌 더 작은 물질, 즉 바이러스라는 것을 입증했다. 그리고 독감에서 회복된 사람의 혈청에서 중화물질을 확인했다. 얼마 후 개발된 전자현미경에 의해 바이러스를 직접 맨눈으로 확인할 수 있을 정도로 과학 기술은 발전했다.

현대에는 병을 앓아 면역력을 키우는 위험한 자연면역 방법 대신 백신을 접종받아 병을 가볍게 앓고 항체를 생성하는 인공면역 방법을 사용한다. 미국의 병리학자 굿페스처Ernest William Goodpasture, 1886~1960는 바이러스가 달걀(유정란)에서 배양되는 것을 관찰했고, 토마스 프랜시스 주니어Thomas Francis Jr.,

1900~1969는 이를 응용해서 1945년 드디어 독감 백신을 개발했다.

미군은 백신 개발을 적극적으로 지원했고, 백신이 개발되자 바로 군인들을 대상으로 예방 접종을 시행했다. 스페인독감의 악몽 때문이었다. 스페인독감으로 미국인 평균 수명이 10년 줄었다는 통계가 있을 만큼 미국의 피해도 컸다.

처음에 개발된 독감 백신은 불활성화 백신(죽은 병원체를 사용하는 백신)으로 효과가 낮고 어린아이에게 발열과 같은 부작용이 자주 나타났다. 독감 바이러스는 워낙 변종이 많이 생기고, 해마다 유행하는 바이러스가 달라지므로 평생 면역은 불가능하다. 그래서 1973년부터 세계보건기구(WHO)는 그해 겨울에 유행할 바이러스 타입을 예측하고, 제약회사들은 이에 맞는 백신을 만든다.

최근에는 한 번 접종으로 네 종류의 독감 바이러스를 동시에 예방할 수 있는 '4가 독감 백신'을 접종하는 것이 대세가 된 듯하다. 4가 독감 백신은 기존 3가 독감 백신에 B형 바이러스 1종이 추가된 백신이다. 한 번 접종으로 A형 인플루엔자 바이러스 2종(H1N1, H3N2)과 B형 인플루엔자 바이러스 2종(야마가타, 빅토리아), 즉 네 종류의 독감 바이러스를 모두 예방할 수 있다. 특별한 경우가 아니라면 매년 10월부터 시행하는 독감 예방 접종을 꼭 하라고 권고한다.

새에게 전염된 바이러스 하나에도 인류 역사가 송두리째 흔들릴 만큼 인간은 지구 생태계 안에서 아주 작은 존재다. 자연 앞에서 그리고 질병 앞에서 인간은 '만물의 영장'이라는 자만심을 내려놔야 한다.

"내가 그림을 그리게 된 것은
우연에 지나지 않아. 내 다리가 조금만 길었더라면
난 결코 그림을 그리지 않았을 거야."
로트레크가 한 말이다.
유전병이라는 숙명과 같은 불운에도
로트레크는 운명에 당당히 맞섰다.

'밤의 산책자'를 옭아맨 숙명, 유전병

몽마르트의 밤을 사랑한 화가의 특별한 자화상

여기 엽서보다 약간 큰 작은 정물화가 있다(498쪽). 주둥이가 짧은 커피포트가 어두운 배경을 뒤로하고 테이블에 놓여 있다. 바닥은 하얀색 천으로 덮여 있어 검은 배경과 대조를 이룬다. 금속 소재의 커피포트에는 빛이 반사돼 사람의 형체가 어려 있다. 하지만 형체가 뚜렷하지는 않다. 자세히 보면 일반적인 커피포트와 달리 다리가 달려 있다. 사람의 몸에 비유하자면 가늘고 짧은 다리가 커다란 몸통을 떠받치고 있는 형상이다.

이 그림은 정물화가 아니다. "나의 몸은 주둥이가 너무 큰 커피포트처럼 생겼다네"라고 장애가 있는 자신의 몸을 위트 있게 표현할 줄 알았던 한 남자의 자화상이다. 그리고 '커피포트'는 몽마르트의 매춘부들이 그를 부르던 별명이었다. 이 그림은 로트레크Henri de Toulouse-Lautrec, 1864~1901의 자화상이다. 유전병으로 성장을 멈춘 짧은 다리와 그에 걸맞지 않게 큰 머리와 통통한 몸, 로트레크는 커피포트의 모습을 빌려 캔버스에 자신의 몸을 그렸다.

로트레크를 덮친 숙명의 질병, 농축이골증

로트레크의 본명은 '앙리 마리 레이몽드 드 툴루즈 로트레크 몽파Henri Marie Raymond de Toulouse-Lautrec-Monfa'다. 엄청나게 긴 그의 이름은 그가 얼마나 지체 높은 귀족 가문의 자손인지를 가늠하게 한다. 로트레크의 고향은 프랑스 서남부의 알비(Albi)다. 알비는 12세기부터 이 지역의 강력한 영주였던 툴루즈 백작의 영향력 아래 있었다. 툴루즈 가문은 중세 봉건시대부터 천 년간 명맥을 유지해온 유서 깊은 귀족 가문으로, 십자군원정에 자원 출전하기도 한 프랑스의 대표적인 명문가다. 로트레크는 툴루즈 가문의 직계 손이다.

로트레크 가문은 집안의 순수 혈통을 유지한다는 명분으로 중세시대부터 근친혼을 해왔다. 로트레크의 아버지 알퐁스 샤를르 드 툴루즈 로트레크 몽파Alphonse Charlers de Toulouse-Lautrec-Montfa, 1838~1913 백작과 어머니 아델 드 툴루즈 로트레크Marie Marquette Zoe Adele Tapie de Celeyran, 1841~1930도 이종사촌 간이었다. 로트레크의 친할머니와 외할머니는 친자매였다.

툴루즈 로트레크.

로트레크의 질병은 매우 드문 유전질환인 '농축이골증(pycnodysostosis)'이다. 오래전부터 행해온 로트레크 가문의 근친혼에서 비롯된 유전질환이다. 농축이골증은 골격 발육에 장애가 생기는 선천성 골계통질환으로, 열성 염색체가 유전돼 발현된다. 농축이골증을 앓는 사람은 머리가 크고, 키가 150센티미터 이상

툴루즈 로트레크, <커피포트>, 1884년경, 캔버스에 유채, 24×16.2cm, 개인 소장

자라지 못하며, 뼈가 아주 약해서 잘 부스러지고 사지에 골절이 많이 생긴다. 그리고 이마가 툭 튀어나오고, 치아 문제로 고통을 겪는다.

로트레크는 10대 때 두 차례의 골절 사고를 당했으며, 두 다리의 성장이 멈췄다. 사고 이후 키가 자라지 않아 성인이 된 로트레크의 키는 152센티미터에 불과했다.

몽마르트의 밤을 사랑한 화가 로트레크는 알코올 중독과 매독의 후유증으로 정신질환을 앓다 서른일곱의 나이에 뇌졸중으로 사망했다. 서른일곱 살은 미술사에서 좀 특별한 나이다. 서른일곱이라는 나이에 유독 많은 천재 화가들이 세상을 떠났기 때문이다. '르네상스 3대 천재 화가'로 꼽히는 다 빈치Leonardo da Vinci, 1452~1519가 예순일곱, 미켈란젤로Michelangelo Buonarroti, 1475~1564가 여든아홉까지 장수한데 반해, 라파엘로Raffaello Sanzio, 1483~1520는 서른일곱에 요절했다. 로코코 미술의 대가 와토Jean-Antoine Watteau, 1684~1721는 서른일곱에 결핵으로 세상을 등졌으며, 고흐Vincent van Gogh, 1853~1890가 스스로 복부에 총을 쐈을 때도 서른일곱이었다.

근친혼 전통이 불러 온 재앙, 근교약세

로트레크가 죽은 뒤 그의 신체 장애에 관해 많은 연구가 이루어졌다. 그 결과 잦은 골절은 오랫동안 로트레크 가문에서 이루어진 근친혼에 따른 유전병이라는 결론을 얻게 되었다. 1962년 두 명의 프랑스 의사가 이 병을 농축이골증이라고 진단했다. 지금은 어려운 병명 대신 '로트레크 증후군'이라고 부른다.

농축이골증이 생기는 원인은 뼈파괴세포 이상 때문이다. 뼈파괴세포는 무기질과 유기질 성분을 분해하고 제거해 뼈에서 이들 성분의 흡수를 촉진함으로써, 뼈를 성장시키고 유지하는 역할을 한다. 뼈파괴세포 효소 가운데 흡수를 촉진하는 카셉틴케이(catheptin K)라는 유전자에 돌연변이가 생기면 농축이골증이 발생한다. 농축이골증은 상염색체 열성 유전으로 발생한다.

인간은 아버지와 어머니로부터 쌍을 이루는 유전자를 하나씩 받는다. 쌍을 이룬 두 개의 유전자를 '대립유전자'라고 한다. 예를 들어 곱슬머리와 직모는 머리카락 형태에 관한 대립유전자다. 대립유전자는 서로 동일한 형질끼리 쌍을 이루면 '동형접합체', 서로 다른 형질끼리 쌍을 이루면 '이형접합체'라고 한다. 대립유전자 간에는 발현 관계에서 우열이 있다. 예를 들어 곱슬머리는 직모에 대해 우성 형질이다. 보조개, 주걱턱, 쌍꺼풀도 그렇지 않은 형질에 대해 우성이다. 우성 형질은 동형접합체일 때뿐 아니라 이형접합체일 때도 발현한다. 하지만 열성 형질은 반드시 동형접합체일 때만 발현한다.

로트레크는 부모로부터 농축이골증을 일으키는 유전자(열성)를 각각 하나씩 제공받았을 것이다(동형접합체). 농축이골증을 일으키는 유전자(열성)를 하나씩만 가지고 있던 로트레크의 부모(이형접합체)에게는 이 병이 나타나지 않았지만, 농축이골증을 일으키는 유전자를 부모로부터 두 개 받은 로트레크에게는 병이 나타난 것이다. 로트레크의 세 살 터울 동생이 태어난 이듬해에 죽은 이유도 농축이골증 때문이었을 것이다.

유전학에 '근교약세'라는 개념이 있다. 유전자가 가까운 것끼리 교배, 즉 근친 교배를 오랫동안 지속하면 열성 유전이 반복된다는 것이다. 혈연적으로 관련이 없는 개체들이 결합할 때는 두 개체(아버지와 어머니) 모두 자손에게 동일한 문제를 일으킬 대립유전자를 전달해 줄 확률이 매우 낮다.

그러나 근친혼의 경우 그 가능성이 훨씬 높아진다.

프랑스에서 사촌 사이의 결혼으로 태어난 자녀를 대상으로 실시한 연구가 있다. 사촌 사이의 결혼으로 태어난 자녀는 혈연 관계가 없는 부모에게서 태어난 자녀에 비해 성인이 되기 전 사망할 가능성이 두 배나 높은 것으로 나타났다.

툴루즈 로트레크, 〈페안 박사의 수술〉, 1891~1892년, 카드보드지에 유채, 74×49.8cm, 메사추세츠 클라크아트인스티튜드

로트레크와 대비되는 준수한 생김새의 사촌 가브리엘

로트레크가 그린 스케치 한 점을 보자. 수술하고 있는 파리의 저명한 외과 의사 줄레 에밀 페안Jules-Emile Pean, 1830~1898 박사를 도와주고 있는 오른쪽 검은 머리 남자가 로트레크의 고종사촌인 가브리엘Gabriel Tapie de Celeyran이다. 가브리엘은 작은 키에 기형적인 외모의 로트레크와는 달리 키도 크고 준수한 외모를 가진 젊은 의사였다. 로트레크는 가브리엘이 파리에 거주할 때 매우 가깝게 지냈다. 함께 물랭루주도 자주 드나들었다.

가브리엘은 로트레크의 어머니 아델 부인이 로트레크 사후 고향 알비에 미술관을 건립하려고 할 때 적극적으로 참여해 돕고, 로트레크가 자신을 그린 그림 또한 기증할 만큼 마음이 따뜻한 의사였다. 하지만 이런 사촌 동생을 로트레크는 자주 구박하고 멸시했다고 한다. 아마도 열등감에서 비롯된 행동이었을 것이다.

몽마르트의 밤을 사랑한 남자

로트레크의 대표작 〈물랭루주에서〉를 보자(504쪽). 마치 스냅사진과 같은 구도도 순간적인 장면을 묘사하고 있다. 중앙에 한 무리 사람들이 술을 마시며 이야기 나누고 있다. 하지만 대화가 그리 유쾌하지 않은지 모두 표정이 심드렁하다. 그들 뒤로 모자를 쓴 두 남자가 보인다. 앞에 있는 사람은 앉아 있다고 착각할 만큼 키가 매우 작다. 반면 그 뒤에 있는 사람은 앞의 사람과 무척 대비되게 키가 크다.

키가 작은 남자가 로트레크이고 키가 큰 남자가 사촌 동생 가브리엘이다. 이 떠들썩한 분위기에 어울리지 못하는 것일까. 로트레크와 가브리엘은 자리를 옮기는 중인 것 같다. 그림 맨 오른쪽에는 물랭루주의 환한 밤 조명을 받아 얼굴이 병자처럼 파랗게 보이는 금발 머리 여인이 보인다. 흡사 가면을 쓴 것처럼 보인다. 서로 동질감을 느끼지 못하는 이곳 분위기를 잘 표현하고 있다.

이곳은 물랭루주다. 물랭루주는 파리 몽마르트 번화가에 있는 댄스홀로, '붉은 풍차'를 뜻한다. 물랭루주라는 이름이 붙은 것은 건물 옥상에 크고 붉은 네온사인 풍차가 있기 때문이다. 로트레크는 물랭루주의 한 공간

툴루즈 로트레크, <물랭루주에서>, 1892~1895년, 캔버스에 유채, 123×140.5cm, 시카고아트인스티튜드

을 점유하고, 여기서 댄서들과 이곳을 드나드는 사람들을 많이 그렸다.

로트레크는 이 작품에서 왜소증 탓에 키가 작은 자기 모습을 과장 없이 객관적으로 그리고 있다. 평범한 사람들 속에 섞여 있는 당당한 로트레크에게 동정심이 끼어들 틈은 없어 보인다. 로트레크는 자화상을 거의 그리지 않은 화가다. 하지만 볼품없는 자기 모습을 마주하기 싫어서였거나 그림으로 남기고 싶지 않아서 자화상을 그리지 않았다고 생각한다면, 섣부른 추측일지 모른다. 그는 일본 사무라이 복장이나 어릿광대 복장 등 특이한 의상을 입고 사진 찍기를 즐겼다. 신체적인 장애 때문에 평생 세상의 편견과 맞서면서도 그림 속에 자신을 당당하게 표현할 줄 아는 로트레크는, 유머 감각을 가진 낙천적인 사람이었을 것이다.

사무라이 복장을 한 로트레크.

자신과 닮은 천대받는 사람들을 그리다

이번에는 〈의료 검진〉이라는 독특한 제목의 작품을 보자. 붉은색 방에 두 명의 여인이 치마를 걷어 올리거나 아예 벗고 순서를 기다리고 있다. 여인들의 시선은 아래를 향하고 있으며, 표정에서 어떤 감정도 느껴지지 않는다. 그렇다. 지금 이 여인들은 당시 아주 유행했던 성병을 검사하는 중이다. 당시 프랑스 매춘부들은 경찰의 관리 아래 있었으며, 정기적으로 성병 검사를 받을 의무가 있었다. 등록된 매춘부만 약 3만 4000명이었다고 한다. 여성 환자에 대한 배려라고는 단 1%도 없어 보이는 노골적인 검사 과정에 수치스러울 법도 한데 여인들은 무척 담담하다. 이런 장면을 그림으로 그렸다니, 로트레크의 발상도 참 대단하다.

모델과 화가가 어지간히 친하지 않으면 이런 상황을 그릴 수 없었을 것이다. 로트레크는 몽마르트의 매춘부들과 어울리며 그들의 삶에 깊이 공감했다. 로트레크는 자신처럼 소외당하고 천대받는 사람들과 함께하며 그림을 그렸다. 로트레크의 진심을 알기에 매춘부들도 자연스럽게 그의 모델이 되어 주었을 것이다.

툴루즈 로트레크, 〈의료 검진〉, 1894년경, 카드보드지에 유채와 파스텔, 83.5×61.4cm, 워싱턴D.C.국립미술관

비록 로트레크는 서른일곱에 요절했지만, 20년이 채 안 되는 짧은 화가 생활 동안 수채화 275점, 판화와 포스터 370여 점, 캔버스화 730여 점, 그리고 드로잉은 자그마치 4700여 점 남겼다. 방대한 작품 수는 그가 육체의 고통을 예술로 승화시킨 증거로 볼 수 있다. 그는 미술사적으로는 현대 광고 전단지의 전신이라고 할 수 있는 상업 포스터를 예술 차원으로 격상시켰다는 평가를 받고 있다.

후에 동료 나비파(19세기 상징주의 문예 운동의 영향을 받은 화풍으로, 신비적, 상징적, 반사실주의적, 장식적, 대담한 화면 구성이 특징이다) 화가인 비야르Edouard Vuillard, 1868~1940는 "로트레크는 귀족적인 정신을 갖추었지만 신체적인 결함이 있었고, 매춘부들은 신체는 멀쩡했지만 도덕적으로 타락해 있었다. 이들은 서로에게 묘한 동질감을 가졌을 것이다"라고 말했다.

로트레크와 매춘부들의 친밀한 관계는 많은 명작을 탄생시켰지만, 로트레크를 젊은 나이에 죽음으로 이끌기도 했다. 로트레크는 매독에 전염되었고, 압생트 같은 독한 술을 지속적으로 마셔 안 그래도 병약한 몸이 빠른 속도로 나빠졌다.

매독은 왜 '프랑스병'으로 불렸을까?

매독은 트레포네마 팔리듐균에 의해 신체 전반에 감염 증상이 나타나는 질환이다. 매독균에 감염된 어머니로부터 태아에게 전염되는 경우도 있지만, 매독의 가장 중요한 전파 경로는 성접촉이다.

1기 매독은 매독균과 접촉한 성기나 입술, 구강 등에 단단하고 둥근 궤양이 나타나며 통증이 없다. 하지만 2기 이상 진행되면 중추신경계, 눈,

심장, 대혈관, 간, 뼈, 관절 등 다양한 장기에 매독균이 침범해 장기 손상을 초래한다. 중추 신경계를 침범하는 신경매독은 척수를 따라 매독균이 이동해 발작이나 마비 등이 나타나기도 한다.

매독을 뜻하는 영어 'syphilis'는 1530년 발표된 서사시에 등장하는 양치기 이름에서 유래했다. 지필루스(Syphilus)라는 양치기가 더위에 지쳐 '태양의 신' 아폴론을 저주하자, 분노한 아폴론이 양치기에게 무서운 질병을 내려 벌했다고 한다. 이 질병이 매독이다. 매독은 나라마다 다른 이름으로 불렸다. 이탈리아와 영국에서는 '프랑스병', 프랑스에서는 '이탈리아병', 네덜란드와 포르투갈 등에서는 '스페인병', 이슬람 국가에서는 '기독교인들의 병'이라고 불렀다고 한다. 매독의 책임을 다른 나라에 떠넘기려는 모습이 재미있다. 1492년 신대륙을 발견한 콜럼버스Christopher Columbus, 1451~1506 일행이 아메리카 대륙에서 매독을 유럽으로 옮겨 왔을 것이라는 가설이 있다.

606번째 실험 끝에 매독 치료제를 개발한 파울 에를리히와 그의 조수 하타 사하치로.

1909년 독일의 세균학자 파울 에를리히Paul Ehrlich, 1854~1915가 매독 치료제 '살바르산 606'을 개발하기 전까지 매독 치료제로 가장 많이 썼던 것이 수은이다. 수은 치료법은 매독균뿐만 아니라 환자까지 죽일 수 있는 위험한 치료법으로, 수은 중독으로 사망한 사람도 많았다. 모차르트Wolfgang Amadeus Mozart, 1756~1791도 매독을 치료하던 중 수은 중독으로 사망했다.

육체적 고통으로 점철된 로트레크의 삶, 어머니 품에서 소멸되다!

푸른색의 단아한 상의를 입은 여인이 입술을 다문 채 책을 읽고 있다. 여인 주변의 커튼과 가구들을 보면 장식이 화려하다는 것을 알 수 있다. 인상주의 기법으로 그려서인지 빛의 움직임도 느껴진다. 하지만 전체적으로 어두운 톤이 지배하는 무거운 느낌이 드는 그림이다.

로트레크의 아버지 알퐁스는 건장한 체격에 미남으로 매 사냥과 스포츠를 즐겼다. 반면 어머니 아델은 내성적이고 조용한 사람이었다고 한다. 알퐁스는 아들이 매 사냥을 함께할 수 없다는 사실이 명백해지자, 아들을 유산 상속 명단에서 제외했다.

현재에도 장애아가 있는 가정은 아이 때문에 이혼하거나, 친척들과 연락을 끊고 고립돼 사는 경우가 많다. 로트레크의 부모도 결혼한 지 얼마 되지 않아 별거 생활을 했다. 몸이 불편한 아들의 양육은 아델 부인이 책임졌다.

파리에서 아들과 함께 생활하던 아델 부인은 보르도에 있는 말로메로 내려왔다. 말로메는 아델 부인이 구입한 성으로, 로트레크는 여름마다 이곳을 찾아와 파리 생활로 지친 몸을 쉬게 했다. 이 작품 또한 로트레크가 말로메에서 휴가를 즐기던 중 그린 어머니의 초상화 같다. 아델 부인은 아들을 위해 몇 번이고 캔버스 앞에 섰다. 어머니를 모델로 그린 로트레

툴루즈 로트레크, <말로메 살롱에 있는 아델 드 툴루즈 로트레크 백작부인>, 1886~1887년, 캔버스에 유채, 59×45cm, 알비 툴루즈 로트레크 미술관

크의 그림들은 하나같이 '슬픔'이라는 정서가 묻어 있다.

장애를 가진 자식을 바라보는 부모의 심정을 어떻게 이해할 수 있을까. 아델 부인은 장애를 안고 살아가야 할 아들, 아들을 철저하게 외면하는 남편, 그리고 태어난 지 얼마 지나지 않아 잃은 둘째 아들 때문에 많이 슬프고 아팠을 것이다. 그럼에도 그녀는 아들을 헌신적으로 돌봤다. 아델 부인은 로트레크가 미술에 재능이 있음을 알고, 열 살 때부터 미술을 배우게 했다. 성장이 멈춘 아들에 대한 집안의 따가운 시선을 피해 몽마르트에 집을 얻어 아들과 함께 지내기도 했다.

1901년 로트레크는 파리를 떠나 보르도로 갔다. 어머니가 아들의 음주를 단속하려고 고용한 사람과 함께 말이다. 1901년 8월 보르도 작은 해변 마을에 묵고 있던 로트레크에게 뇌졸중이 찾아온다. 그는 어머니가 있는 말로메로 옮겨졌고, 같은 해 9월 9일 평생 자신을 헌신적으로 돌본 어머니의 품에 안겨 사망했다.

젊은 나이에 죽어 가는 아들을 보는 어머니의 마음이 얼마나 아팠을까. 부모의 근친혼으로 불구가 된 아들을 보며 아델 부인은 끝없이 자책하지 않았을까 생각해 본다. 아델 부인은 아들이 죽은 뒤에 아들을 위한 미술관을 건립하기 위해 동분서주했다. 1922년 알비에 개관한 로트레크 미술관은 현재 알비를 대표하는 관광 명소다.

프랑스의 저명한 희극작가인 트리스탕 베르나르Tristan Bernard, 1866~1947는 로트레크의 짧은 생을 다음과 같이 기렸다.

"그는 공원에서 뛰어노는 아이처럼 자유로운 삶을 살다 갔다. 그는 죽은 것이 아니라 초자연적인 세계로 다시 돌아갔을 뿐이다. 이 볼품없이 작은 사나이는 운명의 주인이었으며 그 신념에 따라 산 사람이었다."

"내가 그림을 그리게 된 것은 우연에 지나지 않아. 내 다리가 조금만 길었더라면 난 결코 그림을 그리지 않았을 거야." 로트레크가 한 말이다. 유전병이라는 숙명과 같은 불운에도 로트레크는 운명에 당당히 맞섰다. 장애인을 전염병 환자처럼 여기는 사람들이 여전히 존재하는 세상에서, 로트레크의 삶은 우리를 숙연하게 한다.

나폴레옹이 현재 살아 있다면
정확한 진단과 수술, 그리고 항암요법을 통해
완치도 가능했을 것이다. 하지만 당시 의학 기술은
나폴레옹의 병을 진단도 치료도 하지 못하는
암흑 수준에 머물러 있었다.

불세출의 영웅을 무릎 꿇린 위암

단위 때문에 10센티미터나 줄어든 나폴레옹의 키

히틀러Adolf Hitler, 1889~1945만큼이나 사망 후에도 왜 죽었는지 논란이 이는 역사적 인물이 있다. 바로 프랑스의 군인이자 황제, 나폴레옹Napoleon Bonaparte, 1769~1821이다. 그가 죽은 지 200년 가까운 시간이 지났지만, 지금까지도 그의 사인에 대한 새로운 논문이 계속 나오고 있다. 역사학자들은 대게 나폴레옹이 정치적인 이유로 독살당했다고 본다. 반면 의사들 사이에서는 나폴레옹이 질병으로 사망했다고 보는 관점이 지배적이다.

신고전주의 양식의 대가 다비드Jacques Louis David, 1748~1825가 그린 나폴레옹의 초상화를 살펴보자. 비교적 큰 키에 근엄한 표정의 나폴레옹이 조끼 단추를 몇 개 푼 다음, 오른손을 조끼 속에 집어넣고 다소 어색한 포즈를 취하고 있다. 〈퇼르리궁전 서재에 있는 나폴레옹〉은 세로 2미터가 넘는 실물 크기 작품이다. 젊은 나폴레옹을 그렸기 때문인지, 아직 배가 많이 나온 상태는 아니다. 머리숱이 좀 적긴 하지만 잘생긴 편이다.

나폴레옹의 초상화들은 나폴레옹을 선전하기 위해 잘생긴 남자들을 고용해서 그렸다는 이야기가 많다. 하지만 대다수 초상화에서 나폴레옹의

자크 루이 다비드, 〈튈르리궁전 서재에 있는 나폴레옹〉, 1812년, 캔버스에 유채, 203.9×125.1cm, 워싱턴 내셔널갤러리

외모는 화가에 관계없이 매우 비슷하게 보인다. 아마 대역은 얼굴보다는 포즈를 그리는 데 사용했을 가능성이 높다. 특히 다비드가 그린 초상화 속 나폴레옹의 얼굴이 실제 모습과 가장 닮았다고 한다.

지금까지 나폴레옹은 키가 155센티미터 정도의 단신으로 알려졌다. 키가 작은 사람들이 보상 심리로 공격적이고 과장된 행동을 하는 경향을 그의 이름을 붙여 '나폴레옹 콤플렉스(Napoleon complex)'라고 부른다. 작은 키에 대한 열등감을 극복하는 과정에서 정복 욕구가 형성되고 권력 지향적으로 변화한다니, 나폴레옹이 유럽을 제패하고 황제에 오른 원동력은 그의 '작은 키'였다고 할 수 있다.

하지만 나폴레옹은 키 때문에 열등감을 느낄 만큼 작지 않았다. 실제 나폴레옹의 키는 168.9센티미터다. 나폴레옹의 공식적인 키는 영국 쪽 부검소견서에 적힌 5.2피트(ft)이다.

그런데 이 피트를 영국과 프랑스가 서로 다르게 적용하고 있었다. '피트(feet)'는 사람의 발 길이를 기준으로 삼은 단위다. 사람마다 발 길이가 제각각이듯이 나라마다 1피트의 길이가 조금씩 달랐던 것이다. 영국에서 1피트는 30.48센티미터이고, 프랑스에서 1피트는 32.48센티미터였다. 나폴레옹의 키가 5.2피트이니 센티미터로 환산하면, 영국 기준으로 158.4센티미터다. 하지만 이를 프랑스 기준으로 환산하면 168.9센티미터가 나온다. 무려 10.5센티미터 차이가 난다. 당시 프랑스 성인 남성의 평균 키가 164센티미터였던 점을 감안했을 때, 나폴레옹은 오히려 키가 큰 편에 속했다. 프랑스의 23대 대통령 사르코지Nicolas Sarkozy, 1955~(164.7센티미터)보다 무려 4센티미터가량 크다.

'나폴레옹 포즈'는 프리메이슨이 아니라 위장병 증거!

다시 초상화의 포즈로 돌아가 보자. 나폴레옹을 그린 다른 화가들의 작품에도 조끼 안에 손을 집어넣어 배를 만지는 듯한 자세가 빈번히 등장한다. 그래서 후대에 이런 자세에 '나폴레옹 포즈'라는 이름을 붙였다. 나폴레옹 포즈에 대해서는 몇 가지 가설이 있다. 1895년 나폴레옹을 연구하는 학자 J.E.S 터켓은 나폴레옹 포즈가 비밀스러운 조직의 수신호라는 새로운 가설을 발표했다. 그는 프리메이슨 규율을 다룬 책에서 나폴레옹 포즈와 같은 그림을 발견했고, 나폴레옹이 비밀조직 프리메이슨(freemason)의 회원이라고 주장했다.

그렇다면 프리메이슨은 어떤 조직일까? 십자군 전쟁 때 예루살렘에서 성배를 지키기 위해 결성된 템플 기사단은 전쟁이 끝난 후 유럽의 모든 부와 권력을 거머쥐며 새로운 지배 계층이 되었다. 템플 기사단으로부터 거액의 돈을 빌린 프랑스 국왕 필리프 4세Philippe IV, 1268~1314는 템플 기사단원들을 이단과 음란죄로 처형하고, 재산을 몰수했다. 살아남은 템플 기사단원들이 그 후 비밀결사를 유지해, 프랑스대혁명을 주도하고 루이 16세를 처형해 복수했다는 음모론이 있다. 프리메이슨의 기원이 템플 기사단이다. 프리메이슨이 사회의 엘리트들을 조직에 끌어들여 세계를 은밀히 지배한다는 음모론은 여전히 소설과 영화의 주요 소재가 된다.

프리메이슨 회원들은 조직에 대한 절대적인 복종을 맹세하는 의식의 일환으로 이 포즈를 반복적으로 취했고, 이는 회원들 사이에 비밀스러운 신호이자 정체성을 드러내는 행위로 자리매김해 온 것으로 전해진다. 나폴레옹은 이집트 침공 당시부터 고대 문명과 프리메이슨의 존재에 대해 깊은 관심을 가진 것으로 알려졌다. 실제로 이 포즈는 나폴레옹뿐 아니

나폴레옹 포즈를 볼 수 있는 조지 워싱턴의 초상화(왼쪽)와 카를 마르크스의 사진(오른쪽).

라 다른 유명인들의 초상화에서도 자주 발견된다. 모차르트Wolfgang Amadeus Mozart, 1756~1791, 워싱턴George Washington, 1732~1799, 마르크스Karl Heinrich Marx, 1818~1883 등이 모두 한 손을 재킷 속으로 넣는 비슷한 포즈를 취하고 있다. 하지만 나폴레옹의 비서가 남긴 기록을 보면, 1802년부터 나폴레옹은 때때로 명치(가슴뼈 아래 중앙에 오목하게 들어간 곳) 부위에 심한 통증을 느꼈고, 그때마다 책상에 기대거나 의자에 팔꿈치를 대고 조끼의 단추를 풀고는 오른손을 넣어 아픈 곳을 문질러 통증을 완화시켰다고 한다. 증세로 미루어 볼 때, 아마도 나폴레옹은 심한 위장병을 앓았던 것 같다.

위산이 역류해 가슴이 타는 듯한 증상을 느끼는 역류성 식도염이라든지, 심한 위염과 위궤양, 또는 위암 같은 경우에는 명치 부위에 통증이 간헐적으로 지속된다. 명치를 문지른다고 해서 통증이 완화되지는 않는다. 우리는 두통이 심할 때 이마를 짚고, 배가 아플 때 배를 문지르고, 가슴이 답답할 때 명치를 쿵쿵 두드린다. 불편한 부위를 무의식적으로 만지는 것이다. 나폴레옹도 명치 부위에 통증이 빈번히 발생해 그곳을 만지는 것이 습관화된 것이 아닐까 추측해 본다.

나폴레옹 인생 후반기의 쓸쓸한 초상화

머리숱이 적고 배가 불룩 나온 나폴레옹이 의자에 앉아 있다. 먼저 본 그림과 너무나 대조적인 모습이다. 회색 코트와 흙이 묻어 더러워진 부츠도 벗지 않고 흐트러진 자세로 앉아 있는 나폴레옹은 많이 피곤해 보인다. 나폴레옹의 눈빛과 표정을 보면 몰락의 시간이 다가왔음을 짐작하는 것 같다. 1812년부터 나폴레옹은 하락의 길을 걸었다. 러시아와의 전쟁에서 별다른 소득을 얻지 못했고, 복귀 과정에서 그의 군대는 엄청난 한파로 큰 피해를 입었다. 그 후 유럽 대부분 나라는 나폴레옹에게 등을 돌리고 대항하기 시작했다. 1813년 벌어진 러시아-프로이센 연합군과의 전투 즉, 라이프치히 전투에서 크게 패배해 나폴레옹은 회복불능 상태가 됐다. 설상가상으로 파리는 이미 나폴레옹의 반대파가 득세하고 있었다.

〈퐁텐블로의 나폴레옹 보나파르트〉는 1814년 3월 말, 유럽 연합군이 파리에 입성했다는 소식을 들은 나폴레옹을 묘사한 것이다. 며칠 후인 4월 6일 나폴레옹은 퇴위 각서에 사인하고, 4월 20일 프랑스를 떠나 엘바

폴 들라로슈, 〈퐁텐블로의 나폴레옹 보나파르트〉, 1840년경, 캔버스에 유채, 181×137cm, 파리 군사박물관

섬으로 유배를 떠난다. 이 그림이 그려진 1840년은 나폴레옹 유해가 프랑스로 돌아온 해다. 들라로슈Paul Delaroche, 1797~1856는 이를 기념하기 위해 그림을 그렸던 것일지도 모른다.

들라로슈는 실존 인물 및 역사적 주제를 매우 사실적이고 상세하게 묘사해 19세기 중엽 프랑스에서 가장 큰 성공을 거둔 아카데미즘 예술가 가운데 한 명이다. 그의 그림은 표면이 안정되고 색조가 고르고 매끄러워서, 마무리가 매우 뛰어나다는 인상을 준다. 들라로슈는 초상화를 구성할 때 밀랍으로 모형을 만들 만큼 매우 세심하게 작업했다. 고전주의적인 구성에 로맨틱한 감정 표출을 곁들인 '절충적인 스타일'로 그린 들라로슈의 역사화 연작은 당시 매우 인기가 높았다. 역사화들은 판화로도 제작했기 때문에 많은 가정에 그의 작품이 걸려 있었다.

〈퐁텐블로의 나폴레옹 보나파르트〉는 나폴레옹 신화에서 가장 유명한 작품 중 하나다. 인간 나폴레옹을 몰락한 남성으로 매우 사실적으로 표현하고 있다. 남루한 의상 때문인지, 얼굴을 잠식한 깊은 우울 때문인지 무척이나 초라해 보인다. 화가가 의도한 것이겠지만, 이 그림 어디에서도 이전에 나폴레옹 초상화에서 보였던 위엄은 느껴지지 않는다.

나폴레옹은 독살당했을까, 병사했을까?

1821년 세인트헬레나섬에서 나폴레옹이 사망했을 때 사인에 관해서 다양한 의견이 나왔다. 죽기 전에 나폴레옹이 보인 증상들이 비소 중독과 비슷하며, 생전에 여러 친지에게 나눠 준 그의 머리카락들을 분석해 본 결과 많은 양의 비소가 검출됐다는 사실을 근거로 비소에 의한 독살설이

오라스 베르네, 〈임종을 맞는 나폴레옹〉, 1826년, 캔버스에 유채, 18×23.5cm, 개인 소장

나왔다. 미국의 법의학자도 나폴레옹에게서 비소를 다량 검출했다. 하지만 당시에는 비소가 염료나 약의 원료로 광범위하게 사용됐기 때문에 누구나 어느 정도의 비소 중독은 가능하다고 반론이 제기됐다. 최근 유배되기 전 나폴레옹의 머리카락에서도 비소가 발견됐다. 당시 유행하던 탈모 치료제의 주성분이 비소였기 때문이라는 연구가 뒷받침되며 독살설은 점차 신빙성을 잃고 있다.

그림을 하나 더 보자. 위 그림 속 남자는 광대가 보일 정도로 말랐다. 일반인들이 흔히 하는 이야기 중에 "피골이 상접하다"라는 표현이 있다. 즉 너무 말라 뼈만 보인다는 의미인데, 이 그림에 딱 적합한 말이다. 머리칼이 거의 빠진 머리 위에 월계관이 씌워져 있지만, 왠지 쓸쓸해 보인다. 몸

자크 루이 다비드, 〈나폴레옹 1세의 대관식〉, 1807년, 캔버스에 유채, 610×931cm, 파리 루브르박물관

에 덮은 백색 이불은 남자의 핏기 없는 창백한 얼굴과 대비되며, 죽음을 더욱 선명하게 각인시킨다. 이불 위에는 십자가가 놓여 있다.

죽은 남자는 대관식에서조차 교황에게 무릎 꿇기 싫어했던 콧대 높은 사람, 나폴레옹이다. 그는 대관식에서 교황의 손에서 왕관을 빼앗아 스스로 왕관을 써 교황에게 모욕감을 주었다. 그러나 죽어서는 교황의 자비로 가톨릭식 장례식을 치렀다.

나폴레옹은 1815년 워털루 전투에서 패한 이후에 영국군에 의해 남대서양에 있는 세인트헬레나로 유배당하고, 6년 후인 1821년에 사망했다. 고인의 소망대로 사망 다음 날 부검을 시행했다. 부검은 시네나대학의 의사이자 해부학 교수였던 프란시스코 안토마르치Francois Carlo Antommarchi, 1780~1838와 영국 군의관에 의해 시행되었다. 부검 결과 간과 위가 유착되어 있고, 이 부위에 새끼손가락이 들어갈 만한 구멍이 관찰되었다. 그 주변에서 커다란 불규칙한 경계를 가진 단단한 궤양성 종괴가 발견되었다. 그래서 영국 군의관은 그의 사인을 폐결핵이라고 주장했지만, 최종적으로 위암으로 사망했다고 결론을 내렸다.

하지만 당시의 병리학 수준으로 위암과 위궤양을 맨눈으로 감별하는 것은 불가능했다. 위암을 정확히 진단하려면 현미경으로 암세포를 발견해야 한다. 그러니 나폴레옹은 위암이 아니라 위궤양에 의한 천공으로 사망했을 가능성도 배제할 수 없다.

위암의 근거로 나폴레옹 집안의 가족력을 들 수 있다. 명확하지는 않지만 나폴레옹의 아버지와 누이인 캐롤라인이 위암으로 사망했다고 한다. 그리고 나폴레옹이 오랫동안 전장에 나가 있으면서 지속적으로 고염식을 먹은 탓에 생긴 만성위염이 암으로 전이했을 가능성이 높다는 주장도 충분히 설득력이 있어 보인다.

그러다가 1961년, 스웨덴의 치과의사이자 독성학 전문가인 스텐 포슈버드Sten Forshufvud, 1903~1985에 의해 나폴레옹의 머리카락에서 비소가 발견되었고, 비소 중독사 논쟁에 불이 붙었다. 하지만 앞서 언급하였듯이 비소 중독에 의해 사망했을 가능성은 매우 낮다. 대개 위암은 체중 감소, 식욕 부진, 지방 조직 및 근육 쇠퇴 등의 증상을 동반한다. 그림 속 나폴레옹도 체중 감소가 있고, 가족력이 있으며, 평소 위통을 호소했다는 증언이 있다. 여러 정황을 종합해 볼 때 나폴레옹의 사인을 위암으로 보는 것이 가장 합당해 보인다.

나폴레옹이 현재 살아 있다면 정확한 진단과 수술, 그리고 항암요법을 통해 완치도 가능했을 것이다. 하지만 당시 의학 기술은 나폴레옹의 병을 진단도 치료도 하지 못하는 암흑 수준에 머물러 있었다.

1821년 사망한 나폴레옹의 사인을 밝히려는 연구가 전 세계 곳곳에서 다각도로 계속되고 있으며 논문도 계속 발표된다. 나폴레옹에 대한 의학자들의 관심은 현재진행형이다.

인간에 대한 측은지심과 더불어
정확한 과학적(의학적) 지식과 기술로
환자를 치료하는 것이 진정한 의술일 것이다.

의술과 인술 사이

의술을 앞선 인술

의사가 환자의 급박한 상황 앞에서 환자의 안위보다는 환자의 경제적 능력을 먼저 살필 수밖에 없는 것이 오늘날 의료 현실이다. 화려한 의료시스템의 지원 아래 의사들은 하루에 백 명이 넘는 환자를 진료하며 점차 '진료 기계'가 되어 간다. 환자들은 이런 의사에게 가장 과학적이면서 인도적인 치료를 바란다. 서로 다른 상황이 충돌하며, 의료 현장에서 인술(仁術)을 찾는 것이 점점 더 어려워지고 있다.

여기 우리가 생각하는 이상적인 의사의 상을 화폭에 담은 필데스Luke Fildes, 1843~1927의 〈의사〉라는 작품이 있다. 필자가 진료에 치여 힘겹다 느끼는 순간, 진료실에서 살며시 들여다보는 그림이다.

자그마한 오두막집 안에 아이가 잠자듯 누워 있고, 아이 옆으로는 고뇌하는 부모와 죽음의 괴력 앞에 두 손을 놓은 채 묵묵히 아이의 머리맡을 지키고 있는 의사가 보인다.

필데스는 테이트브리튼 갤러리를 설립한 테이트 경Sir Henry Tate,1819~1899으로부터 이제까지 살아오면서 가장 감동적인 순간을 그려 달라는 주문을

루크 필데스, 〈의사〉, 1891년, 캔버스에 유채, 166.5×242cm, 런던 테이트브리튼

받았다. 필데스에게는 1877년 폐렴으로 죽은 두 살배기 아들이 있었다. 그는 삼일 밤을 아들 곁에서 헌신적으로 간호한 의사가 떠올랐다. 필데스는 그에 대한 존경과 감사의 마음을 그림에 담았다. 그림 속 의사의 모델이 누구인지 궁금해하는 사람들에게 필데스는 특정한 인물을 옮긴 것이 아니라 "우리 시대 의사의 지위를 구현하기 위해 그림을 그렸다"고 밝혔다.

그림 속 집 안 풍경은 환자의 사회적 지위를 간접적으로 알려 준다. 침대는 의자 두 개를 임시방편으로 붙여 만든 것이고, 집 안은 다소 지저분하고 누추하다. 그림은 환자를 응시하고 있는 의사에 초점이 맞춰져 있으며, 어둠 속으로 환자의 아버지가 넋이 나간 표정으로 망연자실한 아내의 어깨에 손을 얹고 위로하고 있다.

더 자세히 들여다보면 의사가 환자를 간호할 때 사용하였던 기구들이 보인다. 그림 우측에 막자와 막자사발, 물병이 있다. 아마 물약이나 찜질제를 만들 때 사용한 기구들일 것이다. 청진기나 체온계 같은 기구들은 보이지 않는다. 19세기 말에도 의사들은 이미 청진기와 같은 의료 기구를 사용했고 환자들은 이런 기구를 사용하는 것만으로도 의사를 매우 신뢰했다고 한다.

필자는 작품을 감상하다가 과연 어린 환자가 치유될 것인지 궁금해졌다. 아이 얼굴에 쏟아지는 밝은 빛에서 아이가 병을 훌훌 털고 일어날 것이라는 낙관적인 해석을 해볼 수 있다. 하지만 깊은 고민에 빠진 의사의 표정과 '폐렴'이라는 환자의 병명에 생각이 미치자, 슬퍼진다. 이 작품은 항생제가 발견되기 전인 1891년 그려졌다. 최초의 항생제는 1928년 플레밍Alexander Fleming, 1884~1955이 푸른곰팡이에서 세균을 죽이는 항균 작용을 하는 페니실린을 발견함으로써 탄생했다. 그로부터 10년 뒤인 1938년이 돼서야 페니실린을 대량 생산할 방법이 개발됐다. 폐렴은 대부분 세균이나 바이러스, 진균 등에 감염돼 발생하는 질환으로, 페니실린이 상용화되는 1940년 이전까지만 해도 사망률이 무려 90%에 이르는 무서운 질병이었다. 특히 면역력이 약한 어린이들의 목숨을 숱하게 앗아갔다. 시대적 배경을 고려해 보면 아이는 세균성 폐렴에 의한 패혈증으로 곧 죽을 운명이고, 의사는 아이를 지켜보며 슬퍼하는 일 말고는 해줄 게 없었을 것이다. 그리고 서두에서 언급했듯이 필데스의 아이는 폐렴으로 사망했다.

필데스는 노동자와 가난한 사람들의 삶을 작품을 통해 사실적으로 보여 주고자 했던 '사회 사실주의' 화가였다. 그런데도 그는 작품 속 '의사'

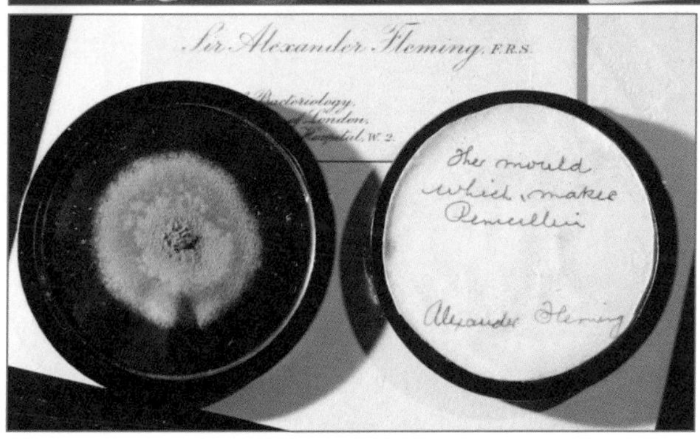

플레밍이 페드리디쉬(뚜껑이 달린 얇고 둥근 유리 접시)에 미생물을 배양하고 있는 모습과 그가 최초로 페니실린을 배양한 푸른곰팡이 샘플.

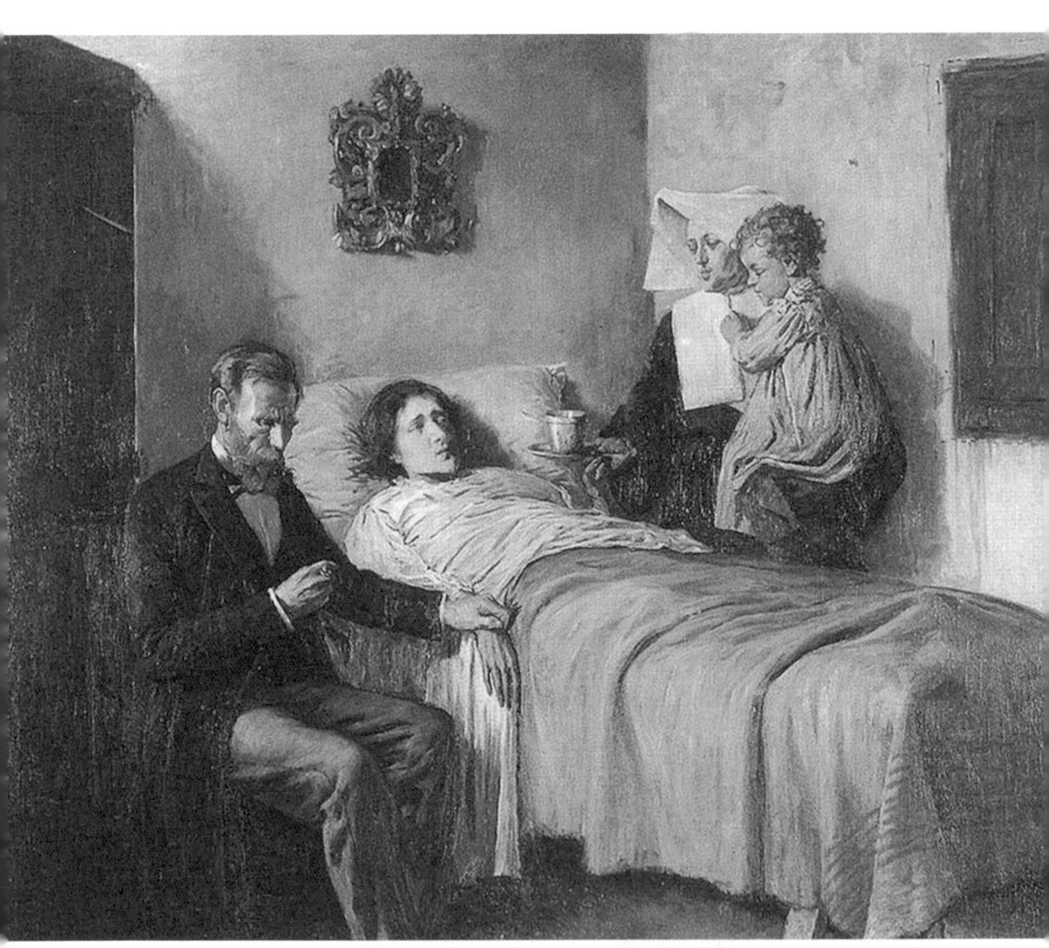

파블로 피카소, 〈과학과 자비〉, 1897년, 캔버스에 유채, 197×249.5cm, 바르셀로나 피카소미술관

를 마치 '인류애의 화신'처럼 이상적으로 그려 냈다. 아마도 많은 이들이 원하는 보편적인 의사의 모습을 보여 주기 때문인지, 이 작품은 당시뿐만 아니라 지금까지도 널리 사랑받고 있다.

소년 피카소의 눈에 비친 의사

의사를 그린 다른 작품을 하나 더 살펴보자. 피카소Pablo Picasso, 1881~1973의 〈과학과 자비〉라는 작품이다. 그런데 어딘가 좀 이상하다. 우리가 익히 알고 있던 피카소의 화풍과는 달라도 너무 다르기 때문이다.

〈과학과 자비〉는 피카소가 열다섯에 그린 작품으로, 피카소에게 화가의 길을 걷게 한 작품이다. 어린 나이에 이미 천재성을 인정받은 피카소는 사실적인 아카데미 화풍에 질려 전통 회화의 원칙을 모두 파괴해 단순화시키고 자신의 스타일대로 구현하는 '예술의 파괴자'가 되었다. 피카소는 자신의 화풍 변화에 대해 친구들에게 다음과 같이 말했다. "난 열두 살 때 라파엘로처럼 그릴 수 있었네. 하지만 난 어린아이처럼 그리는 법을 배우기 위해서 내 인생 전부를 바쳐야 했네."

의사와 수녀가 임종을 앞둔 젊은 여인을 돌보고 있다. 소생할 가망이 없는 듯 여인의 얼굴에는 병색이 완연하다. 환자의 맥을 짚고 맥박시계를 보는 의사는 '과학'을, 아기를 안고 병자에게 물을 먹여 주는 수녀는 '자비'를 상징한다.

의사는 여인을 치유하기 위해 노력하지만, 그 노력이 한계에 이른 듯하다. 어두운 색상의 옷을 입고 검은 배경 속에 미동도 없이 앉아 맥을 짚는 의사의 표정에는 희망보다는 자기 역할이 끝났다는 체념이 앞선다. 그는 앞으로 닥쳐올 상황을 담담히 받아들이고 오로지 질병에만 집중하고 있는 듯하다.

여인의 핏기 없이 축 처진 손과 창백하고 고통스러운 얼굴, 무겁게 떨어지는 침대 시트는 작품의 분위기를 더욱 어둡게 한다. 그러나 따듯한 하얀 색상을 배경으로 아이를 안고 서 있는 수녀는 여인을 지긋이 바라보며 조용히 찻잔을 내민다. 불안하고 고통스러운 여인의 마음을 어루만지는 듯하다. 인간에 대한 측은지심과 더불어 정확한 과학적(의학적) 지식과 기술로 환자를 치료하는 것이 진정한 의술일 것이다. 소년 피카소가 무슨 연유로 이런 장면을 그렸는지는 알 수 없으나, 작품의 제목과 내용에서 의학의 정수를 제대로 표현했다고 볼 수 있다.

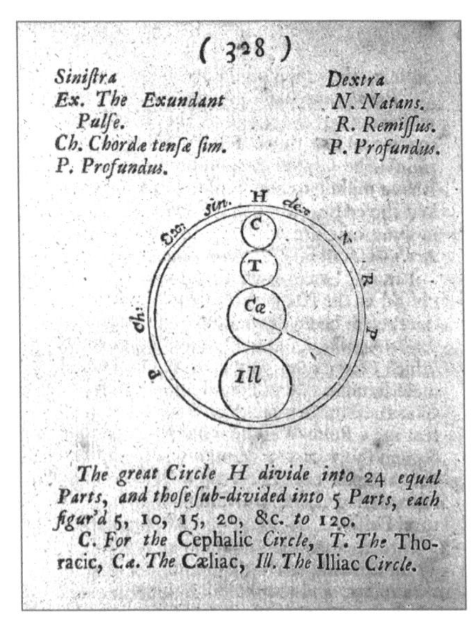

플로어의 맥박시계 구조도.

그림에 등장하는 맥박시계는 1707년 영국인 의사 플로어Sir John Floyer, 1649~1734가 발명한 것이다. 1분간 정확하게 작동하는 시계로 초 단위 측정이 가능해지면서, 의사들은 환자의 분당 심장 박동수를 잴 수 있게 되었다. 정상적인 심장 박동수는 분당 대략 60~80회이고 맥박은 호흡에 따라 달라진다는 사실을 알게 되면서, 의사들은 맥박을 통해 다양한 질병을 진단할 수 있게 되었다.

필데스가 그린 〈의사〉 속 아이의 맥박을 잰다면, 아마도 매우 빠를 것이다. 폐렴 같은 급성 호흡기 질환은 고열을 동반하는 감염성 질환으로 맥박도 빨라지기 때문이다. 폐렴이 진행되면 패혈증(敗血症)을 일으킬 수 있다. '피가 부패했다'는 의미의 패혈증은 세균이 혈액을 통해 온몸에 퍼져, 전신에서 심각한 염증 반응이 나타나는 상태이다. 38도 이상의 고열이 나고 맥박이 빨라지며 호흡수가 증가하는 것이 패혈증의 대표적인 증상이다.

차가운 머리, 뜨거운 가슴

〈의사〉와 〈과학과 자비〉 속 '의사'에 대한 시선은 극명하게 갈린다. 필데스 작품 속 의사는 따뜻하며 헌신적이다. 손자의 아픈 배를 밤새 쓸어 주시던 할머니의 모습이 겹쳐진다. 아마도 그는 병으로 피폐해진 마음까지 어루만져줄 것이다. 환자 대신 당시 첨단 과학의 산물인 맥박시계를 응시하고 있는 피카소 작품 속 의사에게는 전문성이 느껴진다. 아마도 그는 정확한 지식과 세련된 기술로 완치를 위해 노력할 것이다. 하지만 환자의 마음속 상처까지는 치유하지 못할 것 같다.

이제 인간의 영역이던 의술을 기계가 넘보는 시대가 되었다. 의술에서 완벽함과 정밀함을 요구하는 부분은 기계에 자리를 내줄 수밖에 없을 것이다. 그럼에도 불구하고 치유하는 사람으로서 의사는 필요할 것이다. 환자와 마찬가지로 불완전한 인간인 의사만이 환자의 불안과 고통을 공감하고 이해해줄 수 있기 때문이다.

황달은 체내에 빌리루빈(bilirubin)이 너무 많을 때 생긴다.
빌리루빈은 죽은 적혈구를 간에서 분해할 때 생성되는 노란색 색소다.
보통 건강할 때는 간이 빌리루빈과 죽은 적혈구를 함께 제거한다.
하지만 간염과 같이 간에 병이 있을 때는
빌리루빈이 제거되지 않아 황달이 발생한다.
그림 속 병든 바쿠스의 얼굴은 카라바조 자신의 얼굴이다.

와인의 두 얼굴

간염에 걸린 바쿠스?

미술과 와인은 공통점이 참 많다. 알고 즐길 때와 모르고 즐길 때, 그 간극이 매우 크다는 점이다. 작가와 작품, 작품이 탄생한 시대에 대한 지식이 있으면 그림이 품고 있는 의미를 더욱 명쾌하고 다양하게 해석할 수 있듯이 와인 역시 지역, 품종, 숙성 정도 등을 알고 마시면 더 맛있다. 그래서 미술과 와인을 제대로 즐기려면 공부가 필요하다.

필자는 '와인' 하면 떠오르는 명화가 몇 가지 있다. 〈병든 바쿠스〉는 바로크 시대를 대표하는 화가 카라바조Michelangelo da Caravaggio, 1573~1610의 작품이다. 카라바조는 빛과 어둠이 극단적으로 대비되는 그림을 그렸다. 이러한 카라바조의 화풍은 렘브란트Rembrandt van Rijn, 1606~1669, 벨라스케스Diego Velazquez, 1599~1660 같은 많은 후대 화가들에게 영향을 미쳤다. 그는 종교와 신화 등을 이상화하지 않고 사실대로 그려 당시 교회로부터 많은 비난을 받기도 했다.

'바쿠스(Bacchus, 그리스신화에서는 '디오니소스')'는 로마신화에서 '술의 신', 즉 '포도주의 신'이다. 카라바조는 바쿠스라는 신을 병에 걸린 인간적인 모

카라바조, 〈병든 바쿠스〉, 1593년경, 캔버스에 유채, 67×53cm, 로마 보르게세미술관

습으로 묘사했다. 그림 속 바쿠스는 창백한 얼굴에 입술은 허옇게 떠 있다. 초라하게도 탁자에는 과일 몇 개만 놓여 있다. 내과의사인 내 눈에 특별히 포착된 증상이 있다. 노란빛을 띠는 바쿠스의 흰자위다. 간염에 걸린 환자에게서 볼 수 있는 황달 증상이다.

황달은 체내에 빌리루빈(bilirubin)이 너무 많을 때 생긴다. 빌리루빈은 죽은 적혈구를 간에서 분해할 때 생성되는 노란색 색소다. 보통 건강할 때는 간이 빌리루빈과 죽은 적혈구를 함께 제거한다. 하지만 간염과 같이 간에 병이 있을 때는 빌리루빈이 제거되지 않아 황달이 발생한다.

그림 속 병든 바쿠스의 얼굴은 카라바조 자신의 얼굴이다. 〈병든 바쿠스〉는 카라바조가 돈도, 든든한 후원자도 없던 시절에 그린 작품이다. 그는 싸구려 그림을 그리는 화가 밑에서 제단화나 정물화를 그려 주고 끼니를 해결했다. 이때 카라바조는 음식을 제대로 먹지도 못하고 술로 끼니를 이어 가다가 한참 동안 병을 앓았다고 한다. 아마도 급성 알코올 중독으로 인한 간염이 아니었을까 싶다.

바쿠스의 눈은 황달기가 있지만, 눈빛만은 초롱초롱하다. 바쿠스의 눈빛에서 '비록 지금은 힘들고 어렵지만 나는 곧 대가가 될 수 있다'는 화가의 자신감이 읽힌다. 술의 신이자 '풍요'를 상징하는 바쿠스의 얼굴에 자신의 얼굴을 그렸다는 점에서 앞으로 찾아올 풍요로움에 대한 카라바조의 기대감을 엿볼 수 있기도 하다.

카라바조, 〈바쿠스〉, 1596년경, 캔버스에 유채, 95cm×85cm, 피렌체 우피치미술관

와인의 부작용 '레드와인 두통'

카라바조는 이후에도 바쿠스를 그린다. 그가 1596년경 그린 바쿠스는 건강한 모습이다. 머리에는 포도 넝쿨을 두르고 있고, 불그스름한 입술은 관능적이며, 하얀 천 사이로 드러난 어깨는 근육질이다. 뺨은 술에 취해 붉게 상기돼 있고, 눈빛은 초점이 없다.

커다란 잔에 담긴 와인이 동심원을 그리며 퍼져 나가는 모습에서, 술잔을 든 손의 미세한 떨림이 전해진다. 술잔을 든 왼손을 자세히 보면 손톱이 때가 낀 것처럼 검다. 범접할 수 없는 신이라기보다는 술에 취한 건강한 젊은 남성의 모습으로 그려 세속적이며 인간적으로 바쿠스를 표현했다.

그림 속 탁자에는 사과, 포도, 석류 등이 담긴 과일 바구니가 놓여 있다. 그런데 과일이 검게 썩어 있다. 썩은 과일 그림은 당시로써 획기적인 표현이었다. 서양 미술에서 사과는 선악과를 상징한다. 카라바조는 사과를 썩은 과일로 묘사하면서 사과의 종교적 의미를 무시하고 있다. 로마 가톨릭의 지배를 받던 당시 사회에서 이 작품은 심한 비난을 받았다. 대담하고 타협을 모르는 카라바조의 성품이 잘 드러난 작품이다.

와인에 취하면 얼굴에 홍조가 생기고 눈빛이 흐려지는 게 다가 아니다. 심장병, 고혈압, 치매를 예방하고 항암 효과까지 있다고 알려진 와인을 잘못 섭취하면 오히려 건강이 나빠질 수 있다. 와인의 긍정적인 효과들은 몸이 건강하다는 전제하에 적용된다. 그리고 와인은 다른 술보다 숙취가 많은 편이다. '레드와인 두통'은 와인의 대표적인 부작용이다. 아주 소량이라도 레드와인만 마시면 15분 이내에 머리가 깨질 듯한 두통이 나타나는 증상을 레드와인 두통이라고 한다. 아마도 와인에 포함된 아황산염이나 타닌에 의한 증상으로 생각된다. 타닌은 포도 껍질, 씨, 줄기에서 자연적으로 생겨나는 화합물로, 와인에서 천연 방부제 역할을 한다. 그런데 타닌은 신경전달 물질인 세로토닌을 과다 분비하게 해 편두통을 일으키기도 한다.

왜 술을 마시면 화장실에 자주 갈까?

이번에는 분위기가 전혀 다른 바쿠스 그림 한 장을 소개한다. 이탈리아 화가 레니Guido Reni, 1575~1642가 그린 〈술 마시는 바쿠스〉다. 이 그림을 보고 한참을 유쾌하게 웃었다. 통통하고 배 나온 어린아이 모습의 바쿠스가 와인 통 옆에 당당하게 기대어 앉아 와인을 벌컥벌컥 마시며, 다른 한편으로는 오줌을 싸고 있다. 어렸을 때 아버지 몰래 집에 있는 술을 한 모금 마시고 취해 고생했던 일을 떠올리게 하는 그림이다.

그런데 왜 술을 마시면 화장실 출입이 잦아질까? 이유는 뇌 한가운데 있는 시상하부에서 분비되는 항이뇨 호르몬의 작용 때문이다. 항이뇨 호르몬은 콩팥에서 소변으로 배설되는 물을 체내로 다시 흡수해 소변량을 줄여 우리 몸의 수분이 부족하지 않게 조절한다. 그런데 알코올이나 카페인은 항이뇨 호르몬의 분비를 억제한다. 그래서 알코올 도수가 높은 술은 많이 마시지 않아도 소변량이 증가한다. 커피도 마찬가지다. 반대로 니코틴은 항이뇨 호르몬의 분비를 증가시킨다. 술과 커피를 마실 때 유독 담배 생각이 간절해지는 것도 항이뇨 호르몬의 작용으로 설명할 수 있다.

한 가지 더 기억해야 할 점은 항이뇨 호르몬이 우리의 기억에도 관여하는 호르몬이라는 점이다. 술을 많이 마시면 소위 필름이 끊기는 '블랙아

귀도 레니, 〈술 마시는 바쿠스〉 1623년경, 캔버스에 유채, 72×56cm, 드레스덴 게말데갤러리

웃(black out)' 현상을 경험하는 사람들이 있는데, 블랙아웃 현상도 항이뇨 호르몬과 상당 부분 관계가 있다.

몸에 좋다는 와인, 얼마나 마셔야 할까?

진료실을 찾는 환자들 가운데 와인을 매일 마셔야 하는지, 마신다면 하루에 얼마나 마셔야 하는지 묻는 분들이 있다. 알코올성 간 질환으로 간염이나 간경변증을 앓고 있는 환자들이 이렇게 물어올 땐 참 난감하다.

하루에 마시는 와인의 적정량은 유전적 요인이나 성별, 나이, 질병 유무 등에 따라 달라진다. 일반적으로 건강한 성인 남성의 경우 하루 두 잔 정도인 300밀리리터가 적당하다. 여성은 보통 성인 남성의 절반 정도인

시가와 와인을 즐긴 윈스턴 처칠.

100~150밀리리터 정도, 노인은 젊은 사람의 절반 정도로 마시는 것이 좋다.

와인 속 건강에 이로운 성분은 건강기능식품 등 여러 가지 식품을 통해 섭취할 수 있다. 간 기능이 떨어져 있거나 술을 못 마시는 사람이 억지로 와인을 마시면, 오히려 간을 비롯한 장기에 부담을 줄 수 있다.

제2차 세계대전을 승리로 이끈 영국의 지도자 윈스턴 처칠Winston Leonard Spencer Churchill, 1874~1965을 상징하는 물건이 두 가지 있다. 하나가 불도그 같은 표정으로 입에 물고 있던 시가, 다른 하나가 하루도 빠지지 않고 그의 곁을 지킨 폴 로저 와인이다. 처칠은 전쟁터에도 폴 로저 와인을 가지고 다녔으며, 아끼는 경주마 이름도 '폴 로저'라고 지을 정도로 애주가였다.

말년에 건강이 안 좋아진 처칠에게 사람들이 와인을 그만 마시라고 하자 그는 이렇게 말했다고 한다. "알코올이 나에게서 가져간 것보다 더 많은 것을 알코올로부터 얻었다."

시가 같은 독한 담배와 와인을 매일 즐겼던 처칠이 아흔한 살까지 살았다는 사실은 내과의사로서 적잖이 충격적이다. 그의 삶이 특별했듯이, 그의 건강도 특별 케이스로 봐야 한다. 분명한 사실은 평범한 사람들은 과음으로는 얻는 것보다 잃는 것이 더 많다는 것이다.

프로이트는 정신분석학에서
'자아의 중요성이 너무 과장되어 자기 자신을 너무 사랑하는 것'을
나르시시즘이라고 정의했으며, 인격 장애의 일종으로 보았다.
나르시시즘 증상을 가지고 있는 사람들을 '나르시시스트'라고 부른다.
자신에게 빠져 헤어나오지 못했던 나르키소스는
'마약'을 뜻하는 'narcotic',
'마취시키다'를 뜻하는 'narcotise'의 어원이기도 하다.

내 안에 피어나는 수선화, 나르시시즘

자신을 지독히 사랑한 남자

젊은 청년이 물에 비친 자신을 뚫어지라 응시하고 있다. 반쯤 감긴 눈, 벌어진 입술, 위태롭게 물 쪽으로 쏠려 있는 몸……. 청년은 지금 무아지경 상태다. 왼손을 살며시 뻗어 물에 비친 자신을 만지려 하는 것 같다. 짙은 어둠을 배경으로 상대적으로 도드라져 보이는 청년의 하얀 무릎은 관람자의 시선을 화면 중앙에 집중시킨다.

〈나르키소스〉는 카라바조Michelangelo da Caravaggio, 1573~1610의 다른 작품에 비해 덜 알려진 초기작이다. 『성경』을 모티브로 삼아 많은 그림을 그린 카라바조가 신화를 주제로 그린 드문 작품이다. 그래서 카라바조의 작품이 아니라고 의심하는 미술사학자도 있다. 하지만 그림을 자세히 보면 그린 이를 짐작게 하는 단서가 몇 가지 있다. 우선 어두운 배경 속에서 강하게 스포트라이트를 받고 있는 인물과 무릎을 중심으로 빛과 그림자가 선명히 드러나는 명암 대비다. 빛과 어둠의 강렬한 대비와 수면의 반사 효과가 합쳐지면서 관람자가 나르키소스의 표정에 더 집중하게 된다. 이것은 카라바조 작품의 특징이다. 그리고 카라바조의 다른 작품에도 〈나르키소스〉

카라바조, 〈나르키소스〉, 1597~1599년, 캔버스에 유채, 110×92cm, 로마 국립고대미술관

처럼 다소 관능적인 젊은 남자 모델이 등장한다.

어쩌면 이 그림을 그린 카라바조 또한 심한 나르시시스트(narcissist) 아닌가 생각해 본다. 자신이 그린 그림에 자신조차 매료될 만큼 말이다. 하지만 자신의 그림자를 가만히 들여다보곤 다른 사람과 별반 다르지 않은 나를 발견했는지도 모르겠다. 카라바조는 자신의 깨달음을 〈나르키소스〉를 통해 표현하고자 했던 건 아니었을까 추측해 본다.

나르시시즘(narcissism)은 그리스로마신화에 등장하는 나르키소스 이야기에서 유래했다. 나르키소스는 매우 잘생긴 양치기 청년이었다. 나르키소스를 본 요정들이 모두 그에게 반해 구애했지만, 콧대 높은 나르키소스는 눈 하나 깜짝하지 않았다. 나르키소스에 거절당한 요정 중에, 비탄한 심정에 자살하는 요정까지 생겼다(559쪽 참조). 나르키소스에게 거절당하고 상처받은 요정 하나가 '복수의 여신' 네메시스(Nemesis)를 찾아가 간청한다. "그도 나와 같이 사랑 때문에 고통받게 해주세요." 네메시스는 이 부탁을 받아들였다.

어느 날 사냥하던 나르키소스는 목을 축이려고 물가에 앉아 고개를 숙였다. 그는 물에 비친 아름다운 청년의 모습을 넋을 잃고 바라보다가 사랑에 빠지게 되었다. 그 자리를 떠나지 못하고 자신의 그림자에 불과한 청년만 하염없이 바라보며 그는 서서히 죽어 갔다. 나르키소스가 물에 빠져 죽은 다음, 그 주변에 꽃이 피어났다. 이 꽃이 수선화(narcissus)다.

이루어질 수 없는 사랑, 병이 되다

나르키소스 이야기에서 자신을 사랑하는 자기애를 뜻하는 나르시시즘이 생겨났다. 나르시시즘은 1898년 영국의 성(性) 연구가였던 해블록 엘리스Havelock Ellis, 1859~1939가 자신과 사랑에 빠져 과도하게 자위행위를 하는 환자들을 '그리스로마신화의 나르키소스와 비슷한 질병에 걸린 사람들'이라고 설명하면서 처음 언급했다. 1년 뒤 독일의 정신과 의사 파울 네케Paul Nacke, 1851~1913가 '나르시시즘'이라는 용어를 처음 사용했다. 나르시시즘이라는 용어를 널리 알린 것은 프로이트Sigmund Freud, 1856~1939다. 프로이트는 정신분석학에서 '자아의 중요성이 너무 과장되어 자기 자신을 너무 사랑하는 것'을 나르시시즘이라고 정의했으며, 인격 장애의 일종으로 보았다.

나르시시즘 증상을 가지고 있는 사람들을 '나르시시스트'라고 부른다. 자신에게 빠져 헤어나오지 못했던 나르키소스는 '마약'을 뜻하는 'narcotic', '마취시키다'를 뜻하는 'narcotise'의 어원이기도 하다.

나르시시즘은 영유아기 성장 과정에서 자연스럽게 발현된다. 성인이 되어서도 누구나 어느 정도 나르시시즘을 갖고 있다. 건강한 수준의 나르시시즘은 삶에 활력을 불러일으키고 자신을 발전시키는 원동력이 될 수 있다. 성공한 사람 중 많은 이들이 나르시시즘을 가지고 있다.

그러나 자기를 지나치게 사랑하다 못해 자기도취에 빠지고 자기중심적인 사고방식에 사로잡힌 병적인 나르시시즘은 문제가 된다. 나르시시즘이 과도해지면 모든 상황을 자기중심적으로 받아들이기 때문에 상황을 정확하게 이해하지 못하며 타인의 감정에 공감하는 능력이 떨어진다.

나르시시스트가 사랑한 건 자신이 아니다!

눈을 지그시 감은 아름다운 청년이 우물 속에 비친 자기 모습에 도취해 있다. 배경을 완전히 어둡게 처리해서 상체가 더욱 환하게 빛난다. 헝가리 출신 화가 벤추르Gyula Benczur, 1844~1920가 그린 〈나르키소스〉다.

줄라 벤추르는 지금은 많이 잊혔지만, 생전에는 역사화 및 인물화로 유명했으며 헝가리 아카데미 미술 교수로도 활동했다. 그는 등장인물을 사실적으로 묘사하고 극적인 몸짓을 잘 표현했으며, 고전 및 그리스로마신화를 모티브로 많은 그림을 그렸다.

그런데 이 작품을 보고 있으면 윤동주 시인의 〈자화상〉이 떠오른다.

> 산모퉁이를 돌아 논가 외딴 우물을 홀로 찾아가선
> 가만히 들여다봅니다.
>
> 우물 속에는 달이 밝고 구름이 흐르고 하늘이
> 펼치고 파아란 바람이 불고 가을이 있습니다.
>
> 그리고 한 사나이가 있습니다.
> 어쩐지 그 사나이가 미워져 돌아갑니다.
>
> 돌아가다 생각하니 그 사나이가 가엾어집니다.
> 도로 가 들여다보니 사나이는 그대로 있습니다.
>
> 다시 그 사나이가 미워져 돌아갑니다.

쥴라 벤추르, 〈나르키소스〉, 1881년, 캔버스에 유채, 115×110.5cm, 헝가리국립미술관

돌아가다 생각하니 그 사나이가 그리워집니다.

우물 속에는 달이 밝고 구름이 흐르고 하늘이 펼치고
파아란 바람이 불고 가을이 있고 추억처럼 사나이가 있습니다.

- 윤동주, 〈자화상〉

시인은 우물에 비친 자신의 모습을 보며, 미워서 떠났다가 그리워져 다시 돌아오기를 반복한다. 시인의 현실적인 자아와 이상적인 자아를 비추는 우물은 자아 성찰의 매개체다.

나르키소스가 사랑에 빠진 대상은 자신이 아니라 '물에 비친 자신의 모습'이다. 병적인 나르시시스트들은 겉으로는 자신을 사랑하는 것처럼 보여도, 실제로는 머릿속에서 완벽하게 만들어진 자신의 이미지, 즉 허상을 사랑한다.

병적인 나르시시즘은 '자기애성 성격장애(NPD : Narcissistic Personality Disorder)'로 정신질환이다. 자기애성 성격장애를 겪는 사람은 어린 시절 부모에게 무시당했거나 학대당한 경험을 가지고 있는 경우가 많다. 반대로 부모가 자녀를 지나치게 애지중지 키울 경우에도 발견된다. 물론 어릴 때 부모에게 무시당했거나 과잉보호를 받고 자랐다고 모든 사람이 자기애성 성격장애를 보이는 것은 아니다. 개인의 감수성 차이도 질환이 발현하는 중요한 인자가 될 것이다.

자기애성 성격장애 환자들은 지나치게 낮은 자존감을 보상받기 위해 자신이 완벽해야 한다는 집착을 보인다. 그리고 끊임없이 타인의 인정을 갈구하고 매우 탐욕적이고 대단히 유아적이다. 자신을 모욕하거나 배신하면 상대를 용서하지 못하고 복수하는 경향이 있다. 그리고 자기가 원하는 것은 수단과 방법을 가리지 않고 얻으려고 해서 실제 사회적으로 성공하는 경우도 상당히 있다. 히틀러Adolf Hitler, 1889~1945, 스탈린Joseph Vissarionovich Stalin, 1879~1953 같은 독재자들도 자기애성 성격장애로 분류될 만큼 강한 나르시시스트였다. 대략 성인 100명 중 한 명이 해당하니, 일상에서 자기애성 성격장애 환자를 드물지 않게 볼 수 있다.

지독한 자기애의 종착지

〈에코와 나르키소스〉에는 크게 세 인물이 있다. 막 숨을 거둔 듯 반쯤 눈이 감긴 창백한 청년, 그 뒤로 청년을 안타깝게 바라보고 있는 아리따운 어린 소녀, 횃불을 들고 서 있는 아기. 이 그림은 자기와의 사랑으로 파멸하는 나르키소스와 그에게 거부당하고 깊은 슬픔에 빠진 에코의 모습을 그리고 있다. 이후 에코는 깊은 숲으로 들어가 바위로 변했다고도 하고, 한 줄기 바람이 되어 흔적도 없이 날아가 버렸다고도 한다(559쪽 참조).

나르키소스 뒤쪽에 '사랑의 신' 에로스(Eros)가 횃불을 들고 있다. 보통 에로스는 남녀 사이에 가교 역할을 하지만, 이번만큼은 에코와 나르키소스의 엇갈린 사랑을 주도한 것 같다. 그래서일까. 에로스의 손에는 나르키소스의 장례식 때 쓸 횃불이 들려 있다. 나르키소스 머리 주변에 핀 한 무리의 꽃이 수선화다.

푸생Nicolas Poussin, 1594~1665은 루벤스Peter Paul Rubens, 1577~1640, 렘브란트Rembrandt van Rijn, 1606~1669와 함께 17세기에 가장 영향력 있는 화가였다. 프랑스에서 태어났지만 인생 대부분을 이탈리아 로마에서 보낸다. 푸생은 로마에서 라파

니콜라 푸생, 〈에코와 나르키소스〉, 1630년경, 캔버스에 유채, 74×100cm, 파리 루브르박물관

엘로Raffaello Sanzio, 1483~1520와 티치아노Vecellio Tiziano, 1488~1576의 고전 작품을 연구하며 비례, 균형, 조화 등 이상적 아름다움에 심취했다. 그래서 밝은 색상에 입체적인 구성이 돋보이는 고전주의 미술을 선보였다.

프로이트는 남녀의 사랑을 구별하면서, 남성의 사랑은 대상을 사랑하는 대상애(對象愛)인 반면 여성의 사랑은 나르시시즘이라고 규정한다. 대상애는 자기 밖의 어떤 것을 사랑하는 것이다. 대상애는 밖으로 향하는 적극적이고 이타적인 사랑이고, 나르시시즘은 자기 만족적이고 이기적이며 사랑받는 것을 목적으로 하는 수동적인 사랑이다.

나르시시즘이라는 용어를 널리 알린 프로이트. 프로이트는 남성의 사랑은 대상을 사랑하는 대상애(對象愛)인 반면 여성의 사랑은 나르시시즘이라고 규정했다.

프로이트의 주장에는 이견이 많다. 반론은 이렇다. 프로이트가 남성의 사랑이라고 한 대상애는 사랑하는 대상에게 자기 나르시시즘을 전이하는 행위다. 결국, 남성이 사랑하는 것은 타자를 사랑하고 있는 자기 자신으로, 대상애는 나르시시즘과 다르지 않다. 미국 버팔로 경영대학에서 31년에 걸쳐 47만 5000명을 대상으로 이루어진 연구 결과 역시 프로이트의 주장을 뒤엎는다. 연구 결과 세대를 불문하고 남성이 여성보다 나르시시스트인 경우가 많았다.

나르시시즘은 대인관계에서 문제를 발생시킬 뿐만 아니라 건강에도 해롭다. 자기애성 성격장애를 가진 사람들은 스트레스를 느끼지 않을 때에도 혈중 코르티솔(cortisol) 수치가 매우 높다. 코르티솔은 스트레스 상황에서 분비되는 호르몬이다. 혈액 내 코르티솔 수치가 높아지면 심장으로 들어가는 혈관의 압력이 높아져 심장질환 위험이 커진다.

나르시시스트와 관계를 맺고 그들로 인해 감정적인 불편을 자주 느끼는 사람이 있다면, 혹시 본인도 나르시시스트가 아닐까 의심해 봐야 한다. 나르시시스트와 동일한 무의식이 내 안에 있기 때문에 감정적인 불편감을 감수하면서도 나르시시스트 곁을 서성이는 경우가 많기 때문이다. 병적인 나르시시스트를 치료하는 것은 무척이나 어렵다. 이들은 우선 자신에게 문제가 있다고 인식하지 못하기 때문에 치료받으려 하지 않는다. 치료를 받으러 가더라도 치료에 제대로 응하지 않고 비협조적인 경우가 흔하다. 장기간에 걸친 심리치료만이 병적인 나르시시즘의 유일한 치료법이다.

허영으로 가득 찬 자존심이 아닌 자존감을 기르는 연습을 해야 한다. 자신을 있는 그대로 겸허히 받아들이고, 자기 인식과 남에 대한 공감능력을 높여야 한다. 그래야 비로소 안정적이고 성숙한 자아를 형성할 수 있다.

미국의 사회심리학자 레온 페스팅거Leon Festinger, 1919~1989의 책 『무의식의 초대』를 보면 이런 구절이 나온다. "나르시시즘은 언젠가 실현될 완벽한 자아를 환상적으로 기대하게 하는데, 이러한 환상적 예견은 이후 모든 관계에 깊게 그림자를 드리운다."

프로이트는 나르시시즘을 실체 없는 대상에 대한 정신 분열의 시작이라고 했다. 지독한 자기애의 종착지는 자기 파괴다.

에코는 메아리로 남아 산을 찾는 사람들을 쫓을 뿐만 아니라,
의학에도 자신의 이름을 남겨 놓았다.
정신과 질환 중 에코가 끝말을 따라 하는 것에서 착안해
이름 붙인 증상이 '에코라리아(echolalia)' 즉, 메아리증이다.
심장병 질환을 검사하는 데 사용하는 심장 초음파 검사 장비를
'에코카디오그램(echocardiogram)'이라고 한다.

병을 진단하고 치료하는 메아리

목소리 잃은 여인의 비애

'에코(echo)'는 그리스어로 '소리'를 뜻한다. 원래 에코는 헬리콘산에 사는 숲의 님프(Nymphs)'다. 님프는 그리스로마신화에 나오는 모든 요정을 총칭하는 말이다. 아름다운 에코는 한번 입을 열면 상대가 말할 틈도 주지 않고 말을 쏟아 내는 수다쟁이인 데다가 남의 일에 시시콜콜 참견하기를 즐겼다.

헤라는 바람기 많은 제우스의 뒤를 은밀하게 감시하고 있었다. 제우스가 님프와 사랑을 속삭이고 있다는 첩보를 들은 헤라는 현장으로 달려왔다. 하지만 수다쟁이 에코가 말을 걸어와 헤라는 남편의 애정 행각을 코앞에서 놓치고 만다. 몹시 화가 난 헤라는 에코에게서 말하는 능력을 빼앗아 버린다. 그리고 다른 사람이 한 말의 마지막 소절만 반복해서 말할 수 있게 했다.

그러던 어느 날 에코는 숲을 찾아온 잘생긴 청년 나르키소스를 보고 한눈에 반한다. 하지만 나르키소스가 말을 걸어 주기 전까지 에코는 한마디도 할 수 없었다. 마침 나르키소스가 에코에게 길을 물어 왔지만, 에코는 그의 말 가운데 마지막 소절만 되풀이했다. 자신의 말만 따라 하는 에코

에게 화가 난 나르키소스가 "너와 함께 하느니 차라리 죽어 버리는 게 낫겠다"라고 비수 같은 말을 퍼부었을 때도, 에코는 "죽어 버리는 게 낫겠다"라고 그의 말을 되풀이할 수밖에 없었다.

나르키소스에게 무참히 거부당한 충격에 에코는 산속 동굴로 숨어 버렸고, 슬픔에 빠져 점점 야위어 가다가 마침내 몸은 형체도 없이 으스러지고 목소리만 남게 되었다고 한다.

그림 속 에코는 요염하고 관능적인 여인의 모습을 하고 있다. 에코는 나르키소스에게 "당신을 사랑해요", "나를 좀 봐주세요"라고 수도 없이 말하고 싶었을 것이다. 하지만 애끓는 마음과 달리 나오지 않는 목소리에 어쩔 줄 몰라 절망하는 에코의 표정을 잘 포착하고 있다.

〈에코〉를 그린 카바넬Alexandre Cabanel, 1823~1889은 살아생전 화가로서 누릴 수 있는 영예를 다 누린 행복한 화가였다. 40대 중반에 최연소로 '에콜 드 보자르' 즉 국립미술학교 원장이 되었으며, 죽을 때까지 그 자리를 지켰다. 그리고 프랑스의 훈장 중 최고로 인정받는 레지옹 도뇌르 훈장을 무려 세 번이나 받았다. 카바넬은 고전적인 경향의 아카데미즘과 이상적인 완벽함을 추구하는 다비드Jacques Louis David, 1748~1825와 앵그르Jean Auguste Dominique Ingres, 1780~1867가 완성한 역사화의 전통을 계승했다. 그러면서도 〈에코〉처럼 여성의 관능미를 강조한 아카데미즘과 다른 방향의 그림을 그리기도 했다.

이처럼 19세기 중반 이후 낭만주의와 신고전주의 어느 편에도 속하지 않고 다양한 양식을 재해석하여 혼합한 화풍을 '절충주의(eclecticism)'라고 한다. 19세기 말 유럽에서는 근대화와 각국의 식민 정책에 따라서 여행이 활발해지면서 동양 즉, 지금의 소아시아 문물에 대한 관심이 높아졌다. 이 시기 예술에서는 '오리엔탈리즘'이나 일본 취향의 '자포니즘' 등이 유행처럼 확산됐는데, 절충주의 양식은 이러한 유행까지도 흡수하고 재해석했다.

알렉상드르 카바넬, 〈에코〉, 1874년, 캔버스에 유채, 97.8×66.7cm, 뉴욕 메트로폴리탄미술관

의학에서 찾은 에코의 흔적

에코는 메아리로 남아 산을 찾는 사람들을 쫓을 뿐만 아니라, 의학에도 자신의 이름을 남겨 놓았다. 정신과 질환 중 에코가 끝말을 따라 하는 것에서 착안해 이름 붙인 증상이 '에코라리아(echolalia)' 즉, 메아리증이다. 메아리증은 상대방이 말한 내용을 반복해서 말한다. 메아리증이 나타나는 질환에는 우선 의사소통과 사회적 상호작용을 이해하는 능력이 떨어지는 자폐증이 있다. 그리고 사고 체계와 감정 반응 전반에 장애가 생겨 정상적인 사고를 하지 못하는 만성 정신 질환의 하나인 조현병(정신분열증)에서도 상대의 말을 따라 하는 증상이 나타난다.

심장병 질환을 검사하는 데 사용하는 심장 초음파 검사 장비를 '에코카디오그램(echocardiogram)'이라고 한다. 흔히 줄여서 '에코'라고 부른다. 심장 초음파 검사 장비 즉, 에코의 탐촉자(초음파를 발신하고 수신하는 장비)에서 심장으로 발사한 초음파가 심장에 닿아 반사하면 이를 영상 신호로 변환해 심장 및 주변 부위 혈관 등을 관찰할 수 있다.

바람을 따라 떠도는 에코는 소리의 모습

숲으로 사냥을 나온 나르키소스에게 홀딱 반한 에코는 그의 뒤만 졸졸 따라다녔다. 나르키소스는 무엇을 물어도 자신의 마지막 말만 반복하는 에코가 정신 나간 여자라고

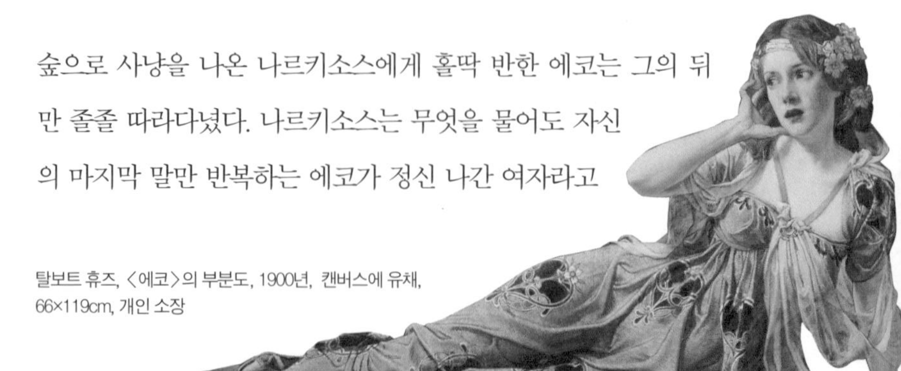

탈보트 휴즈, 〈에코〉의 부분도, 1900년, 캔버스에 유채, 66×119cm, 개인 소장

생각했을 것이다. 그래서 자신의 곁을 맴돌며 절절한 구애의 눈빛을 보내는 에코에게서 도망을 친다. 상처받은 에코는 더는 나르키소스에게 다가가지 못하고 동굴에 숨어 서서히 소멸하는 최후를 선택했다. 일설에는 에코가 서서히 돌로 변해 사라졌다고 하기도 하고, 한 줄기 바람이 되어 대기 중으로 날아가 버렸다고도 한다.

헤드Guy Head, 1753~1800의 〈나르키소스를 떠나 날아오르는 에코〉는 사랑을 얻지 못해 목소리만 남은 에코가 바람처럼 우리 곁을 떠돌아다니는 모습을 표현하고 있다(564쪽). 바람결에 나부끼는 얇고 흰 천을 붙들고 숲 여기저기를 떠다니며 방황하는 에코는 관능적인 여인의 모습이다.

우리가 말을 하면 폐에 있던 공기가 성대를 자극하고 입으로 진동을 전달한다. 그러고 나면 주변에 있던 공기가 매질이 되어 성대의 떨림을 주변으로 전파한다. 이 파동이 귀에 닿아 고막을 떨리게 해 청신경을 자극하면 소리를 인지하게 된다. 즉 소리는 매개 물질을 진동시켜서 전달되는 파동의 일종이다. 우주공간에 홀로 남겨진 사람의 분투기를 그린 영화 〈그래비티(Gravity)〉에는 이런 대사가 나온다. "우주에 오니까 제일 좋은 게 뭐야?" "고요함이요." 진공 상태인 우주공간에는 소리가 존재하지 않는다.

진공 상태인 우주는 고요하다. ©NASA

가이 헤드, 〈나르키소스를 떠나 날아오르는 에코〉, 1795~1798년, 캔버스에 유채, 212.1×163.2cm, 디트로이트미술관

소리를 보여 주는 초음파

초음파는 인간이 들을 수 없는 높은 대역의 소리다. 일반적으로 인간은 20~2만 헤르츠(Hz) 사이의 소리를 들을 수 있다. 초음파는 2만 헤르츠 이상이다. 하지만 인간은 못 들어도 동물들은 보통 그 소리를 들을 수 있기 때문에 초음파라고 이름 붙였다. 박쥐나 돌고래가 사물을 인지하거나 의사소통을 할 때 초음파를 사용한다.

1880년대에 프랑스의 물리학자 피에르 퀴리Pierre Curie, 1859~1906가 압전현상(piezoelectricity : 기계적인 압력을 가하면 전기가 생기고, 반대로 전기를 가하면 기계적인 변형이 발생하는 현상)을 발견한 뒤, 초음파를 만들 수 있게 됐다. 의료기기 이전에 초음파는 잠수함이 목표물을 찾을 수 있게 하는 차량으로 치면 내비게이션 역할을 하는 음파탐지기, 소나(SONAR : Sound Navigation And Ranging) 시스템에 사용되었다. 기술이 계속 발전해 현재는 인체 내부의 변화 즉 질병을 진단하는 의료 진단 및 치료에 초음파가 광범위하게 이용되고 있다.

사람의 몸은 액체 및 고형 성분의 조직과 기관으로 구성되어 있다. 초음파를 쏘면 일정한 속도로 진행하다가 매개물인 매질을 만나면 속도가 변한다. 매질이 단단하고 딱딱하면 빠르게, 매질이 느슨하고 부드러우면 천천히 통과한다.

매질에서 반사된 초음파를 영상 신호로 전환하면 뼈처럼 단단하고 밀도가 높은 조직은 흰색으로 나타나고 내장처럼 밀도가 낮고 부드러운 조직은 검은색을 띤다. 이러한 원리로 초음파를 이용해 우리 몸 깊숙한 곳을 들여다볼 수 있다.

진단 목적으로 사용하는 초음파 검사는 비교적 값이 저렴하고, 질병을 진단하는 데 매우 우수하다. 게다가 인체에 해를 주지 않아서 반복적인 검사가 가능하다. 초음파는 쉽게 그 내부를 볼 수 없는 혈액이 돌고 있는 심장 및 양수로 차 있는 임신 상태의 자궁도 보여 준다. 의료 현장에서 초음파는 간 · 쓸개 · 이자 · 콩팥 · 전립선 · 방광 등 모든 장기의 질병 진단에 없어서는 안 될 중요한 기술이다. 근래에 도입된 3차원 초음파 기술을 이용하면 태아의 선천성 질환을 초기에 진단할 수도 있다.

슬퍼서 아름답고, 아름다워서 슬프다

에코의 짝사랑을 거절한 나르키소스가 몸을 숙여 하염없이 물속에 비친 자신의 모습을 바라보고 있다(568~569쪽). 그림 왼쪽의 에코는 여전히 관능적인 모습으로 나르키소스를 애타게 바라본다. 오른손으로 가는 나뭇가지를 잡고 몸을 젖혀 나르키소스를 바라보는 에코의 자세는 불안하다. 그럼에도 나르키소스는 그녀에게 눈길 한 번 주지 않고 오로지 자기 자신과의 사랑에 흠뻑 빠져 있다.

〈에코와 나르키소스〉에서 워터하우스John William Waterhouse, 1849~1917는 에코와 나르키소스의 엇갈리는 그리고 곧 다가올 비극적인 사랑을 눈이 부시도록 아름답게 표현하고 있다. 아름다워서 더욱 슬퍼 보인다. 나르키소스와 에코 옆에는 곧 나르키소스가 죽은 자리에 피어날 수선화가 보인다.

로마에서 태어나고 영국에서 화가가 된 워터하우스는, 그리스로마신화에 심취한 19세기 빅토리아 여왕Victoria, 1819~1901 시대의 화가다. 여성의 아름다움이 파국을 빚어 결국 죽음으로 이끄는 이야기는 빅토리아 여왕 시대 문학의 주요 테마였다. 워터하우스 역시 이런 주제에 관심이 많았다. 그는 그리스로마신화, 셰익스피어William Shakespeare, 1564~1616의 작품이나 당대 시인들의 작품 속 강렬한 한 장면을 그림으로 옮겼다. 그는 그리스 미술이 지향했던 이상적인 인물상을 계승하면서도, 동시에 당대 19세기 영국에서 유행하던 라파엘전파(라파엘로 이전 시대의 미술을 계승한다는 유파)의 영향을 받아 매우 사실적인 묘사가 돋보이는 그림을 그렸다. 특히 고전이나 신화에 나오는 팜 파탈 혹은 신비로운 매력을 지닌 여인을 눈부시게 아름다운 모습으로 형상화했다. 아름다우며 세속적인 미인을 통해 거부할 수 없는 운명의 비극성을 강렬하게 표현한 워터하우스의 작품은 이후 신고전주의 작가들에게 큰 영향을 끼쳤다.

질병까지 치료하는 초음파

초음파는 질병의 진단뿐만 아니라 치료에도 광범위하게 활용되고 있다. 치료용 초음파 기술은 아주 우연히 발견되었다. 음파탐지장비 소나로 수중을 탐지하다가 잠수함 주변에 있는 물고기들 및 생물체들이 떼죽음을 당하는 것을 보게 되었다. 이를 통해 초음파의 에너지가 생체 내 조직을 파괴하지 않고 가열한다는 것을 알게 되었다.

초음파는 보통 피부 속 5센티미터 깊이까지 도달하며, 전자레인지처럼 분자를 진동시켜서 열에너지를 발생시킨다. 초음파치료는 신체 부위마다 열에너지가 발생하는 속도에 차이가 있다는 점을 이용한 것이다. 초음파 물리치료는 온열치료 같은 열감이 전혀 느껴지지 않는다. 피부 속 감각세포가 있는 곳에서는 열이 빠르게 발생하지 않기 때문에 따뜻함을 느낄 수 없지만, 심부 근육세포에서는 열이 빠르게 발생해 염증 등을 치료한다. 물리치료 외에도 몸 안에 생긴 결석을 깨고, 혈관에 생긴 혈전(핏덩이)을 녹이

존 윌리엄 워터하우스, <에코와 나르키소스>, 1903년, 캔버스에 유채, 109.2×189.2cm, 리버풀 워커미술관

고, 최근에는 일부 암 치료에도 초음파가 사용되고 있다.

신화 속 에코의 사랑은 선남선녀가 목숨을 잃는 파국으로 끝났다. 하지만 그녀를 실패한 사랑의 아이콘처럼 기억할 필요는 없다. 오늘날 남과

여 두 사람의 사랑의 결실인 배 속의 태아를 눈으로 처음 확인시켜 주는 것은 '에코'니까 말이다.

프로메테우스가 불을 훔쳤다는 걸 안 제우스는 노발대발했다.
대장장이 헤파이스토스를 시켜 쇠사슬을 만들어서는
프로메테우스를 코카서스 산꼭대기에 있는 바위에다
옴짝달싹하지 못하게 묶어 버린다.
그것으로도 분이 풀리지 않은 제우스는 독수리를 시켜
프로메테우스의 간을 쪼아먹게 했다.

프로메테우스가 인간에게 불보다 먼저 선사한 선물

인간을 사랑한 죄

몇 년 전 제약회사와 함께 간 기능을 개선하는 건강기능식품을 만든 일이 있었다. 출시 직전에 제품 이름을 두고 한참 동안 고민하다, 그리스로마 신화 속 프로메테우스가 떠올랐다. 간의 놀라운 능력을 상징하는데 이만한 인물이 또 없지 싶었다(제약사의 반대로 약은 다른 이름으로 출시되었다).

벌거벗은 한 남자가 족쇄에 묶인 채 몹시 괴로워하고 있다. 왼쪽 가슴 아래쪽에 깊은 상처가 있고, 상처가 생긴 지 얼마 지나지 않았는지 피가 흥건하다. 어둠에 가려져 잘 보이지 않지만, 남자의 오른쪽 가슴 앞에 독수리 한 마리가 입에 뻘건 살점을 물고 있다. 리베라Jusepe de Ribera, 1591~1652의 〈프로메테우스〉는 그리스로마신화 속 한 장면을 캔버스에 옮긴 작품이다.

프로메테우스는 거인족인 티탄족으로 제우스와는 사촌지간이다. 그의 이름 프로메테우스(Prometheus)는 '먼저 생각하는 사람', 그의 동생 이름 에피메테우스(Epimetheus)는 '나중에 생각하는 사람'이라는 의미가 있다. 티탄족이 올림포스 신들과 전쟁을 치를 때 프로메테우스는 올림포스 신들이 승리할 것을 예견하고 동생 에피메테우스와 함께 티탄족 편에 가담하지 않았다. 그래서 두 형제는 전쟁 후 티탄족들에게 내려진 형벌을 피할 수 있었다.

티탄족과의 전쟁이 끝나자 제우스는 프로메테우스에게 인간을 창조하라는 명령을 내린다. 프로메테우스는 땅에서 흙을 조금 떼 물로 반죽한 다음 신의 모습과 비슷하게 빚어 인간을 창조했다. 그동안 에피메테우스는 동물이 살아가는 데 필요한 능력을 부여하는 일을 했다. 예를 들어 날개, 발톱, 단단한 껍질 같은 것을 동물들에게 선물했다.

마지막으로 인간 차례가 되었다. 그런데 에피메테우스가 가지고 있던 선물할 재능이 바닥나 버리고 말았다. 당황한 에피메테우스는 프로메테우스에게 도움을 청했고, 프로메테우스는 하늘의 불을 훔쳐 인간에게 선물했다.

불을 사용하면서 인간은 많은 일을 할 수 있게 되었다. 무기를 만들어 다른 동물을 정복할 수 있게 되었고 도구를 사용해 토지를 경작할 수 있게 되었다. 날지도 못하고 그렇다고 빨리 달릴 수도 없고, 연약한 피부를 가진 인간이 만물의 영장의 지위에 오를 수 있었던 건 순전히 '불의 힘' 때문이다.

프로메테우스가 불을 훔쳤다는 걸 안 제우스는 노발대발했다. 대장장이 헤파이스토스를 시켜 쇠사슬을 만들어서는 프로메테우스를 코카서스 산꼭대기에 있는 바위에다 옴짝달싹하지 못하게 묶어 버린다. 그것으로도 분이 풀리지 않은 제우스는 독수리를 시켜 프로메테우스의 간을 쪼아먹게 했다. 그러나 다음 날 아침이면 프로메테우스의 간은 어김없이 자

후세페 데 리베라, 〈프로메테우스〉, 1630년경, 캔버스에 유채, 193.5×155.5cm, 개인 소장

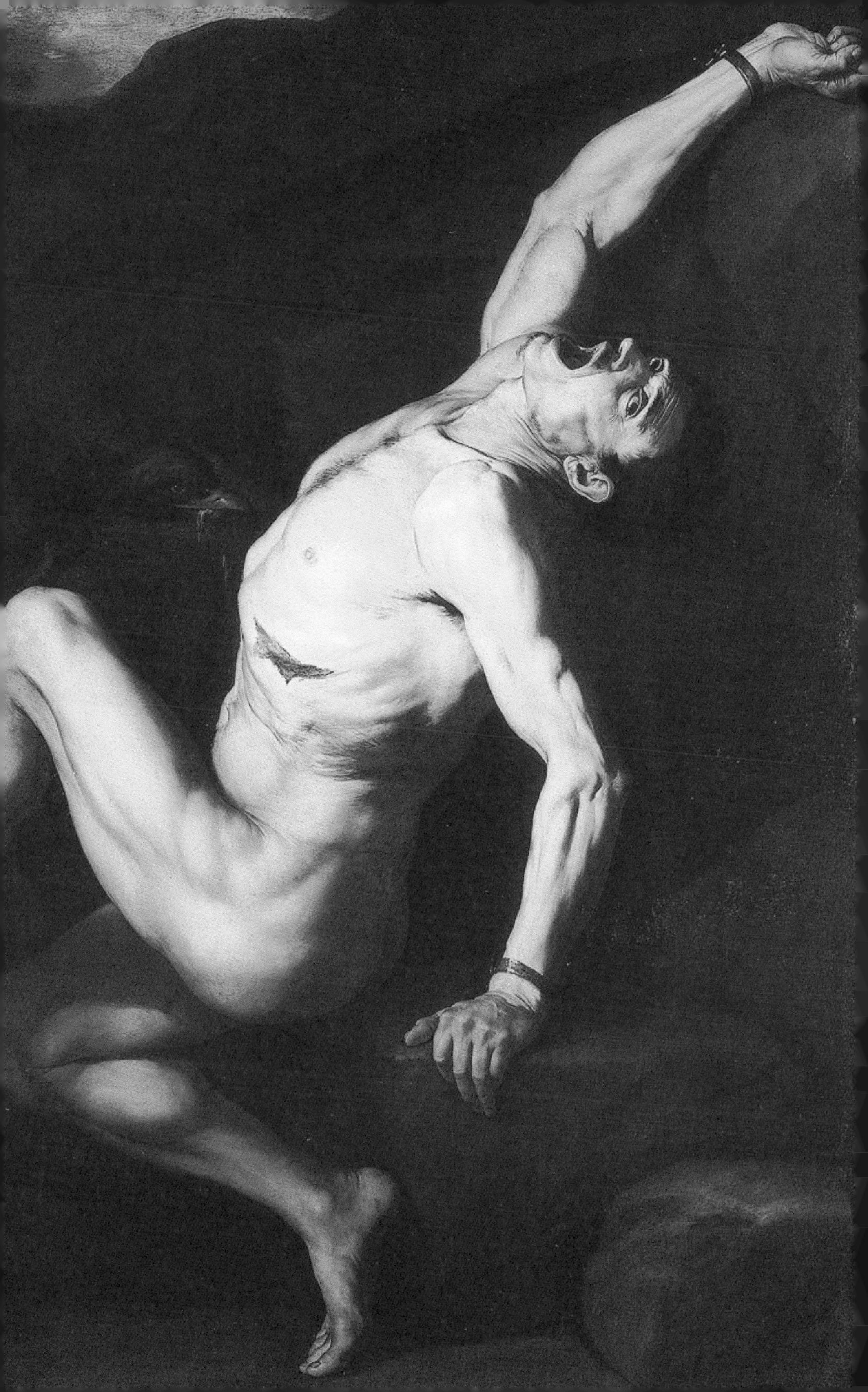

라났고, 그는 이 끔찍한 형벌을 무려 3000년간 받아야 했다.

리베라의 작품 속 치명적 오류

리베라는 우리에게는 다소 낯설지만, 스페인 바로크 시대를 대표하는 화가다. 카라바조Michelangelo da Caravaggio, 1573~1610의 영향을 받아 극적인 명암 대비와 어두운 색조를 즐겨 사용하면서도, 자신만의 기법을 더해 독창적인 스타일을 창조했다. 그의 작품은 이상적인 전통주의와는 상반되는 극단적인 사실주의를 보여 준다. 유명한 철학자나 『성경』 속 인물을 거지처럼 그리기도 하고, 반대로 실제 거지를 영웅처럼 표현하기도 했다.

리베라의 작품에서 가장 인상적인 요소 중 하나는 고통을 겪거나 긴장, 슬픔, 절망 등의 감정으로 격앙된 사람의 몸과 마음에 대한 표현이다. 그는 슬픔, 공포, 고통과 같은 어두운 감정들을 결코 감추려고 하지 않았고, 오히려 이런 감정을 더욱 강조했다. 특히 『성경』과 신화 속 인물을 그릴 때 이런 요소들을 더 부각했다. 〈프로메테우스〉에도 프로메테우스의 고통이 아주 생생하게 묘사되어 있다.

뉴욕 맨해튼 록펠러센터에 있는 프로메테우스 황금 동상.

그런데 이 그림을 자세히 보면 독수리가 쪼아서 상처가 난 부위는 왼쪽 가슴 아래 갈비뼈다. 하지만 간은 오른쪽 횡격막 아래에 있고, 갈비뼈가 보호하고 있어 겉에서 만질 수 없다. 아마도 리베라는 간의 위치를 잘 몰랐거나, 양쪽에 있다고 잘못 알고 있었던 것 같다.

프로메테우스의 족쇄가 반지가 되기까지

쇠사슬에 묶인 채 독수리에게 간을 파먹히는 프로메테우스를 그린 작품을 두 개 더 보겠다.

먼저 17세기 플랑드르 바로크의 거장 루벤스Peter Paul Rubens, 1577~1640가 그린 〈사슬에 묶인 프로메테우스〉이다. 인물의 자세가 매우 역동적이고 묘사가 매우 생생하다. 그림 속 프로메테우스는 매우 고통스러워하면서도 두 눈을 부릅뜨고 독수리를 바라본다. 그의 얼굴에서는 공포를 뛰어넘은 당당한 위엄이 느껴진다. 그림 왼쪽 아래에는 그가 인간에게 전해준 회양목 횃대와 꺼지지 않는 불씨가 보인다.

그다음 작품은 19세기 프랑스 최고의 상징주의 화가로 기발한 상상력과 강렬한 개성이 엿보이는 작품을 많이 남긴 모로Gustave Moreau, 1826~1898의 〈프로메테우스〉다(578쪽). 그가 그린 프로메테우스 역시 독수리에게 간을 파먹히고 있지만, 표정에서 '고통의 그림자'라곤 찾아볼 수 없다. 곧추세운 상체와 당당한 눈빛에서 자신의 행동에 대한 굳건한 확신이 느껴진다. 마치 자신에게 이러한 시련을 준 제우스를 노려보고 있는 것 같다. 예수님의 후광처럼 프로메테우스의 머리 위에서 이글거리며 타오르는 불꽃은 어떤 시련에도 꺾이지 않는 그의 강력한 의지를 표현한다.

모로 그림 속 프로메테우스의 발목을 옥죄고 있는 족쇄를 잘 보면 반지 모양이다. 신화에서는 헤라클레스가 독수리를 화살로 쏘아 떨어트리고 족쇄를 끊어, 프로메테우스를 3000년간 계속된 형벌의 고통에서 해방시켰다고 한다. 이후 프로메테우스는 속죄의 의미로 손가락에 작은 족쇄를 채우고, 그 족쇄에 코카서스 암벽을 박아 지니고 다녔다. 인간을 향한 프로메테우스의 숭고한 사랑과 그의 고난을 기리기 위해 사람들이 이를 모방해 달고 다녔고, 여기서 반지가 탄생했다고 전해진다.

불 이전에 인간에게
엄청난 선물을 준 프로메테우스

간은 우리 몸에서 가장 큰 장기로, 건강한 성인의 간은 무게가 대략 1.2~ 1.5킬로그램에 달한다. '인체의 화학 공장'이라 불리는 데서 짐작할 수 있듯이 단백질 등 우리 몸에 필요한 각종 영양소를 만들어 저장하고 탄수화물, 지방, 호르몬, 비타민 및 무기질 대사에 관여한다. 간은 약물이나 몸에 해로운 물질을 해독하고 소화 작용을 돕는 담즙산을 만든다. 그리고 우리 몸에 들어오는 세균과 이물질을 제거하는 아주 중요한 장기다.

안타깝게도 아직 많은 사람이 간과 간에 찾아오는 질환에 대해 잘 모른다. 2016년에 간 학회에서 실시한 설문조사에 따르면, 응답자의 86%가 A, B, C형 간염의 차이를 모른다고 답했다. 여러분은 어떤가?

A형 간염은 주로 어릴 때 생기며 급성으로만 찾아온다. 당장은

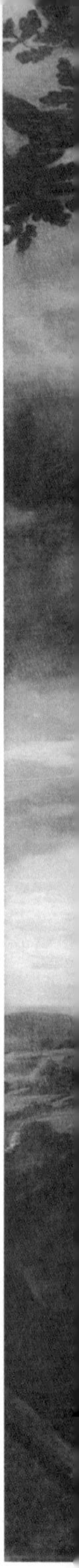

페테르 파울 루벤스, <사슬에 묶인 프로메테우스>, 1612년경, 패널에 유채, 243.5×209.5cm, 필라델피아미술관

구스타프 모로, 〈프로메테우스〉, 1868년, 캔버스에 유채, 205×122cm, 파리 구스타프모로미술관

좀 힘들지만 푹 쉬고 잘 먹으면 자연적으로 완치된다. B형 간염은 가장 흔한 간염으로 간경변 및 간암의 가장 큰 원인이 되는 질환이다. C형 간염은 한 번 감염되면 대다수가 만성 간염으로 악화하기 때문에 적극적인 치료가 필요하다.

프로메테우스가 인간을 만들 때 이미 놀라운 능력을 선물했는지도 모른다. 인간의 간은 프로메테우스의 간을 닮아 재생력이 있다. 실제로 건강한 사람의 간은 대략 30~40% 정도 남기고 잘라내도 다시 자라나 묵묵히 기능을 수행한다. 병든 아버지에게 아들이 간을 떼어 주었다는 식의 미담 기사를 접할 수 있는 이유도 간이 인체에서 유일하게 재생력을 가진 장기이기 때문이다.

우리나라의 간 이식 수술 역사는 30년이 채 되지 않았지만 벌써 만 차례 이상 수술이 시행되었다. 수술 성공률 또한 97%로, 이는 세계 최초로 간 이식 수술에 성공한 미국을 뛰어넘는 세계 최고 수준이다. 간은 다른 장기와 달리 기증자와 이식받는 사람의 혈액형이 달라도 이식할 수 있다.

간에는 통증을 느끼는 신경이 거의 없어서 문제가 생겨도 통증을 잘 느끼지 못한다. 그래서 간을 가리켜 '침묵의 장기'라고 한다. 간 건강을 챙기려면 평소 과음하지 않고, 정기적으로 검진을 받고, 의사의 충고를 따르는 것이 최선이다. 간의 재생력을 과신한 나머지 간을 마구 혹사한다면, '프로메테우스의 가호'가 계속될 수 없을 것이다.

24시간 손에서 놓지 못하는
스마트폰과 같은 디지털 기기들이
현대인에게는 아틀라스가 받쳐야 할 하늘일지 모르겠다.
아틀라스는 제우스의 노여움을 사 벌을 받았다면,
현대인들은 사서 벌을 받고 있는 셈이다.

‘인체의 작은 우주’ 인간의 머리를 받치고 있는 아틀라스

수박처럼 육중한 사람의 머리 무게

출퇴근길 버스와 지하철 같은 비좁은 공간에서도 많은 사람이 손에 쥔 스마트폰에 시선을 고정하고 게임을 하거나 뉴스를 보거나 SNS를 들여다본다. 작년에 한 모바일시장조사업체가 조사한 우리나라 스마트폰 사용자의 하루 평균 사용 시간은 3시간이라고 한다. 대충 따져 보면 대략 잠자는 시간을 제외하고 평균 깨어 있는 시간의 4분의 1을 스마트폰과 함께하는 것이다. 그런데 이렇게 스마트폰을 많이 사용하면 건강에 적신호가 켜질 수 있다. 작은 스마트폰 화면을 들여다보느라 고개를 숙이고 있거나 머리를 쭉 빼고 보는 자세가 문제가 된다. 그뿐만 아니라 직장인 대부분이 컴퓨터를 사용하기 때문에 온종일 목에 가해지는 부담은 더욱 심해질 수밖에 없다.

문득 사람의 머리 무게가 궁금해진다. 목뼈가 지탱하고 있는 두개골은 무게는 어느 정도 될까? 사람에 따라 차이가 있겠지만, 보통 성인을 기준으로 했을 때 머리 무게는 대략 4~7킬로그램이다. 4~7킬로그램이 얼마큼 무거운 것인지 감이 잘 안 잡힐 것이다. 일반적인 수박 한 통의 무게가

존 싱어 사전트, 〈아틀라스와 헤스페리데스〉, 1922~1925년경, 캔버스에 유채, 지름 304.8cm, 보스턴미술관

대략 5~8킬로그램쯤 된다. 여름철 마트에서 수박 한 덩이를 사서 집까지 들고 가다 보면 수박을 든 손을 몇 번 바꿀 만큼, 상당히 무겁다. 그런데 목뼈는 이처럼 무거운 머리를 온종일 받치고 있다.

'초상화의 대가'가 묘사한 아틀라스

벌거벗은 남자가 목과 어깨, 등으로 커다란 공을 받치고 있다. 남자는 앉아 있으나 자세가 불편한지 한쪽 무릎을 곧추세우고, 공을 떠받치지 않은 손으로 허벅지를 짚고 있다. 남자가 떠받치고 있는 공을 자세히 보니 황소, 쌍둥이, 게 등의 그림이 있고 그 위로 별자리가 그려져 있다. 황도 12궁(태양이 황도를 따라 연주운동을 하는 길에 있는 중요한 열두 개의 별자리) 중에서 겨울에 볼 수 있는 별자리들이다. 남자 주위로 많은 여성이 벌거벗은 채 바닥에 누워 있다. 여성은 남자와 비교하면 몸집이 작다. 일부 여성은 손에 작은 황금색 공을 쥐고 있다. 남자는 누구이고 무엇을 의미하는 그림일까?

이 작품을 그린 사전트John Singer Sargent, 1856~1925는 이탈리아 피렌체에서 태어난 미국 화가다. 의사였던 아버지 덕에 유복하게 자란 사전트는, 어릴 때부터 많은 곳을 여행했다. 유럽 여러 도시에서 거주하며 그가 보고 느낀 것들은 훗날 창작 활동에 많은 모티브가 됐다. 사전트는 주로 프랑스와 영국에서 생활했으며, 모네Claude Monet, 1840~1926와도 가깝게 지냈다. 초기에는 여러 나라의 다양한 풍경을 인상주의 기법으로 그려 영국과 미국 인상주의 화풍 확립에 커다란 영향을 미쳤다.

사전트는 '초상화의 대가'로도 불린다. 그는 당대 사교계의 유명 인사들을 캔버스에 담았다. 그는 전통적인 형식에서 벗어난 기법과 색채로 인존 싱어 사전트, 〈마담 X〉, 1883~1884년, 캔버스에 유채, 243.2×143.8cm, 뉴욕 메트로폴리탄미술관

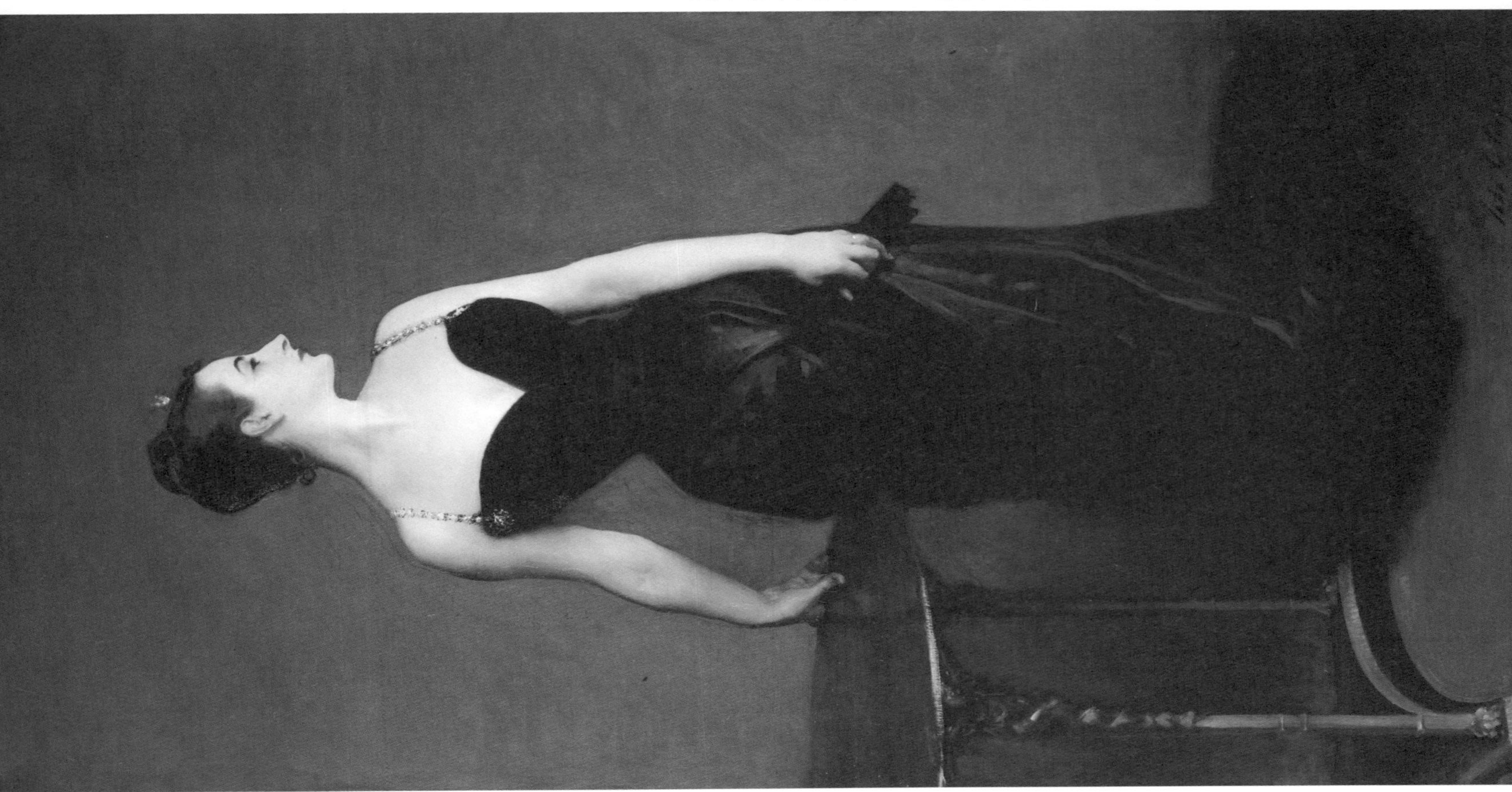

물을 우아하고 세련되며 사실적으로 묘사했다. 그를 대표하는 초상화는 〈마담 X〉이다. 부유한 프랑스 은행가의 아내이자 사교계 최고 미인 피에르 고트로Madame Pierre Gautrea 부인을 모델로 그린 이 작품으로, 사전트는 살롱전 출품 당시 예상치 못했던 선정성 시비에 휘말리기도 했다. 〈마담 X〉에 쏟아지는 비난 때문에 사전트는 파리에서 런던으로 이주해야만 했지만, "이제까지 내가 그린 작품 중 최고"라고 평하며 〈마담 X〉를 아꼈다.

무거운 하늘을 받치는 신 아틀라스,
사람의 머리를 떠받치는 제1 목뼈가 되다!

커다란 공을 떠받치고 있는 남자 이야기로 돌아가 보자. 남자는 그리스로마신화 속 아틀라스(Atlas) 신이다. 아틀라스라는 이름은 그리스어로 '지탱하다'라는 뜻이 있다. 아틀라스는 거인 신 티탄족으로 크로노스의 아들이며 인간에게 불을 가져다준 프로메테우스와는 형제간이다. 아버지 크로노스와 제우스 사이에 벌어진 싸움에서 아틀라스는 아버지 편에 선다. 공교롭게도 이 싸움에서 제우스가 승리하고, 아틀라스는 제우스의 미움을 사게 된다. 그리고 제우스로부터 평생 지구의 서쪽 끝에서 손과 머리로 하늘을 떠받치고 있으라는 형벌을 받는다.

그림에 대한 의문이 풀렸다. 그림 속 남자는 아틀라스이고, 그가 힘겹게 받치고 있는 것은 하늘이다. 그를 둘러싼 여인들은 그의 딸들 헤스페리데스이고, 여인들이 손에 쥐고 있는 작은 공은 '신들의 정원'에 있는 황금 사과다.

영웅 페르세우스가 메두사의 머리를 가지고 고향으로 가던 중 아틀라스를 만났는데, 아틀라스는 매우 불친절하고 거만했다고 한다. 이에 화가 난 페르세우스는 아틀라스에게 메두사의 머리를 내보였고, 아틀라스는 그 자리에서 돌로 변했다. 이 돌덩어리가 아프리카 북서부에 있는 아틀라스 산맥이 되었다고 한다.

1636년 메르카토르Gerardus Mercator, 1512~1594가 지도책을 만들면서, 책 제목을 『아틀라스』라고 지었다. 책 표지에 아틀라스가 지구를 짊어지고 있는 그림이 나와 있었기 때문이었다. 이후 지도책을 가리켜 '아틀라스'라고 부르게 됐다고 한다.

무거운 짐을 지는 사람, 지도책의 의미하는 아틀라스는 의학에서 인체 해부도를 뜻하기도 한다. 그리고 사람의 머리를 떠받치는 제1 목뼈인 '고리뼈(환추)'가 영어로 아틀라스이다. 고리뼈는 가장 꼭대기에 위치한 척추뼈로, 제2 목뼈인 중쇠뼈(축추, 액시스)와 함께 관절을 형성해 머리뼈와 척추를 연결한다.

정상적인 목뼈 모양은 완만한 C자형이다. 즉 몸 앞쪽으로 다소 볼록한 모양이다. 목뼈가 C자 모양인 이유는 무거운 머리 무게를 여러 방향으로 분산시키기 위해서다. 우리가 온종일 고개를 들고 다녀도 머리 무게 때문에 특별히 힘들다고 느끼지 않는 이유도 목뼈가 C자형이기 때문이다. 잠을 잘 때 베개로 머리를 받치는 것도 목뼈의 C자형 구조를 그대로 보존하기 위해서다. 인간만이 유일하게 베개를 사용할 정도로 목뼈의 각도는 중요하다고 할 수 있다.

하지만 어떤 이유로 목뼈를 과다하게 사용할 경우, 예를 들어 눈높이보다 낮은 위치에 있는 스마트폰이나 컴퓨터 모니터를 계속해서 내려다보면 지속적으로 귀가 어깨보다 앞으로 나와 있는 자세를 취하게 된다. 이렇게 목뼈 구조가 비정상적으로 늘어나게 되면 목 뒤 근육이 긴장된 상태로 있게 된다. 그런 상태가 오래되면 목 뒷부분의 근육과 인대가 늘어나 목이 뻣뻣하게 느껴지고 머리 또한 무겁게 느껴진다. 그리고 심할 경우 현대인의 고질병인 거북목 증후군(옆에서 보면 거북이처럼 목이 어깨보다 앞으로 나와 보이는 증상)이 생길 수 있다.

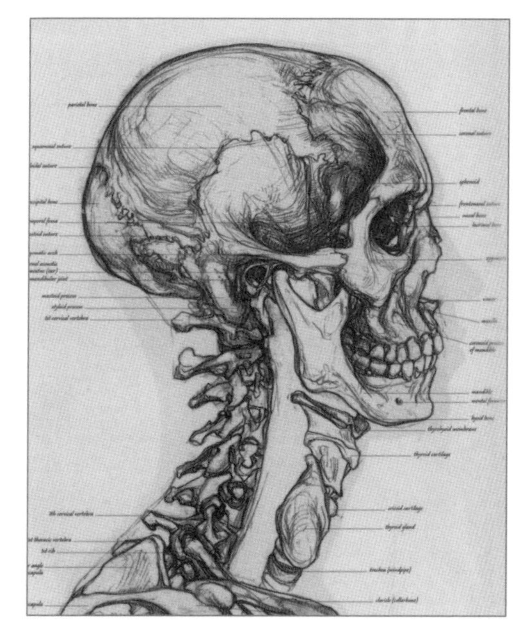

목뼈는 완만한 C자 모양이다.

목뼈를 무겁게 짓누르는 하늘을 내려놓고 싶은 아틀라스

아틀라스가 등장하는 그림을 한 편 더 보자. 크라나흐Lucas Cranach, 1472~1553의 〈헤라클레스와 아틀라스〉(588쪽)이다. 이 그림을 이해하기 위해서는 먼저 그리스로마신화에서 헤라클레스와 아틀라스에 얽힌 재미난 이야기를 알아야 한다.

헤라클레스는 제우스와 페르세우스의 딸이자 미케네 왕국의 왕비인 알크메네 사이에서 태어났다. 예정대로 태어났다면 헤라클레스는 미케네 왕국의 왕위를 잇게 되어 있었다. 하지만 남편의 불륜 행각에 화가 난 제우스의 아내 헤라가 페르세우스의 다른 후손이 임신하고 있던 아이(에우리스테우스)를 먼저 태어나게 해, 헤라클레스는 사촌에게 왕위를 빼앗기게 된

SYDEREVM FESSO GESTAT ATLANTE POLVM .

루카스 크라나흐, 〈헤라클레스와 아틀라스〉, 1537년경, 캔버스에 유채, 109.7×98.8cm, 브라운슈바이크 헤어조그 안톤 울리히 미술관

다. 이렇게 해서도 화가 풀리지 않은 헤라는 헤라클레스를 죽이려고 갖은 방법을 동원해 그를 곤경에 빠트린다. 온갖 고초를 겪고 살아남은 헤라클레스는 왕이 된 에우리스테우스의 신탁으로 '열두 가지 과업'을 부여받는다. 그 과업은 아홉 개의 머리를 가진 물뱀 히드라를 처치하고, 지옥의 문을 지키는 케르베로스를 없애는 등 하나같이 혹독한 것뿐이었다. 그중 가장 힘들고 어려운 과업이 바로 서쪽 세계의 끝에 있는 신들의 정원에서 황금 사과를 가져오는 것이었다. 신들의 정원은 아틀라스의 딸들인 헤스페리데스와 머리가 무려 백 개나 되고 잠들지 않는 용 라돈이 지키고 있어, 그 누구도 함부로 침범할 수 없는 곳이었다.

헤라클레스가 코카서스 바위산에 묶여 있던 프로메테우스를 구해 준 것도 이 무렵이다(576쪽 참조). 프로메테우스는 감사의 의미로 헤라클레스에게 아틀라스를 찾아가 그의 도움을 청하라고 알려 준다. 헤라클레스는 신들의 정원에 도착해, 하늘을 떠받치고 있는 아틀라스에 도움을 청한다. 아틀라스가 딸들과 라돈으로부터 황금 사과를 구해 오는 동안 헤라클레스는 아틀라스를 대신해 하늘을 떠받쳐야 했다.

황금 사과를 구해 온 아틀라스는 더는 힘들게 하늘을 떠받치고 싶지 않았다. 그래서 헤라클레스에게 하늘을 계속 떠받쳐 달라고 요구했다. 영리한 헤라클레스는 "지금 이 자세는 너무 불편한데, 오랫동안 하늘을 떠받칠 수 있는 비결을 알려 주시오."라고 말했다. 아틀라스가 시범을 보여 주려고 하늘을 다시 떠받치자, 헤라클레스는 그대로 황금 사과를 가지고 줄행랑을 쳤다.

루카스 크라나흐, 〈마틴 루터〉, 1529년, 패널에 유채, 73×54cm, 아우구스부르크 성 안나교회

〈헤라클레스와 아틀라스〉에서 별이 촘촘히 박힌 크고 파란 공을 등에 짊어진 남자가 하늘을 짊어질 테니 편한 자세를 알려 달라고 말하는 헤라클레스다. 아틀라스는 손으로 턱을 괴고 깊은 상념에 빠져 있다. 하늘을 떠받칠 만큼 힘이 장사인 아틀라스를 병약한 노인으로 표현한 것이 재밌다.

크라나흐는 북유럽 르네상스 시대의 화가로, 뒤러Albrecht Dürer, 1471~1528, 홀바인Hans Holbein the Younger, 1497~1543과 어깨를 나란히 하는 독일 회화의 거장이다. 특히 크라나흐는 종교개혁으로 유명한 루터Martin Luther, 1483~1546의 절친한 친구로, 루터의 초상화를 그린 화가로 알려져 있다. 크라나흐는 작센에서 궁정화가로 활동하면서 루터파 교회의 제단화를 많이 그려 '루터파 종교화의 창시자'로 불렸다. 그는 평화로운 자연을 서정적으로 잘 묘사했으며, 일부 종교화에서는 후대 독일 그림의 전형적인 양식이 되는 표현주의의 극적인 묘사를 선보이기도 했다.

크라나흐는 와인 상점 및 약국, 인쇄소를 운영하는 큰 부자였지만, 시민들에게 선망이 두터워 나중에는 바텐베르크에서 시장까지 역임하며 행복한 삶을 살았다.

영원한 동경과 욕망의 대상, 사과

이번에는 〈헤스페리데스의 정원〉을 보자(592쪽). 동그란 원 안에 세 명의 헤스페리데스가 황금 사과가 주렁주렁 맺힌 나무 아래에서 편하게 쉬고 있다. 그리스로마신화에서 '헤스페리데스의 사과'라 불리는 황금 사과는 신의 영역에 속한 금단의 음식이었다. 이 황금 사과는 제우스와 헤라의 결혼 선물로 '대지의 여신' 가이아가 선물했다. 헤라는 이 황금 사과를 세계의 서쪽 끝에 있는 정원에 심고 아틀라스의 세 딸인 님프 헤스페리데스에게 지키게 했다.

그런데 어찌 된 영문인지 헤스페리데스들이 푹 쉬고 있다. 가운데 몸에 살모사를 감고 있는 여인과 그녀의 팔에 기댄 오른편 여인은 이미 깊은 잠에 빠진 것 같다. 왼쪽 여인은 악기를 연주하며 노래를 부르고 있지만, 결국 잠에 빠져들 것이다. 하지만 살모사로 변장한 라돈은 나무와 여인들을 칭칭 감고 경계 태세를 조금도 늦추지 않고 있다.

사과는 그리스로마신화에서 『성경』에서 이르기까지 서양 문화에서는 상징적인 도구로, 그림에 자주 그려진 대상이다. 사과는 아름다움의 극치와 사랑을 상징하기도 하지만, 지극히 얻기가 어려운 것으로 영원한 동경과 욕망의 대상을 나타낸다.

프레더릭 레이턴 경Sir Frederic Leighton, 1830~1896은 영국 요크셔에서 의사의 아들로 태어나 부유한 어린 시절을 보냈다. 어릴 때 여러 나라 특히 로마에서 거주한 경험이 화가의 삶을 사는 데 중요한 자양분이 됐다. 젊은 시절에 이미 영국 왕립미술원 정회원이 됐고, 19세기 빅토리아 여왕Victoria, 1819~1901 시절에 최고의 화가로 이름을 알렸다. 화가로서는 영국 최초로 귀족직위인 '남작'을 수여받을 정도로 인정받았으나, 아카데미즘 화풍 그림

프레더릭 레이턴 경, <헤스페리데스의 정원>, 1892년, 캔버스에 유채, 지름 169cm, 포트 레이디레버아트갤러리

의 인기가 서서히 떨어지면서 오랫동안 잊힌 화가가 됐다. 그는 그리스로마신화 및 역사를 주제로 한 고전주의 작품을 주로 그렸으며, 여인을 매력적이고 탐미적으로 화폭에 묘사했다.

24시간 디지털 라이프가 부른 일자목 증후군

최근에는 나이를 불문하고 일자목 증후군이라고 불리는 '거북목 증후군'

을 많이 앓는다. 목뼈가 지속적으로 압력을 받으면 거북목이나 일자목과 같은 목뼈의 변형이 발생한다. 일자목 증후군이란 목뼈의 C자 형태가 I자 형태로 바뀌는 증상이다. 대개 목이 어깨 중심선보다 2센티미터에서 2.5센티미터 이상 앞으로 기울면 일자목 증후군으로 본다.

목뼈가 I자가 되면 머리 무게가 분산되지 않아 목뼈와 목 근육에 힘이 과하게 들어가게 된다. 이러한 긴장 상태가 계속되면 뒤통수 아래의 신경이 머리뼈와 목뼈 사이를 누르게 되어 심한 두통을 유발하기도 하고, 어깨, 팔이 저린 증상이 지속될 수 있다.

한 연구 조사에 따르면 목을 15도 숙였을 때 목뼈에 12킬로그램에 달하는 압력이 가해지고, 각도가 커질수록 압력이 더 증가한다는 보고가 있다. 일자목 증후군을 방치하면 바로 '경추 추간판 탈출증'이라고 부르는 목 디스크가 발병할 수 있다.

일자목 증후군을 완치시킬 수 있는 확실한 치료법은 아직 없다. 다만 모든 질병에서 예방이 중요하듯이 의식적으로라도 고개를 들고 어깨를 바로 세우려 노력해야 하며, 평소에 앉아 있거나 서 있을 때 자주 스트레칭 해야 한다. 또한 컴퓨터 작업을 오래 할 경우에는 모니터 높이를 자신의 눈높이에 맞춰 조절할 필요가 있다. 그리고 잠을 잘 때 베개 높이를 잘 유지하는 것도 중요하다.

24시간 손에서 놓지 못하는 스마트폰과 같은 디지털 기기들이 현대인에게는 아틀라스가 받쳐야 할 하늘일지 모르겠다. 아틀라스는 제우스의 노여움을 사 벌을 받았다면, 현대인들은 사서 벌을 받고 있는 셈이다. 너무 늦기 전에 아틀라스를 짓누르는 하늘을 잠깐씩 내려놓길 바란다.

SCIENCE

| 특별 부록 |

History of Science and Art

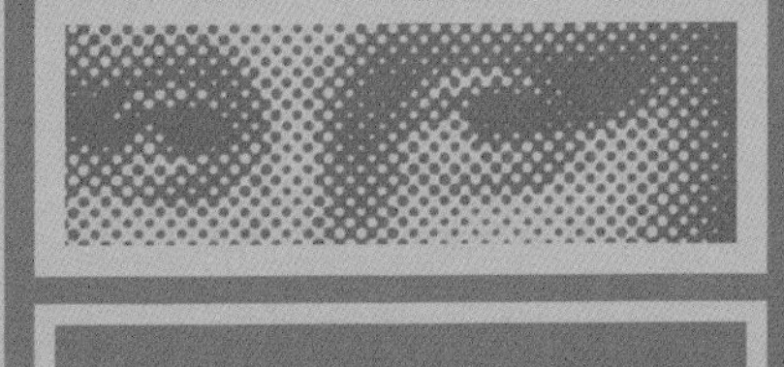

ART

1202년
피보나치가 자연계의 일반 법칙을 나타내는 '피보나치수열' 발견

1258년
중국의 종이, 인쇄 기술, 화약이 페르시아 지역에 전래

754년
〈네 명의 복음사가에게 둘러싸인 그리스도〉

1285~1286년
〈천사와 예언자와 있는 옥좌의 마리아〉

1305년
〈그리스도의 죽음을 슬퍼함 또는 애도〉

〈천사와 예언자와 있는 옥좌의 마리아〉
치마부에,
1285~1286년,
목판에 템페라,
385×223cm,
피렌체 우피치미술관

〈네 명의 복음사가에게 둘러싸인 그리스도〉
754년, 군도히노 복음서 삽화, 32×24.5cm

〈그리스도의 죽음을 슬퍼함 또는 애도〉
조토 디 본도네,
1305년경, 프레스코,
200×185cm,
파도바 스크로베니 예배당

중세 미술

중세시대는 교회의 종소리가 사람들의 영혼까지 지배했던 시대로, 인간보다 신이 우선시되었다. 종교(기독교)의 힘이 매우 강했던 이 시기에 예술 작품은 종교를 보조하는 수단으로, 아름다움을 표현하는 것보다는 사람들을 교화할 목적으로 제작되었다. 로마제국이 기독교를 국교로 공인한 325년부터 비잔틴 제국(동로마)이 멸망한 1453년까지를 중세로 본다.

조토 디 본도네(1266~1337년)

르네상스의 시작을 알린 화가다. 중세시대 화가들은 그림 속 인물의 감정 묘사에 관심이 없었지만, 조토는 그림 속 인물의 감정을 생생하게 표현했다. 성스러움을 강조하고자 그림 배경에 천편일률적으로 금색을 칠했던 기존 화가들과 달리 조토는 그림에 파란 하늘을 그렸다.

1347년
유럽에 페스트(흑사병) 유행,
유럽 인구의 4분의 1이
페스트로 사망

1455년
구텐베르크가
금속활자로
『42행 성서』 인쇄

1425~1428년
〈성삼위일체〉

1434년
〈아르놀피니의 결혼〉

1442~1443년경
〈수태고지〉

〈수태고지〉
프라 안젤리코, 1442~1443년경,
프레스코, 230×297cm,
피렌체 산마르코미술관

〈성삼위일체〉
마사초, 1425~1428년, 프레스코,
667×317cm, 피렌체 산타마리아노벨라성당

〈아르놀피니의 결혼〉
얀 반 에이크,
1434년,
캔버스에 유채,
82×60cm,
런던 내셔널갤러리

원근법 도입

르네상스시대에는 멀리 있는 것은 작게 보이고 가까이 있는 것은 크게 보이는 원근법이 회화에 도입돼, 입체적인 느낌을 표현하기 시작했다. 마사초의 〈성삼위일체〉는 수학적으로 계산된 원근법을 도입한 작품이다.

유화 발명

염료에 달걀노른자를 섞는 템페라 기법은 물감이 너무 빨리 마르기 때문에 물감을 섞어 원하는 색을 만들기 힘들고, 충격에 약해 균열이 생기기 쉽다. '유화의 창시자'로 불리는 에이크는 염료에 아마인유(linseed oil)를 섞은 유화물감을 만들어 낸다. 아마인유는 녹는 점이 낮아 상온에서 액체 상태지만 시간이 지나면서 굳어져 단단하게 된다. 유화물감의 발명으로 사실적인 묘사와 섬세한 입체감 표현이 가능해졌으며, 그림의 색채가 더욱 풍요로워졌다. 또한, 작품을 오랫동안 보존할 수 있게 되었다.

1492년
마르틴 베하임이
최초의 지구본 제작

1492년
콜럼버스 신대륙 발견

1485년
〈비너스의 탄생〉

1483~1486년
〈암굴의 성모〉

1495~1497년
〈최후의 만찬〉

〈비너스의 탄생〉
산드로 보티첼리, 1485년, 캔버스에 템페라,
172.5×278.5cm, 피렌체 우피치미술관

〈암굴의 성모〉
레오나르도 다 빈치, 1483~1486년,
패널에 유채, 199×122cm, 파리 루브르박물관

〈최후의 만찬〉
레오나르도 다 빈치,
1495~1497년,
회벽에 유채와 템페라,
460×880cm,
밀라노 산타마리아델레그라치에성당

르네상스 미술

무역으로 부를 쌓은 피렌체, 베네치아와 같은 부유한 도시 국가를 중심으로 발전한 인간 중심적이고 합리적인 사고를 중시하는 문화 운동을 가리켜 르네상스라고 한다. 르네상스시대 미술은 신 중심의 세계관에서 탈피해 인간의 표정과 육체의 아름다움을 표현하고, 자연을 연구하여 그 모습을 정확하게 묘사하고자 했다. 르네상스 미술의 3대 거장으로 다 빈치, 미켈란젤로, 라파엘로가 꼽힌다. 이들은 과학을 기초로 한 엄격한 구도, 완벽한 비례, 원근법 같은 르네상스의 대표적 기법을 작품에 담아 미술사에 빛나는 걸작들을 남겼다.

〈모나리자〉
레오나르도 다 빈치,
1503~1506년,
패널에 유채,
77×53cm,
파리 루브르박물관

〈자화상〉
알브레히트 뒤러, 1500년,
목판에 유채, 67×49cm,
뮌헨 알테피나코테크

〈다비드상〉
미켈란젤로 부오나로티,
1501~1504년,
대리석, 높이 517cm,
피렌체 아카데미아미술관

〈검은 방울새의 성모〉
라파엘로 산치오,
1505~1506년,
목판에 유채,
107×77cm,
피렌체 우피치미술관

초상화와 자화상

신의 위대함을 알리기 위해 그림을 그렸던 중세 예술가들에게 자신의 얼굴을 그리는 것은 상상조차 할 수 없는 일이었다. 인문주의와 인간중심주의가 싹튼 르네상스시대 들어 초상화와 자화상이 등장한다. 특히 자화상은 예술가의 사회적 지위가 향상되었음을 나타내는 증거이자, 자신의 내면을 탐구하는 자아 성찰의 산물로 볼 수 있다. 16세기에 활동하던 독일의 대표적인 화가 뒤러는 개인적인 목적으로 자화상을 그린 최초의 화가다.

1510~1511년
〈아테네 학당〉

1511~1512년
〈아담의 창조〉

1516~1518년
〈성모승천〉

〈아담의 창조〉
미켈란젤로 부오나로티, 1511~1512년, 프레스코, 280×570cm, 바티칸박물관

〈아테네 학당〉
라파엘로 산치오, 1510~1511년, 프레스코, 500×770cm, 바티칸박물관

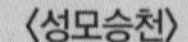

〈성모승천〉
베첼리오 티치아노, 1516~1518년, 패널에 유채, 685.8×360.7cm, 베니스 산타마리아글로리오사데이프라리성당

캔버스에 유화를 그린 최초의 화가 티치아노

'근대 회화의 아버지' '회화의 군주'라 불리는 티치아노는 캔버스에 유화를 그린 최초의 화가다. 유화는 15세기 초 플랑드르(벨기에 서부를 중심으로 네덜란드 서부와 프랑스 북부에 걸쳐 있는 지방)에서 본격적으로 사용하기 시작한 이래 나무판에 그려졌다. 베네치아 화가들은 배의 돛을 만드는 캔버스천을 나무로 만든 사각틀에 씌워 그림을 그리기 시작했다. 캔버스는 나무판보다 비용이 저렴하고 운반이 쉽고 물감이 잘 발려 나무판을 대체하게 되었다.

1543년
코페르니쿠스가 태양이 우주의 중심이라는 주장이 담긴 『천체의 회전에 관하여』 출간

1589년
윌리엄 리가 최초의 편직기계 발명

1590년
얀센이 현미경 발명

1533년
〈대사들〉

1538년
〈우르비노의 비너스〉

1592~1594년
〈최후의 만찬〉

〈대사들〉
한스 홀바인, 1533년,
패널에 템페라, 207×209.5cm,
런던 내셔널갤러리

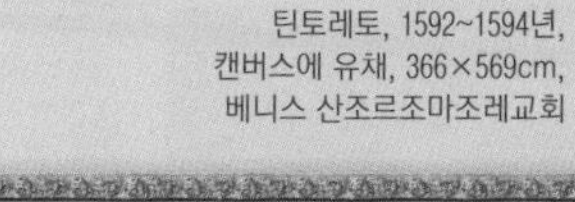

〈최후의 만찬〉
틴토레토, 1592~1594년,
캔버스에 유채, 366×569cm,
베니스 산조르조마조레교회

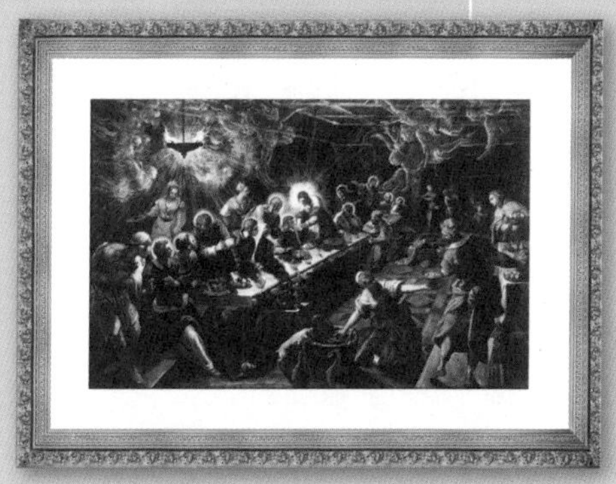

〈우르비노의 비너스〉
베첼리오 티치아노, 1538년, 캔버스에 유채, 119×165cm, 피렌체 우피치미술관

여성 누드의 전형을 만든 티치아노

티치아노가 그린 비너스는 고개를 살며시 들어 올리고 있는 전통적인 비너스와 달리 감상자를 똑바로 바라보고 있다. 감상자의 시선을 그림 속 대상에 머물게 하는 표현 방법은 이후 서양미술에서 여성 누드를 그리는 전형적인 방식이 되었다.

1597년
갈릴레이가
케플러의 『우주의 신비』를
지지하는 편지를 씀

1608년
리페르세이가
망원경에 대한
특허를 신청

1593년
〈병든 바쿠스〉

1597~1601년
〈신들의 사랑〉

1602~1604년
〈그리스도의 매장〉

〈병든 바쿠스〉
카라바조, 1593년,
캔버스에 유채, 67×53cm,
로마 보르게세미술관

〈그리스도의 매장〉
카라바조, 1602~1604년,
캔버스에 유채, 300×203cm, 바티칸박물관

〈신들의 사랑〉
안니발레 카라치,
1597~1601년, 프레스코,
팔라초 파르네제

바로크 미술

1600년경에서 1750년 사이 이탈리아를 비롯한 유럽 가톨릭 국가에서 유행했던 미술 양식이다. 바로크시대에는 종교개혁으로 약해져 가던 신도들의 신앙심을 다시 강하게 하고자 교회를 더 화려하게 꾸미고, 그림도 감정을 울리는 방식으로 그려졌다. 바로크 미술은 르네상스 미술보다 빛나는 색채, 명암의 극명한 대비, 과장된 몸짓, 자유로운 붓질 등 남성적이고 과장된 표현이 두드러진다. 대표적 화가로 카라바조, 벨라스케스, 렘브란트, 베르메르가 있다.

1609년
갈릴레이가 망원경으로 목성 발견

1616년
케플러가 행성들의 움직임을 설명하는 세 가지 법칙이 담긴 논문 「세계의 조화」 발표

1633년
갈릴레이가 코페르니쿠스의 '태양 중심설'을 옹호했다는 이유로 종교 재판을 받음

1637년
페르마가 소수의 수열을 추측함

1608~1614년경
〈요한 묵시록의 다섯 번째 봉인의 개봉〉

1630~1635년
〈삼미신〉

1640년
〈자화상(34세)〉

〈요한 묵시록의 다섯 번째 봉인의 개봉〉
엘 그레코, 1608~1614년경,
캔버스에 유채, 222×193cm,
뉴욕 메트로폴리탄미술관

〈자화상(34세)〉
렘브란트 반 레인, 1640년,
캔버스에 유채, 102×80cm,
런던 내셔널갤러리

〈삼미신〉
페테르 파울 루벤스, 1630~1635년,
캔버스에 유채, 221×181cm,
마드리드 프라도미술관

매너리즘

르네상스 미술은 라파엘로에 이르러 정점을 찍었다. 다 빈치, 미켈란젤로, 라파엘로의 벽에 부딪힌 1510년대 미술가들은 뛰어난 예술작품 자체를 모델로 삼고 거장의 방식을 모방했다. 이 중 몇몇은 거장의 방법을 바탕으로 새롭고 독특한 분위기의 작품을 만들어 냈다. 1520년경부터 1600년 사이 르네상스 정신이 쇠퇴하는 시기에 등장한 양식을 매너리즘이라고 한다. 매너리즘 화가들은 불안정한 구도, 왜곡된 공간, 길게 늘어진 인물, 현실과 비현실, 불안한 내면 세계를 캔버스에 담았다. 매너리즘의 대표적인 화가가 티치아노와 엘 그레코다.

1644년
토리첼리가
수은 기압계 발명

1655년
월리스가 무한대(∞)
기호를 처음 사용

1656년
호이겐스가
추시계 발명

1665년
훅이 현미경으로
세포를 관찰한 글을 모아
『마이크로그라피아』 출간

1642년
〈야경〉

1656년
〈시녀들〉

1665년경
〈진주 귀걸이를 한 소녀〉

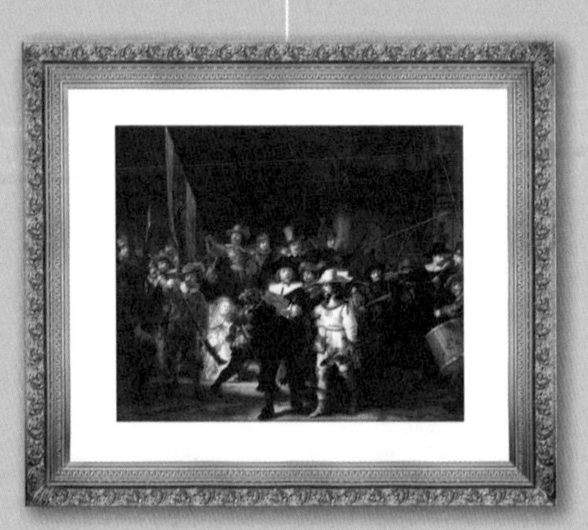

〈야경〉
렘브란트 반 레인, 1642년, 캔버스에 유채, 363×438cm,
암스테르담국립미술관

〈진주 귀걸이를 한 소녀〉
요하네스 베르메르, 1665년경, 캔버스에 유채,
44.5×39cm, 헤이그 마우리츠호이스미술관

〈시녀들〉
디에고 벨라스케스, 1656년, 캔버스에 유채,
316×276cm, 마드리드 프라도미술관

렘브란트의 자화상

렘브란트는 평생 100점이 넘는 자화상을 그렸다. 자화상의 붓 터치와 색채는 삶의 굴곡에 따라 변해 갔다.
30대에 그린 자화상에서는 성공한 화가의 자신감과 야심이 보였다면, 가족과 재산, 명예를 모두 잃은 말년의 자화상은 어둠 속으로 사라질 듯 아스라하다.

〈자화상(53세)〉

〈제욱시스로 분한 자화상(63세)〉

1687년
뉴턴이 만유인력의 법칙과 운동의 세 가지 법칙을 담은 『프린키피아』 출간

1735년
린네가 동식물의 종류를 체계적으로 분류·정리하여 『자연의 체계』 출간

1779년
라부아지에 '산소' 명명

1717년
〈키테라 섬 순례〉

1755년
〈퐁파두르 후작 부인〉

1756년
〈마담 퐁파두르 초상〉

〈키테라 섬 순례〉
장 앙투안 와토, 1717년, 캔버스에 유채, 129×194cm, 파리 루브르박물관

〈마담 퐁파두르 초상〉
프랑수아 부셰, 1756년, 캔버스에 유채, 201×157cm, 뮌헨 알테피나코테크

〈퐁파두르 후작 부인〉
모리스 켕탱 드 라투르, 1755년, 종이를 댄 캔버스에 파스텔, 178×130cm, 파리 루브르박물관

로코코 미술

자유스럽고 향락적인 인간 감정이 존중받기 시작한 1700년대 초 프랑스에서 발생하여 프랑스 왕권의 흥성과 함께 전 유럽에 퍼진 양식이다. 로코코 미술가들은 귀족의 연애와 연희를 주제로 많은 작품을 그렸다. 바로크 미술이 역동적이고 관람자를 압도하는 커다란 스케일로, 남성적인 분위기를 풍긴다면, 로코코 미술은 세련되고 화려하며 아기자기한 멋으로, 여성적인 분위기를 풍긴다. 대표적 화가로 와토, 부셰, 고야가 있다.

1796년
제너가 우두를 이용한
천연두 백신 개발

1800년
볼타가 최초의 전지인
볼타 전지 발명

1793년
〈마라의 죽음〉

1797~1800년경
〈옷을 벗은 마하〉

1801년
〈알프스를 넘는 나폴레옹〉

〈마라의 죽음〉
자크 루이 다비드, 1793년, 캔버스에 유채,
165×128.3cm, 브뤼셀왕립미술관

〈알프스를 넘는 나폴레옹〉
자크 루이 다비드, 1801년, 캔버스에 유채, 272×230cm,
파리 루브르박물관

〈옷을 벗은 마하〉
프란시스코 고야, 1797~1800년경,
캔버스에 유채, 97×190cm,
마드리드 프라도미술관

신고전주의

1793년 프랑스 혁명을 기점으로 화려하고 향락적인 로코코 미술이 막을 내리고 신고전주의 시대가 도래한다. 신고전주의는 그리스, 로마, 르네상스가 추구했던 질서와 비례, 조화로움을 계승하는 미술 양식이다. 신고전주의 그림은 단순한 구도와 붓 자국 없는 매끈한 화면, 절제된 표현이 특징이다. 신고전주의의 대표적 화가로 다비드, 앵그르가 있다.

1810년
괴테가 색채현상을 밝음과 어둠이라는
두 양극의 상호작용 결과라고 분석한
「색채론」 발표

1800~1805년
〈옷을 입은 마하〉

1814년
〈1808년 5월 3일 마드리드〉

1814년
〈그랑드 오달리스크〉

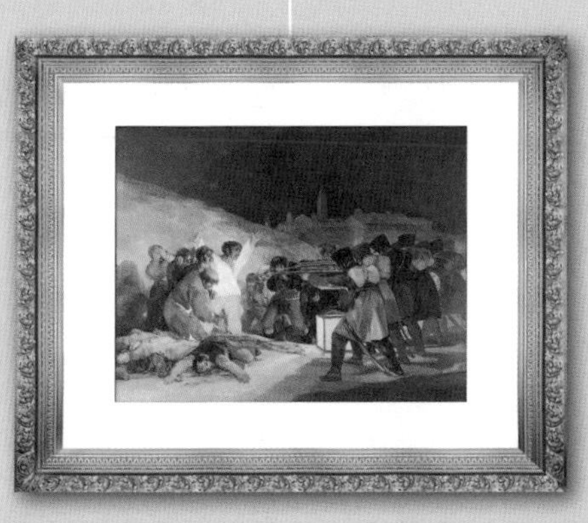

〈1808년 5월 3일 마드리드〉
프란시스코 고야,
1814년, 캔버스에 유채,
268×347cm,
마드리드 프라도미술관

〈그랑드 오달리스크〉
장 오귀스트 도미니크 앵그르,
1814년, 캔버스에 유채,
89×162.5cm,
파리 루브르박물관

〈옷을 입은 마하〉
프란시스코 고야, 1800~1805년,
캔버스에 유채, 97×190cm,
마드리드 프라도미술관

같은 모델을 같은 자세로 두 번 그린 고야

〈옷을 벗은 마하〉 이전의 여성 누드화는 여성이 벌거벗은 몸을 수줍게 숨기는 것처럼 표현되었거나 신화 속 인물로 그려졌다. 〈옷을 벗은 마하〉 속 여성은 아무것도 가리지 않은 상태에서 관람자를 똑바로 바라보고 있다. 당시 보수적인 가톨릭국가였던 스페인은 누드화를 공식적으로 금지하고 있었다. 고야의 도전적인 누드화는 사회에 커다란 파란을 일으켰고, 그는 이 그림으로 종교재판에까지 끌려가게 된다. 고야는 1805년 〈옷을 벗은 마하〉에게 옷을 입힌 〈옷을 입은 마하〉를 그리게 된다. 〈옷을 벗은 마하〉는 신이 아닌 인간을 그린 최초의 누드화로 불린다.

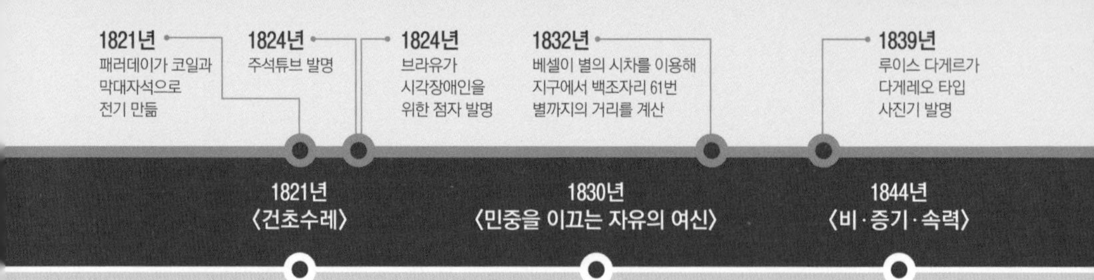

〈건초수레〉
존 컨스터블, 1821년, 캔버스에 유채, 130×185cm,
런던 내셔널갤러리

〈비·증기·속력〉
윌리엄 터너, 1844년, 캔버스에 유채,
91×122cm, 런던 내셔널갤러리

〈민중을 이끄는 자유의 여신〉
외젠 들라크루아, 1830년,
캔버스에 유채, 260×325cm,
파리 루브르박물관

낭만주의

객관보다는 주관을, 지성보다는 감성을 중요하게 여기게 된 19세기 전반에 전 유럽에서 유행한 예술 경향이다. 낭만주의 미술가들은 감정을 배제하고 그리스나 로마의 엄격함을 추구했던 신고전주의에 반기를 들었다. 역동적이고 생생한 현실, 모호한 분위기를 풍기는 색채 효과가 낭만주의 미술의 특징이다. 낭만주의의 대표적 화가로 컨스터블, 터너, 제리코, 들라크루아 등이 있다.

1856~1863년
멘델이
완두콩 실험을 통해
유전자의 역할을 밝힘

1858년
뫼비우스가 면의
안팎 구분이 없는
'뫼비우스의 띠' 발견

1859년
다윈이 자연 선택설의
주장을 담은
『종의 기원』 출간

1860년
파스퇴르가
질병의 원인이
세균임을 밝힘

1849년
〈돌 깨는 사람들〉

1857년
〈이삭 줍는 여인들〉

1863년
〈풀밭 위의 점심 식사〉

〈이삭 줍는 여인들〉
장 프랑수아 밀레, 1857년, 캔버스에 유채,
84×112cm, 파리 오르세미술관

〈풀밭 위의 점심 식사〉
에두아르 마네, 1863년, 캔버스에 유채,
208×264.5cm, 파리 오르세미술관

〈돌 깨는 사람들〉
귀스타브 쿠르베, 1849년, 캔버스에 유채,
159×259cm, 드레스덴국립미술관

사실주의

'리얼리즘'이라고도 부르는 사실주의는 19세기 후반에 등장한 과학과 객관적인 사실을 중요하게 여기는 예술사조다. 이전까지 그림이 현실을 미화하거나 이상화했다면, 사실주의 그림은 서민의 일상을 주제로 사회현상을 솔직하게 표현한다. 상상력과 감성을 중요하게 여기는 낭만주의와 달리 화가가 실제로 보고 경험한 것을 있는 그대로 표현한다. "나는 천사를 본 적이 없으므로 천사를 그릴 수 없다"는 쿠르베의 말에 사실주의의 특징이 집약되어 있다.

1864년
맥스웰이 전기장과 자기장의 운동에 관한 법칙과 전기장과 자기장은 항상 붙어 다닌다는 사실을 발견

1876년
그레이엄 벨이 전화기 발명

1864년 〈3등열차〉

1872년 〈인상 : 해돋이〉

1877년 〈바를 잡고 연습하는 무용수들〉

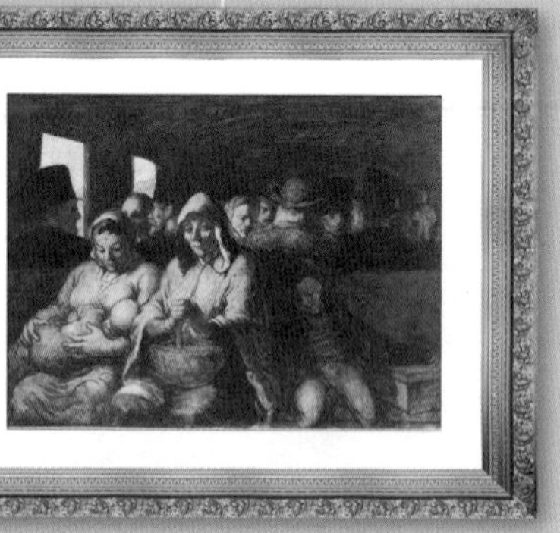

〈3등열차〉
오노레 도미에, 1864년, 캔버스에 유채, 65.4×90.2cm, 캐나다국립미술관

〈바를 잡고 연습하는 무용수들〉
에드가 드가, 1877년, 캔버스에 여러 재료, 75.6×81.3cm, 뉴욕 메트로폴리탄미술관

〈인상 : 해돋이〉
클로드 모네, 1872년, 캔버스에 유채, 48×63cm, 파리 마르모탕미술관

인상주의

19세기 후반 프랑스를 중심으로 일어난 회화 운동으로, 풍경이라는 자연현상을 묘사하는 데서 출발했다. 인상주의 화가들은 빛에 따라 시시각각 변화하는 순간의 인상을 포착하고, 빛에 따른 색의 아주 작은 변화까지 고려해 살아있는 그림을 그리려고 했다. 그래서 인상주의 화가들은 실내에서 벗어나 야외로 나가서 그림을 그렸다. 대표적인 인상파 화가로는 모네, 마네, 르누아르, 드가, 세잔, 고갱, 고흐 등이 있다.

1879년
에디슨이 전구 발명

1886년
칼 벤츠가 최초로
외기통 휘발유 엔진으로
동력이 공급되는 삼륜자동차 발명

1881년
〈두 자매〉

1879~1882년
〈사과가 담긴 정물〉

1884~1886년
〈그랑자트섬에서의 일요일 오후〉

1879~1889년
〈생각하는 사람〉

〈사과가 담긴 정물〉
폴 세잔, 1879~1882년, 캔버스에 유채, 43.5×54cm,
코펜하겐 글립토테크미술관

〈생각하는 사람〉
오귀스트 로댕, 1879~1889년경,
청동 조각, 높이 49cm,
리옹미술관

〈두 자매〉
피에르 오귀스트 르누아르, 1881년,
캔버스에 유채, 100.6×81cm,
시카고아트인스티튜트

〈그랑자트섬에서의 일요일 오후〉
조르주 쇠라, 1884~1886년, 캔버스에 유채, 207.6×308cm,
시카고아트인스티튜트

점묘화법

점이나 작은 터치로 색을 찍어 표현하는 것이 점묘화법이다. 일렁이는 빛의 움직임을 표현하는 데 효과적이다. 모네, 피사로 등의 초기 인상주의 화가가 처음 시도한 점묘화법은 쇠라 이르러 대상의 표면만 두드리듯 표현하는 기법으로 발전했다.

1891년
에디슨이
영사기 발명

1895년
뢴트겐이
엑스선(X-ray)
발견

1889년
〈별이 빛나는 밤에〉

1889년
〈자화상〉

1889년
〈황색의 그리스도〉

〈별이 빛나는 밤에〉
빈센트 반 고흐, 1889년, 캔버스에 유채, 73.7×92.1cm,
뉴욕 현대미술관

〈황색의 그리스도〉
폴 고갱, 1889년,
캔버스에 유채, 91×72cm,
버팔로 앨브라이트녹스갤러리

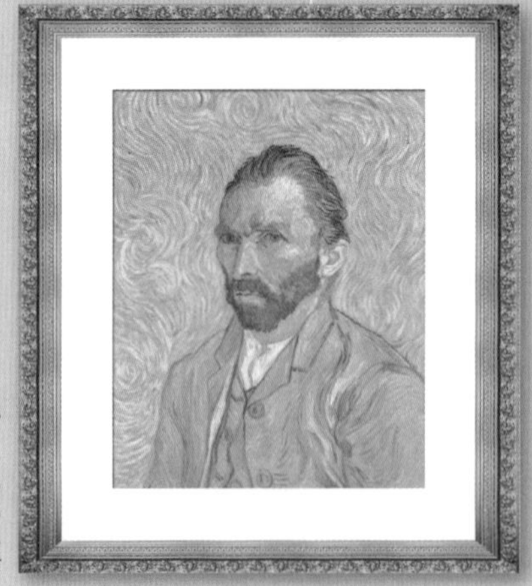

〈자화상〉
빈센트 반 고흐,
1889년,
캔버스에 유채,
65×54.5cm,
파리 오르세미술관

튜브 물감 덕분에 인상주의가 탄생했다?

튜브 물감의 발명은 인상주의 화가에게 날개가 되었다. 1824년 주석튜브를 발명한 영국인 뉴튼이 안료 기술자인 윈저와 손잡고 휴대 가능한 튜브 형태의 물감을 생산했다. 이전까지는 돼지 방광으로 만든 주머니에 물감을 저장했다. 금속튜브가 생긴 이후 물감이 말라서 사용하지 못하거나, 별도로 새로운 색을 만들어야 하는 불편함이 사라졌고, 야외에서 그림을 그리는 것이 가능해졌다. 화가들은 야외에서 오랜 시간 그림을 그릴 수 있게 됨에 따라 시시각각 변하는 사물의 색상과 빛의 변화에 주목하게 되었다.

1898년
퀴리 부부가 최초로 방사성원소 (폴로늄, 라듐) 발견

1905년
아인슈타인이 시간과 공간에 관한 '특수 상대성 이론'을 발표

1907년
〈뱀을 부리는 주술사〉

1907~1908년
〈키스〉

1909년
〈잔다르크로 분한 마우드 마담〉

〈뱀을 부리는 주술사〉
앙리 루소, 1907년, 캔버스에 유채, 169×189.3cm, 파리 오르세미술관

〈잔다르크로 분한 마우드 마담〉
알폰스 무하, 1909년, 석판화, 63×23cm, 뉴욕 메트로폴리탄미술관

〈키스〉
구스타프 클림트, 1907~1908년, 캔버스에 유채, 180×180cm, 빈 벨베데레갤러리

아르누보

19세기 말에서 20세기 초에 걸쳐서 유럽 및 미국에서 유행한 장식 양식이다. 아르누보 작가들은 과거 양식에서 벗어나 새로운 양식을 창조하고자 했다. 건축에서는 그리스, 로마, 고딕 등 모든 역사적 양식을 부정하고 자연 형태에서 모티브를 빌려 새로운 표현을 하고자 했다. 아르누보 작품은 의도적으로 좌우대칭이나 직선적 구성을 피하고 곡선과 곡면을 살려 생동감 있다. 스페인의 건축가 안토니 가우디와 오스트리아 출신의 화가 클림트와 무하가 아르누보의 대표적 작가다. 아르누보(Art Nouveau)는 새로운 예술을 뜻한다.

1912년
베게너가 지구의 모든 대륙이
원래는 하나였다가 떨어져
나간 것이라는 '대륙 이동설'을 주장

1916년
아인슈타인이 중력에 관한
'일반 상대성 이론'을 발표

1910년
〈춤(II)〉

1911년
〈나와 마을〉

1912년
〈꽈리열매가 있는
자화상〉

1917년
〈샘〉

〈나와 마을〉
마르크스 샤갈, 1911년, 캔버스에 유채, 192×151cm,
뉴욕 현대미술관

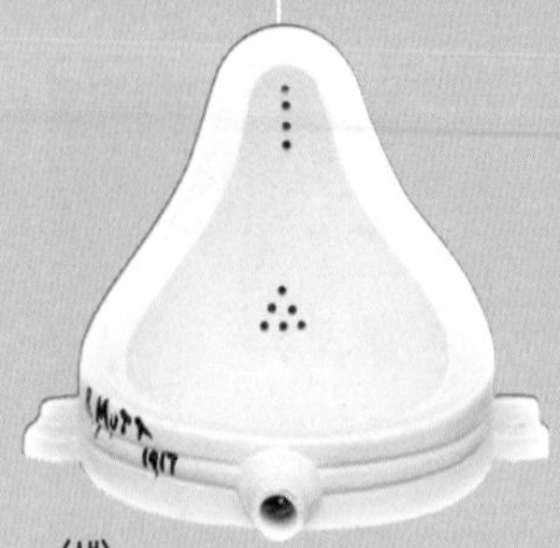

〈샘〉
마르셀 뒤샹, 1917년, 혼합재료,
63×35 ×48cm, 조르주퐁피두센터

〈꽈리열매가 있는 자화상〉
에곤 실레, 1912년, 목판에 유채 및 불투명 물감, 32.2×39.8cm,
빈 레오폴드미술관

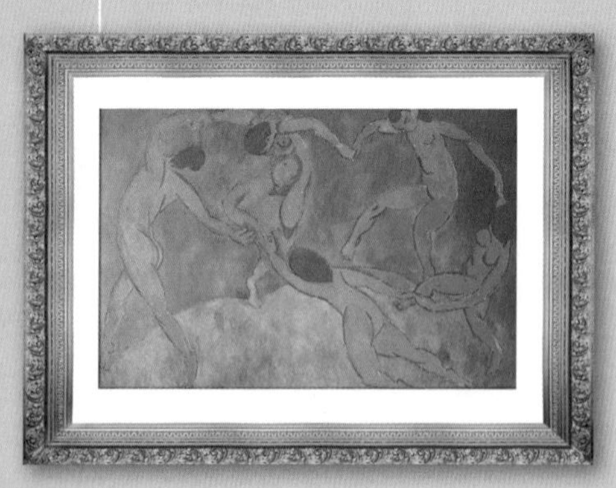

〈춤(II)〉
앙리 마티스, 1910년, 캔버스에 유채, 260×391cm, 상트페테르부르크미술관

야수파

야수파는 인상파-신인상파-후기 인상파로 이어지는 화풍에 의문을 제시하면서 시작되었다. 야수파는 강렬하고 대담한 색채를 사용하여 감정 상태를 표현하고, 어떤 형식에도 얽매이지 않는다. 야수파라는 명칭은 1905년 제3회 '살롱 도톤'에 출품되었던 고전주의 양식의 조각상을 보고 평론가 루이 보셀이 "야수의 우리에 갇힌 도나텔로로 같다"라고 평한 것에서 시작되었다. 마티스가 야수파의 대표적 화가다.

1923년
허블이 최신 망원경으로 우리은하 외에도 우주 공간에 흩어져 있는 무수히 많은 은하를 발견

1927년
보어가 상보성 원리 제안

1946년
전자계산기 에니악 탄생

1953년
왓슨과 크릭이 DNA 구조 발견

1957년
소련의 '스푸트니크 1, 2호' 위성 궤도 진입

1969년
미국의 '아폴로 11호' 달 착륙

1918년~1919년경 〈큰 모자를 쓴 잔 에뷔테른〉

1923년 〈구성8〉

1930년 〈빨강, 파랑, 노랑의 구성II〉

1932년 〈꿈〉

1948년 〈넘버26A〉

1966년 〈데칼코마니〉

1967년 〈메릴린 먼로〉

〈큰 모자를 쓴 잔 에뷔테른〉
아메데오 모딜리아니,
1918년~1919년경,
캔버스에 유채,
54×37.5cm, 개인 소장

〈꿈〉 파블로 피카소, 1932년,
캔버스에 유채, 130×97cm, 개인 소장

〈데칼코마니〉
르네 마그리트, 1966년, 캔버스에 유채,
81×100cm, 개인 소장

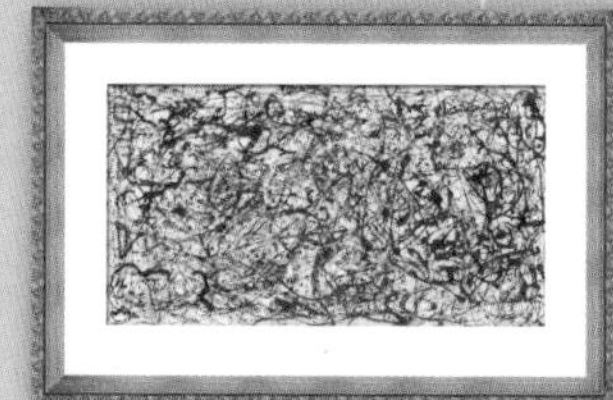

〈넘버26A〉
잭슨 폴록, 1948년, 캔버스에 회화, 121×205cm,
파리 조르주퐁피두센터

〈메릴린 먼로〉
앤디 워홀, 1967년, 실크스크린,
91×91cm, 런던 테이트브리튼

〈구성8〉
바실리 칸딘스키, 1923년,
캔버스에 유채, 140×201cm,
뉴욕 구겐하임미술관

〈빨강, 파랑, 노랑의 구성II〉
피에트 몬드리안, 1930년,
캔버스에 유채, 51×51cm, 취리히 쿤스트하우스

초현실주의 제2차 세계대전이 끝나고 이성의 지배를 거부하고 비합리적인 의식 세계를 표현하는 예술 운동이 나타났다. 이를 초현실주의라고 한다. 초현실주의자들은 이성에 의한 합리주의가 전쟁의 원인이라고 생각했다. 초현실주의 미술가들은 꿈과 환상, 인간의 무의식 세계를 캔버스에 표현했다. 대표적인 화가로 달리, 마그리트, 미로 등이 있다.

추상주의 1912년부터 몬드리안을 중심으로 네덜란드에서 일어난 미술 경향을 추상주의라고 한다. 추상주의 미술은 색채, 질감, 선, 창조된 형태 등의 추상적 요소로만 작품을 표현한다.

팝아트 1960년대 뉴욕을 중심으로 일어난 미술의 한 경향이다. 팝아트 미술가들은 추상표현주의의 엄숙함에 반대하고, 매스미디어와 광고 등으로 익숙한 대중문화의 시각 이미지를 미술에 적극적으로 받아들이고자 했다. 워홀, 백남준, 리히텐슈타인 등이 팝아트의 대표적인 작가다.

작품 찾아보기

화가의 출생 및 작품의 제작 연도순

에이크 1395~1441

〈성 바보 성당의 제단화〉, 1426~1432년경, 목판에 유채, 겐트 성 바보 대성당 ··· 072

〈아르놀피니의 결혼〉, 1434년, 캔버스에 유채, 런던 내셔널갤러리 ··· 066

마사초 1401~1428

〈성삼위일체〉, 1425~1428년, 프레스코, 피렌체 산타마리아노벨라성당 ··· 302

프란체스카 1416~1492

〈채찍질당하는 그리스도〉, 1460년, 템페라, 우르비노 마르케국립미술관 ··· 307

만테냐 1431~1506

〈성 세바스티아누스〉, 1480년경, 캔버스에 유채, 파리 루브르박물관 ··· 458

다 빈치 1452~1519

〈비트루비우스적 인간〉, 1490년, 종이에 잉크, 베니스 아카데미아미술관 ··· 344

〈모나리자〉, 1506년, 패널에 유채, 파리 루브르박물관 ··· 334

코시모 1462~1521

〈프로크리스의 죽음〉, 1486~1510년경, 캔버스에 유채, 런던 내셔널갤러리 ··· 078

뒤러 1471~1528

〈아담과 이브〉, 1504년, 동판화, 랭스 르 베르줴르 박물관 ··· 340

〈아담〉, 1507년, 패널에 유채, 마드리드 프라도미술관 ··· 342

〈이브〉, 1507년, 패널에 유채, 마드리드 프라도미술관 ··· 342

〈격자판을 이용해 누드를 그리는 화가〉, 1525년, 목판화 ··· 422

크라나흐 1472~1553

〈마틴 루터〉, 1529년, 패널에 유채, 아우구스부르크 성 안나교회 ··· 590

〈헤라클레스와 아틀라스〉, 1537년경, 캔버스에 유채, 브라운슈바이크 헤이조그 안톤 울리히 미술관 ··· 588

미켈란젤로 1475~1564
〈다비드상〉, 1501~1504년경, 대리석, 피렌체 아카데미아미술관 350
〈그리스도의 매장〉, 1510년, 목판에 유채, 런던 내셔널갤러리 063
〈천지창조〉, 1510년, 캔버스에 유채, 프레스코, 바티칸 시스티나성당 428
〈최후의 심판〉, 1536~1541년경, 프레스코, 바티칸 시스티나성당 054

라파엘로 1483~1520
〈아테네학당〉, 1510~1511년, 프레스코, 바티칸박물관 354

발둥 1484~1545
〈대홍수〉, 1516년, 캔버스에 유채, 밤베르크 노이에레지덴츠(신궁전) 430

쇤 1491~1542
〈Was siehst du?(무엇이 보이는가?)〉, 1538년, 목판화, 런던 대영박물관 425

리페랭스 1493~1503
〈역병 희생자를 위해 탄원하는 성 세바스티아누스〉, 1497~1499년, 패널에 유채, 볼티모어 월터스아트뮤지엄 456

홀바인 1497~1543
〈새로운 세계전도〉, 1532년, 목판화 419
〈대사들〉, 1533년, 패널에 유채와 템페라, 런던 내셔널갤러리 414
〈헨리 8세의 초상〉, 1536년, 캔버스에 유채, 리버풀 워커아트갤러리 412

브뢰헬 1525~1569
〈바벨탑〉, 1563년, 패널에 유채, 빈 미술사박물관 324

헤라르츠 2세 1562~1636
〈엘리자베스 1세〉 중 얼굴 부분도, 1592년, 캔버스에 유채, 런던 국립초상화미술관 051

카라바조 1573~1610
〈병든 바쿠스〉, 1593년경, 캔버스에 유채, 로마 보르게세미술관 538
〈바쿠스〉, 1596년경, 캔버스에 유채, 피렌체 우피치미술관 540
〈나르키소스〉, 1597~1599년, 캔버스에 유채, 로마 국립고대미술관 548
〈골리앗의 머리를 든 다윗〉, 1609~1610년, 캔버스에 유채, 로마 보르게세미술관 095

레니 1575~1642
〈술 마시는 바쿠스〉 1623년경, 캔버스에 유채, 드레스덴 게말데갤러리 543

루벤스 1577~1640
〈사슬에 묶인 프로메테우스〉, 1612년경, 패널에 유채, 필라델피아미술관 ···· 577

리베라 1591~1652
〈프로테메우스〉, 1630년경, 캔버스에 유채, 개인 소장 ···· 573

요르단스 1593~1678
〈폴리페모스 동굴 속의 오디세우스〉, 1635년, 캔버스에 유채, 모스크바 푸시킨박물관 ···· 393

푸생 1594~1665
〈에코와 나르키소스〉, 1630년경, 캔버스에 유채, 파리 루브르박물관 ···· 555
〈겨울(대홍수)〉, 1660~1664년, 캔버스에 유채, 파리 루브르박물관 ···· 435

렘브란트 1606~1669
〈렘브란트와 사스키아〉, 1635~1636년경, 캔버스에 유채, 드레스덴 고전거장미술관 ···· 038
〈야경〉, 1642년, 캔버스에 유채, 암스테르담국립미술관 ···· 032

라위스달 1629~1682
〈벤트하임성〉, 1653년, 캔버스에 유채, 더블린 내셔널갤러리 ···· 108
〈유대인 묘지〉, 1654~1655년경, 캔버스에 유채, 디트로이트미술관 ···· 104
〈유대인 묘지〉, 1655~1660년, 캔버스에 유채, 드레스덴 국립미술관 ···· 100
〈하를럼 풍경〉, 1670~1675년, 캔버스에 유채, 취리히 쿤스트하우스 ···· 110

베르메르 1632~1675
〈열린 창가에서 편지를 읽는 여인〉, 1657~1659년, 캔버스에 유채, 드레스덴 고전 거장 미술관 ···· 293
〈버지널 앞에 서 있는 여인〉, 1672년, 캔버스에 유채, 런던 내셔널갤러리 ···· 294

네츠허르 1639~1684
〈크리스티안 호이겐스 초상화〉, 1671년, 캔버스에 유채, 헤이그시립현대미술관 ···· 263

넬러 1646~1723
〈아이작 뉴턴의 초상화〉, 1702년, 캔버스에 유채, 런던 국립초상화미술관 ···· 263, 401

카이요 1667~1722
〈디도의 죽음〉, 1711년, 대리석, 파리 루브르박물관 ···· 379

티에폴로 1696~1770

〈트로이 목마〉, 1760년경, 캔버스에 유채, 런던 내셔널갤러리 386

라이트 1734~1779

〈에어 펌프의 실험〉, 1768년, 캔버스에 유채, 런던 내셔널갤러리 090

〈촛불에 비친 두 소녀와 고양이〉, 1768~1769년, 캔버스에 유채, 런던 켄우드하우스 094

〈인을 발견한 연금술사〉, 1771년, 캔버스에 유채, 더비시립미술관 086

고야 1746~1828

〈옷을 벗은 마하〉, 1797~1800년, 캔버스에 유채, 마드리드 프라도미술관 131

〈옷을 입은 마하〉, 1800~1805년, 캔버스에 유채, 마드리드 프라도미술관 133

〈1808년 5월 3일 마드리드〉, 1814년, 캔버스에 유채, 마드리드 프라도미술관 135

〈아들을 잡아먹는 사투르누스〉, 1819~1823년, 캔버스에 유채,마드리드 프라도미술관 137

〈산 이시드로 순례 여행〉, 1821~1823년, 캔버스에 유채, 마드리드 프라도미술관 138

다비드 1748~1825

〈앙투안 로랑 라부아지에와 부인의 초상〉 중 라부아지에 부분도, 1788년, 캔버스에 유채,
뉴욕 메트로폴리탄미술관 097

〈나폴레옹 1세의 대관식〉, 1807년, 캔버스에 유채, 파리 루브르박물관 522

〈튈르리궁전 서재에 있는 나폴레옹〉, 1812년, 캔버스에 유채, 워싱턴 내셔널갤러리 514

헤드 1753~1800

〈나르키소스를 떠나 날아오르는 에코〉, 1795~1798년, 캔버스에 유채, 디트로이트미술관 564

에이시 1756~1829

〈우키요에〉 중 얼굴 부분도, 1780년경, 개인 소장 051

블레이크 1757~1827

〈태고적부터 계신 이〉, 1794년, 캔버스에 유채, 런던 대영박물관 404

〈뉴턴〉, 1795년, 모노타이프, 런던 테이트브리튼 398

샤플스 1769~1849

〈프리스틀리의 초상〉, 1794년, 파스텔, 24×18cm, 런던 국립초상화미술관 097

게랭 1774~1833

〈디도에게 트로이 전쟁을 이야기하는 아이네이아스〉, 1815년, 캔버스에 유채, 보르도미술관 378

컨스터블 1776~1837

〈플랫포드 밀〉, 1816년, 캔버스에 유채, 런던 테이트브리튼 ······ 148

〈건초수레〉, 1821년, 캔버스에 유채, 런던 내셔널갤러리 ······ 143

〈구름 연작〉, 1822년, 종이에 유채, 멜버른 빅토리아국립미술관 ······ 144

〈곡물밭〉, 1826년, 캔버스에 유채, 런던 내셔널갤러리 ······ 106

〈폭풍우가 몰아치는 햄스테드 히스에 뜬 쌍무지개〉, 1831년, 종이에 수채, 런던 대영박물관 ······ 151

앵그르 1780~1867

〈발팽송의 목욕하는 여인〉, 1808년, 캔버스에 유채, 파리 루브르 박물관 ······ 114

〈그랑드 오달리스크〉, 1814년, 캔버스에 유채, 파리 루브르박물관 ······ 122

〈베르탱의 초상〉, 1832년, 캔버스에 유채, 파리 루브르박물관 ······ 120

〈드 브로글리 공주〉, 1851~1853년, 캔버스에 유채, 뉴욕 메트로폴리탄미술관 ······ 119

〈터키탕〉, 1862년, 패널에 유채, 파리 루브르박물관 ······ 125

김정희 1786~1856

〈세한도〉, 1844년, 종이에 수묵, 서울 국립중앙박물관 ······ 300

제리코 1791~1824

〈대홍수〉, 18세기경, 캔버스에 유채, 파리 루브르박물관 ······ 436

옌센 1792~1870

〈가우스의 초상화〉, 1840년, 캔버스에 유채 ······ 337

들라로슈 1797~1856

〈퐁텐블로의 나폴레옹 보나파르트〉, 1840년경, 캔버스에 유채, 파리 군사박물관 ······ 519

베르네 1789~1863

〈임종을 맞는 나폴레옹〉, 1826년, 캔버스에 유채, 개인 소장 ······ 521

밀레 1814~1875

〈만종〉, 1857~1859년, 캔버스에 유채, 파리 오르세미술관 ······ 034

와츠 1817~1904

〈카오스〉, 1875년경, 캔버스에 유채, 런던 테이트브리튼 ······ 240

쿠르베 1819~1877

〈잠〉, 1866년, 캔버스에 유채, 파리 프티팔레미술관 ······ 047

카바넬 1823~1889

〈에코〉, 1874년, 캔버스에 유채,뉴욕 메트로폴리탄미술관 560

모로 1826~1898

〈프로메테우스〉, 1868년, 캔버스에 유채, 파리 구스타프모로미술관 578

뵈클린 1827~1901

〈죽음의 섬 : 세 번째 버전〉, 1883년, 패널에 유채, 베를린 구 국립미술관 464

〈페스트〉, 1898년, 패널에 템페라, 바젤시립미술관 463

들로네 1828~1891

〈로마의 흑사병〉, 1869년, 패널에 유채, 파리 오르세미술관 461

레이턴 1830~1896

〈헤스페리데스의 정원〉, 1892년, 캔버스에 유채, 포트레이디레버아트갤러리 592

마네 1832~1883

〈로슈포르의 탈출〉, 1881년, 캔버스에 유채, 파리 오르세미술관 189

드가 1834~1917

〈압생트 한 잔〉, 1875~1876년, 캔버스에 유채, 파리 오르세미술관 469

휘슬러 1834~1903

〈피아노에서〉, 1858~1859년, 캔버스에 유채, 신시내티 태프트미술관 043

〈흰색 교향곡 1번 : 하얀 옷을 입은 소녀〉, 1862년, 캔버스에 유채, 워싱턴D.C.국립미술관 045

〈흰색 교향곡 2번 : 하얀 옷을 입은 소녀〉, 1864~1865년, 캔버스에 유채, 런던 테이트브리튼 042

〈검정과 금색의 광상곡(추락하는 로켓)〉, 1875년, 캔버스에 유채, 디트로이트미술관 049

세잔 1839~1906

〈사과〉, 1890년, 캔버스에 유채, 개인 소장 375

〈사과와 오렌지〉, 1900년경, 캔버스에 유채, 파리 오르세미술관 372

모네 1840~1926

〈라 그르누예르〉, 1869년, 캔버스에 유채, 뉴욕 메트로폴리탄미술관 185

〈지베르니의 나룻배〉, 1887년경, 캔버스에 유채, 파리 오르세미술관 217

〈건초더미, 눈의 효과, 아침〉, 1891년, 캔버스에 유채, 로스앤젤레스 게티센터 210

〈건초더미, 지베르니의 여름 끝자락〉, 1891년, 캔버스에 유채, 파리 오르세미술관 208

〈루앙대성당, 정문과 생 로맹 탑, 강한 햇빛, 파란색과 금색의 조화〉, 1892~1893년, 캔버스에 유채,
파리 오르세미술관 …… 212
〈루앙대성당의 정문, 아침 빛〉, 1894년, 캔버스에 유채, 로스앤젤레스 게티센터 …… 213
〈수련〉, 1906년, 캔버스에 유채, 시카고아트인스티튜트 …… 218

르누아르 1841~1919
〈라 그르누예르〉, 1869년, 캔버스에 유채, 스톡홀름국립박물관 …… 184

필데스 1843~1927
〈의사〉, 1891년, 캔버스에 유채, 런던 테이트브리튼 …… 528

루소 1844~1910
〈시인에게 영감을 주는 뮤즈〉, 1909년, 캔버스에 유채, 바젤시립미술관 …… 491

벤추르 1844~1920
〈나르키소스〉, 1881년, 캔버스에 유채, 헝가리국립미술관 …… 552

카유보트 1848~1894
〈유럽의 다리〉, 1876년, 캔버스에 유채, 파리 프티팔레미술관 …… 308
〈파리의 거리, 비오는 날〉, 1877년, 캔버스에 유채, 시카고아트인스티튜트 …… 310

워터하우스 1849~1917
〈에코와 나르키소스〉, 1903년, 캔버스에 유채, 리버풀 워커미술관 …… 568

고흐 1853~1890
〈압생트 잔과 물병〉, 1887년, 캔버스에 유채, 암스테르담 반 고흐 미술관 …… 477
〈해바라기〉, 1887년, 캔버스에 유채, 암스테르담 반 고흐 미술관 …… 026
〈해바라기〉, 1887년, 캔버스에 유채, 뉴욕 메트로폴리탄미술관 …… 026
〈해바라기〉, 1887년, 캔버스에 유채, 베른시립미술관 …… 027
〈해바라기〉, 1887년, 캔버스에 유채, 오테를로 크뢸러뮐러미술관 …… 027
〈카페에서, 르 탱부랭의 아고스티나 세가토리〉, 1887년, 캔버스에 유채, 암스테르담 반 고흐 미술관 …… 291
〈카페에서, 르 탱부랭의 아고스티나 세가토리〉 엑스선 촬영 …… 286
〈노란 집〉, 1888년, 캔버스에 유채, 암스테르담 반 고흐 미술관 …… 024
〈해바라기〉, 1888년, 캔버스에 유채, 뮌헨 노이에피나코테크 …… 028
〈해바라기〉, 1888년, 캔버스에 유채, 런던 내셔널갤러리 …… 028
〈해바라기〉, 1888년, 캔버스에 유채, 개인 소장 …… 029
〈해바라기〉, 1888년, 캔버스에 유채, 제2차 세계대전 중 소실 …… 029

〈별이 빛나는 밤에〉, 1889년, 캔버스에 유채, 뉴욕 현대미술관 474
〈해바라기〉, 1889년, 캔버스에 유채, 도쿄 손보재팬미술관 028
〈해바라기〉, 1889년, 캔버스에 유채, 필라델피아미술관 029
〈해바라기〉, 1889년, 캔버스에 유채, 암스테르담 반 고흐 미술관 020

사전트 1856~1925
〈마담 X〉, 1883~1884년, 캔버스에 유채, 뉴욕 메트로폴리탄미술관관 584
〈아틀라스와 헤스페리데스〉, 1922~1925년경, 캔버스에 유채, 보스턴미술관관 582

쇠라 1859~1891
〈그랑자트섬에서의 일요일 오후〉, 1884~1886년경, 캔버스에 유채, 시카고아트인스티튜트관 444

클림트 1862~1918
〈이집트〉, 19세기경, 빈 미술사박물관 051

뭉크 1863~1914
〈절규〉, 1893년, 마분지에 유채, 템페라, 파스텔, 오슬로국립미술관 154
〈흡혈귀〉, 1895년, 캔버스에 유채, 오슬로 뭉크미술관 162
〈지옥에서의 자화상〉, 1903년, 캔버스에 유채, 오슬로 뭉크미술관 160
〈살인녀〉, 1906년, 캔버스에 유채, 오슬로 뭉크미술관 163
〈스페인독감을 앓은 후의 자화상〉, 1919년, 캔버스에 유채, 오슬로국립미술관 487
〈침대와 시계 사이의 자화상〉, 1940~1943년, 캔버스에 유채, 오슬로 뭉크미술관 164

시냐크 1863~1935
〈우산 쓴 여인〉, 1893년, 캔버스에 유채, 파리 오르세미술관 447

로트레크 1864~1901
〈커피포트〉, 1884년경, 캔버스에 유채, 개인 소장 498
〈말로메 살롱에 있는 아델 드 툴루즈 로트레크 백작부인〉, 1886~1887년, 캔버스에 유채,
알비 툴루즈 로트레크 미술관 510
〈빈센트 반 고흐의 초상〉, 1887년, 카드보드지에 파스텔, 암스테르담 반 고흐 미술관 472
〈페안 박사의 수술〉, 1891~1892년, 카드보드지에 유채, 메사추세츠 클라크아트인스티튜드 502
〈물랭루주에서〉, 1892~1895년, 캔버스에 유채, 시카고아트인스티튜트 504
〈의료 검진〉, 1894년경, 카드보드지에 유채와 파스텔, 워싱턴D.C.국립미술관 506

휴즈 1869~1942
〈에코〉의 부분도, 1900년, 캔버스에 유채, 개인 소장 562

몬드리안 1872~1944

〈붉은 나무〉, 1908~1910년, 캔버스에 유채, 헤이그시립현대미술관 ······ 279

〈꽃 피는 사과나무〉, 1912년, 캔버스에 유채, 헤이그시립현대미술관 ······ 279

〈구성 10〉, 1915년, 캔버스에 유채, 오테를로 크뢸러뮐러미술관 ······ 280

〈빨강, 검정, 파랑, 노랑, 회색의 구성〉, 1920년, 캔버스에 유채, 암스테르담국립미술관 ······ 328

〈빨강, 파랑, 노랑의 구성〉, 1930년, 캔버스에 유채, 취리히 쿤스트하우스 ······ 274

〈브로드웨이 부기우기〉, 1942년, 캔버스에 유채, 뉴욕 현대미술관 ······ 281

〈빅토리 부기우기〉, 1944년, 캔버스에 유채, 헤이그시립현대미술관 ······ 283

피카소 1881~1973

〈과학과 자비〉, 1897년, 캔버스에 유채, 바르셀로나 피카소미술관 ······ 532

〈아비뇽의 처녀들〉, 1907년, 캔버스에 유채, 뉴욕 현대미술관 ······ 252

〈바이올린과 포도〉, 1912년, 캔버스에 유채, 뉴욕 현대미술관 ······ 255

〈거울 앞의 소녀〉, 1932년, 캔버스에 유채, 뉴욕 현대미술관 ······ 256

로랑생 1883~1956

〈예술가들〉, 1908년, 캔버스에 유채, 파리 마르모탕미술관 ······ 493

샤갈 1887~1985

〈꽃다발 속의 거울〉, 1964년, 파리 오페라하우스 ······ 173

랭스 대성당 스테인드글라스 ······ 174

마인츠 성 슈테판 교회 스테인드글라스 ······ 170

오키프 1887~1986

〈Pedernal〉, 1941년, 캔버스에 유채, 산타페 조지아 오키프 미술관 ······ 198

〈흰 구름과 페더널산의 붉은 언덕〉, 1963년, 캔버스에 유채, 산타페 조지아 미술관 ······ 194

〈구름 위 하늘 IV〉, 1965년, 캔버스에 유채, 시카고아트인스티튜트 ······ 202

마그리트 1898~1967

〈이미지의 배반〉, 1929년, 캔버스에 유채, 로스앤젤레스 카운티미술관 ······ 270

〈인간의 조건〉, 1935년, 캔버스에 유채, 개인 소장 ······ 316

〈유클리드의 산책〉, 1955년, 캔버스에 유채, 미네소타 미니애폴리스미술관 ······ 320

에셔 1898~1972

〈원형의 극한 IV〉, 1960년, 목판에 채색, 캐나다국립미술관 ······ 232

실레 1890~1918

〈줄무늬 옷을 입은 에디트 실레의 초상〉, 1915년, 캔버스에 유채, 헤이그시립현대미술관 …… 485

〈가족〉, 1918년, 캔버스에 유채, 빈 벨베데레갤러리 …… 480

바자렐리 1908~1997

〈얼룩말〉, 1932~1942년, 캔버스에 유채, 런던 로버트샌델슨갤러리 …… 224

폴록 1912~1956

〈가을 리듬(No. 30)〉, 1950년, 캔버스에 에나멜, 뉴욕 메트로폴리탄박물관 …… 238

〈수렴〉, 1952년, 캔버스에 에나멜과 오일·알루미늄 페인트, 뉴욕 올브라이트녹스미술관 …… 244

파올로치 1924~2005

〈뉴턴 조각상〉, 1995년, 런던 국립도서관 …… 402

라일리 1931~

〈분열〉, 1963년, 마분지에 템페라, 뉴욕 현대미술관 …… 227

백남준 1932~2006

〈다다익선〉, 1986년, 과천 국립현대미술관 …… 441

쿠쉬 1965~

〈해돋이 해변〉, 1990년경, 캔버스에 유채, 개인 소장 …… 260

진시영 1971~

〈Sign〉, 2011년, 서울스퀘어 …… 443

미상

〈벨베데레의 아폴론〉을 로마시대에 모작한 조각상, 바티칸박물관 …… 346

노트르담 대성당 장미창 …… 180, 181

〈밀로의 비너스〉, BC130~120년경, 대리석, 파리 루브르박물관 …… 346

〈리쿠르고스 컵〉, 4세기경, 런던 대영박물관 …… 177

〈석굴암 본존불〉, 751년(경덕왕 10년), 경주 석굴암 …… 350

〈복희와 여와〉, 7세기경, 마(麻)에 채색, 서울 국립중앙박물관 …… 408

〈창조주 하나님〉, 1220~1230년경, 종이에 채색, 빈 오스트리아국립도서관 …… 407

〈셸레의 초상〉, 1775년경, 캔버스에 유채 …… 097

과학자의 미술관

초판 1쇄 발행 | 2021년 3월 29일
2쇄 발행 | 2022년 2월 8일

지은이 | 전창림 · 이광연 · 박광혁 · 서민아
펴낸이 | 이원범
기획 · 편집 | 김은숙, 정경선
마케팅 | 안오영
표지 · 본문 디자인 | 강선욱

펴낸곳 | 어바웃어북
출판등록 | 2010년 12월 24일 제313-2010-377호
주소 | 서울시 강서구 마곡중앙로 161-8 C동 1002호 (마곡동, 두산더랜드파크)
전화 | (편집팀) 070-4232-6071 (영업팀) 070-4233-6070
팩스 | 02-335-6078

ISBN | 979-11-87150-84-8 03400

| 전창림 |

한양대학교 화학공학과와 동 대학원 산업공학과를 졸업한 뒤 프랑스 파리 국립 대학교(Universite Piere et Marie Cuire)에서 고분자화학으로 박사 학위를 받았다.
결정구조의 아름다움에 매료되어 파리 시립 대학교에서 액정을 연구하다가 '해외 과학자 유치 계획'에 선정되어 귀국한 뒤 한국화학연구소에서 선임연구원으로 근무한 뒤, 홍익대학교 바이오화학공학과 교수로 재직했다.
프랑스 유학 당시 화학 실험실과 오르세미술관을 수없이 오가며 어린 시절 화가의 꿈을 화학자로 풀어낸 저자의 연구 분야는 미술에서 화학 문제, 즉 물감과 안료의 변화, 색의 특성 등이다.
저자는 「화학세계」와 「한림원소식」(한국과학기술원) 등의 과학 저널에 미술 에세이를 연재하고 홍익대학교 예술학부에서 '미술재료학' 강의를 하는 등 미술과 화학 또는 예술과 과학의 접점을 찾는 일을 해오고 있다.
고분자화학과 색채학, 감성공학에 대한 많은 논문을 발표했으며, 지은 책으로는 『미술관에 간 화학자』『미술관에 간 화학자 : 두 번째 이야기』『명화로 여는 성경』『화학, 인문과 첨단을 품다』『그리기 전에 알아야 할 미술재료』『알기 쉬운 고분자』『첨단과학의 신소재』『마담 라부아지에 뭘 사실 건가요』『알고 쓰는 미술재료』『통권복음서』가 있고, 옮긴 책으로『세상을 바꾸는 반응』『누구나 화학』『미셸 파스투로의 색의 비밀』『아크릴』『1001가지 성경 이야기』『파노라마 성경 핸드북』 등이 있다.

| 이광연 |

성균관대학교 수학과를 졸업한 뒤 동 대학원에서 박사학위를 받았다. 미국 와이오밍 주립대학교에서 박사후과정을 마치고 아이오와대학교에서 방문교수를 지냈다. 지금은 한서대학교 수학과 교수로 있으며, 2007, 2009, 2015 개정 교육과정 중·고등학교 수학 교과서 집필에 참여했다.
저자는, 수학이 성적과 진학을 위한 수단이자 학교 문턱만 나서면 더 이상 몰라도 되는 과목이라는 인식을 바꾸기 위해 동분서주 중이다. 그 일환으로 역사, 신화, 영화 등 다양한 분야에서 수학 원리를 도출해 내는 글과 강연을 통해 수학이 우리 삶과 밀접하게 맞닿아 있음을 설파해 왔다.
지은 책으로는『미술관에 간 수학자』『웃기는 수학이지 뭐야』『밥상에 오른 수학』『신화 속 수학이야기』『수학자들의 전쟁』『멋진 세상을 만든 수학』『이광연의 수학블로그』『비하인드 수학파일』『이광연의 오늘의 수학』『시네마 수학』『수학, 인문으로 수를 읽다』『수학, 세계사를 만나다』 등이 있다.

| 박광혁 |

진료실에서 보내는 시간 다음으로 미술관에서 많은 시간을 보내는, 어찌 보면 괴짜 의사다. 그는 청진기를 대고 환자 몸이 내는 소리뿐만 아니라 캔버스 속 인물의 생로병사에 귀 기울인다. 명화를 만나 의학은 생명을 다루는 본령에 걸맞게 차가운 이성과 뜨거운 감성이 교류하는 학문이 된다. 의학자의 시선에서 그림은 새롭게 해석되고, 그림을 통해 의학의 높은 문턱은 허물어진다.
그는 병원 생활로 쌓인 피로와 스트레스를 틈틈이 화집을 펼쳐 들어 해소하고, 긴 휴가가 생기면 어김없이 해외 미술관을 순례한다. 진료를 마친 후에는 의사와 일반인, 청소년, 기업 경영진 등을 대상으로 '의학과 미술', '신화와 미술'을 주제로 강연한다.
한양대학교 의과대학을 졸업하고 한림대학교 성심병원 소화기내과 전임의를 거쳐, 내과전문의 및 소화기내과 분과 전문의로 환자와 만나고 있다. 네이버 지식인 소화기내과 자문의사로 활동했고, 현재 대한위대장내시경학회 간행이사를 맡고 있다. 지은 책으로 『미술관에 간 의학자』 『히포크라테스 미술관』 『퍼펙트내과(1-7권)』 『소화기 내시경 검사테크닉』 등이 있다.

| 서민아 |

이화여자대학교 물리학과를 졸업하고, 서울대학교 물리천문학부에서 '빛과 물질의 상호작용'에 관한 연구로 박사학위를 받았다. 미국 로스알라모스 국립연구소 연구원을 거쳐 현재 한국과학기술연구원(KIST) 책임연구원 및 고려대학교 KU-KIST 융합대학원 교수로 재직 중이며, 국제 저널 〈Communications Physics〉의 편집위원으로 활동하고 있다.
주요 연구 주제는 초고속 광학과 나노과학이다. 연구차 네덜란드 델프트공대를 방문했을 때, 베르메르와 렘브란트 등 네덜란드 화가들의 그림에 매료되었다. 뉴멕시코에 있는 로스알라모스 국립연구소에서 일할 때는 조지아 오키프의 그림에 빠져 그의 흔적을 좇기도 했다. 연구나 학회 참석을 위해 해외에 나가면 꼭 그곳의 미술관을 찾는다. 수많은 명화를 만나며 그가 깨달은 사실은, 르네상스 이후 예술가에게 가장 큰 영감을 선사한 뮤즈(muse)가 다름 아닌 '물리학'이라는 것이다. 깨달음을 바탕으로 과학기술연합대학원대학교에서 '과학과 예술의 융합'을 주제로 강의하고 있으며, 학회지에 관련 칼럼을 기고하고 있다.
저자는 휴일이면 붓을 드는 '일요일의 화가'다. 동호회 사람들과 전시를 열고, 최신 과학 연구 성과를 예술작품으로 전달하는 기획 전시 〈Artist's View of Science, 사용된 미래展, 2019〉 〈재난 감각展, 2020〉에도 참여했다. 지은 책으로는 『미술관에 간 물리학자』가 있다.